华章IT
HZBOOKS | Information Technology

数据安全实践指南

Data Security Practice Guide

刘隽良　王月兵　覃锦端　王中天　毛 菲　编著

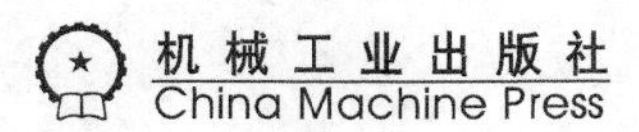

图书在版编目（CIP）数据

数据安全实践指南 / 刘隽良等编著 . -- 北京：机械工业出版社，2022.3（2022.4 重印）
ISBN 978-7-111-70265-8

Ⅰ. ①数… Ⅱ. ①刘… Ⅲ. ①数据处理 - 安全技术 - 指南 Ⅳ. ① TP274-62

中国版本图书馆 CIP 数据核字（2022）第 033565 号

数据安全实践指南

出版发行：机械工业出版社（北京市西城区百万庄大街 22 号 邮政编码：100037）

责任编辑：杨绣国 责任校对：殷 虹
印 刷：固安县铭成印刷有限公司 版 次：2022 年 4 月第 1 版第 2 次印刷
开 本：186mm×240mm 1/16 印 张：23.5
书 号：ISBN 978-7-111-70265-8 定 价：109.00 元

客服电话：（010）88361066 88379833 68326294 投稿热线：（010）88379604
华章网站：www.hzbook.com 读者信箱：hzjsj@hzbook.com

Foreword 推荐序

写推荐序是一件让人开心的事情，这是我第四次为同事的书写推荐序。这本书是美创科技创作的第五本书，也是美创科技的第一本数据安全图书，特别值得祝贺。

自18世纪中叶以来，人类社会经历了以蒸汽动力为标志的第一次工业革命、以电力和内燃机为标志的第二次工业革命，以及以计算机和信息化为标志的第三次工业革命，每次工业革命都带来了人类社会活动空间的扩大和生产力的大幅提高。1996年，尼古拉·尼葛洛庞帝出版了著作《数字化生存》，在书中展望了数字化社会的未来。2005年，国际电信联盟发布了《ITU互联网报告2005：物联网》，正式提出物联网的概念。2008年，苹果公司发布了iPhone 3G手机，正式掀开了移动互联网的序幕，开启了消费端的数字化时代。2013年，德国正式提出工业4.0的概念。2015年，国务院印发《中国制造2025》，企业端的数字化开始缓慢起步。2019年，随着美团和小米的上市，移动互联网的发展到达巅峰。2020年，受新冠疫情的影响，以数字化和智能化为标志的第四代工业革命呼啸而来，数据成为基础生产要素，数字化转型成为每个组织和企业的当务之急。

每次巨大的历史变革都伴随着巨大的安全隐患，数字化转型也不例外，甚至其安全问题会更加突出。当数据成为基础生产要素之后，当真实生活和世界中的一切在数字世界中都存在着映射关系时，安全将成为第四次工业革命成功的关键要素，数据是否可以彻底演化为像资金一样的基础生产要素取决于数据安全。

数字化已经登上了历史舞台，但如同其他新生事物一样，它们在兴起的过程中缺乏法律和标准的有效保护，缺乏有效的实践指南。我们需要让数字化世界从丛林社会和野蛮社会快速演进到有序社会，并保证自己在演进期间可以生存下来。保证安全，是我们生存的基本技能，是演进到有序数据社会的基础保证。当我们每个人都在努力探索如何做才能更安全的时候，如果有一个基础性的标准能够作为大家共同前进的准则，那么从野蛮的数据世界到有序的数据世界的演进速度将会大幅加快。幸运的是，我们已经有了一部国家标准：《信息安

全技术 数据安全能力成熟度模型》（GB/T 37988—2019）。我们可以以 DSMM（Data Security capability Maturity Model，数据安全能力成熟度模型）标准为基础，开始数据安全标准化的建设工作。本书就是一本 DSMM 实践指南，可以帮助不同的组织更好地开展数据安全建设工作。

从目前的政策和趋势来看，数字化转型是未来 30 年的历史性大浪潮，每个人和组织都要为之做好准备。寻找确定性，从来都是在历史性大浪潮中生存和发展的基础。希望本书可以帮助读者或组织在数字化转型过程中找到正确的方向，成为构建数字化大厦安全基础性工程的一员。

杭州美创科技有限公司总经理

柳遵梁

Preface 前　言

为什么要写这本书

随着互联网、物联网、云计算等技术的快速发展，全球数据量出现爆炸式增长，我们已进入大数据时代。大数据不断向各个行业渗透，在深刻影响国家政治、经济、民生和国防的同时，也给国家安全、社会稳定和个人隐私等带来了潜在威胁与挑战。在此背景下，国内外数据安全相关法律法规相继出台，以完善大数据安全领域的防护和技术要求，助力大数据安全建设。

相较于传统网络安全，数据安全的标准化起步较晚，目前业内尚无完整、成熟的可借鉴技术落实方案，缺乏有效的数据安全视角下的实践指南，大量组织在数据安全建设方面仍然处于“摸着石头过河”的状态，这严重耗费了企业的人力、物力，以及本不富余的安全资源。

鉴于此，美创科技积极组织公司数据安全从业专家，结合公司多年来的数据安全治理经验，以《信息安全技术 数据安全能力成熟度模型》（GB/T 37988—2019）和《数据安全能力建设实施指南》为标准和依据，对数据安全全生命周期的过程域逐一进行解读并提供实践操作建议，尝试在目前业内暂无 DSMM 成熟实践的背景下，为数据安全组织提供实践指南，以期抛砖引玉，引导数据安全组织进行数据安全有序化、实效化建设和发展。

读者对象

本书适合以下读者：

- 企业信息安全负责人。
- 数据安全部门和数据管理部门的工作人员。
- 安全风险管理人员。
- 安全审计、监管人员。

- ❑ 运维、技术支持人员。
- ❑ 数据信息使用者。

如何阅读本书

本书共分为五篇，从大数据的基本概念开始引入，探讨数据安全治理思路选型，科普DSMM中三级定义下各过程域的相关要求，并提供实践指南和操作建议，最后整合生成基于数据安全风险评估的量化观察指标和建议实践目标。本书内容循序渐进、深入浅出，具备一定的实践参考性。

概念引入篇（第1章）从大数据的基本概念开始，简单介绍大数据技术目前的应用情况，以及数据采集、分析关联等技术流程，从而引出大数据时代下数据的便利性、价值和安全隐患问题。

现状讨论篇（第2章）列举国内外数据安全事件案例，引出数据治理、数据安全治理的概念，介绍国内外数据安全治理常用的思路及多个方法论，并基于目前国内数据安全的发展趋势，探讨技术规划选型建议，最终以《信息安全技术 数据安全能力成熟度模型》为实践指南进行选型。

治理选型篇（第3章和第4章）介绍大数据时代的数据安全治理思路，并逐个介绍DSMM中3级（即充分定义级）定义下各过程域对应的组织建设、人员能力、制度流程和技术工具等相关要求。

实践指南篇（第5章至第11章）是本书的核心内容，该篇基于美创科技多年数据安全治理实践经验，对上述各过程域逐一进行解读，并提供实践操作建议。

自测参考篇（第12章）基于实践指南篇的内容输出，归纳DSMM在数据安全生命周期中的所有要求，并整合内容输出可量化、可衡量的指标，提供基于数据安全视角的数据安全测评表，以供组织进行自评和DSMM建设参考，为组织后续基于DSMM相关实践和自评提供实践指南及参考依据。

勘误和支持

由于笔者水平有限，编写时间仓促，不妥之处在所难免，恳请读者批评指正。如果您有更多宝贵的建议或意见，欢迎发送邮件至datasec@mchz.com.cn，我们很期待能够得到您的真挚反馈。

Contents 目　录

治理选型篇

实践指南篇

自测参考篇

概念引入篇

- 第 1 章　活络之水：大数据时代的数据流动

Chapter 1 第1章

活络之水：大数据时代的数据流动

1.1 数据流动时代

网络时代发展到如今，创造了大量的数据。数据与我们日常生活的联系越来越紧密，它是这个世界的记录者。

这些数据可能包括财务电子表格、新产品的设计蓝图、客户信息、产品目录和商业机密等，甚至包括我们日常行走的每一步。QQ、微信等通信软件在跨越时空界限实现网络交流的同时，也生成了大量的数据。当这种生活方式成为社会的常态时，我们已经进入了数字化时代。

2019年的春运被媒体戏称为“世界上最大规模的人口迁徙”，有30亿人次流动。2020年的“双十一”，天猫实时成交额突破3723亿元人民币。截至2021年6月，我国手机网民规模达10.07亿。根据中国信息通信技术研究院于2021年发布的《中国数字经济发展白皮书》，2020年中国数字经济规模已达到39.2万亿元，占GDP的38.6%，居世界第二位。这些数据体现了我们的社会正在进入数字化时代。随着数字化的推进，每天都会产生海量的实时数据，“大数据”（Big Data）的概念由此应运而生。

对于大数据，知名研究机构高德纳咨询公司（Gartner）给出了这样的定义：大数据是需要新处理模式才能具有更强的决策力、洞察发现力和流程优化能力来适应海量、高增长率和多样化的信息资产。

实际应用中，我们可以将大数据理解为一种极其庞大的数据集合，里面的数据种类繁多（比如文本、图片、音频、视频、定位坐标等多种形式）且杂乱无序（想象一下数以亿计的个体产生的数据混杂在一起的效果），如果不经过有序的采集、分析，其价值信息很难被获取。

基于这种思路，麦肯锡全球研究所对大数据给出了更容易理解的定义：一种规模大到在获取、存储、管理、分析方面大大超出传统数据库软件工具能力范围的数据集合，具有海量的数据规模、快速的数据流转、多样的数据类型和价值密度低四大特征。大数据具备的这四类特征，即业内所称的“4V 特征”。

1. Volume（海量）

仅截至 2012 年，人类生产的所有印刷材料的数量便已达到 200PB[㊀]，而历史上全人类总共说过的话的数据量大约是 5EB。当前，个人计算机硬盘的容量普遍为 TB 量级，一些大企业的数据量则已经接近 ZB 量级。

若以个人计算机硬盘容量的量级 TB 为基准，则 1PB = 1024TB，1EB = 1024PB = 1024^2TB，1ZB = 1024EB = 1024^3TB，若将 1ZB 量化为数据的话，则相当于全世界海滩上的沙子数量总和，由此可见数据量之大。

2. Velocity（快速）

该特征主要是针对数据处理和分析的时效性，这也是大数据区别于传统数据挖掘的最显著特征。根据中国信息通信研究院 2020 年 12 月发布的《大数据白皮书（2020 年）》可知，2020 年全球数据产生量约为 47ZB，预计到 2035 年，这个数字可能会达到 2141ZB。在海量数据面前，处理数据的效率将决定企业的生命力，如果不能快速对大数据进行清洗和分析，则会难以获取其中的价值信息，从而导致商业行为的折损。

3. Variety（多样）

数据的多样性决定了数据可以分为结构化数据和非结构化数据两大类。相对于以往便于存储的以数据库或文本为主的结构化数据，大数据时代产生的非结构化数据越来越多，包括网络日志、音频、视频、图片、地理位置信息等。各种类型的数据对数据的处理能力提出了更高的要求。

4. Value（低价值密度）

价值密度的高低与数据总量的大小成反比，更大的数据量意味着更低的数据价值，因而从低价值密度的数据中筛选出高价值数据的过程就好比是浪里淘沙，结果弥足珍贵。随着互联网及物联网的广泛应用，信息感知无处不在，虽有海量的信息但价值密度却极低，如何对有价值的数据进行快速“提纯”，已经成为目前大数据领域亟待解决的难题。

因此，如何从大体量、多样化且低价值密度的数据集合中高速转化和获取我们所需要的有价值的信息，便成为大数据时代数据流动的关键问题。

目前，业内进行大数据清洗转化的普遍思路如图 1-1所示。

㊀ 数据来源《大数据时代下数据分析理念的辨析》，作者是朱建平、章贵军、刘晓葳，见 https://core.ac.uk/download/pdf/41448918.pdf。

（1）数据采集

在大数据集合中，各类数据不一而足，企业的业务倾向性也各有差异，因此大数据流动的第一个目标便是从海量数据中获取我们感兴趣的信息，这便是数据采集。根据企业的业务倾向性，有针对性地从海量数据中获取相应的数据类别，以便后续对所采集的数据进行有针对性的优化和提纯。通过该环节，我们可以从海量数据中采集特定的数据类别集合，以获得基础数据。

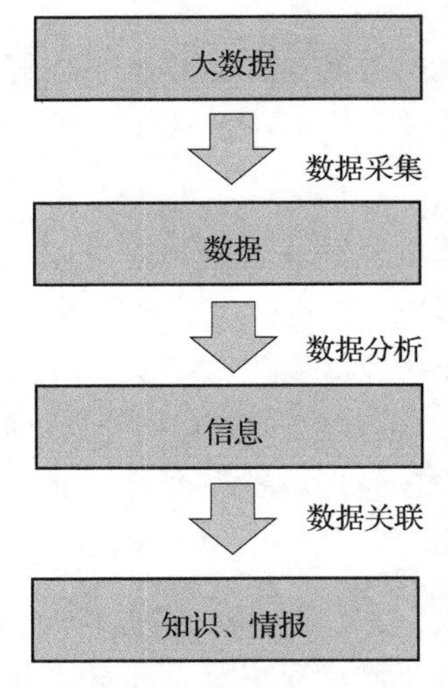

图 1-1 大数据清洗转化示意图

（2）数据分析

通过数据采集，企业可以从大数据中获得倾向于自身业务偏好的数据子集，但集合中的数据依然处于杂乱无序、缺乏类别属性的混乱状态。为使其成为逻辑有序、分类可辨的数据集合，数据分析应运而生。目前，数据分析指的是通过机器学习等手段对所采集的数据进行自动化分析和归类，识别信息属性，并进行对应的分类或标识操作，从而将杂乱的数据进一步优化为可用易懂的信息。

（3）数据关联

通过数据分析，我们可以获得有明确分类或标识的信息个体，但它们彼此之间可能仍然是孤立的、缺乏联系的。这里以电商购物为例，通过数据采集，我们可以获得所有顾客在全部电商网站上的操作数据。通过数据分析，我们可以将这些数据识别为每个顾客个体在电商网站的购买历史、浏览历史等，而数据关联分析则能从大量数据中发现项集之间的有趣关联。在这一过程中，对顾客放入购物车中的不同商品进行关联，我们便可以分析顾客的购买习惯。对顾客频繁购买的某类商品信息进行分析，我们可以发现其中的关联，从而帮助零售商制定相应的营销策略。数据关联分析的应用还包括价目表设计、商品促销、商品的摆放和基于购买模式的顾客划分等。通过这样的关联分析，我们所拥有的信息便从一个个单点的“孤岛”贯穿成了一整条“线索”，可作为知识和情报，为企业发挥最大的价值。本章后续部分将对上述三个环节分别进行有针对性的详细介绍，并阐述数据质量与数据价值。

1.2 数据采集：四面八方皆来客，五湖四海齐聚首

如前所述，世界上每时每刻都在产生大量的数据，包括物联网传感器数据、社交网络数据、商品交易数据等。面对海量的数据，与之相关的采集、存储和分析等环节产生了一系列的问题。如何收集这些数据并且进行转换、分析、存储以及有效率的分析，为企业带来了巨大的挑战。数据采集技术是对大数据进行有效利用的先决条件。数据采集并不是随

意且缺乏章法的随机采集，而是以当下主体业务需求为出发点，以该出发点为前提，有限度、有规则地采集特定的数据，而基于该需求的、可用的、具体的采集方法包含系统日志采集、数据库采集、网络数据采集和传感器采集等，可谓是“四面八方皆来客，五湖四海齐聚首”。

1.2.1　系统日志采集

日志从最初的面向人类演变到现在的面向机器，发生了巨大的变化。最初，日志的主要消费者是软件工程师，他们通过读取日志来排查问题。如今，大量机器日以继夜地处理日志数据，生成具有可读性的报告，并以此来帮助人类做出相应的决策。

公司的平台每天都会产生大量的日志，这些日志一般为流式数据，如搜索引擎的页面浏览量（Page View，PV）和查询等。处理这些日志需要特定的日志系统，这些系统需要具备以下特征。

- 作为应用系统和分析系统之间的桥梁，并将它们之间的关联解耦。
- 支持近实时的在线分析系统和分布式并发的离线分析系统。
- 具有高可扩展性，也就是说，当数据量增加时，可以较容易地进行扩容，从而提高数据上限。

目前，业界比较流行的日志采集工具主要有 Fluentd、Logstash、Flume、Scribe 等。阿里巴巴内部采用的是 Logagent，阿里云采用的则是 Logtail，系统日志采集工具均采用分布式架构，能够满足每秒数百兆字节的日志数据采集和传输需求。

1. Fluentd

Fluentd 是一个用于收集、处理和转发日志的系统。通过丰富的插件系统，Fluentd 可以收集来自各种系统或应用的日志，在将其转化为用户指定的格式后，再转发到用户指定的日志存储系统中。

通过 Fluentd，你可以非常容易地实现日志文件的追踪，并将其过滤后转存到 MongoDB 这样的数据库中。Fluentd 可以将你从烦琐的日志处理中彻底解放出来。

Fluentd 目前已经拥有 500 多种插件，借助于 Fluentd，我们只需要很少的系统资源即可轻松实现记录每一件事。

下面我们用一组图片来说明使用 Fluentd 的优势。使用 Fluentd 以前，系统对日志的处理可能需要在大量接口间转换脚本或程序，如图 1-2 所示。

使用了 Fluentd 之后，系统可以将 Fluentd 作为统一的数据转换对接处理方，从而实现精简高效的日志采集，如图 1-3 所示。

2. Logstash

ElasticSearch 是当前主流的分布式大数据存储和搜索引擎，可以为用户提供强大的全文本检索功能，目前广泛应用于日志检索、全站搜索等领域。Logstash 作为 ElasicSearch 常用的实时数据采集引擎，可以采集来自不同数据源的数据，对数据进行处理并将其输出到多种输出源，它是 Elastic Stack 的重要组成部分。

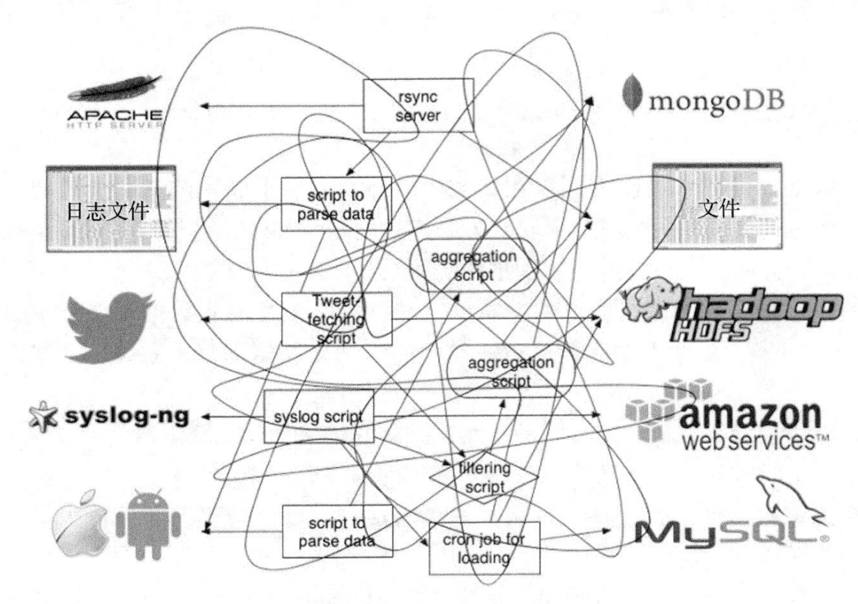

图 1-2　日志处理转换示意图

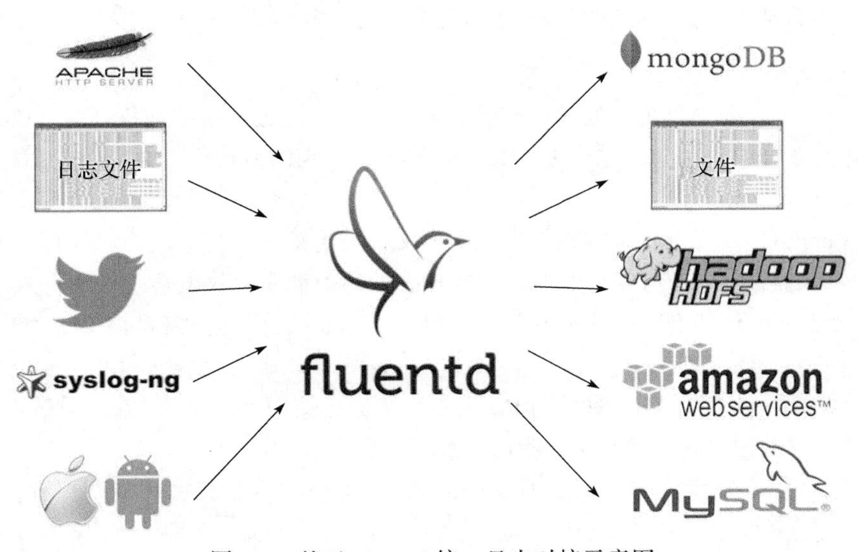

图 1-3　基于 Fluentd 统一日志对接示意图

与 Fluentd 类似，Logstash 可以动态地将来自不同数据源的数据统一起来，并将数据标准化到你所选择的目的地，如图 1-4 所示。

3. Flume

Apache Flume 是一个分布式的可靠且可用的系统，可用于有效地从不同的源收集、聚合和移动大量的日志数据到一个集中式的数据存储区。

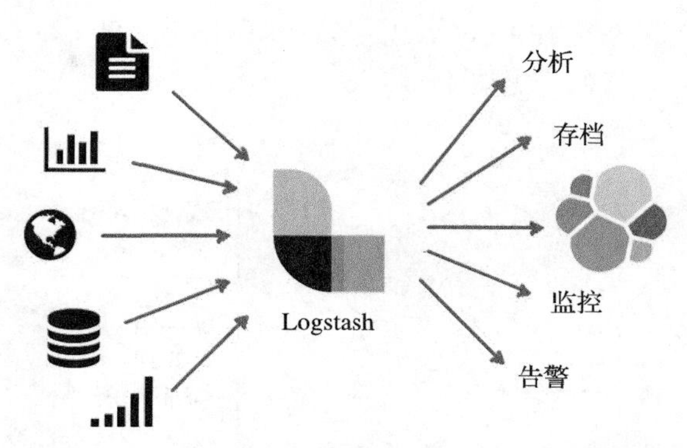

图 1-4　基于 Logstash 统一日志对接的示意图

实际上，Flume 的使用不只限于处理日志数据。因为数据源（Source）可以定制，所以 Flume 也可用于传输大量事件数据，这些数据中可以包括诸如网络通信数据、社交媒体产生的数据、电子邮件等。

Flume 的核心就是从数据源收集数据，再将收集到的数据发送到指定的目的地（Smk）。

如图 1-5 所示，为了确保输送的过程成功，在将数据发送到目的地之前，Flume 会将数据先缓存到管道（Channel）中，待数据真正到达目的地后，Flume 再删除缓存的数据。

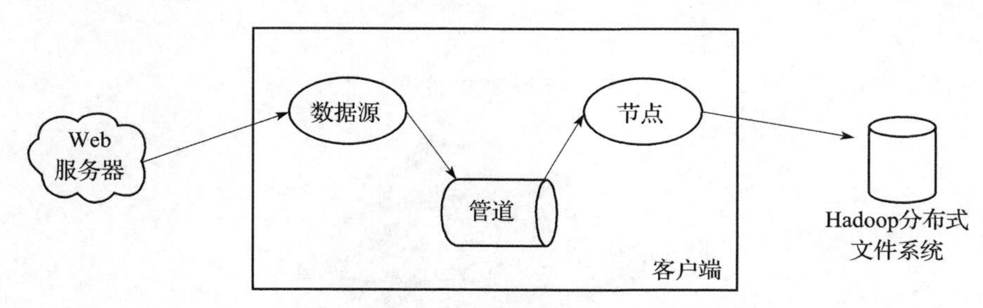

图 1-5　Flume 数据传输示意图

4. Scribe

Scribe 是 Facebook 的一个开源的实时分布式日志收集系统，在 Facebook 内部已经得到了大量的应用。如图 1-6 所示，Scribe 能够从各种日志源上收集日志，将其存储到一个中央存储系统（可以是 NFS 或分布式文件系统等）上，以便进行集中统计分析处理。它为日志的“分布式收集和统一处理”提供了一个可扩展的、高容错的方案。在中央存储系统的网络或机器出现故障时，Scribe 又会将日志转存到本地或另一个位置，在中央存储系统恢复后，Scribe 又会将转存的日志重新传输给中央存储系统。Scribe 提高了大规模日志收集的可靠性和可扩展性。

5. Logagent

Logagent 是 Sematext 提供的传输工具，如图 1-7 所示，用于将日志传输到 Logsene（一个基于 SaaS 平台的 ElasticSearch API）上，因为 Logsene 会提供 ElasticSearch API，所以它可以很容易地将数据推送到 ElasticSearch 上。Logagent 可以掩盖敏感的数据信息，例如，个人验证信息（Personally Identifiable Information，PII）、出生日期、信用卡号码等；它还可以基于 IP 做 GeoIP，丰富地理位置信息（如 Access Logs）。因为它轻量又快速，所以可以置入任何日志块中。

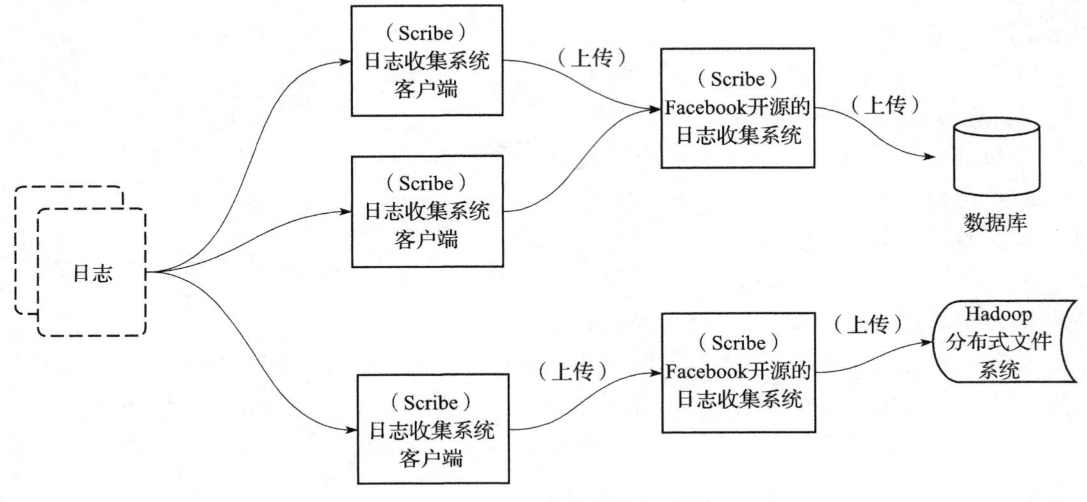

图 1-6　Scribe 数据传输示意图

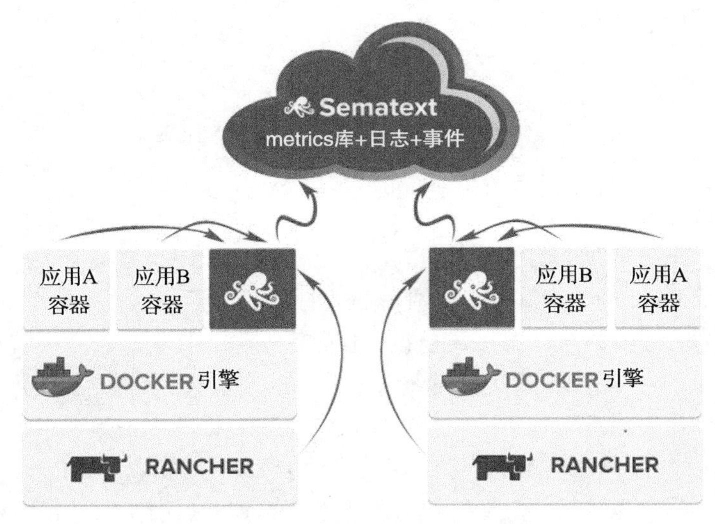

图 1-7　LogAgent 数据传输示意图

6. Logtail

Logtail 是日志服务提供的日志采集代理（Agent），可用于采集阿里云 ECS、自建互联网数据中心（Internet Data Center，IDC）、其他云厂商等服务器上的日志，采集流程如图 1-8 所示。

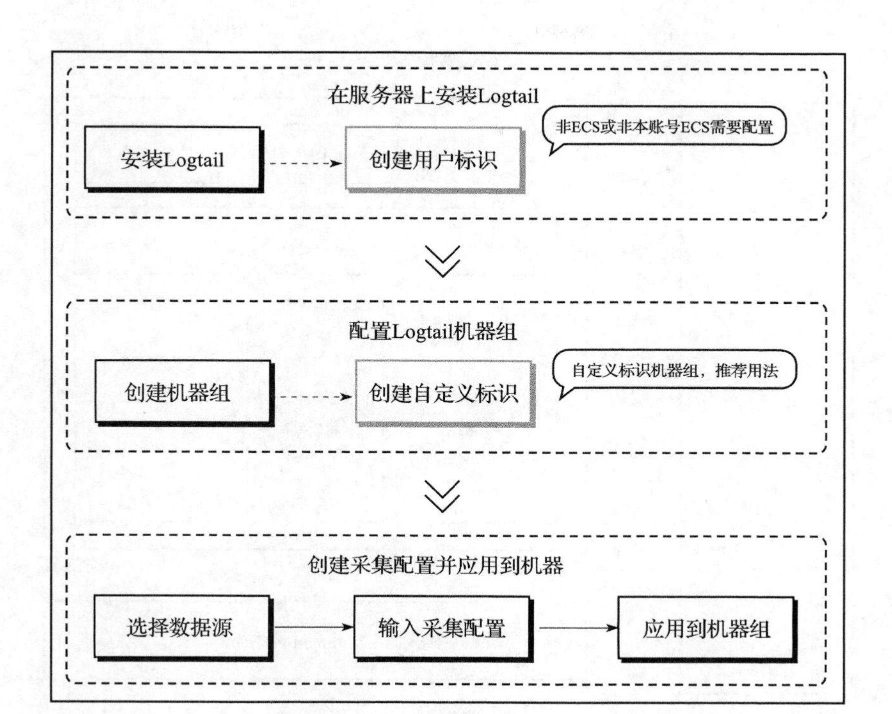

图 1-8　Logtail 数据采集流程示意图

多年来，Logtail 一直承载着阿里巴巴集团重要服务的数据采集工作。每天采集数百万服务器上的实时数据，日流量数十拍字节，并历经多次“双十一”的高并发挑战。

1.2.2　数据库采集

一些企业会使用传统的关系型数据库 MySQL 和 Oracle 等来存储数据。除此之外，Redis 和 MongoDB 这样的 NoSQL 数据库也常用于数据的采集。企业产生的业务数据均以行记录的形式直接写入数据库中。通过数据库采集，系统可直接与企业业务后台服务器结合，将企业业务后台产生的大量业务记录写入数据库中，最后由特定的处理分析系统对业务记录进行系统分析。

目前，比较流行的数据库采集技术是基于 Hive 的大数据采集分析技术。

Hive 是 Facebook 团队开发的具有可伸缩性的数据仓库。它是一个建立在 Hadoop 之上的开源数据仓库解决方案，可用于进行数据提取、转化和加载。基于 Hive 可以存储、查询和分析存储在 Hadoop 中的大规模数据。如图 1-9 所示，Hive 数据仓库工具能将结构化的数据文件映射为一张数据库表，并提供 SQL 查询功能，也能将 SQL 语句转变成 MapReduce 任务来执行。Hive 的优点是学习成本较低，可以通过类似的 SQL 语句快速实现 MapReduce 统计，使 MapReduce 变得更加简单，不必开发专门的 MapReduce 应用程序。Hive 尤其适合对数据仓库进行统计和分析。

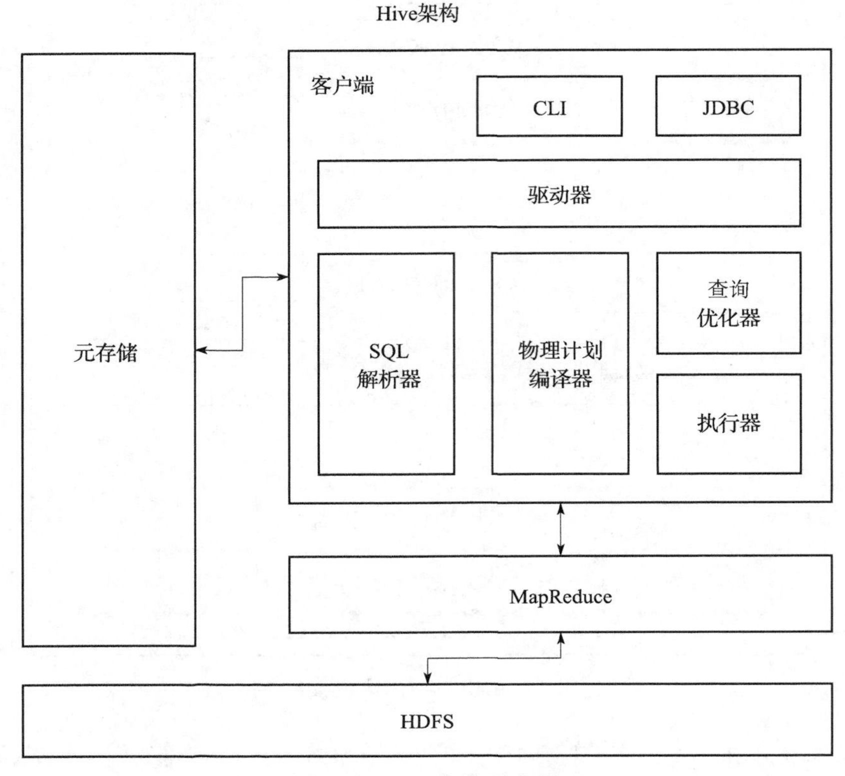

图 1-9 Hive 架构示意图

1.2.3 网络数据采集

网络数据采集一般包含网络爬虫爬取以及公共 API 获取这两种方式，也就是说，可通过网络爬虫和一些网站平台提供的公共 API（如 Twitter 和新浪微博 API）等从网站上获取数据。这样就可以将非结构化数据和半结构化数据的网页数据从网页中提取出来，并对其进行清洗，然后转换成结构化数据，存储为统一的本地文件数据。网络数据采集包括图片、音频、视频等文件或附件的采集，附件与正文可以自动关联。

网络爬虫是一种按照一定的规则自动抓取 Web 信息的程序或脚本。在互联网时代，网络爬虫主要是为搜索引擎提供最全面、最新的数据；在大数据时代，网络爬虫更是从互联网上采集数据的有利工具。

网络爬虫可以自动采集所有能够访问到的页面内容，为搜索引擎和大数据分析提供数据来源。从功能上来讲，网络爬虫一般包含数据采集、处理和存储这三部分功能。

网页中除了包含供用户阅读的文字信息之外，还包含一些超链接信息。网络爬虫系统正是通过网页中的超链接信息，不断获得网络上的其他网页信息的。网络爬虫从一个或若干个初始网页的 URL（Uniform Resource Locator，统一资源定位器）开始，获得初始网页上所包含的其他网页 URL，在抓取网页的过程中，不断从当前页面上抽取新的 URL 放入队列，直到满足指定的停止条件为止。

网络爬虫系统一般会选择比较重要的、出度（即网页中链出的超链接数）较大的网站的 URL 作为种子 URL 集合。

网络爬虫系统以这些种子集合作为初始 URL 进行数据抓取操作。因为网页中通常含有其他网页的链接信息，所以可以通过已有网页的 URL 得到一些新的 URL。

我们可以把网页之间的指向结构看作一片“森林”，每个“种子”URL 对应的网页看作“森林”中“一棵树的根结点”，这样网络爬虫系统就可以根据广度优先搜索算法或深度优先搜索算法遍历所有的网页了。

由于深度优先搜索算法可能会使爬虫系统深陷于某个网站内部，不利于搜索靠近网站首页的网页信息，因此一般采用广度优先搜索算法采集网页数据。

网络爬虫系统先将“种子”URL 放入下载队列，然后简单地从队首取出一个 URL 并下载与之对应的网页，在得到网页的内容并将其存储后，解析网页中的链接信息，得到一些新的 URL。

之后，它会根据一定的网页分析算法过滤掉与主题无关的链接，保留有用的链接，并将其放入等待抓取的 URL 队列。

最后，取出一个 URL，下载与之对应的网页再解析，如此反复循环，直到遍历整个网络，或者满足某种特定的条件为止。

综上所述，网络爬虫的基本工作流程具体如下。

1）选取一部分“种子”URL。

2）将这些 URL 放入待抓取 URL 队列。

3）从待抓取 URL 队列中取出待抓取的 URL，解析 DNS，得到主机的 IP 地址，然后将 URL 对应的网页下载下来，存储到已下载的网页库中。此外，将这些 URL 放进已抓取 URL 队列中。

4）分析已抓取 URL 队列中的 URL，分析其中包含的其他网页的 URL，并且将这些 URL 放入待抓取 URL 队列，进入下一个循环。

基于上述流程，网络爬虫的工作示意图如图 1-10 所示。

目前，已知的各种网络爬虫工具已经有上百个，网络爬虫工具基本上可以分为如下三大类。

- 分布式网络爬虫工具，如 Nutch。
- Java 网络爬虫工具，如 Crawler4j、WebMagic、WebCollector。
- 非 Java 网络爬虫工具，如 Scrapy（基于 Python 语言开发）。

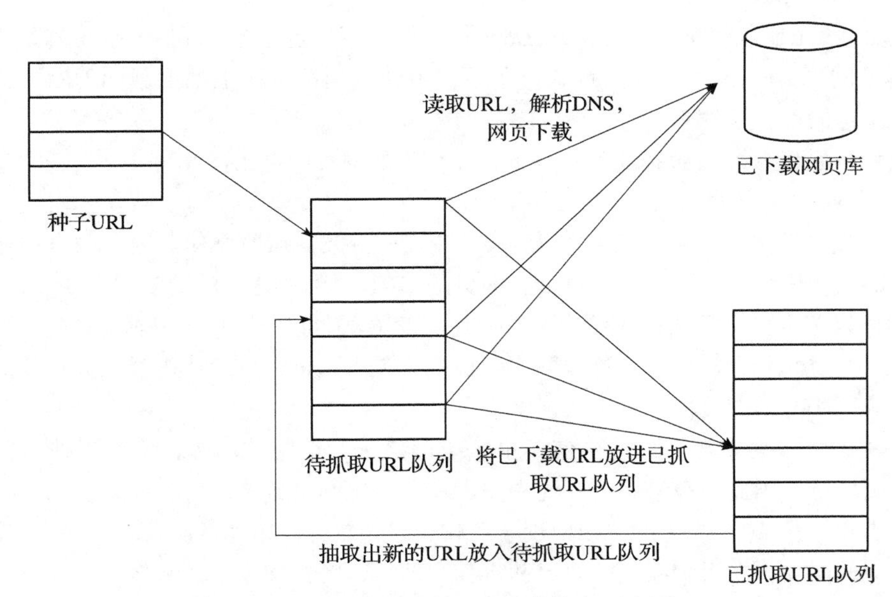

图 1-10 网络爬虫的基本工作流程示意图

同时需要注意的是，当使用爬虫技术时，需在法律允许的范围内爬取数据，避免爬虫技术滥用所导致的对非公开信息的采集。未经许可，使用网络爬虫对网站合法收集的个人敏感信息、受法律保护的特定数据或信息等进行采集，均属于侵权以及违法行为。

1.2.4 传感器采集

传感器是一种检测装置，能用于感受被测量的信息，并且能够将检测系统感受到的信息按一定的规律变换成电信号或其他所需形式的信息输出，以满足信息的传输、处理、存储、显示、记录和控制等要求。生产车间中通常会有许多传感节点，它们 24 小时监控着整个生产过程，如果发现异常则可迅速反馈至上位机。传感器可以算得上是数据采集的感官接受系统，属于数据采集的底层环节。

在采集数据的过程中，如果传感器被测量的各个值处于稳定状态，也就是输入为常量或变化极慢，那么这就称为传感器的静态特性。现实应用中，我们总是希望传感器的输入与输出呈唯一对照关系，最好是线性关系。但是，一般情况下，输入与输出不会符合我们的要求，并且由于受到迟滞、蠕变等因素的影响，输入与输出关系的唯一性也不能实现。因此我们不能忽视工厂环境中外界的影响，其影响程度取决于传感器本身，可通过改善传感器加以抑制，有时也可以对外界条件加以限制。

1.3 数据分析：铅华褪尽留本色，大浪淘沙始见金

数据分析是一类统计方法，主要特点是具有多维性和描述性。有些几何方法有助于揭

示不同数据之间存在的关系，统计信息图，能够简洁地解释这些数据中包含的主要信息。其他几何方法可用于收集数据，以便清楚地区分出同质数据，从而更好地了解数据。因此，数据分析的主要目的是，把隐藏在大数据集合里看似杂乱无章的信息提炼出来，并尝试总结其内在规律，可谓是“铅华褪尽留本色，大浪淘沙始见金”。

数据分析可以处理大量数据，并确定这些数据最有用的部分。该方法近年来获得的成功，很大程度上是因为制图技术的提高。这些图可以通过对数据直接分析来突出数据难以捕捉的关系；更重要的是，这些表达方法与基于现象分布的“先验”观念无关，且与经典统计方法正好相反。

在大数据时代，面对大数量级的数据集合，基于人工操作的数据分析往往是难以实现的，因此，目前的数据分析技术还需要借助人工智能的相关技术算法来更好更快地完成对数据的筛查和分析操作。

人工智能的研究工作具有高度的技术性和专业性，各分支领域都是深入且互不相通的，因此涉及范围极广。人工智能的研究工作可以细分为若干个技术问题，其分支领域也主要集中在解决具体问题上，其中的问题之一是如何使用不同的工具完成特定的应用程序。针对数据分析而言，解决该问题主要是将相应的工具应用到人工智能的机器学习技术中。

机器学习是人工智能的一个分支。从严格意义上说，人工智能和机器学习并没有直接关系，只不过是机器学习的方法被大量应用于解决人工智能的问题而已。目前，机器学习既是人工智能的一种实现方式，也是人工智能最重要的实现方式。人工智能的研究历史有着一条从以“推理”为重点，到以“知识”为重点，再到以“学习”为重点的清晰的脉络。

经过 40 多年的发展，机器学习已经发展成为一门多领域交叉学科，涉及概率论、统计学、逼近论、凸分析、计算复杂性理论等内容。它主要用于设计和分析一些让计算机可以自动“学习”的算法。机器学习算法是一类从数据中自动分析获得规律，并利用规律对未知数据进行预测的算法，涉及大量的统计学理论，与推断统计学的联系尤为密切。

机器学习按照学习形式可分为如下三大类：监督学习、无监督学习、半监督学习。

1.3.1　监督学习

监督学习是指在机器学习的过程中做出对错指示，广泛应用于预测和分类中。在监督学习中，函数关系式可以通过被训练的数据集总结出来，利用这个函数关系式可对新的数据进行预测并得到结果。

在监督学习中，首先需要输入训练集，然后人工标注训练集中的目标，最后才能得到输出结果。常见的监督学习算法有统计分类算法和回归分析算法，包括 K – 近邻算法、决策树、朴素贝叶斯、逻辑回归等。

1.3.2　无监督学习

无监督学习又称为归纳性学习，是一种通过循环和递减运算来减小误差，从而实现分类的算法。目前，常用的无监督学习算法有 K-means 算法、高斯混合模型、ISOmap 算法等。

区分监督学习和无监督学习的方法很简单，就看学习过程是否有监督，输入数据是否有标签，若输入数据有标签，则为有监督学习，若输入数据无标签，则为无监督学习。

例如，某人小时候第一次见到狗这种动物时，有人告诉他这个样子的动物是狗，他就学会了辨别狗这种动物，这就是监督学习的方式，如图 1-11 所示。

图 1-11 监督学习示意图

若某人小时候见到了狗和猫两种动物，但是没人告诉他哪个是狗，哪个是猫，而他根据它们的样子、体型等特征的不同，鉴别出这是两种不同的生物，并对其特征进行归类，这就是无监督学习的方式，如图 1-12 所示。

图 1-12 无监督学习示意图

下面分别归纳监督学习和无监督学习的特点，具体如图 1-13 所示。

无监督学习的智能性最高但发展比较缓慢，不是目前研究的主流；监督学习主要是由已知推断未知，风险较大，有时结果不准确；因此人们对前两者进行充分研究后生成了一种更好的方法，即半监督学习方法，这种学习方法已经引起了人们极大的兴趣和关注。

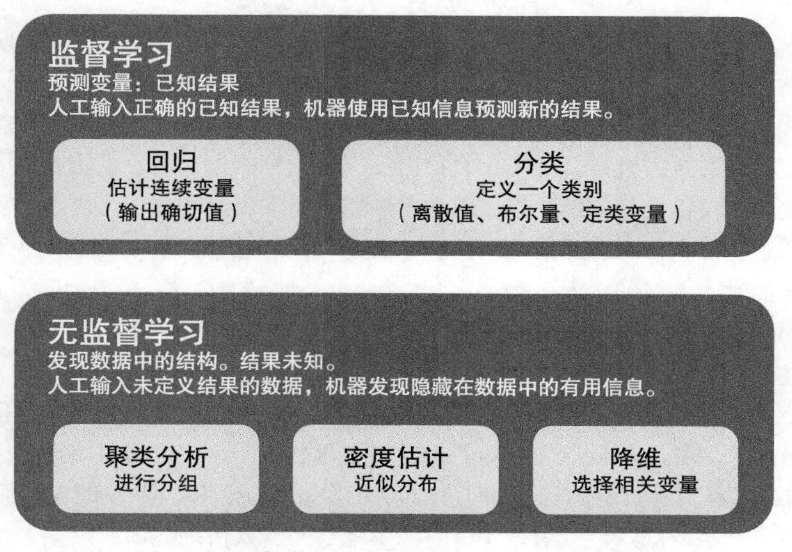

图 1-13　监督学习和无监督学习特点归纳示意图

1.3.3　半监督学习

监督学习的对象是已标识的数据，无监督学习的对象是未标识的数据。在大数据时代，已标识数据的数量总是远远小于未标识数据的数量，因此要想利用好这些未标识的数据，就应该采用半监督学习法。半监督学习用于研究如何综合利用大量未标识数据和少量已标识数据来获得具有良好性能和泛化能力的机器学习方法。半监督学习包括基于生成式模型的半监督学习、基于低密度划分的半监督学习、基于图的半监督学习以及基于不一致性的半监督学习。

如果依然以前文分辨动物的例子为例，那么半监督学习的学习方法则如图 1-14 所示。

图 1-14　半监督学习示意图

目前，常用的半监督学习模型算法有自训练算法、生成模型算法、半监督支持向量机算法、图论方法、多视角算法等。

1.4 数据关联：世事洞明皆学问，人情练达即文章

数据分析是对数据表明的关系进行分析，或者说是对数据价值的直接获取；而数据关联则是对数据内涵价值的获取，也可以通俗地理解为是对数据分析的深化。

数据分析与数据关联并不是相互独立的。数据分析通常是借助数据采集直接从数据源中取出已有信息，并进行统计、可视化、得出文字结论等操作，最后可能会生成一份类似于研究报告的文档，可以此来辅助决策。但在大多数情况下，这种分析往往浮于表层，需要更进一步地分析这些已有信息背后隐藏的信息，而这些信息通过观察往往是看不到的，这时数据关联便应运而生。

数据关联是一种简单实用的分析技术，是指发现存在于大量数据集中的关联性或相关性，从而描述一个事物中某些属性同时出现的规律和模式。

数据关联可用于从大量数据中发现事物、特征或数据之间频繁出现的相互依赖关系和关联关系。这些关联并不都是事先已知的，有些是通过数据集中数据的关联分析获得的。

通过对数据集进行关联分析，我们可以得出形如“由于某些事件的发生而引起另外一些事件的发生”之类的规则，可谓是“世事洞明皆学问，人情练达即文章”。

数据关联对商业决策具有重要的价值，常用于实体商店或电商的跨品类推荐、购物车联合营销、货架布局陈列、联合促销、市场营销等，以实现关联商品销量的同步提升、改善用户体验、减少上货员与用户的投入时间、寻找高潜用户的目的。

关联分析的一个典型例子是购物篮分析，如表 1-1 所示，TID 代表交易号，Items 代表一次交易的商品。

表 1-1 购物篮分析

交易号（TID）	一次交易的商品（Items）
1	{面包，尿布，啤酒，鸡蛋}
2	{牛奶，尿布，啤酒，可乐}
3	{面包，牛奶，尿布，啤酒}
4	{面包，牛奶，尿布，可乐}

从表 1-1 中我们可以看到，“啤酒”和“尿布”有着很强的关联性。对于数据集中频繁出现的形如“啤酒—尿布”这样的模式，我们称为**频繁模式**。根据该频繁模式，我们可以提取出“{尿布}→{啤酒}”的规则。至于为什么会有这样的规则，后来经过调查发现，是因为有许多男性在给孩子买尿布的同时会为自己捎带买上啤酒，所以就会出现买尿布的顾客往往也会购买啤酒的现象，这就是著名的“啤酒和尿布”的故事。对于销售商来说，这样的发现可以帮助他们发现新的关联销售商机。

关联分析常用的一些基本概念如表 1-2 所示。

表 1-2 关联分析常用的概念

名称	说明
事务	每一条交易数据称为一个事务，例如，表 1-1 中包含了 4 个事务
项	交易的每一个物品称为一项，如尿布、啤酒等
项集	包含零或多项的集合称为项集，例如，{面包，尿布，啤酒，鸡蛋}

（续）

名称	说明
k – 项集	包含 k 项的项集称为 k – 项集，例如，{ 面包，尿布，啤酒，鸡蛋 } 称为 4 – 项集
支持度计数	一个项集出现在几个事务当中，它的支持度计数就是几。例如，{ 尿布，啤酒 } 出现在事务 1、2 和 3 中，所以它的支持度计数是 3
支持度	支持度计数除以总的事务数。例如，表 1-1 中总的事务数为 4，{ 尿布，啤酒 } 的支持度计数为 3，所以对 { 尿布，啤酒 } 的支持度为 75%，这说明有 75% 的人同时买了尿布和啤酒
频繁项集	支持度大于或等于某个阈值的项集就称为频繁项集。例如，阈值设为 50% 时，因为 { 尿布，啤酒 } 的支持度是 75%，所以它是频繁项集
前件和后件	前件，亦称前提，是假言命题的前半部分。“如果 {A}，那么 {B}”是假言命题的标准逻辑公式。在这种情况下，前件是 {A}，后件是 {B}
置信度	对于规则 {A} → {B}，它的置信度为 {A，B} 的支持度计数除以 {A} 的支持度计数。例如，规则 { 尿布 } → { 啤酒 } 的置信度为 3/4，即 75%，这说明买了尿布的人中有 75% 的人也买了啤酒
强关联规则	大于或等于最小支持度阈值和最小置信度阈值的规则称为强关联规则。通常所说的关联规则都是指强关联规则。关联分析的最终目标就是要找出强关联规则

目前，常用的数据关联规则算法有 Apriori 算法、FP-tree 算法等。

通过发现顾客放入其购物篮中的不同商品之间的联系，商家可以分析出顾客的购买习惯；通过了解哪些商品会频繁地被顾客同时购买，零售商可以制定营销策略。其他的应用还包括价目表设计、商品促销、商品的陈列和基于购买模式的顾客划分等。例如，洗发水与护发素的套装，牛奶与面包间临摆放，购买该产品的用户又买了某些其他商品等。

除了上面提到的在商品之间存在关联现象之外，在医学和金融领域也存在关联现象，比如，医学研究人员也希望能够从已有的成千上万份病历中找到患某种疾病的病人的共同特征，从而找到更好的预防措施；通过对用户银行信用卡账单进行分析，金融人员也可以了解用户的消费方式，这将有助于对相应的商品进行市场推广。关联分析的数据挖掘方法涉及人们生活的很多方面，为企业的生产、营销及人们的生活提供了极大的帮助。

1.5　数据质量与数据价值

关于数据质量，国际数据管理协会的《数据管理知识手册》中规定：“数据质量（DQ）既指与数据有关的特征，也指用于衡量或改进数据质量的过程。”

针对基于大数据的数据采集、分析、关联这套流程，如果从数据分析的角度来看数据质量，那么衡量指标应是确认当前数据特性能否满足我们进行数据分析或数据挖掘的需求。

基于这个视角，数据问题很有可能产生于从数据源头到数据存储介质的各个环节。在数据采集阶段，数据的真实性、准确性、完整性、时效性都会对数据质量产生影响。

- 真实性：数据来源是否真实可靠。
- 准确性：数据信息是否准确，具有代表性。
- 完整性：数据信息是否存在缺失。

- 时效性：数据信息是否存在滞后。

除此之外，数据的后续加工、存储过程都有可能涉及对原始数据的修改，从而引发数据的质量问题。

大数据分析是企业决策、风险偏好的“风向标”，如果数据质量无法满足企业的实际需求，那么大数据分析的结果就不准确，可能给企业带来严重影响甚至毁灭性打击。因此也可以说，数据质量决定了数据价值，数据价值与数据质量成正比，而企业收益则与数据价值正相关。

为避免出现企业经过上述一系列操作后却获得低质量数据的情况，企业需要制定明确的数据质量评估方法。

评估数据质量，可以从如下四个方面来考虑。

- 完整性：数据记录和信息是否完整，是否存在缺失。
- 一致性：数据记录是否符合规范，是否与前后及其他数据集保持统一。
- 准确性：数据中记录的信息和数据本身是否准确，是否存在异常或错误信息。
- 及时性：根据数据从产生到可以查看的时间间隔来确定数据信息是否滞后，这里的时间间隔也称为数据的延时时长。

有了评估方向，还需要使用可以量化、程序化识别的指标来衡量。有了量化指标，管理者才有可能了解当前的数据质量，以及采取修正措施之后数据质量的改进程度。对于海量数据，由于数据量大、处理环节多，获取质量指标的工作不可能由人工或简单的程序来完成，因此需要程序化的制度和流程来保证，故而数据质量指标的设计、采集与计算必须是程序可以识别和处理的。

1. 完整性

数据的完整性可以通过记录数和唯一值来衡量。比如，某类交易数据中，每天的交易量应该呈现出平稳的特点，平稳增加、平稳增长或保持一定范围内的周期波动。如果记录数量出现激增或激减的情况，则需要追寻出现这种情况的原因和环节，最终定位是数据出现了问题还是服务出现了问题。对于属性的完整性考量，可以通过空值占比或无效值占比进行检查。

2. 一致性

数据一致性检验主要是检验数据与数据定义是否一致，可以通过合规记录的比率来衡量。比如，取值范围是枚举集合的数据，其实际值超出范围的数据占比；又比如，存在特定编码规则的属性值不符合其编码规则的记录占比；还有一些存在逻辑关系的属性之间的校验，比如，属性A取某特定值时，属性B的值应该在某个特定的数据范围之内等。以上情况下的数据一致性都可以通过合规率来衡量。

3. 准确性

准确性问题可能存在于个别记录中，也可能存在于整个数据集中。准确性和一致性的差别在于一致性关注合规，表示统一，而准确性关注数据错误。因此，同样的数据表现，比如，数据实际值不在定义的范围之内，可能会有如下两种情况：如果定义的范围是准确的，则数据实际值完全没有意义，那么这属于数据错误；如果数据实际值是合理且有意义的，那么可能是范围定义不够全面的原因，因此不能认定为数据错误，而应该去修改数据范围定义。

4. 及时性

数据及时性代表了数据世界与客观世界的同步程度。数据在不同的时间里在性质上具有很大的差异性，这个差异性影响着数据质量，随着时间的推移，数据质量会快速下降。数据的及时性，主要与数据的同步和处理过程的效率相关，数据及时性的评价方法一般为用技术手段获取每个数据处理节点过程的数据链路时间，通过抽样，计算统计指标，衡量时效，作为时效基准，并以此为基础衡量持续监控流程中的数据同步和处理过程的效率波动，对有显著波动的数据处理事件或过程节点进行优化，使数据从产生到可以查看的时间间隔持续处于业务可接受范围之内。

建立数据质量评价体系，可以对整个流通链条上的数据质量进行量化指标输出，以及后续进行问题数据的预警，使得问题一旦出现就会暴露出来，进而可以定位和解决问题，最终达到问题在哪个环节出现就在哪个环节解决的目的，避免将问题数据带到后端，导致数据质量问题扩大。

数据质量管理贯穿数据生命周期的全过程，覆盖质量评估、数据监控、数据探查、数据清洗、数据诊断等各个方面。数据源在不断增多，数据量在不断加大，新需求推动的新技术也在不断诞生，这些都给大数据下的数据质量管理带来了困难和挑战。在这里，我们仅针对基于大数据的数据采集、分析、关联部分进行相关论述。

通过有效的数据质量评估，辅以上述完整的大数据采集、分析和关联能力，即可实现对大数据流动的有效利用，以及获取高数据价值的数据集合所带来的商业分析及变现利益。因此，企业、机构和政府等可以通过收集、挖掘并利用这些庞大的数据完成看似不可能的事情。在这一领域技术力量、文化进步和利润收益的相交之处，有一件事情是可以确定的：数据越大责任越大，当大数据的体量越发庞大，通过技术能力我们能够持续从中获取高质量、高价值的知识和情报时，如果这些数据遭到不当利用甚至泄露，那么其造成的危害往往也是极大的，第 2 章将就此类案例进行举例论述。

现状讨论篇

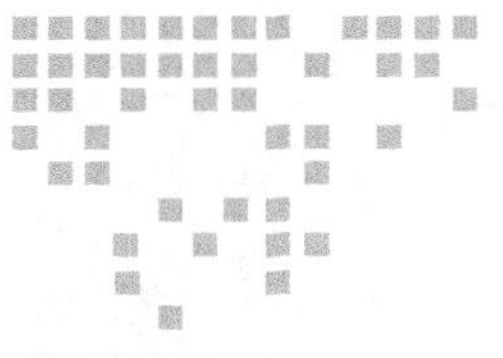

Chapter 2 第2章

数据无罪：大数据时代的数据安全事件

大数据、互联网、5G的迅速发展，为人类带来无限发展机遇的同时，也招致产生了大量的信息泄露事件。在过去的一段时间里，数据泄露相关的报道经常出现在我们的视野中，全球各地深受数据泄露事件的困扰，这类事件已给各国造成了重大损失。

2018年5月，Verizon发布的“数据泄露调查报告”(DBIR)对包括65个国家在内的数据泄露样本进行了统计和分析，结果显示近一年时间里全球范围内共发生53 308次安全事件，2216次数据泄露。其中76%的数据泄露事件以获取金钱为目的，勒索软件在恶意软件中占比居首，高达39%；73%的网络攻击来自外部人员，28%的数据泄露事件涉及内部人员。

据IBM中国2020年调研发现，恶意网络攻击是引发数据泄露事件的最常见原因，所造成的损失也最为惨重。恶意数据泄露事件对调研中的受访企业平均造成了445万美元的损失，比系统故障和人为错误等意外原因导致的数据泄露高出100多万美元。

这些数据泄露事件带来的威胁日益严重，自2014年至2020年，报告中称因恶意或犯罪攻击引发的数据泄露事件的百分比已从42%上升至52%（同比增长24%）[⊖]。

由此可见，大数据时代下的数据安全情况目前并不乐观，本章将对数据泄露、数据滥用等相关的案例进行讨论，并尝试提出治理之道。

2.1 国内外的数据安全事件

大数据时代，数据已成为推动经济社会创新发展的关键生产要素，数据的开放与开发，

⊖ 数据来源为IBM《2020年数据泄露报告》，报告第35页，见https://www.ibm.com/downloads/cas/BK0BB0V1。

推动了跨组织、跨行业、跨地域的协助与创新，催生出了各类全新的产业形态和商业模式，全面激活了人类的创造力和生产力。

然而，大数据在为各种组织创造价值的同时，也面临着严峻的安全风险。一方面，数据经济发展特性使得数据在不同主体间的流通和加工成为不可避免的趋势，由此也打破了数据安全管理边界，弱化了管理主体的风险控制能力；另一方面，随着数据资源商业价值的凸显，针对数据进行的攻击、窃取、滥用、劫持等活动逐渐泛滥，并呈现出产业化、高科技化和跨国、跨行业等特性，对国家的数据生态治理水平和组织的数据安全管理能力提出了全新挑战。

2.1.1　运营商

经过多年的积累，运营商的业务系统里包含了大量的客户信息和生产运营数据，这里面不仅涉及个人隐私，还包含诸多行业及国家政策、商业机密等。运营商的业务系统和终端环境比较复杂，上下游供应链伙伴繁多，数据的交互和流动也相当频繁。更重要的是，运营商作为网络和通信基础设施的提供者，扮演着连接者的角色，如果发生数据泄露事件，则波及面与影响程度都将会很深远。

1. 国内某电信运营商超 2 亿条用户信息被卖

新浪科技讯于 2020 年 1 月 3 日上午发布消息称："日前，中国裁判文书网公布了针对陈某武、陈某华、姜某乾等侵犯公民个人信息罪的二审刑事裁定书"。

经法院二审审理查明：2013 年至 2016 年 9 月 27 日，被告人陈某华从某信息服务有限公司（为国内某电信运营商股份有限公司的全资子公司）数据库获取区分不同行业、地区的手机号码信息提供给陈某武，被告人陈某武以人民币 0.01 元 / 条至 0.2 元 / 条不等的价格在网络上出售上述信息，获利金额累计达人民币 2000 余万元，涉及公民个人信息 2 亿余条。

2. 泰国某移动运营商云泄露 83 亿条互联网记录

据外媒报道，2020 年 5 月，研究人员发现了泰国某移动运营商子公司控制的一个 ElasticSearch 数据库可公开访问，数据库包含了大约 83 亿条记录，容量约为 4.7TB，每 24 小时增加约 2 亿条记录。

此移动运营商的用户约有 4000 万个。可公开访问的数据库由其子公司控制，包括 DNS 查询日志和 NetFlow 日志，这些数据可用于绘制一个用户的网络活动图。

2.1.2　医疗体系

医疗信息化技术的进步在为医疗事业提供广阔发展空间的同时，患者隐私泄露、数据丢失、业务中断乃至医疗安全事件频发等安全问题也随之涌现，已严重威胁到医院信息化系统安全及正常业务的开展。下面的案例是医疗卫生系统被入侵，最终导致 7 亿条公民信息泄露的事件。

2017 年 9 月，据《法制日报》报道，王某于 2016 年 2 月入侵某部委的医疗服务信息系统，将该系统数据库内部分公民的个人信息导出，并进行贩卖；库某于 2016 年 9 月侵入某省扶贫网站，窃取了该系统内数个高级管理员的账号和密码，并下载系统内大量公民的个人信息数据进行贩卖。随后，库某将其中一个账号和密码转卖给陈某，陈某在下载了大量的公民个人信息之后，又将该数据及账号和密码贩卖给了台湾等地的诈骗团伙。

2.1.3 高校教育

高校教育是国家发展科学研究、培养人才的重要手段，随着数字化、信息化建设的不断发展，教学和科研质量得到了有效提升，但因此而引入的各类信息系统中存储的敏感数据也越来越多，这也预示着数据安全的风险越来越大。

近年来，随着高校师生个人和科研信息价值的不断疯涨，信息泄露风波频繁上演，学生信息被企业冒用、学生“被入职”等事件层出不穷。此前，学生徐某因信息泄露导致的悲剧，以及此类信息泄露事件造成的恶劣影响，不断提醒着高校在进行信息化建设的同时应做好数据安全防护。

1. 网络安全法第一案——国内高校数据泄密被处罚

2017 年 9 月，安徽省淮阳市网络与信息安全信息通报中心（市公安局网安支队）接到国家网络与信息安全信息通报中心的通报：某职业技术学院系统存在高危系统漏洞，其中存储的 4000 余名学生身份信息已被泄露。

2. 多地数千名高校学生隐私遭泄露

2020 年 4 月，河南、陕西、重庆等多个省份多所高校的数千名学生发现，自己的个人所得税 App 上有陌生公司的就职记录。税务人员称，该事件很有可能是学生信息被企业冒用，以达到偷税的目的。

2.1.4 金融体系

金融行业一直走在信息化道路的第一线，各项业务与信息系统结合颇深，同时又较早实现了数据集中化管理，数据交互、调用类场景操作频繁。业务的多样化、服务的开放化等使得应用越来越复杂，这也导致出现技术脆弱性或业务安全隐患的概率增大。

1. 浙江一家银行泄露客户信息被罚 30 万

2020 年 4 月，据媒体报道，浙江某地农商银行、浙江某商业银行有内部人员违规泄露客户信息。其中，浙江某地农商银行被中国银行保险监督管理委员会罚款 30 万元人民币，泄露信息的内部员工被禁业 3 年。

2. 银行职员泄露客户隐私信息获刑

2020 年 4 月，裁判文书网公开了两则银行职员泄露客户隐私信息的犯罪案件判决书。

其中，原北京某银行支行员工吴某某售卖公民个人征信信息 830 余条，被判侵犯公民个人信息罪，判处有期徒刑一年二个月，缓刑一年二个月，并处罚金人民币 4000 元。原某大型银行股份有限公司支行行长沈某某，将该行受理的贷款客户财产信息共计 127 条提供给他人用于招揽业务，被判侵犯公民个人信息罪，判处有期徒刑 3 年，缓刑 3 年，并处罚金人民币 6000 元。

2.1.5　电子政务

随着信息技术的快速发展，越来越多的政府相关信息同步到了网络中，各部门之间信息共享、简化业务办理流程已成为大势所趋。

从信息收集、整合、提取、挖掘到最后信息归档，整个过程需要一套安全完善的信息自动化程序。面对如此大规模的数据处理量，政务系统的运行和维护变得越来越困难，这就要求处理电子政务的程序不仅要有快速处理数据的能力，还要有保护数据不被泄露和篡改的能力。

然而，在大数据时代，如何保障政府数据的安全一直是一个令人困扰的问题，政府数据被篡改和泄露的事件也时有发生。

1. 利用漏洞篡改政府官网信息，犯罪团伙“假证”变“真证”

2019 年 3 月底，公安部举行的新闻发布会发布了 2018 年打击“假印章、假证件、假公文”十大典型案件，其中在湖南长沙“8・29”特大制贩假证案中，犯罪分子自 2016 年 8 月以来，通过网上宣传接单，以技术手段攻击政府官网植入假证信息，并线下制作假证，在全国 10 余省市大肆制贩假证，通过层层转卖，“成本”仅 50 元的假中级技术职称证书市面售价高达八千到一万元，其中，仅在长沙市制贩假中级技术职称证书 1000 余本，涉案金额 1000 万元，非法获利 330 万元。

2. 敏感数据展示处理不当，政务网站泄露公民身份证信息

2017 年 8 月，安徽省铜陵市某社区网站发布了一份公告名单，在该名单中，大量公民的姓名和身份证号未经处理，直接暴露在网上。随后，有关部门对其他政府机关网站进行查询发现，泄露个人隐私的政府网站遍及全国各地。

2.1.6　社交网络

社交网络中积累的海量用户信息和行为数据是科学研究的资源宝库，但同时也是网络犯罪者眼中的“月光宝盒”。随着社交网络的不断延伸和普及，社交网络安全问题成为企业需要解决的日常难题。根据 IBM《2020 年数据泄露报告》，因为移动设备和物联网设备被攻击而造成的数据泄露事件大幅增加。

1. 某分类信息网简历信息泄露事件

2017 年 3 月，多家新闻网站曝出“某分类信息网陷数据泄露事件：700 元可采集网站

全国简历信息”。此报道指出，当时国内有电商平台在大量出售某分类信息网简历数据，并出售爬虫软件，用于采集该分类信息网的全国简历数据，以及本地商户信息、汽车过户联系人信息、保洁公司信息、租房关系人信息等多类信息。

自2016年年初开始，关于该分类信息网的爬虫软件和相关技术讨论不断涌现，至2017年已成规模。当时利用这些工具，一天可采集到的数据量多达10万条。

据中国电子商务研究中心监测数据显示，该分类信息网月独立用户数近3亿，而此次全国范围内的简历数据泄露事件涉及大量用户的个人信息，影响十分恶劣。

2. 暗网以2000元售卖某视频网站上亿条用户的账户信息

2017年4月，外媒Hackread爆料，某供应商在暗网售卖国内某视频网站的数据库，所出售的数据库包括了该网站100 759 591条用户的账户信息。

据Hackread报道，该数据库在2016年就已泄露，2017年暴露在互联网上，尚不清楚数据库是如何被盗走的，此供应商将该数据库售卖价格定为300美元，折合人民币2000余元。这样算下来，5万人的个人信息才值1元人民币。

2.1.7 企业生产

随着互联网技术渗透到社会的各个方面，个人生活和工作的便利与企业业务效率的提升，常常是通过个人让渡一部分隐私权来实现的。虽然这其中有用户对个人隐私保护的轻视因素，但更多来源于部分企业对用户信息的过度索取，这导致大量的个人用户信息以数据的方式存储于企业的数据库中，形成了数据聚合的“洼地”，可见掌握海量用户信息的行业和企业将越发频繁地面临数据泄露的安全风险。纵观历年来发生的数据泄露事故，不仅泄露的数据规模惊人，动辄千万级甚至上亿，而且泄露数据的粒度也愈发精细和全面，这会直接或间接地对企业和用户造成巨大损失。

1. 某化妆品巨头泄露4.4亿条邮箱记录

安全研究人员Jeremiah Fowler于2020年1月30日发现网上暴露了某化妆品巨头的数据库，他在数据库中找到了用户电子邮件地址，此次泄露总共涉及440 336 852条记录，其中包含大量的审计日志和电子邮件地址。

Fowler表示，暴露的数据包括纯文本形式的电子邮件地址，并且来自内部的电子邮件地址也出现在数据库中。

2. 某酒店1060万名旅客的信息被公布在黑客论坛上

据外媒报道，2020年2月第3周，超1060万名住在某酒店的顾客的个人详细信息被公布在一个黑客论坛上。除了普通游客之外，遭到曝光的还包括一些名人、科技公司老总、记者、政府官员，以及全球最大科技公司的职工。

根据外媒ZDNet的分析，此次被曝光的数据转储包含了10 683 188名曾在酒店住过的顾客的个人详细信息，诸如全名、家庭住址、电话号码、电子邮件和生日等。

2.2　数据无罪，治理之过

如上所述，过去几年间，大型数据泄露事件层出不穷，就数据泄露事件的起因分析结果来看，既有黑客的攻击，更有内部工作人员的信息贩卖、离职员工的信息泄露、第三方外包人员的交易行为、数据共享第三方的泄露、开发测试人员的违规操作等。

数据本无罪，防范有缺失。这些复杂的泄露途径无一不在证明：传统的网络安全以抵御攻击为中心、以黑客为防御对象的策略和安全体系的构建，在大数据时代的数据安全保护领域，依然存在较大的安全缺陷，在大数据视角下，以传统网络安全为中心的安全建设，需要向以数据为中心的安全策略转变，而传统的数据治理框架和方法也应与时俱进，在原有基础上增加数据安全治理的相关策略。

2.2.1　数据治理

目前国内外有关组织和各大机构针对数据治理提出了不同的概念，究其本源，基于这些概念想要实现的还是进行有效的数据管理，提升数据价值，实现数据对业务的价值体现最大化。

我国信息技术服务标准（ITSS）体系中的《信息技术服务治理第 5 部分：数据治理规范》中，将数据治理定义为数据资源及其应用过程中相关管控活动、绩效和风险管理的集合。

在《信息技术大数据术语》（GB/T 35295—2017）和《数据管理能力成熟度评估模型》（GB/T 36073—2018）中，将数据治理定义为对数据进行处置、格式化和规范化的过程，是数据和数据系统管理的基本要素，涉及数据全生命周期管理，包括静态、动态、未完成状态和交易状态。

中国银保监会发布的《银行业金融机构数据治理指引》明确指出，（行业内的）数据治理是指银行业金融机构通过建立组织架构，明确董事会、监事会、高级管理层及内设部门等各级组织职责要求，制定和实施系统化的制度、流程和方法，确保数据统一管理、高效运行，并在经营管理中充分发挥数据价值的动态过程。

国际标准化组织的 IT 服务管理与 IT 治理分技术委员会（ISO/IEC JTC1/SC40）给出的关于数据治理的概念主要建立在 IT 治理的基础上，将 ISO/IEC 38500 的 IT 治理框架和模型应用于数据治理，认为数据治理是 IT 治理的一个子集或子域，可通过持续的评价、指导和监督，平衡数据技术及其流程中的风险和收益，实现企业治理目标。换句话说就是，数据治理是数据在产生价值的过程中，治理主体对其进行评估、指导和监督的活动集合。

国际数据管理协会（DAMA）关于数据治理的概念主要建立在数据管理的基础上，他们认为数据治理是数据管理的核心，是对数据资产行使权力和控制的活动集合（包括计划、监控和执行），可用于指导所有其他数据管理功能的执行，从更高的层次执行数据管理。

国际数据治理研究所（DGI）认为，数据治理和数据管理是两个完全独立的概念，并将数据治理定义为对数据相关事项做出决策和行使职权的活动，具体定义为：一套信息相关过程的决策与问责体系，根据商定的模型执行，这些模型描述了谁可以根据什么信息在什么时间和情况下用什么方法采取什么样的行动。

国际知名IT咨询与研究机构Gartner认为，数据治理是一套决策权规范和问责框架，用于确保数据和分析在评估、创建、使用及控制过程中做出适当的行为。

如前所述，数据治理主要着眼于对数据有关的人员、制度流程及技术能力进行统一管控，以实现数据价值的最大化。该出发点明确且合理，但随着大数据时代的数据爆发，任何与数据相关的安全隐患都可能造成严重的数据泄露等安全事件，而传统的网络安全建设架构亦疏于对数据安全视角的管控，导致数据治理+传统网络安全架构这一组合在当下的大数据时代存在极大的安全威胁，因而无论是数据治理，还是传统网络安全架构，都需要做出一定的调整，以增强数据安全管理和技术防范能力。

基于这样的思路和视角，在数据治理方面，数据安全治理的概念应运而生。

2.2.2 数据安全治理

数据安全治理可以简单理解为在数据治理的“数据价值论”之上，利用数据治理所拥有的管理制度、框架体系和技术工具，针对数据安全能力提升而做的加强框架。

针对数据安全治理，国内外各研究机构的思路不一而足。

1. Gartner：DSG

数据安全治理的理念最早由Gartner正式提出，在Gartner 2017安全与风险管理峰会上，分析师Marc-Antoine Meunier在名为“2017年数据安全态势”的演讲中提及了“数据安全治理”（Data Scurity Governance，DSG）的概念，Marc将其比喻为“风暴之眼”，以此来形容数据安全治理在数据安全领域的重要地位及作用。

Gartner认为，数据安全治理绝不仅仅是一套用工具组合而成的产品级解决方案，而是从决策层到技术层，从管理制度到工具支撑，自上而下贯穿整个组织架构的完整链条。组织内的各个层级之间需要对数据安全治理的目标和宗旨取得共识，从而确保采取合理、适当的措施，以最有效的方式保护信息资源，同时，数据安全治理还应具备以下流程。

步骤1：确保业务需求与安全（风险/威胁/合规性）之间的平衡。

这里需要考虑如下5个维度的平衡：经营策略、治理、合规、IT策略和风险容忍度，这也是治理队伍开展工作前需要达成统一的5个关键要素。

步骤2：划分数据优先级。

对数据进行分级分类，以此对不同级别的数据采取合理的安全措施。

步骤3：制定策略，降低安全风险。

我们可以从如下两个方向考虑如何实施数据安全治理：一是明确数据的访问者（指应用用户或数据管理人员）、访问对象和访问行为；二是基于这些信息制定不同的、有针对性的数据安全策略。

步骤 4：使用安全工具。

数据是流动的，数据结构和形态会在整个生命周期中不断变化，因此需要采用多种安全工具支撑安全策略的实施。Gartner 在 DSG 体系中提出了实现安全和风险控制的 5 个工具：Crypto、DCAP、DLP、CASB 和 IAM，这 5 个工具分别对应于 5 个安全领域，其中可能包含多个具体的技术措施。

步骤 5：同步策略配置。

同步策略配置主要针对 DCAP 的实施而言，集中管理数据安全策略是 DCAP 的核心功能，而无论使用访问控制、脱敏、加密、令牌化中的哪种措施，都必须注意应让数据访问和使用的安全策略保持同步下发，策略执行对象应包括关系型数据库、大数据类型、文档文件、云端数据等数据类型。

2. 微软：DGPC

针对数据安全治理，微软提出了专门强调隐私、保密和合规的数据安全治理框架（DGPC），希望企业和组织能够以统一的跨学科的方式来实现以下 3 个目标，而非组织内不同部门独立实现。

- 传统的 IT 安全方法侧重于 IT 基础设施，即通过边界安全与终端安全进行保护。这种方法存在很大的问题，因此，微软 DGPC 的第一个目标就是重点加强对存储数据的保护，并随基础设施移动，让保护更到位。
- 传统安全软件往往仅具备有限的隐私保护功能和措施，因此微软认为在建设隐私相关保护措施时，应在现有措施上构建更多的安全保护功能和措施，而非对现有功能和措施进行重复建设。微软 DGPC 认为，传统安全软件所不具备的安全保护功能和措施包括能实时获取客户对第三方共享的收集、处理等行为的信息，并能够实时地对客户行为流程进行保护，同时，当流程中出现已知风险行为时能够进行处理。
- 数据安全和数据隐私合规责任可通过一套统一的控制目标和控制行为进行合理化处理，以满足合规原则。

数据安全治理框架与企业现有的 IT 管理和控制框架（如 COBIT），以及 ISO/IEC 27001/27002 和支付卡行业数据安全标准（PCI DSS）等协同工作。数据安全治理框架围绕 3 个核心能力领域进行组织，涵盖了人员、流程和技术这三大部分。

3. 国内数据安全治理委员会

国内数据安全治理委员会认为，数据安全治理是以“让数据使用更安全”为目的，通过组织构建、规范制定、技术支撑等要素共同完成的数据安全建设的方法论。其核心内容包括如下 4 点。

- 满足数据安全保护（Protection）、合规性（Compliance）、敏感数据管理（Sensitive）这 3 个需求目标。
- 核心理念包括分级分类（Classfiying）、角色授权（Privilege）、场景化安全（Scene）等。

- 数据安全治理的建设步骤包括组织构建、资产梳理、策略制定、过程控制、行为稽核和持续改善等。
- 核心实现框架包括数据安全人员组织（Person）、数据安全使用的策略和流程（Policy & Process）、数据安全技术支撑（Technology）这三大部分。

4. 国家标准：数据安全能力成熟度模型（DSMM）

2019 年 8 月 30 日，《信息安全技术 数据安全能力成熟度模型》（GB/T 37988—2019）正式成为国标对外发布，并已于 2020 年 3 月正式实施。正式发布前，这项标准已在全国 23 个行业、40 多家企业试点。

如图 2-1 所示，DSMM 将数据按照其生命周期分阶段采用不同的能力评估等级，生命周期分为数据采集安全、数据传输安全、数据存储安全、数据处理安全、数据交换安全、数据销毁安全这 6 个阶段。DSMM 从组织建设、制度流程、技术工具、人员能力这 4 个安全能力维度的建设进行综合考量，将数据安全成熟度划分成 5 个等级，依次为非正式执行级、计划跟踪级、充分定义级、量化控制级和持续优化级，形成一个三维立体模型，全方位地对数据安全进行能力建设。

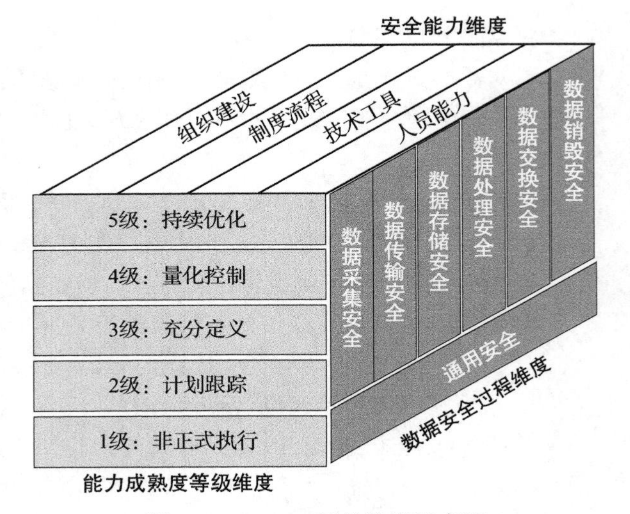

图 2-1 DSMM 评估维度示意图

（1）能力成熟度等级维度

在能力成熟度等级维度上，DSMM 共分为 5 个等级，具体说明如下。

1 级（非正式执行）

主要特点：数据安全工作是随机、无序、被动执行的，主要依赖于个人，经验无法复制。

组织在数据安全领域未执行相关的有效工作，仅在部分场景或项目的临时需求上执行，未形成成熟的机制来保障数据安全相关工作的持续开展。

2 级（计划跟踪）

主要特点：在项目级别上主动实现了安全过程的计划并执行，但没有形成体系。

规划执行：对数据安全过程进行规划，提前分配资源和责任。

规范化执行：对数据安全过程进行控制，使用安全执行计划，执行相关标准和程序，对数据安全过程实施配置管理。

验证执行：确认数据安全过程是按照预定的方式执行的。验证执行过程与可应用的计划是一致的，对数据安全过程进行审计。

跟踪执行：控制数据安全项目的进展，通过可测量的计划跟踪执行过程，当过程实践与计划产生重大偏差时采取修正行动。

3 级（充分定义）

主要特点：在组织级别实现安全过程的规范定义并执行。

定义标准过程：组织对标准过程实现制度化，形成标准化过程文档，以满足特定用途对标准过程进行裁剪的需求。

执行已定义的过程：充分定义的过程可重复执行，针对有缺陷的过程结果和安全实践进行核查，并使用相关结果数据。

协调安全实践：通过对业务系统和组织进行协调，确定业务系统内各业务系统之间，以及组织外部活动的协调机制。

4 级（量化控制）

主要特点：建立量化目标，使安全过程可量化度量和预测；为组织数据安全建立可测量的目标。

客观地管理执行，通过确定过程能力的量化测量来管理安全过程，将量化测量作为对行动进行修正的基础。

5 级（持续优化）

主要特点：根据组织的整体战略和目标，不断改进和优化数据安全过程。

改进组织能力，对整个组织范围内的标准过程使用情况进行比较，寻找改进标准过程的机会，分析标准过程中可能存在的变更和修正。

提升改进过程的有效性，制定处于连续受控改进状态下的标准过程，提出消除标准过程产生缺陷的原因和持续改进标准过程的措施。

其中 3 级（充分定义级）是各个企业的基础目标，等级越高，代表被测评的组织机构的数据安全能力越强。

（2）数据安全能力维度

在数据安全能力维度上，DSMM 模型共涉及组织建设、制度流程、技术工具和人员能力这 4 个方面的评价标准，具体说明如下。

组织建设

- 数据安全组织架构对组织业务的适应性。
- 数据安全组织架构所承担工作职责的明确性。
- 数据安全组织架构运作、协调和沟通的有效性。

制度流程

- 数据生命周期的关键控制节点授权审批流程的明确性。
- 相关流程、制度的制定、发布、修订的规范性。
- 安全要求及实际执行的一致性和有效性。

技术与工具

- 评估数据安全技术在数据全生命周期的使用情况，并考察相关技术针对数据安全风险的检测能力。

- 评价技术工具在数据安全工作上自动化和持续支持能力的实现情况，并考察相关工具对数据安全制度流程的固化执行能力。

人员能力

- 数据安全人员所具备的安全技能是否满足复合型能力要求。
- 数据安全人员的数据安全意识，以及关键数据安全岗位员工的数据安全能力培养。

（3）数据安全过程维度

在数据安全过程维度上，DSMM 模型将数据生命周期分为数据采集、数据传输、数据存储、数据处理、数据交换和数据销毁这 6 个阶段，里面涉及 30 个过程域（PA），具体如图 2-2 所示。

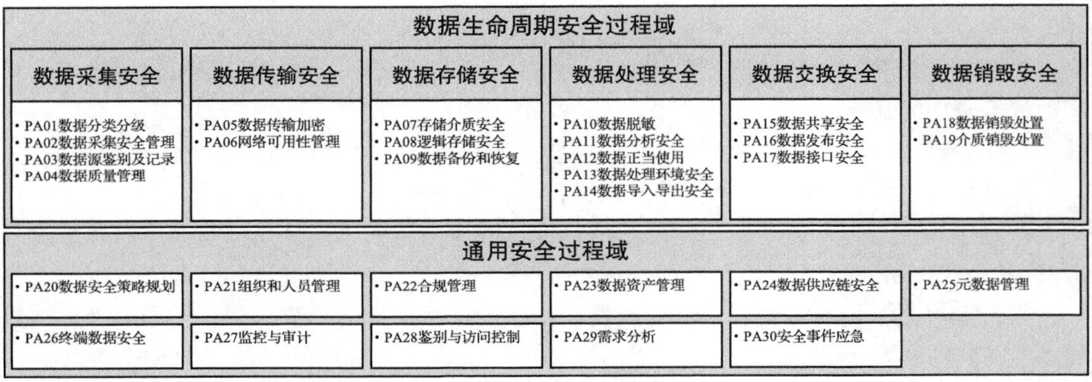

数据生命周期安全过程域

数据采集安全	数据传输安全	数据存储安全	数据处理安全	数据交换安全	数据销毁安全
• PA01数据分类分级 • PA02数据采集安全管理 • PA03数据源鉴别及记录 • PA04数据质量管理	• PA05数据传输加密 • PA06网络可用性管理	• PA07存储介质安全 • PA08逻辑存储安全 • PA09数据备份和恢复	• PA10数据脱敏 • PA11数据分析安全 • PA12数据正当使用 • PA13数据处理环境安全 • PA14数据导入导出安全	• PA15数据共享安全 • PA16数据发布安全 • PA17数据接口安全	• PA18数据销毁处置 • PA19介质销毁处置

通用安全过程域

• PA20数据安全策略规划	• PA21组织和人员管理	• PA22合规管理	• PA23数据资产管理	• PA24数据供应链安全	• PA25元数据管理
• PA26终端数据安全	• PA27监控与审计	• PA28鉴别与访问控制	• PA29需求分析	• PA30安全事件应急	

图 2-2　DSMM 过程域划分示意图

DSMM 标准旨在助力提升全社会、全行业的数据安全水准。同时，DSMM 标准的发布也填补了行业在数据安全能力成熟度评估标准方面的空白，为组织机构评估自身数据安全能力提供了科学依据和参考。

2.2.3 治理思路选型

基于上述国内外各大机构对数据安全治理的思路，本节将针对治理思路选型做一个简要总结。

Gartner 进行数据安全治理（DSG）的思路主要是基于企业自身的视角，从政策制度、企业架构及技术手段等多维度入手，推动数据安全技术的实施，由明确制度规划执行的预期效果，并确保其与企业整体技术目标或风险偏好一致，属于纯企业视角下的治理思路。

微软的数据安全治理框架（DGPC）则倾向于数据安全治理中隐私安全及对应合规内容的专项型治理思路，提出的方法则是以现有合规要求为依托，整合企业多维度部门资源解决问题，属于基于合规背景下的部分维度专项治理思路。

国内数据安全治理委员会的思路与 Gartner 的 DSG 思路类似，更倾向于一种更适应国内情况的落实建议，属于基于 Gartner 的本土化阐述思路。

而 DSMM 则属于国家标准，对合规要求、组织架构、人员能力、技术方法及制度流程都有涉及，同时也是上述思路中唯一一个提出要基于数据生命周期进行全流程安全建设的治理思路，落实建议的力度更为细腻。同时，随着《中华人民共和国数据安全法（草案）》的公布，后续 DSMM 很可能会成为该法案的具体落实标准和衡量指标，对于国内企业而言，以 DSMM 为数据安全治理思路方案选型，可以更好地确保数据安全治理的制度合规。同时，利用数据安全生命周期的思路，可以形成一套实际可行可用的体系化标准。因此本书将以 DSMM 数据安全治理思路为依托，基于充分定义级（3 级）视角，展开数据安全建设实践建议。若读者对上述其他治理思路感兴趣，欢迎根据相关的介绍自行进行深入研究。

2.2.4　信息安全、网络安全与数据安全的区别

读到这里，相信很多读者对数据安全的概念，以及它与信息安全、网络安全等其他常见安全概念的区别与联系依然存在一些疑惑，下面就将上述概念及对应的内容进行一次梳理。

在这几个概念里，信息安全的概念范围最为庞大，网络安全、数据安全等都是信息安全概念的分支。如果将信息安全概念进行简单细分，那么它实际上包含了如图 2-3 所示的内容。

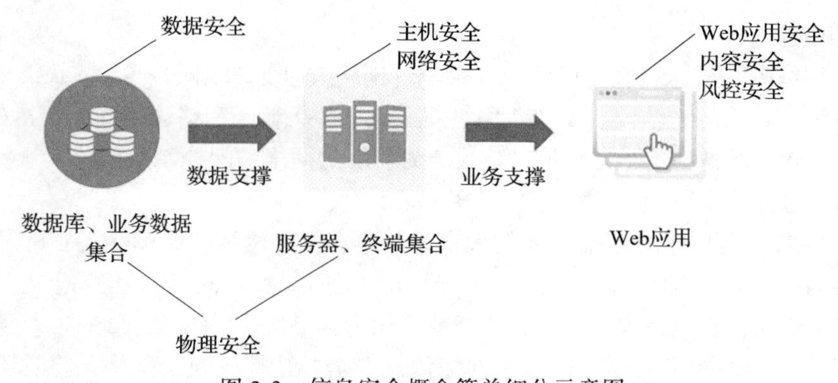

图 2-3　信息安全概念简单细分示意图

图 2-3 虽然不能完全代表信息安全各项内容在业务中的分布，但可以粗略表示各项安全内容的组成及其所在的主要业务环节。如果将信息安全粗略拆分于业务流程中，则可分为物理安全、主机安全、网络安全、数据安全、应用安全等。

1. 物理安全

物理安全是指对网络与信息系统中物理装备的保护，主要包括以下内容。

- 计算机系统的环境条件。计算机系统的安全环境条件包括温度、湿度、空气洁净度、腐蚀度、虫害、振动和冲击、电气干扰等，各方面都要有具体的要求和严格的标准。
- 机房场地环境的选择。为计算机系统选择一个合适的安装场所十分重要，安装场所将直接影响系统的安全性和可靠性。机房的场地选择要注意其外部环境安全性、地质可靠性、场地抗电磁干扰性等，应避开强振动源和强噪声源，且应避免设在建筑物高层和用水设备的下层或隔壁，还要注意出入口的管理。
- 机房的安全防护。机房的安全防护是针对环境的物理灾害而言的，是防止未授权的个人或团体破坏、篡改或盗窃网络设施与重要数据而采取的安全措施和对策。为做到区域安全，首先应考虑通过物理访问控制来识别访问用户的身份，并对其合法性进行验证；其次，对来访者必须限定其活动范围；第三，要在计算机系统中心设备外设多层安全防护圈，以防止非法暴力入侵；第四，设备所在的建筑物应具有抵御各种自然灾害的设施。

物理安全涉及的主要保护方式有干扰处理、电磁屏蔽、数据校验、冗余和系统备份等。

2. 主机安全

主机安全是指保证主机在数据存储和处理时的保密性、完整性和可用性，包括硬件、固件、系统软件的自身安全，以及一系列附加的安全技术和安全管理措施，从而建立一个完整的主机安全保护环境。主机安全的主要保护方式有防火墙与物理隔离、风险分析与漏洞扫描、应急响应、病毒防治、访问控制、安全审计、入侵检测、源路由过滤、降级使用和数据备份等。

3. 网络安全

广义的网络安全概念也在不断演化。最早的网络安全是 Network Security，基于“安全体系以网络为中心”的立场，主要涉及网络安全域、防火墙、网络访问控制、抗 DDOS（分布式拒绝服务攻击）等场景，特别是以防火墙为代表的网络访问控制设备的大量使用，使得网络安全域、边界、隔离、防火墙策略等概念深入人心。

后来，网络安全概念的范围越来越大，不断向云端、网络、终端等各个环节延伸，现在已发展为网络空间安全（Cyberspace Security），甚至已覆盖陆、海、空、天等领域，但这个词太长，读起来没有网络安全方便，之后就简化为网络安全（Cyber Security）了。

在实际应用中，网络安全往往是指网络传输安全。计算机通信网络是将若干台具有独立功能的计算机通过通信设备及传输介质互连起来，在通信软件的支持下，实现计算机之间的信息传输与交换的系统。而计算机网络则是指以共享资源为目的，利用通信手段把地域上相对比较分散的若干个独立的计算机系统、终端设备和数据设备连接起来，并在协议的控制下进行数据交换的系统。从中可以看出，计算机网络的根本目的在于资源共享，通信网络是实现网络资源共享的途径，因此计算机网络是安全的。相应地，计算机通信网络也必须是安全的，应该能帮助网络用户实现信息交换与资源共享，而狭义的网络安全指的是计算机通信网络信息交换、共享过程中的传输安全等，包括网络通信信息的保密性、真实性和完整性。

4. 数据安全

最初，人们认为数据安全是指数据层的安全，也就是通常所说的数据库安全，但实际意义上数据安全的概念应是“以数据为中心的全生命周期的数据安全”，它所基于的立场是“安全体系以数据为中心”，泛指整个安全体系，侧重于数据分级及敏感数据全生命周期的保护。它以数据的安全收集（或生成）、安全使用、安全传输、安全存储、安全披露、安全转移与跟踪、安全销毁为目标，涵盖整个安全体系。

5. 应用安全

应用安全实际上也是一种泛称，广义指代应用级别的安全措施，旨在保护应用内的数据或代码免遭窃取和劫持。它涵盖了在应用开发和设计期间的安全注意事项，还涉及在应用部署后对其加以保护的系统和方法。

Web 应用安全里的 Web 应用指的是用户利用互联网（Internet）通过浏览器界面访问的应用或服务。由于 Web 应用位于远程服务器，而不是本地用户设备上，因此，用户必须通过互联网传输和接收信息。对于托管 Web 应用或提供 Web 服务的企业而言，Web 应用安全是需要特别关注的问题。这些企业通常会选择借助于 Web 应用防火墙来保护网络免遭入侵。Web 应用防火墙会检查是否存在有害数据包，并在必要时进行拦截，以此来保证应用安全。

6. 内容安全

内容安全是信息安全的一个分支，属于应用安全或风控安全维度，其目的是识别并阻断不良信息的传播，例如，滥发电子消息（Spamming）、色情内容、犯罪内容、恐怖主义内容、政治敏感内容等。内容安全涉及的技术包括自然语言处理、计算机视觉等，涉及的内容包括文字、图片、音频、视频等。

7. 风控安全

风控安全实际上隶属于应用安全中的业务损失防范，主要用于防范用户通过业务作弊导致的资损、法规等风险，这里的风险通常包含通过渠道推广、账号、支付、营销活动、爬虫流量等方式作弊，常见的技术方法主要基于 IP 画像、设备指纹、黑卡检测、威胁情报等。

如果将人员相关的安全问题也加入信息安全范畴，则风控安全还会包含人员安全意识、政策管理安全等。

（1）人员安全意识

尽管科技创新在很大程度上修补了技术上的一些安全漏洞，但信息安全中最大的安全漏洞还要属员工薄弱的安全意识。很多时候，安全事故的发生并不是员工的技术原因造成的，而是员工根本没有充分认识到信息安全的重要性，他们要么忽视安全流程，要么躲避技术控制措施。根据“2017 中国网民网络安全意识调研报告”统计，约 90% 的网民认为当前的网络环境是安全的，但实际上，82.6% 的网民都没有接受过任何形式的网络安全培训。通过对网络安全事故进行分析，我们发现，超过 70% 的事故是由于内部人员疏忽或无意泄露造成的。

而解决员工安全意识的问题，最为常用的手段便是定期进行安全培训，通过课程学习、工具检测、题目测验、效果评估、现场培训、宣传物料等多种方式宣传网络安全知识，提升员工的网络安全意识，实现企业内员工的安全生态建设。

（2）政策管理安全

政策管理安全更多强调的是对人员身份、权限管理的合理化甚至最小化，防止由于某些员工被赋予过多无关权限或过高权限导致权限蔓延等问题，从而引发安全失控风险，同时还要强调职责分离与多人控制，防止两个及两个以上的员工共谋进行安全犯罪活动。

通过以上简要介绍，希望读者能够对信息安全、网络安全、数据安全等常见安全术语对应的描述范围和定义有一定了解。实际上，上述内容依然不能完全代表信息安全各项内容在业务中的分布，仅可粗略表示各项安全内容的组成及其所在的主要业务环节，故上述内容仅供参考。

治理选型篇

Chapter 3 第3章

大数据时代的数据安全治理思路

明确了针对数据安全治理的标准选型之后，我们就可以正式开始梳理数据安全治理的核心思路了。基于数据安全能力成熟度模型（DSMM）框架，数据安全治理可以遵循以下3个原则。

- ❑ 以数据为中心，而非系统。
- ❑ 以组织为单位，而非个人。
- ❑ 以数据生命周期为要素，而非定点。

本章将基于上述3个原则对数据安全治理思路进行阐述，并引出基于DSMM的数据生命周期安全过程域介绍。

3.1 以数据为中心

与以系统为中心的传统网络安全建设思路不同，数据安全建设需要将防护主体定位在数据层面，这意味着相比之下有更为细粒度的安全防护要求。

在传统的网络安全建设中，我们评价的目标个体自上而下分别是：一台硬件主机、主机上的操作系统、操作系统上的应用程序以及服务等。在进行安全检查时，要按照从下至上的顺序实施，首先确认应用程序、中间件以及进程服务等的安全性，然后检查操作系统整体的安全构建情况，最后从硬件层面判别物理安全，进而得出该个体是否符合网络安全基本要求的结论。

对于数据安全治理建设，由于即使是一个固定的应用程序、中间件或者服务进程，它所创建、读取或处理的数据也会由于内容敏感性等因素有不同的安全等级需求，或者说同一个体所接触或处理的不同数据也可能拥有着不同的敏感级别，因此，这也就意味着如果此时依旧以该应用程序、中间件或者服务进程为中心构建安全体系，虽然可以一定程度保证主体本身的安全性，但依然无法保证其在对不同的数据进行操作和使用的过程中不存在其自身由于设计逻辑或操作方式缺陷所导致的数据安全风险。换句话说，到了数据安全保护层面，原本作为保护个体的应用程序、中间件或者服务进程自身也可能会是数据的风险来源，因此需要更低维度的监督方案。

相比于硬件主机、主机上的操作系统、操作系统上的应用程序以及服务等的静态概念，数据这一信息载体更具有动态性，即数据在程序运行过程中往往是要不断在各程序主体之间流动的，例如通过网络向其他主机传递文件，如果在这个场景下使用基于系统的传统网络安全建设思路，那么可以判别出发送数据的主机以及接收数据的主机符合安全要求，但却无法保证在数据传输的过程中数据本身是否安全。换句话说，由于不同安全等级的数据在流动的过程中由于没有与之随行的安全防护措施，因此如果存在数据泄露、窃取或者滥用等隐患，那么基于系统的防护思路将起不到作用。

综上，无论是在数据生命周期的哪个阶段，都需要以数据为中心构建安全体系，并将数据生命周期视为一个闭环，综合考虑各种风险，确保数据在各环节都能被有效地、动态地保护和检测。

3.2　以组织为单位

如 3.1 节所述，传统的网络安全建设思路是以一台硬件主机、主机上的操作系统、操作系统上的应用程序以及服务等个体维度进行保护的，因此我们会习惯性地基于个体来分配所谓的责任，不同的个体由不同的责任人负责，他们须确保各自负责的个体满足对应的安全要求。

在数据安全治理的建设中，如果依然使用上述责任分担方法，则会出现一种非常危险的现象：即使作为一个个体系统的安全责任人，我确保了数据在流动至我所负责的系统时没有安全问题，但无法保证后面其他的系统不出现安全问题，如果他们出现问题导致数据泄露，那么所泄露的不仅是被攻破系统存在的数据内容，原本安全经过我所属系统的数据也会被攻击者截获并利用，从而导致我的安全建设间接失效。

若以人体组织结构类比，这就好比采用个体的、割裂式的责任分担法将人体的各个器官安排给不同的责任人保障健康，数据就是其中的血液，它并不会因为你单一某一个器官健康而保证人整体的状态都正常，只有保证全部器官都是健康的、没有破损的，才能确保血液的流动正常。

由此可见，数据安全治理相比于传统的网络安全建设中体现的“个人英雄主义”，它更倾向于“一荣俱荣，一损俱损”，因此传统的个人责任制并不适合数据安全治理建设的发展。因此在数据安全治理的建设中，需要以组织为单位，在将数据生命周期视为一个闭环的同时，也要将组织内所有数据流经的个体系统视作单一的责任单位，确保每一个系统的安全都在统一责任范围之内，从而防止出现短板效应导致满盘皆输。

3.3 以数据生命周期为要素

根据前面提到的两个原则，我们可以深刻地认识到数据安全治理需要将数据生命周期视为一个闭环，并且要进行全流程保护，数据并不会因为我们在某一环节的安全建设优秀而保证下一个环节安然无恙；个体系统的安全建设需要以组织为单位，确保不存在短板效应。综上所述，数据安全治理的建设应该是动态的、跟随数据而行的，不再是传统的“卡点”式的、被动等待的，我们需要有数据流动安全的概念，在数据生命周期的各个阶段、它所流经的每一个系统，都应有安全防护机制无缝衔接。

关于数据生命周期，DSMM 将其总结为 6 个阶段，分别是数据采集、数据存储、数据传输、数据处理、数据交换和数据销毁，简要说明如下。

- 数据采集：指新的数据产生，或者是现有数据内容发生显著改变或更新的阶段。对于组织机构而言，数据的采集既包含在组织内部系统中生成的数据，也包含组织从外部采集的数据。
- 数据存储：指非动态数据以任何数字格式进行物理存储的阶段。
- 数据处理：指组织在内部针对动态数据进行的一系列活动的组合。
- 数据传输：指数据在组织内部从一个实体通过网络流动到另一个实体的过程。
- 数据交换：指数据经由组织与外部组织及个人产生交互的阶段。
- 数据销毁：指通过对数据及数据的存储介质实施相应的操作，使数据彻底灭失且无法通过任何手段恢复的过程。

在此基础上，DSMM 将上述生命周期的 6 个阶段进行了进一步细分，划分出 30 个过程域。这 30 个过程域分别分布在这 6 个阶段中，部分过程域贯穿于整个数据生命周期，第 4 章将基于 DSMM 对上述数据生命周期及对应的所有过程域展开论述，描述在数据生命周期中数据安全保护实践的思路。

第 4 章 Chapter 4

数据生命周期安全过程域

第 5 章到第 11 章将以数据安全能力成熟度模型（DSMM）为依托描述数据安全治理思路，文中会基于充分定义级（3 级）视角，针对数据生命周期的各过程域提供数据安全实践的相关建议，并且会对数据生命周期中 6 个阶段的 30 个过程域的具体要求进行逐一介绍。

4.1 数据采集安全

针对数据安全的不同生命周期，DSMM 提出了不同的安全要求。根据数据生命周期的划分，数据安全可分为采集安全、传输安全、存储安全、处理安全、交换安全和销毁安全。数据采集安全是数据安全生命周期的第一个过程，是对数据来源安全的管理，这也是所有后续生命周期安全工作能够正常落实的基础，因而该阶段的重要性不言而喻。

DSMM 官方将数据采集安全定义为组织内部系统中新产生数据及从外部系统收集数据的阶段，其中共包含四个过程域，分别为数据的分类分级、数据采集安全管理、数据源鉴别及记录和数据质量管理。

4.1.1 数据的分类分级

DSMM 官方将数据的分类分级定义为基于法律法规和业务需求确定组织内部的数据分类分级方法，对生成或收集的数据分类分级进行标识。

DSMM 标准在充分定义级对数据分类分级的要求具体如下。

（1）组织建设

组织应设立负责数据分类分级管理的岗位和工作人员，主要负责定义组织整体的数据分类分级的安全原则。

（2）制度流程

- 应明确数据分类分级的原则、方法和操作指南。
- 应对组织的数据分类分级进行标识和管理。
- 应对不同类别和级别的数据建立相应的访问控制、数据加解密、数据脱敏等安全管理和控制措施。
- 应明确数据分类分级变更审批流程和机制，通过该流程保证对数据分类分级的变更操作及其结果符合组织的要求。

（3）技术工具

应使用数据分类分级打标或数据资产管理工具，实现对数据的分类分级自动进行标识，以及发布和审核标识结果等功能。

（4）人员能力

负责该项工作的人员应了解数据分类分级的合规要求，能够识别哪些数据属于敏感数据。

基于上述定义，以及对应的充分定义级要求，5.1 节将对数据分类分级的相关内容进一步展开讲解，并给出实践指南。

4.1.2 数据采集安全管理

DSMM 官方将数据采集安全管理定义为在采集外部客户、合作伙伴等相关方数据的过程中，组织应明确采集数据的目的和用途，并确保满足数据源的真实性、有效性和最小够用等原则，同时明确数据采集渠道、数据格式规范，以及相关的流程和方式，从而保证数据采集的合规性、正当性和一致性。

DSMM 标准在充分定义级对数据采集安全管理的要求具体如下。

（1）组织建设

组织应设立负责数据采集安全管理的岗位，由相关工作人员负责制定数据采集安全管理制度，推动相关要求和流程的落实，并对具体业务或项目的风险评估提供咨询和支持。

（2）制度流程

- 应明确组织的数据采集原则，定义业务的数据采集流程和方法。
- 应明确数据采集的渠道及外部数据源，并对外部数据源的合法性进行确认。
- 应明确数据采集的范围、数量和频度，确保不收集、提供与服务无关的个人信息和重要数据。
- 应明确组织数据采集的风险评估流程，针对采集的数据源、频度、渠道、方式、数据范围和类型进行风险评估。
- 应明确在数据采集过程中，个人信息和重要数据的知悉范围和需要采取的控制措施，确保采集过程中的个人信息和重要数据不泄露。

- 应明确自动化数据采集的范围。

（3）技术工具

- 依据统一的数据采集流程建设数据采集相关的工具，以保证组织实现数据采集流程的一致性，同时相关系统应具备详细的日志记录功能，确保在数据采集和授权过程中记录的完整性。
- 应采取技术手段保证数据采集过程中个人信息和重要数据不被泄露。

（4）人员能力

负责该项工作的人员应充分理解数据采集的法律要求、安全和业务需求，并能够根据组织的业务提出有针对性的解决方案。

基于上述定义，以及对应的充分定义级要求，5.2 节将对数据采集安全管理的相关内容进一步展开讲解，并给出实践指南。

4.1.3　数据源鉴别及记录

DSMM 官方将数据源鉴别及记录定义为对产生数据的数据源进行身份鉴别和记录，以防止数据仿冒和数据伪造。

DSMM 标准在充分定义级对数据源鉴别及记录的要求具体如下。

（1）组织建设

应由业务团队相关人员负责对数据源进行鉴别和记录。

（2）制度流程

应明确数据源管理的制度，对组织采集的数据源进行鉴别和记录。

（3）技术工具

- 组织应采取技术手段对外部收集的数据和数据源进行识别和记录。
- 应对关键追溯数据进行备份，并采取技术手段对追溯数据进行安全保护。

（4）人员能力

负责该项工作的人员应理解数据源鉴别标准和组织内部数据采集的业务，且能够结合实际情况执行相关操作。

基于上述定义，以及对应的充分定义级要求，5.3 节将对数据源鉴别及记录的相关内容进一步展开讲解，并给出实践指南。

4.1.4　数据质量管理

DSMM 官方将数据质量管理定义为建立组织的数据质量管理体系，保证数据采集过程中收集或产生的数据的准确性、一致性和完整性。

DSMM 标准在充分定义级对数据质量管理的要求具体如下。

（1）组织建设

组织应设立负责数据质量管理的岗位，由相关工作人员负责制定统一的数据质量管理要求，明确对数据质量进行管理和监控的责任部门或责任人。

（2）制度流程

- 应明确数据质量管理相关的要求，包括数据格式要求、数据完整性要求、数据源质量评价标准等。
- 应明确数据采集过程中的质量监控规则，明确数据质量的监控范围及监控方式。
- 应明确组织中与数据清洗、转换和加载操作相关的安全管理规范，明确执行的规则和方法，以及相关人员的权限，保证完整性和一致性要求等。

（3）技术工具

应利用技术工具对关键数据进行数据质量管理和监控，一旦发现异常数据就及时告警或更正。

（4）人员能力

负责该项工作的人员应了解数据采集阶段的数据质量控制要素，且能够基于组织的业务特点开展数据质量评估工作。

基于上述定义，以及对应充分定义级的要求，5.4 节将对数据质量管理的相关内容进一步展开讲解，并给出实践指南。

4.2 数据传输安全

数据传输安全是对数据网络传输进行安全管理，由于在网络传输的过程中会频频发生诸如数据泄露、窃取、篡改等安全事故，因此数据传输安全属于数据安全中较为重要的操作阶段。DSMM 官方将数据传输安全阶段定义为数据从一个实体传输到另一个实体的阶段，该阶段包含两个过程域，分别为数据传输加密和网络可用性管理。

4.2.1 数据传输加密

DSMM 官方将数据传输加密定义为根据组织内部和外部的数据传输要求，采用适当的加密保护措施，保证传输通道、传输节点和传输数据的安全，以及防止传输过程中的数据泄露。

DSMM 标准在充分定义级对数据传输加密的要求具体如下。

（1）组织建设

组织应设立负责数据加密和密钥管理的岗位，由相关工作员负责制定整体业务的加密原则和相关技术工作，由各业务的技术团队负责实现具体场景下的数据传输加密。

（2）制度流程

- 应明确数据传输安全管理规范，明确数据传输安全要求（如传输通道加密、数据内容加密、签名验签、身份鉴别、数据传输接口安全等），并确定需要对数据进行传输加密的场景。

- ❑ 应明确对数据传输安全策略的变更进行审核的技术方案。

（3）技术工具

- ❑ 应对传输数据的完整性进行检测，并具备数据容错或恢复的技术手段。
- ❑ 应部署对通道安全配置、密码算法配置、密钥管理等保护措施进行审核及监控的技术工具。

（4）人员能力

- ❑ 应了解常用的安全通道方案、身份鉴别和认证技术、主管部门推荐的数据加密算法，基于具体的业务选择合适的数据传输安全管理方式。
- ❑ 负责该项工作的人员应熟悉数据加密算法，并且能够基于具体的业务选择合适的加密技术。

基于上述定义，以及对应的充分定义级要求，6.1 节将对数据传输加密的相关内容进一步展开讲解，并给出实践指南。

4.2.2　网络可用性管理

DSMM 官方将网络可用性管理定义为通过网络基础设施及网络层数据防泄露设备的备份建设实现网络的高可用性，从而保证数据传输过程的稳定性。

DSMM 标准在充分定义级对网络可用性管理的要求具体如下。

（1）组织建设

组织应设立负责网络可用性管理的岗位，或者建立一个团队。

（2）制度流程

应制定组织的网络可用性管理指标，包括可用性的概率数值、故障时间或故障频率、统计业务单元等；基于可用性管理指标，建立网络服务配置方案和宕机替代方案等。

（3）技术工具

- ❑ 应对关键的网络传输链路、网络设备节点实行冗余建设。
- ❑ 应部署负载均衡、防入侵攻击、数据防泄露检测与防护等相关设备，以保证网络可用性，并对数据泄露风险进行防范。

（4）人员能力

负责该项工作的人员应具备网络安全管理的能力，了解网络安全对可用性的需求，且能够根据不同的业务对网络性能需求制定有效的可用性安全防护方案。

基于上述定义，以及对应充分定义级的要求，6.2 节将对网络可用性管理的相关内容进一步展开讲解，并给出实践指南。

4.3　数据存储安全

DSMM 官方将数据存储安全定义为数据以任何数字格式进行存储的阶段，该阶段涉及数据完整性、保密性和可用性（即 CIA）这 3 个方面，包含了 3 个过程域，分别为存储介质安全、逻辑存储安全、数据备份和恢复。

4.3.1 存储介质安全

DSMM 官方将存储介质安全定义为针对组织内需要对数据存储介质进行访问和使用的场景，提供有效的技术和管理手段，防范出现由于对介质的不当使用而可能引发的数据泄露风险。这里的存储介质主要包括终端设备及网络存储。

DSMM 标准在充分定义级对存储介质安全的要求具体如下。

（1）组织建设

组织应设立负责存储介质安全管理的岗位。

（2）制度流程

- 应明确存储介质访问和使用的安全管理规范，建立使用存储介质的审批和记录流程。
- 应明确购买或获取存储介质的流程，要求通过可信渠道购买或获取存储介质，并针对各类存储介质建立格式化规程。
- 应建立存储介质资产标识，明确存储介质所存储的数据。
- 应对存储介质进行常规检查和随机检查，确保存储介质的使用符合机构公布的关于存储介质使用的制度。

（3）技术工具

- 组织应使用技术工具对存储介质的性能进行监控，包括存储介质的使用历史、性能指标、错误或损坏情况，对超过安全阈值的存储介质进行预警。
- 应对存储介质的访问和使用行为进行记录和审计。

（4）人员能力

负责该项工作的人员应熟悉存储介质安全管理的相关合规要求，熟悉不同存储介质访问和使用的差异性。

基于上述定义，以及对应充分定义级的要求，7.1 节将对存储介质安全的相关内容进一步展开讲解，并给出实践指南。

4.3.2 逻辑存储安全

DSMM 官方将逻辑存储安全定义为基于组织内部的业务特性和数据存储安全要求，建立针对数据逻辑存储及存储容器等的有效安全控制机制。

DSMM 标准在充分定义级对逻辑存储安全的要求具体如下。

（1）组织建设

- 组织应设立负责数据逻辑存储安全管理的岗位，由相关工作人员负责明确整体的数据逻辑存储系统安全管理要求，并推进相关要求的实施。
- 应明确各数据逻辑存储系统的安全管理员，由其负责执行数据逻辑存储系统、存储设备的安全管理和运维工作。

（2）制度流程

- 应明确数据逻辑存储管理安全规范和配置规则，明确各类数据存储系统的账号权限管理、访问控制、日志管理、加密管理、版本升级等方面的要求。
- 内部的数据存储系统应在上线前遵循统一的配置要求，以进行有效的安全配置，对所使用的外部数据存储系统也应进行有效的安全配置。
- 应明确数据逻辑存储隔离授权与操作要求，确保数据存储系统具备多用户数据存储安全隔离能力。

（3）技术工具

- 应为数据存储系统配置扫描工具，定期对主要数据存储系统的安全配置进行扫描，以保证其符合安全基线要求。
- 应利用技术工具监测逻辑存储系统的数据使用规范性，确保数据存储符合组织的相关安全要求。
- 应具备对个人信息、重要数据等敏感数据的加密存储能力。

（4）人员能力

负责该项工作的人员应熟悉数据存储系统架构，并能够分析出数据存储面临的安全风险，从而保证能够对各类存储系统进行有效的安全防护。

基于上述定义，以及对应充分定义级的要求，7.2 节将对逻辑存储安全的相关内容进一步展开讲解，并给出实践指南。

4.3.3　数据备份和恢复

DSMM 官方将数据备份和恢复定义为通过定期执行的数据备份和恢复，实现对存储数据的冗余管理，保护数据的可用性。

DSMM 标准在充分定义级对数据备份和恢复的要求具体如下。

（1）组织建设

组织应明确负责数据备份和恢复管理的岗位和工作人员，由其负责建立相应的制度流程并部署相关的安全措施。

（2）制度流程

- 应明确数据备份和恢复的管理制度，以满足数据服务的可靠性和可用性等安全目标。
- 应明确数据备份和恢复的操作规程，明确定义数据备份和恢复的范围、频率、工具、过程、日志记录、数据保存时长等。
- 应明确数据备份和恢复的定期检查和更新工作程序，包括数据副本的更新频率和保存期限等。
- 应依据数据生命周期的流程和业务规范，建立数据生命周期各阶段数据归档的操作流程。
- 应明确归档数据的压缩或加密要求。

- 应明确归档数据的安全管控措施，非授权用户不能访问归档数据。
- 应识别组织适用的合规要求，按监管部门的要求对相关数据予以记录和保存。
- 应明确数据存储时效性管理规程，明确数据分享、存储、使用和删除的有效期，明确有效期到期时对数据的处理流程，以及过期存储数据的安全管理要求。
- 应明确过期存储数据的安全保护机制，对于超出有效期的存储数据，应具备再次获取数据控制者授权的能力。

（3）技术工具

- 应建立数据备份和恢复的统一技术工具，保证相关工作的自动执行。
- 应建立保证备份和归档数据安全的技术手段，包括但不限于对备份和归档数据的访问控制、压缩或加密管理、完整性和可用性管理，确保备份和归档数据的安全性，确保存储空间能够被归档和备份数据有效利用，同时这些数据能够被安全存储和安全访问。
- 应采取必要的技术措施定期查验备份和归档数据的完整性和可用性。
- 应建立过期存储数据及其备份数据被彻底删除或匿名化的方法和机制，且能够验证数据已被完全删除、无法恢复或无法识别到个人，并告知数据控制者和数据使用者。
- 应通过风险提示和技术手段避免出现非过期数据的误删除，确保在一定时间窗口内误删除的数据可以手动恢复。
- 应确保存储架构具备数据存储跨机柜或跨机房容错部署的能力。

（4）人员能力

- 负责该项工作的人员应了解数据备份介质的性能和相关数据的业务特性，能够确定有效的数据备份和恢复机制。
- 负责该项工作的人员应了解数据存储时效性相关的合规性要求，并具备基于业务对合规要求的解读能力和实施能力。

基于上述定义，以及对应充分定义级的要求，7.3 节将对数据备份和恢复的相关内容进一步展开讲解，并给出实践指南。

4.4 数据处理安全

DSMM 官方将数据存储安全阶段定义为组织在内部对数据进行计算、分析和可视化等操作的阶段。该阶段对数据的接触最为深入，因而需要着重关注和解决数据处理过程中的潜在安全问题，降低该阶段的安全风险。该阶段包含 5 个过程域，分别为数据脱敏、数据分析安全、数据正当使用、数据处理环境安全和数据导入导出安全。

4.4.1 数据脱敏

DSMM 官方将数据脱敏定义为根据相关法律法规和标准的要求以及业务需求，给出敏感数据的脱敏需求和规则，并对敏感数据进行脱敏处理，从而保证数据可用性和安全性的平衡。

DSMM 标准在充分定义级对数据脱敏的要求具体如下。

（1）组织建设

组织应设立负责数据脱敏的岗位，由相关工作人员负责制定数据脱敏的原则和方法，并提供相应的技术支持。

在数据权限的申请阶段，相关人员应评估使用真实数据的必要性，以及确定该场景下适用的数据脱敏规则及方法。

（2）制度流程

- 应明确组织的数据脱敏规范，明确数据脱敏的规则、脱敏方法和使用限制等。
- 应明确需要脱敏处理的应用场景、脱敏处理流程，以及所涉及部门及人员的职责分工。

（3）技术工具

- 组织应提供统一的数据脱敏工具，实现数据脱敏工具与数据权限管理系统的联动，以及数据使用前的静态脱敏。
- 应提供面向不同数据类型的脱敏方案，可基于场景需求自定义脱敏规则。
- 数据脱敏后应保留原始数据格式和特定属性，满足开发与测试需求。
- 应对数据脱敏处理过程相应的操作进行记录，以满足数据脱敏处理安全审计要求。

（4）人员能力

- 应熟悉常规的数据脱敏技术，能够分析数据脱敏过程中存在的安全风险，并且能基于数据脱敏的具体场景，保证业务和安全之间的需求平衡。
- 应具备对数据脱敏的技术方案进行定制化的能力，能够基于组织内部各级别的数据建立有效的数据脱敏方案。

基于上述定义，以及对应充分定义级的要求，8.1 节将对数据脱敏的相关内容进一步展开讲解，并给出实践指南。

4.4.2　数据分析安全

DSMM 官方将数据分析安全定义为在数据分析过程中，采取适当的安全控制措施，以防止在数据挖掘和分析过程中泄露有价值的信息和个人隐私。

DSMM 标准在充分定义级对数据分析安全的要求具体如下。

（1）组织建设

组织应设立负责数据分析安全管理的岗位，由相关工作人员负责制定整体的数据分析安全原则，并提供相应的技术支持。

（2）制度流程

- 应明确数据处理与分析过程中的安全规范，覆盖构建数据仓库、建模、分析、挖掘、展现等方面的安全要求，明确个人信息保护、数据获取方式、访问接口、授权机制、分析逻辑安全、分析结果安全等内容。

- 应明确数据分析安全审核流程，对数据分析的数据源、数据分析需求、分析逻辑进行审核，以确保数据分析目的和分析操作等方面的正当性。
- 应采取必要的监控审计措施，以确保实际进行的分析操作及分析结果的使用与其声明是一致的，从而整体保证数据分析的预期不会超过相关分析团队对数据进行操作的权限范围。
- 应明确数据分析结果的输出和使用的安全审核、合规评估和授权流程，以防范数据分析结果输出造成安全风险。

（3）技术工具

- 在针对个人信息进行数据分析时，组织应采用多种技术手段降低数据分析过程中的隐私泄露风险，如差分隐私保护、*K*匿名等。
- 应记录并保存数据处理与分析过程中对个人信息、重要数据等敏感数据的操作行为。
- 应提供组织统一的数据处理与分析系统，并能够呈现数据处理前后数据间的映射关系。

（4）人员能力

应能够基于合规性要求、相关标准对数据安全分析中可能引发的数据聚合安全风险进行有效的评估，并能够针对分析场景提出有效的解决方案。

基于上述定义，以及对应充分定义级的要求，8.2 节将对数据分析安全的相关内容进一步展开讲解，并给出实践指南。

4.4.3 数据的正当使用

DSMM 官方将数据的正当使用定义为基于国家相关法律法规对数据分析和利用的要求，建立数据使用过程的责任机制和评估机制，以保护国家机密、商业机密和个人隐私，防止数据资源被用于不正当目的。

DSMM 标准在充分定义级对数据的正当使用要求具体如下。

（1）组织建设

组织应设立负责数据的正当使用管理岗位，由相关工作人员负责对数据的正当使用工作进行管理、评估和风险控制。

（2）制度流程

- 应明确数据使用的评估制度，在使用所有个人信息和重要数据之前，应先进行安全影响评估，只有在满足国家合规要求后，才允许使用。数据的使用应避免精准定位到特定个人，避免评价信用、资产和健康等敏感数据，不得超出收集数据时所声明的目的和范围。
- 应明确数据使用正当性的制度，保证数据的使用在声明的目的和范围之内。

（3）技术工具

- 应依据合规要求建立相应强度或粒度的访问控制机制，限定用户的可访问数据范围。

- 应完整记录数据使用过程的操作日志，以便识别和追责潜在违约使用者的相关责任。

（4）人员能力

负责该项工作的人员应能够按“最小够用”等原则管理权限，并具备对正当使用数据相关风险进行分析和跟进的能力。

基于上述定义，以及对应充分定义级的要求，8.3 节将对数据的正当使用相关内容进一步展开讲解，并给出实践指南。

4.4.4　数据处理环境安全

DSMM 官方对数据处理环境安全的定义是，为组织内部的数据处理环境建立安全保护机制，提供统一的数据计算和开发平台，确保在数据处理的过程中有完整的安全控制管理和技术支持。

DSMM 标准在充分定义级对数据处理环境安全的要求具体如下。

（1）组织建设

应由业务团队相关人员负责数据处理环境安全的管理和控制。

（2）制度流程

- 数据处理环境的系统设计、开发和运维阶段应制定相应的安全控制措施，从而实现对安全风险的管理。
- 应明确数据处理环境的安全管理要求。
- 组织应基于数据处理环境建立分布式处理安全要求，对外部服务组件注册与使用审核、分布式处理节点间可信连接认证、节点和用户安全属性周期性确认、数据文件标识和用户身份鉴权、数据副本节点更新检测及防止数据泄露等方面提出安全要求并进行控制。
- 组织应明确适合数据处理环境的数据加解密处理要求和密钥管理要求。

（3）技术工具

数据处理系统与数据权限管理系统应实现联动，即用户在使用数据系统之前就应已获得了授权；基于数据处理系统多租户的特性，对于不同的租户，应保证其在该系统中的数据、系统功能、会话、调度和运营环境等资源能够实现隔离控制。应建立数据处理日志管理工具，记录用户在数据处理系统上的加工操作，提供数据在系统上加工计算的关联关系。

（4）人员能力

负责该项工作的人员应了解在数据环境下，数据处理系统可能存在的主要安全风险，并能够通过系统设计和开发阶段的合理设计，以及运维阶段的有效配置，来规避相关的安全风险。

基于上述定义，以及对应充分定义级的要求，8.4 节将对数据处理环境安全的相关内容进一步展开讲解，并给出实践指南。

4.4.5 数据导入导出安全

DSMM 官方将数据导入导出安全定义为在数据导入与导出的过程中对数据的安全性进行管理，从而防止在此过程中可能出现的对数据自身的可用性和完整性构成的危害，以及降低可能存在的数据泄露风险。

DSMM 标准在充分定义级对数据导入导出安全的要求具体如下。

（1）组织建设

组织应设立负责数据导入导出安全管理的岗位，由相关工作人员负责制定规则和提供相应的技术，并推动相关规则在组织内业务中的落实和执行。

（2）制度流程

- 应依据数据分类分级要求建立符合业务规则的数据导入导出安全策略，如授权策略、流程控制策略、不一致处理策略等。
- 应明确数据导出安全评估和授权审批流程，评估数据导出的安全风险，并对大量敏感数据的导出进行授权审批。
- 如果采用存储介质导出数据，则应建立针对存储介质导出的标识规范，明确存储介质的命名规则、标识属性等重要信息，定期验证导出数据的完整性和可用性。
- 应制定导入导出审计策略和日志管理规程，并保存导入导出过程中的出错数据处理记录。

（3）技术工具

- 应记录并定期审计组织内部的数据导入导出行为，以确保操作未超出数据授权使用范围。
- 应对数据导入导出的终端设备、用户或服务组件执行有效的访问控制，以确保其身份的真实性和合法性。
- 完成导入导出操作之后，应删除数据导入导出通道缓存的数据，以保证导入导出过程中涉及的数据不会被恢复。

（4）人员能力

负责数据导入导出安全工作的人员应该能够充分理解组织的数据导入导出规程，并根据数据导入导出的业务执行相应的风险评估，从而提出实际的解决方案。

基于上述定义，以及对应充分定义级的要求，8.5 节将对数据导入导出的相关内容进一步展开讲解，并给出实践指南。

4.5 数据交换安全

DSMM 官方将数据交换安全定义为组织与组织或个人进行数据交换的阶段，该阶段包含 3 个过程域，分别为数据共享安全、数据发布安全和数据接口安全。

4.5.1　数据共享安全

DSMM 官方将数据共享安全定义为通过业务系统和产品对外部组织提供数据时，或者通过合作的方式与合作伙伴交换数据时，执行共享数据的安全风险控制，以降低数据共享场景下的安全风险。

DSMM 标准在充分定义级对数据共享安全的要求具体如下。

（1）组织建设

组织应设立负责数据共享安全管理的岗位，由相关工作人员负责设定相应的原则，并提供技术支持，确保相关要求在业务中的落实和执行。

（2）制度流程

- 应明确数据共享的原则和安全规范，明确数据共享的内容范围和管控措施，以及数据共享所涉及机构或部门中相关用户的职责和权限。
- 应明确数据提供者与共享数据使用者的数据安全责任和安全防护能力。
- 应明确数据共享审计规程和审计日志管理要求，明确审计记录要求，为数据共享安全事件的处置、应急响应和事后调查提供帮助。
- 使用外部的软件开发包、组件或源码前应进行安全评估，获取的数据应符合组织的数据安全要求。

（3）技术工具

- 应采取措施确保个人信息在委托处理、共享、转让等对外场景中的安全合规性，如采用数据脱敏、数据加密、安全通道、共享交换区域等方式。
- 应对共享数据及数据共享过程进行监控审计，共享的数据应属于共享业务需求且没有超出数据共享使用的授权范围。
- 应明确共享数据的格式规范，可提供机器可读的格式规范。

（4）人员能力

负责该项工作的人员应能够充分理解组织的数据共享规程，并根据数据共享的业务执行相应的风险评估，从而提出实际的解决方案。

基于上述定义，以及对应充分定义级的要求，9.1 节将对数据共享安全的相关内容进一步展开讲解，并给出实践指南。

4.5.2　数据发布安全

DSMM 官方将数据发布安全定义为对外部组织发布数据时，要对发布数据的格式、适用范围、发布者与使用者的权利和义务执行必要的控制，以实现数据发布过程中数据的安全可控与合规性。

DSMM 标准在充分定义级对数据发布安全的要求具体如下。

（1）组织建设

组织应设立负责数据发布安全管理的岗位，由相关工作人员负责公开发布组织的数据信息，并对数据发布人员进行安全培训。

（2）制度流程

- 应明确数据公开发布的审核制度，严格审核数据发布的合规性要求。
- 应明确数据公开内容、适用范围及规范，明确发布者与使用者的权利和义务。
- 应定期审查公开发布的数据中是否含有非公开信息，并采取相关措施满足数据发布的合规性。
- 应采取必要的措施建立数据公开事件应急处理流程。

（3）技术工具

应建立数据发布系统，实现公开数据登记、用户注册等发布数据和发布组件的验证机制。

（4）人员能力

负责数据发布安全管理工作的人员应充分理解数据安全发布的制度和流程，能够通过岗位能力的评估和考核，且能根据实际发布要求建立相应的应急方案。

基于上述定义，以及对应充分定义级的要求，9.2 节将对数据发布安全的相关内容进一步展开讲解，并给出实践指南。

4.5.3 数据接口安全

DSMM 官方将数据接口安全定义为组织通过建立对外数据接口的安全管理机制，降低组织数据在接口调用过程中的安全风险。

DSMM 标准在充分定义级对数据接口安全的要求具体如下。

（1）组织建设

组织应设立负责数据接口安全管理的岗位，由该岗位人员负责制定整体的规则，并推动相关流程的执行。

（2）制度流程

- 应明确数据接口安全控制策略，明确规定使用数据接口的安全限制和安全控制措施，如可采用身份鉴别、访问控制、授权策略、签名、时间戳、安全协议等方式。
- 应明确数据接口安全要求，包括接口名称、接口参数等。
- 应与数据接口调用方签署合作协议，明确数据的使用目的、供应方式、保密约定、数据安全责任等。

（3）技术工具

- 应具备对接口不安全输入参数进行限制或过滤的能力，为接口提供处理异常问题的能力。
- 应具备数据接口访问的审计能力，并能为数据安全审计提供可配置的数据服务接口。
- 应对跨安全域间的数据接口调用采用安全通道、加密传输、时间戳等安全措施。

（4）人员能力

负责数据接口安全工作的人员应充分理解数据接口调用业务的使用场景，具备充分的数据接口调用安全意识，以及良好的技术能力和风险控制能力。

基于上述定义，以及对应充分定义级的要求，9.3 节将对数据接口安全的相关内容进一步展开讲解，并给出实践指南。

4.6 数据销毁安全

DSMM 官方将数据销毁安全定义为通过相应的手段操作数据及数据存储介质，使数据彻底删除且无法通过任何手段恢复。在该过程中，既包含对数据本身的逻辑销毁，又包含对数据存储介质的物理销毁，因此 DSMM 在该阶段包含两个过程域：数据销毁处理和存储介质销毁处理。

4.6.1 数据销毁处理

DSMM 官方将数据销毁处理定义为通过建立针对数据的删除和净化机制，实现对数据的有效销毁，防范因对存储介质中的数据进行恢复而导致的数据泄露风险。

DSMM 标准在充分定义级对数据销毁处理的要求具体如下。

（1）组织建设

组织应设立负责数据销毁处理管理的岗位，由相关工作人员负责制定数据销毁处理规范，并推动相关要求在业务中的落实和执行。

（2）制度流程

- 应分类分级建立数据销毁策略和管理制度，明确数据销毁的场景、销毁对象、销毁方式和销毁要求。
- 应建立规范的数据销毁流程和审批机制，设置相关的监督角色，监督操作过程，并对审批和销毁过程进行记录和控制。
- 应按国家相关法律和标准销毁个人信息、重要数据等敏感数据。

（3）技术工具

- 应针对网络存储数据建立硬销毁和软销毁的数据销毁方法和技术，如采用基于安全策略、分布式算法等网络数据分布式存储的销毁策略和机制。
- 应配置必要的数据销毁技术手段与管控措施，确保以不可逆的方式销毁敏感数据及其副本内容。

（4）人员能力

负责数据销毁安全工作的人员应熟悉数据销毁的相关合规要求，能够主动根据政策变化和技术发展更新相关知识和技能。

基于上述定义，以及对应充分定义级的要求，10.1 节将对数据销毁处理的相关内容进一步展开讲解，并给出实践指南。

4.6.2 介质销毁处理

DSMM 官方将介质销毁处理定义为通过建立对存储介质安全销毁的规程和技术手段，以防范因存储介质丢失、被窃或未授权的访问而导致存储介质中存在数据泄露的安全风险。

DSMM 标准在充分定义级对介质销毁处理的要求具体如下。

（1）组织建设

组织应设立负责介质销毁处理管理的岗位，由团队一起制定组织介质销毁管理的制度，并推动相关要求在业务中的落实。

（2）制度流程

- 应明确存储介质销毁处理的策略、管理制度和机制，明确销毁对象和流程。
- 应依据存储介质存储内容的重要性，明确磁介质、光介质和半导体介质等不同类别存储介质的销毁方法。
- 应明确对存储介质销毁的监控机制，确保对所要销毁的存储介质实施登记、审批、交接等销毁过程，并进行监控。

（3）技术工具

- 组织应提供统一的存储介质销毁工具，包括但不限于物理销毁、消磁设备等工具，以便实现对各类介质的有效销毁。
- 应针对闪存盘、硬盘、磁带、光盘等存储介质数据建立硬销毁和软销毁的数据销毁方法和技术。

（4）人员能力

负责该项工作的人员应能够根据数据销毁的整体需求，明确应使用的介质销毁工具。

基于上述定义，以及对应充分定义级的要求，10.2 节将对介质销毁处理的相关内容进一步展开讲解，并给出实践指南。

4.7 通用安全过程

数据安全本身不可能脱离安全体系而存在，因而在进行数据安全建设的同时，也会需要大量通用安全技术进行辅助。DSMM 官方定义的通用安全过程阶段包括 11 个过程域，分别为：数据安全策略规划、组织和人员管理、合规管理、数据资产管理、数据供应链安全、元数据管理、终端数据安全、监控与审计、鉴别与访问控制、需求分析和安全事件应急。

4.7.1 数据安全策略规划

DSMM 官方将数据安全策略规划定义为建立适用于组织整体的数据安全风险状况的数据安全策略规划，内容应覆盖数据全生命周期各阶段。

DSMM 标准在充分定义级对数据安全策略规划的要求具体如下。

（1）组织建设

组织应设立负责数据安全策略规划管理的岗位，由相关工作人员负责组织数据安全制度流程和战略规划的建设。

（2）制度流程

- 应明确符合组织数据战略规划的数据安全总体策略，明确安全方针、安全目标和安全原则。
- 应基于组织的数据安全总体策略，在组织层面明确以数据为核心的数据安全制度和规程，使其覆盖数据生命周期各阶段的相关业务、系统和应用，内容包含目的、范围、岗位、责任、管理层承诺、内外部协调机制及合规目标等。
- 应明确并实施大数据系统和数据应用安全实施细则。
- 应明确数据安全制度规程分发机制，将数据安全策略、制度和规程分发至组织内的相关部门、岗位和人员。
- 应明确数据安全制度及规程的评审和发布流程，并确定适当的频率和时机对制度和规程进行审核和更新。
- 应明确组织层面的数据安全战略规划，包括各阶段的目标、任务和工作重点，并保障其与业务规划相适应。

（3）技术工具

应建立数据安全策略规划系统，通过该系统向组织内全体员工发布策略规划的解读材料，以便于策略规划的落实和推进。

（4）人员能力

- 负责制定数据安全总体策略和战略规划的人员应了解组织的业务发展目标，能够将数据安全工作的目标和业务发展的目标进行有机结合。
- 负责制定数据安全制度和规程的人员应具备信息安全管理体系建设的知识，并具备良好的规范撰写能力。
- 负责推广数据安全策略规划的人员应能够以员工和相关方易理解的方式，通过培训等指导形式对数据安全管理的方针、策略和制度进行有效传达。

基于上述定义，以及对应充分定义级的要求，11.1 节将对数据安全策略规划的相关内容进一步展开讲解，并给出实践指南。

4.7.2　组织和人员管理

DSMM 官方将组织和人员管理定义为通过建立组织内部负责数据安全工作的职能部门及岗位，对人力资源管理过程中的各环节进行安全管理，以防范组织和人员管理过程中存在的数据安全风险。

DSMM 标准在充分定义级对组织和人员管理的要求具体如下。

（1）组织建设

- 人力资源部门与数据安全部门的人员应能够进行有效配合。
- 组织应建立组织层面专职的数据安全职能部门和岗位，并在设计职能岗位时遵循职责分离的原则。
- 应建立组织层面的数据安全领导小组，指定机构最高管理者或授权代表担任小组组长，并明确组长的责任与权力。
- 应建立组织内部的监督管理职能部门，负责对组织内部的数据操作行为进行安全监督。
- 应指定大数据系统的安全规划、安全建设、安全运营和系统维护工作的责任部门。
- 应明确在组织层面根据数据安全要求制定和执行人力资源管理的人员和岗位，并与数据安全人员进行有效配合。
- 应明确组织层面承担人员数据安全培训管理职责的岗位和人员，负责制定和推进数据安全培训需求的分析及落实方案。

（2）制度流程

- 应明确数据安全部门或岗位的要求，明确相关人员的工作职责，以及职能部门之间的协作关系和配合机制。
- 应明确数据安全追责机制，定期对责任部门和安全岗位进行安全检查，并生成检查报告。
- 应明确数据服务人力资源安全策略，明确不同岗位人员在数据生命周期各阶段的相关工作范畴和安全管控措施。
- 应明确组织层面上数据服务人员招聘、录用、上岗、调岗、离岗、考核、选拔等人员安全管理制度，将数据安全相关要求固化到人力资源管理流程中。
- 在录用重要岗位人员之前，应对其进行背景调查，确保其符合相关的法律、法规、合同要求，在对数据安全员工候选者的背景调查中也应包含对候选者的安全专业能力的调查。
- 应明确数据服务重要岗位的兼职和轮岗、权限分离、多人共管等安全管理要求。
- 应明确针对合作方的安全管理制度，对会接触到个人信息、重要数据等的相关人员进行审批和登记，并要求其签署保密协议，并定期对这些人员的行为进行安全审查。
- 在重要岗位的人员调离或终止劳动合同之前，应与其签订保密协议或竞业协议。
- 应明确组织内部员工的数据安全培训计划，按计划定期对员工开展数据安全培训。
- 应明确重要岗位人员的数据安全培训计划，并在重要岗位转岗、岗位升级等环节对相关人员开展培训。

（3）技术工具

- 应通过技术工具实现数据安全相关的人力资源自动化管理流程。
- 应及时终止或变更离岗和转岗员工的数据操作权限，并及时将人员的变更通知到相关方。

- 员工入职时应按最小够用原则分配初始权限。
- 应以公开信息可查询的形式，面向组织全员公布数据安全职能部门的组织架构。

（4）人员能力

- 负责组织和员工管理的人员应充分理解人力资源管理流程中可对安全风险进行把控的环节。
- 应开展员工入职过程中的数据安全教育，通过培训、考试等手段提升其整体的数据安全意识。
- 负责设置数据安全职能的人员应能够明确组织的数据安全工作目标。

基于上述定义，以及对应充分定义级的要求，11.2 节将对组织和人员管理的相关内容进一步展开讲解，并给出实践指南。

4.7.3　合规管理

DSMM 官方将合规管理定义为根据相关法律法规，组织需要保证业务的发展不会面临个人信息保护、重要数据保护、跨境数据传输等方面的合规风险。

DSMM 标准在充分定义级对合规管理的要求具体如下。

（1）组织建设

应在组织层面设立负责个人信息保护、重要数据保护、跨境数据传输等方面的安全合规管理的专职岗位，由相关工作人员负责明确组织在个人信息保护、重要数据保护、跨境数据传输等方面的安全合规需求，制定数据安全合规的规范要求和解决方案，并推进其在组织整体范围内执行。

（2）制度流程

- 应明确组织所有的外部合规要求并形成清单，定期跟进监管机构合规要求的动态，以对该清单进行更新，同时将其拆分发送给相关方以进行宣传。
- 应依据个人信息保护相关法律法规和标准等，制定组织统一的个人信息保护制度，使组织具备符合国家法律法规和相关标准的个人信息保护能力。
- 应依据相关法律法规及相关标准对重要数据进行保护，建立组织统一的重要数据全生命周期保护制度和管控措施。
- 应依据相关法律法规和相关标准中针对数据跨境传输的安全要求，来明确组织统一的数据跨境安全制度和管控措施。
- 应针对组织内部因业务架构、组织职能变更而引发的重要数据流向变化，建立有效的变更管控机制，以控制重要数据流向发生变化时可能引发的合规风险。
- 应定期对重要数据安全策略、规范、制度和管控措施进行风险评估，并及时响应。

（3）技术工具

- 应建立数据安全合规资料库，相关人员可以通过该资料库查询合规要求。
- 应采取必要的技术手段和控制措施实现个人信息安全保护，例如，在个人信息处理过程中进行匿名化和去标识化操作。

- 应建立重要数据监控机制，防范重要数据安全风险。

（4）人员能力

负责该过程的人员应具备对个人信息保护、重要数据保护、跨境数据传输等方面的安全合规要求的解读和分析能力。

基于上述定义，以及对应充分定义级的要求，11.3节将对合规管理的相关内容进一步展开讲解，并给出实践指南。

4.7.4 数据资产管理

DSMM官方将数据资产管理定义为通过针对组织数据资产建立有效的管理手段，来让资产的类型、管理模式等方面实现统一的管理要求。

DSMM标准在充分定义级对数据资产管理的要求具体如下。

（1）组织建设

组织应设立数据资产管理的岗位，由相关工作人员对组织的数据资产进行统一管理，并负责数据资产管理规范的制定和落实。

（2）制度流程

- 应在组织层面建立数据资产安全管理制度，定义数据资产的相关角色定位和职责。
- 应明确数据资产登记机制，明确数据资产管理的范围和属性，确保组织内部重要的数据资产已有明确的管理者或责任部门。
- 应明确数据资产变更管理的要求和变更审批机制，例如，数据资产内容、分类、分级、标识、管理者等变更事项。

（3）技术工具

- 应通过技术工具执行数据资产的登记，实现对数据资产属性的自动标识。
- 应建立便于索引和查询的数据资产清单，并能够及时更新数据资产的相关信息。
- 应具有密钥管理系统，实现对密钥的全生命周期（生成、存储、使用、分发、更新、销毁等）的安全管理。

（4）人员能力

负责统一管理组织数据资产的人员应了解组织内部数据资产的管理需求，以及数据资产所涉及的业务范围，能够建立适用于组织业务实际情况的管理制度。

基于上述定义，以及对应充分定义级的要求，11.4节将对数据资产管理的相关内容进一步展开讲解，并给出实践指南。

4.7.5 数据供应链安全

DSMM官方将数据供应链安全定义为通过建立组织的数据供应链管理机制，防范组织上下游的数据在供应过程中存在安全风险。

DSMM 标准在充分定义级对数据供应链安全的要求具体如下。

（1）组织建设

组织应设立负责数据供应链安全管理的岗位，由相关工作人员负责制定组织整体的数据供应链管理要求和解决方案。

（2）制度流程

- 应明确数据供应链安全管理规范，定义数据供应链安全目标、原则和范围，明确数据供应链的责任部门和人员、数据供应链上下游的责任和义务，以及组织内部的审核原则。
- 组织应通过合作协议的方式，明确数据链中数据的使用目的、供应方式、保密约定、安全责任与义务等。
- 应明确针对数据供应商的数据安全能力评估规范，根据该规范对数据供应商的数据安全能力进行评估，并将评估结果应用于供应商选择、供应商审核等管理过程中。

（3）技术工具

应建立组织整体的数据供应链库，用于管理数据供应链目录和相关数据源数据字典，便于及时查看并更新组织上下游数据链路的整体情况，并用于事后追踪和分析数据供应链上下游的合规情况。

（4）人员能力

负责该项过程的人员应了解组织上下游数据供应链的整体情况，熟悉供应链安全方面的法规和标准，并具备推进供应链管理方案执行的能力。

基于上述定义，以及对应充分定义级的要求，11.5 节将对数据供应链安全的相关内容进一步展开讲解，并给出实践指南。

4.7.6 元数据管理

DSMM 官方将元数据管理定义为建立组织的元数据管理体系，实现对组织内元数据的集中管理。

DSMM 标准在充分定义级对元数据管理的要求具体如下。

（1）组织建设

组织应设立负责元数据管理的岗位，由相关工作人员统一负责建立组织内部与元数据相关的语义规则、管理要求和技术工具。

（2）制度流程

- 应明确数据服务中元数据语义的统一格式和管理规则，如数据格式、数据域、字段类型、表结构、逻辑存储和物理存储结构及管理方式。
- 应明确数据安全元数据管理要求，如采用口令策略、权限列表、授权策略等。

（3）技术工具

- 元数据管理工具应支持数据表的导航和搜索，提供表血缘关系、字段信息、使用说明、其他关联信息等，以方便用户使用数据表。

- 应建立元数据访问控制策略和审计机制，以确保元数据操作的追溯。

（4）人员能力

负责该项工作的人员应了解元数据管理的理论基础，理解组织元数据管理的业务需求。

基于上述定义，以及对应充分定义级的要求，11.6 节将对元数据管理的相关内容进一步展开讲解，并给出实践指南。

4.7.7 终端数据安全

DSMM 官方将终端数据安全定义为基于组织对终端设备层面数据的保护要求，针对组织内部的工作终端采取相应的技术和管理方案。

DSMM 标准在充分定义级对终端数据安全的要求具体如下。

（1）组织建设

组织应设立负责终端设备或办公数据安全管理的岗位。

（2）制度流程

组织应明确面向终端设备的数据安全管理规范，明确终端设备的安全配置管理、使用终端数据的注意事项和数据防泄露管理要求等。

（3）技术工具

- 打印输出设备应采用身份鉴别、访问控制等手段进行安全管控，并对用户账户在此终端设备上的数据操作进行日志记录。
- 组织内入网的终端设备均应按统一的要求部署防护工具，如防病毒、硬盘加密、终端入侵检测等软件，并定期对软件进行更新，将终端设备纳入组织整体的访问控制体系中。
- 组织应部署终端数据防泄露方案，通过技术工具对终端设备上的数据，以及数据的操作进行风险监控。
- 应提供整体的终端数据安全解决方案，实现终端设备与组织内部员工的有效绑定，按统一的部署标准在终端设备系统上安装各类防控软件（如防病毒、硬盘加密、终端入侵检测等软件）。

（4）人员能力

负责该项工作的人员应充分了解终端设备的数据出入口，以及相应的数据安全风险，能够利用相应的工具实现整体的安全控制方案。

基于上述定义，以及对应充分定义级的要求，11.7 节将对终端数据安全的相关内容进一步展开讲解，并给出实践指南。

4.7.8 监控与审计

DSMM 官方将监控与审计定义为针对数据生命周期各阶段开展安全监控和审计，以保证对数据的访问和操作均能得到有效的监控和审计，实现对数据生命周期各阶段中可能存在的未授权访问、数据滥用、数据泄露等安全风险的防控。

DSMM 标准在充分定义级对监控与审计的要求具体如下。

（1）组织建设

组织应设立负责监控和审计管理的岗位，该岗位的工作人员属于组织风险管理架构的一部分，遵循风险管理整体的职能设置，对数据生命周期各阶段的数据访问和操作的安全风险进行监控和审计。

（2）制度流程

- 应明确对组织内部各类数据访问和操作的日志记录要求、安全监控要求和审计要求。
- 应记录数据操作事件，并制定数据安全风险行为识别和评估规则。
- 应定期对组织内部员工数据操作行为进行人工审计。

（3）技术工具

- 应采用自动和人工审计相结合的方法或手段对数据的高风险操作进行监控。
- 应建立针对数据访问和操作的日志监控技术工具，实现对数据异常访问和操作的告警，高敏感数据和特权账户对数据的访问和操作都将纳入重点监控范围。
- 应部署必要的数据防泄露实时监控技术手段，监控及报告个人信息、重要数据等外发行为。
- 应采用技术工具对数据交换服务流量数据进行安全监控和分析。

（4）人员能力

负责该项工作的人员应了解数据访问和操作所涉及的数据范围，且具备对安全风险的判断能力。

基于上述定义，以及对应充分定义级的要求，11.8 节将对监控与审计的相关内容进一步展开讲解，并给出实践指南。

4.7.9　鉴别与访问控制

DSMM 官方将鉴别与访问控制定义为基于组织的数据安全需求和合规性要求，建立身份鉴别和数据访问控制机制，防范对数据的未授权访问风险。

DSMM 标准在充分定义级对鉴别与访问控制的要求具体如下。

（1）组织建设

组织应设立负责鉴别与访问控制管理的岗位，由相关工作人员负责制定组织内用户身份鉴别、访问控制和权限管理的策略，提供相关的技术能力或进行统一管理。

（2）制度流程

- 应明确组织的身份鉴别、访问控制与权限管理要求，明确对身份标识与鉴别、访问控制及权限的分配、变更、撤销等权限管理的要求。
- 应按最小够用、职权分离等原则，授予不同账户为完成各自承担任务所需的最小权限，并在它们之间形成相互制约的关系。

- 应明确数据权限授权审批流程，以对数据权限的申请和变更进行审核。
- 应定期审核数据访问权限，及时删除或停用多余的、过期的账户和角色，避免出现共享账户和角色权限冲突的问题。
- 应对外包人员和实习生的数据访问权限进行严格控制。

（3）技术工具

- 应建立组织统一的身份鉴别管理系统，支持组织主要应用接入，实现对人员访问数据资源的统一身份鉴别。
- 应建立组织统一的权限管理系统，支持组织主要应用接入，对人员访问数据资源进行访问控制和权限管理。
- 应采用技术手段实现身份鉴别和权限管理的联动控制。
- 应采用口令、密码技术、生物技术等两种或两种以上组合的鉴别技术对用户进行身份鉴别，且其中一种鉴别技术至少应使用密码技术来实现。
- 访问控制的粒度应达到主体为用户级，客体为系统、文件、数据库表级或字段。

（4）人员能力

负责该项工作的人员应熟悉相关的数据访问控制的技术知识，并能够根据组织数据安全管理制度，对数据权限进行审批管理。

基于上述定义，以及对应充分定义级的要求，11.9 节将对鉴别与访问控制的相关内容进一步展开讲解，并给出实践指南。

4.7.10 需求分析

DSMM 官方将需求分析定义为建立针对组织业务的数据安全需求分析体系，以分析组织内数据业务的安全需求。

DSMM 标准在充分定义级对需求分析的要求具体如下。

（1）组织建设

组织应设立负责数据安全需求分析的岗位，由相关工作人员负责在数据业务设计开发等阶段开展数据安全需求分析工作，以确保安全需求的有效制定和规范化表达。

（2）制度流程

- 应明确数据安全需求分析的制定流程和评审机制，明确安全需求文档的内容要求。
- 应依据国家法律法规和相关标准等要求，分析数据安全合规性需求。
- 应结合机构战略规划、数据服务业务目标和业务特点，明确数据服务安全需求和安全规划实施的优先级。
- 应识别数据服务面临的威胁和自身的脆弱性，分析数据安全风险和应对措施需求。

（3）技术工具

应建立承载数据业务的安全需求分析系统，该系统需要记录所有数据业务的需求分析申请，以及相关的安全方案，以保证能够有效追溯所有的数据业务的安全需求分析过程。

（4）人员能力

负责该项工作的人员应具备需求分析挖掘能力，对组织的数据安全管理业务有充分的理解。而且通过培训后，各业务的需求分析人员应对数据安全需求分析标准的理解是一致的。

基于上述定义，以及对应充分定义级的要求，11.10 节将对需求分析的相关内容进一步展开讲解，并给出实践指南。

4.7.11　安全事件应急

DSMM 官方将安全事件应急定义为建立针对数据的安全事件应急响应体系，以便及时响应和处置各类安全事件。

DSMM 标准在充分定义级对安全事件应急的要求具体如下。

（1）组织建设

组织应设立负责数据安全事件管理和应急响应的岗位。

（2）制度流程

- 应明确数据安全事件管理和应急响应工作指南，定义数据安全事件类型，明确不同类别事件的处置流程和方法。
- 应明确数据安全事件应急预案，定期开展应急演练活动。
- 组织内的数据安全事件应急响应机制，应符合国家有关主管部门的政策文件要求。

（3）技术工具

应建立统一的安全事件管理系统，以对日志、流量等内容进行关联分析。

（4）人员能力

负责该项工作的人员应具备安全事件的判断能力，熟悉安全事件应急响应措施。

基于上述定义，以及对应充分定义级的要求，11.11 节将对安全事件应急的相关内容进一步展开讲解，并给出实践指南。

实践指南篇

Chapter 5 第5章

数据采集安全实践

本章将基于DSMM数据安全治理思路和充分定义级（3级）视角，对数据采集安全阶段的4个过程域提供数据安全建设实践建议，这4个过程域分别为数据分类分级、数据采集安全管理、数据源鉴别及记录、数据质量管理。

5.1 数据分类分级

数据分类可以使数据信息中心化、聚类化，从而使数据能够发挥出更大的价值，为数据分析技术提供更精准且有效的基础样本；而数据分级则可以保证不同敏感级别的数据在访问控制、数据保护措施等方面能够“应得其所”，从而确保数据的安全性和完整性，同时也能确保最小权限要求下的数据可用性能力，确保数据在提供价值的同时，不会因为数据泄露而为数据所有者带来额外损失或合规风险。有效的数据分类分级管理需要从多个方面进行建设和提升，本节将基于DSMM充分定义级（3级）视角，从组织建设、人员能力、制度流程和技术工具四个维度对数据分类分级的建设和提升提供实践建议。

5.1.1 建立负责数据分类分级的职能部门

明确岗位职责，是组织在行政层面进行数据分类分级建设的基础。在针对数据分类分级的组织建设上，如果条件允许，组织机构应该设立一个数据分类分级部门，并招募相关工作人员，负责组织机构整体的数据分类分级工作，包括定义组织机构整体的数据分类分级安全原则和操作指南、推动相关原则和指南的执行、建立数据分类分级审批机制、对组织机构中完成数据分类分级的数据进行标识和管理、对识别到的敏感数据进行脱敏处理、对数据分类分级中的重要操作进行审计和记录等，并尽量实现专人专岗专用。

5.1.2　明确数据分类分级岗位的能力要求

组织机构在设立了专门负责数据分类分级管理的岗位之后，应对该岗位的人员能力要求有较为清晰的认识和规划，从而从组织层面确保岗位的有效性、从人员层面确保相关岗位人员的能力可靠性，以便真正发挥该岗位应有的价值。

数据分类分级岗位的相关人员，需要具备良好的数据安全风险意识，熟悉国家网络安全法律法规，以及组织机构所属行业的政策和监管要求，在数据分类分级的过程中，能够严格按照《中华人民共和国网络安全法》《信息安全技术　个人信息安全规范》等相关法律法规和行业规范执行。除此之外，相关人员还需要具备良好的数据分类分级基础，了解公司内部的数据资产范围和组织架构，能够准确识别出哪些数据属于敏感数据等。同时，相关人员还需要熟悉数据分类分级的合规要求，熟练掌握数据安全措施，拥有制定标准化流程或制度的经验，能够根据公司的具体情况，制定出符合公司真实环境的数据分类分级原则、操作指南、管理制度和清单等，并推动相关要求与制度的落实。

5.1.3　数据分类分级岗位的建设及人员能力的评估方法

数据分类分级岗位的组织建设和对应人员实际执行能力的评估，可通过内部审计或外部审计等形式以调研访谈、问卷调查、流程观察、文件调阅、技术检测等多种方式实现。

1. 调研访谈

调研访谈法是社会调查中最经典、最常用的方法之一。具体的调查方法是，调查员通过与调查对象进行交谈来收集口头资料。

访谈通常是在面对面的场合下进行的，由调查人员接触调查对象，调查对象就所要调查的问题作出回答，并由调查人员详细记录下调查对象回答的内容，以及交谈时所观察到的动作行为及由此产生的印象。

数据分类分级阶段的调研访谈，主要包含对数据分类分级部门相关人员的访谈，以及对公司业务部门相关人员的访谈两部分，具体访谈内容如下。

- 对数据分类分级部门相关人员的访谈内容为：确认其是否具备足够的数据安全风险意识，在数据分类分级操作过程中，是否能够依据《中华人民共和国网络安全法》《中华人民共和国数据安全法》等相关法律法规来执行；确认其在数据分类分级原则上、对分类分级数据的防护要求上、建立数据分类分级审批流程上、对分类分级数据的清单划分上是否合理，所制定的数据分类分级管理制度和操作指南是否符合公司的真实环境，对公司的数据资产范围覆盖是否达到预期，从而确认相关人员是否能够胜任该职业。
- 对公司业务部门相关人员的访谈内容为：向公司各业务部门调研，调研内容包括公司的数据分类分级部门所制定的各项数据分类分级标准和操作方法等是否符合各业务场景的需求，是否在各业务部门真正落实并遵守，且落实情况与预期是否存在明显差异或不足之处，其差异或不足之处又是否在可接受的范围之内，已完成数据分类分级的数据其误报率、漏报率是否在业务环境的可接受范围之内，从而确认数据分类分级的相关要求和制度的实际执行情况。

2. 问卷调查

问卷调查法是国内外社会调查方法中使用较为广泛的一种方法。问卷是指为统计和调查所用的、以设问的方式表述问题的表格。问卷法就是研究者用这种控制式的测量问卷对所研究的问题进行度量，从而搜集到可靠的资料的一种方法。

问卷较之访谈表要更详细、完整和易于控制。问卷法的主要优点在于标准化和成本低。因为问卷法是以设计好的问卷工具进行调查，所以问卷的设计应确保规范化并且可计量。问卷调查作为调研访谈的另一种简化形式，被调查的人员一般是公司业务部门的相关人员。

数据分类分级阶段的问卷调查通常是以纸面问卷的形式进行的。内容包括数据分类分级部门是否制定了包括数据分类分级的原则、清单范围、操作方法、审批流程、防护要求等在内的相关制度与方法；该部门所制定的相关制度与方法在公司内部环境中是否有效，覆盖率、误报率、漏报率等是否在可接受的范围之内；该部门是否对检测到的敏感数据采取了有效的安全管理和控制措施等。从而从侧面确认数据分类分级制度的落实和推行情况。

3. 流程观察

流程观察是指评价实施团队成员在企业生产现场观察生产情况，寻找可能的改善点和问题点，并将上述内容记录下来的整个过程。流程观察有助于评价实施团队成员掌握一手材料，既能保证流程资料的真实性，又有助于评价实施团队成员对企业生产现场有更为感性的认知，从而保证流程改善点的正确性。

数据分类分级阶段的流程观察，主要是观察数据分类分级管理团队和业务团队两方的工作流程，并从中寻找可能的问题点和改善点，具体观察内容如下。

以中立的视角观察公司数据分类分级部门相关人员的工作流程，包括在为公司制定整体的数据分类分级原则时，流程是否标准，方案中的各项要求与制度设计是否合理，是否将数据按照重要程度进行了分级，是否按照数据的不同来源进行了分类，是否最大化地覆盖了公司内部的数据资产；在对数据进行分类分级时，是否按照数据分类分级的原则对数据进行了打标签的操作，是否设置了审计分析机制；在完成数据的分类分级操作后，对于不同类别和级别的数据，是否有针对性地制定了数据防护方案，是否建立了相应的管理机制，例如对敏感数据进行数据脱敏，对重要数据进行访问控制，对其他数据进行加解密等；从而确认数据分类分级部门的实际执行情况。

4. 技术检测

技术检测是指根据规定的评价标准规范，对实际数据的输出进行检测，并将测出的特性值与规定值进行比较，并加以判断和评价，以确定对被测对象的实际处理措施和方法是否符合要求。

数据分类分级阶段的技术检测，需要通过技术工具，实际确认现有数据的分类分级是否存在错误，是否与制度设计相符，是否存在暗数据未被正常分类处理的情况等。

5.1.4　明确数据分类分级的目的

大数据应用在不断发展创新的同时，数据违规收集、数据开放与隐私保护的矛盾，以及粗放式“一刀切”的管理方式等，都对大数据应用的发展带来了严峻的安全挑战。大数据资源的过度保护不利于大数据应用的健康发展，数据分类分级的安全管控方式能够避免“一刀切”带来的问题，对数据进行分类分级，可以实现数据资源的精细化管理和保护，确保大数据应用和数据保护的有效平衡。

5.1.5　确立数据分类分级的原则

数据分类分级应结合实际情况，明确需求，以数据的属性为基础，遵循科学性、稳定性、实用性和扩展性的原则，具体说明如下。

- 科学性：按照数据的多维特征，以及相互间客观存在的逻辑关联，进行科学和系统化的分类分级操作。
- 稳定性：根据实际情况，以数据最稳定的特征和属性为依据，指定数据分类分级的方案。
- 实用性：数据分类分级需要确保每个类目下都要有数据，不设立没有意义的类目。
- 扩展性：数据分类分级方案在总体上应具有概括性和包容性，能够实现各种类型数据的分类，以满足将来可能出现的数据类型。

5.1.6　制定数据分类分级的方法及细则

数据分类的常用方法：按关系分类，基于业务（来源）、基于内容、基于监管等。

数据分级的常用方法：按特性分级，基于价值（公开、内部、重要核心等）、基于敏感程度（公开、秘密、机密、绝密等）、基于司法影响范围（大陆境内、跨区、跨境等）。

公用数据分类的常用方法：重要数据、个人及企业信息、业务数据。下面就来具体说明这三类公用数据。

- 重要数据：指一旦泄露则可导致危害国家安全，或危害公共利益、生命、财产安全，或危害国家关键基础设施，或扰乱市场秩序，或可推论出国家秘密等的数据。
- 个人及企业信息：包含直接个人信息，以电子或其他方式记录的、能够单独或与其他信息结合识别的自然人个人身份或企业的各种信息。
- 业务数据：包含企业或公共组织从事经营活动或例行社会管理功能、事务处理等一系列活动所产生的可存储的数据。

根据上述公用数据的分类，重要数据分级、个人及企业信息分级和业务数据分级的方法分别如图 5-1、图 5-2 和图 5-3 所示。

重要数据分级				
第一级： 数据受到破坏后，会对公民、法人和其他组织的合法权益造成损害，但不会损害国家安全、社会秩序和公共利益。	第二级： 数据受到破坏后，会对公民、法人和其他组织的合法权益造成严重损害，或者对社会秩序和公共利益造成损害但不损害国家安全。	第三级： 数据受到破坏后，会对社会秩序和公共利益造成严重损害，或者对国家安全造成损害。	第四级： 数据受到破坏后，会对社会秩序和公共利益造成特别严重的损害，或者对国家安全造成严重损害。	第五级： 数据受到破坏后，会对国家安全造成特别严重的损害。

图 5-1 重要数据分级方法示意图

个人及企业信息分级		
低 • 保密：非授权用户获取个人信息数据对个人或群体等造成有限的不良影响。 • 完整：个人信息数据被非法授权修改和破坏对个人或群体等造成有限的不良影响。 • 可用：合法用户使用个人信息数据被不正当拒绝对个人或群体等造成有限的不良影响。	中 • 保密：非授权用户获取个人信息数据对个人或群体等造成严重的不良影响。 • 完整：个人信息数据被非法授权修改和破坏对个人或群体等造成严重的不良影响。 • 可用：合法用户使用个人信息数据被不正当拒绝对个人或群体等造成严重的不良影响。	高 • 保密：非授权用户获取个人信息数据对个人或群体等造成灾难性的不良影响。 • 完整：个人信息数据被非法授权修改和破坏对个人或群体等造成灾难性的不良影响。 • 可用：合法用户使用个人信息数据被不正当拒绝对个人或群体等造成灾难性的不良影响。

图 5-2 个人及企业信息分级方法示意图

业务数据分级		
低 • 保密：非授权用户获取业务数据对组织运营、组织资产等造成有限的不良影响。 • 完整：业务数据被非法授权修改和破坏对组织运营、组织资产等造成有限的不良影响。 • 可用：合法用户使用业务数据被不正当拒绝对组织运营、组织资产等造成有限的不良影响。	中 • 保密：非授权用户获取业务数据对组织运营、组织资产等造成严重的不良影响。 • 完整：业务数据被非法授权修改和破坏对组织运营、组织资产等造成严重的不良影响。 • 可用：合法用户使用业务数据被不正当拒绝对组织运营、组织资产等造成严重的不良影响。	高 • 保密：非授权用户获取业务数据对组织运营、组织资产等造成灾难性的不良影响。 • 完整：业务数据被非法授权修改和破坏对组织运营、组织资产等造成灾难性的不良影响。 • 可用：合法用户使用业务数据被不正当拒绝对组织运营、组织资产等造成灾难性的不良影响。

图 5-3 业务数据分级方法示意图

企业可基于上述公用数据分类分级策略，结合自身业务和合规需求实际情况，规划出适合企业自身的数据分类分级方法，建立适合组织自身的数据分类分级原则和方法，将数据按照重要程度进行分类，然后在数据分类的基础上，根据数据安全在受到破坏后对组织造成的影响和损失进行分级，如果组织层面已经具有相关的分类分级标准，则可酌情进行参考。在实际执行时，如果一次性做不到完全细粒度区分，则可以多步实现，循序渐进，不要设计过度复杂的方案。

企业自主分类分级可参考如图5-4所示的思路，基于非敏感、敏感、涉密三个等级，对应上述重要数据的五个等级进行分级。

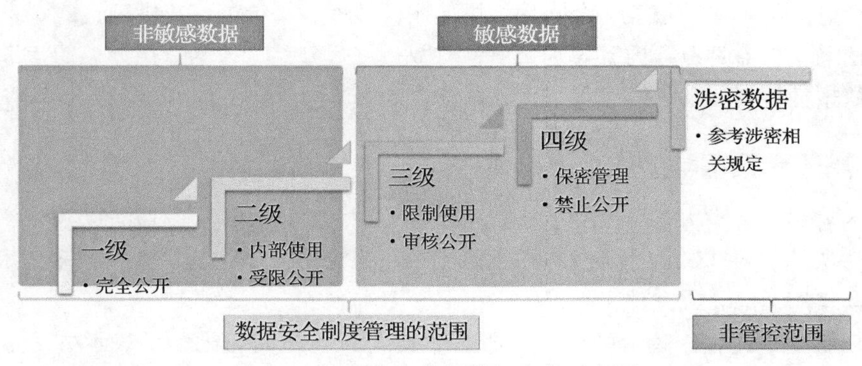

图5-4 企业自主分类分级参考示意图

5.1.7 制定数据分类分级的安全策略

在完成数据分类分级后，组织机构需要有针对性地制定数据防护要求，设置不同的访问权限、对重要数据进行加密存储和传输、敏感数据进行脱敏处理、重要操作进行审计记录和分析等。

基于上述参考思路，数据分类分级安全策略如下：非敏感数据一级（完全公开）无需进行防护；非敏感数据二级需要确保只在必要时才对外公开，以避免过度公开，同时需要确保仅内部人员才可访问和使用，可采用基于身份的访问控制；敏感数据三级需要确保只有通过审核之后的数据才可公开，并附带未授权公开的惩罚措施等规章制度，针对三级数据的访问，需要设置明确的基于身份的访问控制权限，确保只有确实存在实际需求的特定员工才能使用敏感数据；敏感数据四级则完全禁止公开，同时严格限制内部人员访问，仅以白名单等形式允许特定的极少数人员接触，并制定相关数据防泄露政策，以及具备相应的数据防泄露技术能力；涉密数据不属于数据安全治理范畴，对其的处理和使用需要完全遵守国家相关法律法规的规定。

5.1.8 实施变更审核机制

在数据分类分级工作中，组织机构需要明确相关内容和操作流程的审核和审批机制，保证数据分类分级工作符合组织的分类分级原则和制度要求。原则上已被明确分类分级的数据，其等级只可升级不可降级（以防止泄密），审批需要多人控制，包括数据所有者、数据分类分级管理者和行政管理者等。

5.1.9 使用技术工具

使用数据分类分级技术工具的前提是组织内部已有明确的数据分类分级方法和策略，即分类和分级的规则。从技术层面看，数据分类分级首先涉及的是数据发现。目前，数据类型可以分为两种，一种是结构化的数据，如业务数据、数据库等；另外一种则是非结构化的数据，如商业文件、财务报表、合同等。可使用标签库、关键词、正则表达式、自然语言处理、数据挖掘、机器学习等内容识别技术，对数据进行分类，根据数据分类的结果，依据标签对敏感数据进行划分，最终实现数据分级的目的。

5.1.10 基于元数据类型的分类技术

（1）内容感知分类方法

该方法依赖于对非结构化数据内容的自动分析来确定分类，其中涉及很多技术（正则表达式、完全匹配、部分或完整指纹识别、机器学习等）。

下面列举一个比较好理解的例子，那就是 IP 地址。IP 地址通常的表示方法是点分十进制，其数据特征非常明显：数字 + 点 + 数字 + 点 + 数字 + 点 + 数字。对于像 IP 地址这样数据特征明显的数据，比如手机号码、身份证号码、银行卡号码等，可以使用正则表达式、关键字提取等数据特征技术进行识别。

（2）情境感知分类方法

该方法依赖于数据分类工具中能够被编码的现成的分类知识库，由于该方法利用的是广泛的情景（上下文）属性，因此这种分类方法适用于静态数据（如基于存储路径或其他文件的元数据）、使用中的数据（如由 CAD 应用程序创建的数据）和传输中的数据（如基于 IP 的数据）。例如，在医疗行业中，医院拍摄的 X 光片承载了病人的重要信息，针对这种场景，我们可以不对 X 光片的内容进行识别，而只需要结合 X 光片产生的场景进行分类，简单的分类就可以识别出该 X 光片的文件格式，如后缀名等，将属于该后缀的文件都作为敏感信息类。

5.1.11 基于实际应用场景的分类技术

基于实际应用场景的数据分类主要包含以下几种手段，其中，实际运用的技术手段可能涵盖内容感知分类方法和情景感知分类方法中的多种方法。

- 标签库：根据分类分级规则建立标签库；既可以单独成一个静态库，也可以直接在打标工具或系统后台进行自定义配置。我们可以根据不同的文件格式类型建立标签库。比如，对于数据库文件（.mdf），我们可以根据业务类型由大类到小类定义多个标签。再比如，对于旅游业，我们可以建立（商业、旅游、用户信息）的标签库。除了文件后缀名之外，我们还可以通过关键字、正则表达式等方式设定标签规则。

- 结构化数据打标：用户在建表时可以对字段标签直接进行设置，基于数据库的权限模型，对底层数据表的列权限进行控制。遍历读取数据库的表名、列名，甚至是列的内容，结合标签库中设定的规则，或者自定义规则，对发现的表名、列名以更细的粒度对数据进行分类划分。
- 非结构化数据打标：引入自然语言处理、数据挖掘和机器学习等技术，对内容进行识别，并与标签库相关的特征进行匹配，从而对非结构化的数据进行分类。
- 标注：首先，对一批文档进行人工分类，以作为训练集，然后利用机器学习算法，经过一段时间的学习之后，依据学习结果，对其他数据进行大批量打标。
- 训练：计算机从这些文档中挖掘出一些能够有效分类的规则，生成分类器（即总结出来的规则集合）。
- 分类：将生成的分类器应用在有待分类的文档集合中，获取文档的分类结果。由于机器学习方法在文本分类领域有着良好的实际表现，因此该方法已经成为该领域的主流。

分级指的是在分类的基础上，依据数据的敏感程度、影响范围及自身的价值等对数据进行等级划分，如表 5-1 所示，依据分类产生的标签结果，可根据标签定义数据的敏感程度，对数据进行进一步分级。

表 5-1　数据分类与访问控制

数据类型	权限
公开数据	政府部门无条件共享，可以完全开放
内部数据	原则上政府部门无条件共享，对于部分涉及公民、法人和其他组织权益的敏感数据，可与政府部门有条件共享；按国家法律法规决定是否开放，原则上在不违反国家法律法规的条件下，予以开放或脱敏开放
涉密数据	按国家法律法规处理，决定是否共享，可根据要求选择政府部门有条件共享或不予共享，原则上不允许开放，对于部分需要开放的数据，需要进行脱密处理，且控制数据分析类型

5.1.12　技术工具的使用目标和工作流程

数据分类分级的技术工具应能实现以下目标。

- 工具可以自定义数据分类和分级的规则，可以根据组织内部的数据情况进行灵活配置和调整。由于组织内部的数据并不是一成不变的，而是一直处于实时动态变化状态中的，因此工具中的规则并不是数据分类分级的“万灵丹”，这就要求工具内的规则是可配置的、可升级的。
- 根据定义的分类分级规则，工具可以自动对结构化数据源和非结构化数据源进行扫描、分级和打标。扫描的对象应是数据源而非单个数据，在扫描的过程中完成被扫描数据源内数据的分类和分级，扫描结束后自动为分类分级后的数据打上标签。

- 根据定义的分类分级规则，工具可以对敏感数据进行自动识别。在对数据进行自动分类分级的过程中，工具也需要能够自动发现数据源中的敏感数据。敏感数据的定义，既要符合国家相关标准中的要求，也要依据组织内部的实际情况而定。
- 工具自动进行数据分类分级的结果，可以由人工进行审核和调整。工具进行数据分类分级所依赖的是人工提前定义好的规则特征库，或者是利用机器学习等手段进行学习和识别，因此分类分级的结果或多或少都会存在误差。所以工具能够支持人工对结果进行干预是非常重要的。
- 工具需要能够记录每次对数据进行分类分级作业的详细过程信息。数据分类分级作业中的每一步所涉及的操作及相关信息都需要详细记录，包括但不限于授权信息、时间信息、数据源信息、中间过程记录信息、错误信息和结果信息等。
- 工具需要能够友好地展示数据分类分级的结果。工具运行的结果最终是给人看的，所以其展示结果的手段需要直观，易于理解。可以结合当前已经十分成熟的可视化技术和报表技术来展示结果，保存和导出结果的方式应该多样化，以满足不同的需求。

基于数据分类分级的技术工具对数据进行分类分级作业的基本流程如图 5-5 所示。

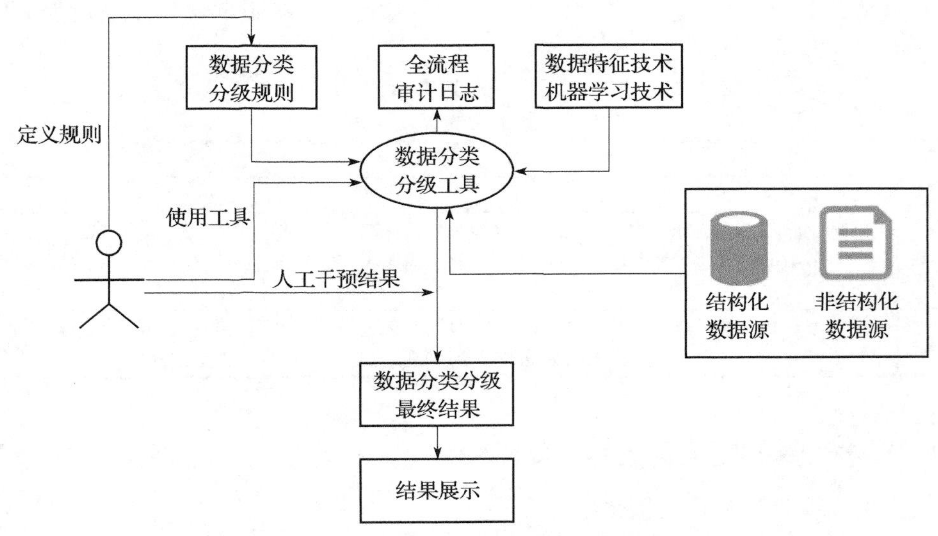

图 5-5 数据分类分级作业基本流程图

5.2 数据采集安全管理

如今，企业每天都要处理海量的数据，其中个人信息、商业秘密、敏感数据等互相交织在一起，为了防止个人信息和商业数据被滥用，企业需要形成一条“工作链”，基于信息安全等级保护的合规要求，识别敏感数据并做出正确处置，该“工作链”其实就是“数据采集安全管理”。数据采集安全管理是整个数据采集安全阶段的重要步骤，可用于明确数据采集的目的及用途、采集的方式和方法、采集数据的格式等；以保证数据采集过程的合规性、正当性和一致性。有效的数据采集安全管理需要从多个方面进行建设和提升，本节将基于 DSMM 充分定义级（3 级）视角，从组织建设、人员能力、制度流程和技术工具四个维度对数据采集安全管理的建设和提升提供实践建议。

5.2.1　建立负责数据采集安全的职能部门

为了响应国家数据安全的发展规划，同时也为了保障企业数据安全建设能够成功实施和推进，在条件允许的情况下，组织机构可以设立两个数据采集安全团队，其中一个团队为数据采集安全管理团队，主要负责为公司制定整体的数据采集安全合规管理制度，同时推动相关要求、制度和流程的落实和执行；另一个团队为数据采集风险评估团队，主要负责针对不同的业务或项目场景的数据安全，为公司的业务部门提供评估服务支持，并制定相应的改进方案。

理论上，数据采集安全管理团队应该对数据采集风险评估团队提供咨询和支持，但若是组织机构没有足够的条件设立上述两个团队，则可以将两个团队的职责合并在一起，只设立一个数据采集安全团队，既负责制定合规制度，又负责为项目提供风险评估的服务。

5.2.2　明确数据采集安全岗位的能力要求

组织机构在设立了专门负责数据采集安全管理的岗位之后，还需要招募一批负责该项工作的专项人员，做到专人专职。数据采集安全岗位的相关人员，需要熟悉国家网络安全法律法规，以及组织机构所属行业的政策和监管要求，在采集数据的过程中，能够严格按照《中华人民共和国网络安全法》《信息安全技术　个人信息安全规范》等相关法律法规和行业规范执行。同时，相关人员还需要熟悉组织机构的业务特征，了解业务线的政策方向和战略调整，具备良好的数据采集安全风险意识，能够根据组织机构内不同的业务场景，提出有针对性的风险评估报告及相应的解决方案，并确保项目实施过程中的数据采集能够顺利有序地进行。

5.2.3　数据采集安全岗位的建设及人员能力的评估方法

数据采集安全管理岗位的建设和对应人员实际执行能力的评估，可通过内部审计、外部审计等形式以调研访谈、问卷调查、流程观察、文件调阅、技术检测等多种方式实现。

1. 调研访谈

数据采集安全管理阶段的调研访谈，主要包含对公司数据采集安全部门管理人员和技术人员的访谈两部分，具体访谈内容如下。

- 对数据采集安全部门管理人员的访谈内容为：确认其是否能够胜任数据采集理论技

术方面、数据采集安全制度制定方面、数据采集法律法规方面的工作，确认公司是否对该团队提供了足够的资源支持，确认该团队所制定的数据采集安全制度是否能够得到有效地执行。

- 对数据采集安全风险评估技术人员的访谈内容为：确认其是否能够胜任数据风险评估技术方面和数据采集安全风险意识方面的工作，确认该团队是否清楚业务、项目的战略发展方向，确认该团队所提出的风险评估报告及解决方案是否有效。

2. 问卷调查

数据采集安全管理阶段的调查通常是以纸面问卷的形式，向公司的业务部门调研数据采集风险评估团队是否可以根据不同的业务场景提供有针对性的风险评估咨询及解决方案，以及数据采集安全管理团队是否制定了有效的、可执行的数据采集安全管理制度。

3. 流程观察

数据采集安全管理阶段的流程观察，主要是观察数据采集安全部门管理团队和风险评估团队两方的工作流程，并从中寻找可能存在的问题点和改善点，具体观察内容如下。

- 对数据采集安全部门管理团队的观察内容为：以中立的视角观察该团队的工作流程，包括该团队在为公司制定数据采集安全相关的标准和制度时，流程是否符合标准，相关要求和制度设计是否合理，是否符合公司整体的环境要求，在推动相关要求、制度和流程的实际应用时，是否符合规范，从而确认该团队的实际工作情况。
- 对数据采集风险评估团队的观察内容为：以中立的视角观察该团队的工作流程，首先确认该团队评估的具体指标，如采集过程是否合规、采集过程安全要求是否达标、采集过程是否会对其他相关工作产生影响；其次确认风险评估团队在评估过程中的评分是否标准、合理，评估过程是否符合规范等，从而确认该团队的实际工作情况。

4. 技术检测

数据采集安全管理阶段的技术检测需要使用技术工具确认在实际采集数据的过程中，是否存在数据泄露的情况，是否设置了统一的数据采集策略，在进行数据采集之前是否获得了被采集方的授权和同意。

5.2.4 明确数据采集的目的

数据采集过程涉及包括个人信息和商业数据在内的海量数据，现今社会对于个人隐私和商业秘密的保护提出了很高的要求，需要防止个人信息和商业数据的滥用，采集过程需要获得信息主体的授权，并应当依照国家法律、行政法规的规定和与用户的约定，处理相关的数据；另外，还应在满足相关法定规则的前提下，在数据应用和数据安全保护之间寻找适度的平衡。

数据采集活动的主要操作包括但不限于：发现数据源、传输数据、生成数据、缓存数据、创建数据源、数据转换、数据完整性验证等。

5.2.5 确立数据采集的基本原则

数据采集活动，应遵循合法、正当、必要的原则，具体包括以下内容。

- 权责一致：采取必要的技术和措施保障个人数据和重要数据的安全，若对数据主体的合法权益造成损害则应承担相应的责任。
- 目的明确：具有明确、清晰、具体的信息处理目的。
- 选择同意：向数据主体明示信息处理的目的、方式和范围等规则，征求获得其授权和同意。
- 最小必要：只处理已获得数据主体授权和同意的、所需的最少数据类型和数量。目的达成后，应及时删除所采集的数据。
- 公开透明：以明确、易懂且合理的方式公开处理数据的范围、目的和规则等，并接受外部监督。
- 确保安全：具备与应对安全风险相匹配的安全能力，并采取足够的管理措施和技术手段，保护数据的保密性、完整性和可用性。
- 主体参与：向数据主体提供能够查询、更正和删除其信息，以及撤回授权同意、注销账户和投诉等的方法。

5.2.6 基于大数据的采集来源

大数据的采集主要有4种来源，分别为管理信息系统、Web信息系统、物理信息系统和科学实验系统，具体说明如下。

（1）管理信息系统

管理信息系统是指企业、机关内部的信息系统，如事务处理系统、办公室自动化系统等，主要用于经营和管理，为特定用户的工作和业务提供支持。数据的产生既有终端用户的初始输入，又有系统的二次加工处理。系统的组织结构是专用的，数据通常是结构化的。

（2）Web信息系统

Web信息系统包括互联网中的各种信息系统，如社交网站、社会媒体、系统引擎等，主要用于构造虚拟的信息空间，为广大用户提供信息服务和社交服务。系统的组织结构是开放式的，大部分数据是半结构化或无结构的。数据的产生者主要是在线用户。

（3）物理信息系统

物理信息系统是指关于各种物理对象和物理过程的信息系统，如实时监控、实时检测等，主要用于生产调度、过程控制、现场指挥和环境保护等。系统的组织结构是封闭的，数据将由各种嵌入式传感设备产生，既可以是关于物理、化学、生物等性质和状态的基本测量值，也可以是关于行为和状态的音频、视频等多媒体数据。

（4）科学实验系统

科学实验系统实际上也属于物理信息系统，但其实验环境是预先设定的，主要用于学术研究等，数据是有选择的、可控的，有时也可能是人工模拟生成的仿真数据。数据往往具有不同的形式。

5.2.7 明确数据采集方式

数据采集活动的目的是获得数据，数据采集方式包括但不限于以下方式。

（1）网络数据采集

网络数据采集是指通过网络爬虫或网站公开的 API 等方式，从网上获取数据信息，该方式可以将非结构化数据从网页中抽取出来，将其存储为统一的本地数据文件，并以结构化的存储方式呈现。网络数据采集方式支持图片、音频、视频等文件或附件的采集，附件与正文可以自动关联。

另外，对于网络流量的采集可以使用 DPI 或 DFI 等带宽管理技术进行处理。

互联网网页数据具有分布广、格式多样、非结构化等大数据的典型特点，需要有针对性地对互联网网页数据进行采集、转换、加工和存储。互联网网页的数据采集流程如图 5-6 所示。

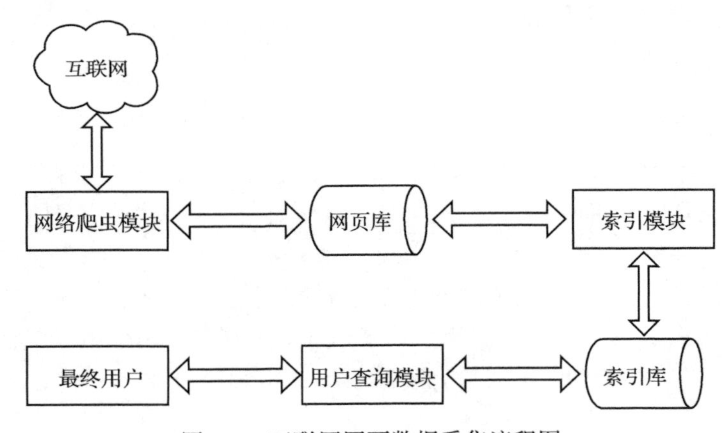

图 5-6 互联网网页数据采集流程图

互联网网页数据的采集就是获取互联网中相关网页内容的过程，并从中抽取出用户所需要的属性内容。互联网数据处理，就是对抽取出来的网页数据进行内容和格式上的处理，然后对其进行转换和加工，使之能够适应用户的需求，并将之存储下来，以供后用。

网络爬虫是一个自动提取网页的程序，它为搜索引擎从互联网上下载网页，是搜索引擎的重要组成部分。传统爬虫从一个或若干个初始网页的 URL 开始，获得各个网页上的内容并在抓取网页的过程中，不断从当前页面中抽取新的 URL 放入队列，直到满足系统设定的停止条件为止。另外，系统会将爬虫抓取的所有网页都存储起来，进行一定的分析和过滤，并建立索引，以便之后进行查询和检索。

（2）系统日志采集

很多互联网企业都有自己的海量数据采集工具，这些工具多用于进行系统日志采集，如 Hadoop 的 Chukwa、Cloudera 的 Flume、Facebook 的 Scribe 等，这些工具均采用分布式架构，能够满足每秒数百兆字节日志数据的采集和传输需求。

（3）其他数据采集

对于诸如企业的生产经营数据或学科研究数据等对保密性要求较高的数据，可以通过与企业或研究机构合作或授权的方式，使用特定的系统接口来采集数据。

5.2.8　确定数据采集周期

数据的采集周期可根据数据的状态分为如下两种情况。

- 对于实时检测数据的采集，应按照实际工作条件制定数据采集周期。例如，系统连续进行 10 次采集，可将 10 次采集时间的平均值作为系统的数据采集周期。
- 对于系统生产基础数据的采集，可采用固定期限加动态调整的方式制定采集周期。例如，对于变化不大的数据信息，采集周期可设置为 6 个月，涉及数据信息变动与调整的，则可根据需要动态调整其采集周期。

5.2.9　制定数据采集的安全策略

组织在开展数据采集活动的过程中应遵循如下基本要求，确保采集过程中的个人信息和重要数据不会泄露。

- 定义采集数据的目的和用途，明确数据的采集来源、采集方式、采集范围等内容，并制定标准的采集模板、采集方法、策略和规范。
- 遵循合规原则，确保数据采集的合法性、正当性和必要性。
- 设置专人负责信息生产或提供者的数据审核和采集工作。
- 对于初次采集的数据，需要采用人工与技术相结合的方式进行数据采集，并根据数据的来源、类型或重要程度进行分类。
- 最小化采集数据，仅需要完成必须的采集工作即可，确保不要采集与提供服务无关的个人信息和重要数据。
- 对采集的数据进行合理化存储，依据数据的使用状态进行及时销毁处理。
- 对采集的数据进行分类分级标识，并对不同类和不同级别的数据实施相应的安全管理策略和保障措施，对数据采集环境、设施和技术采取必要的安全管理措施。

5.2.10　制定数据采集的风险评估流程

在对数据进行采集的过程中，应组织风险评估小组对采集过程进行风险评估，评估内容包括但不限于以下内容。

- 采集过程是否合规：是否有采集负责人对相关的采集操作进行审核、采集的数据是否最小化、采集过程是否足够公开透明并接受了外部监督。
- 采集过程中的安全要求：是否采用了加密、完整性校验、匿名、日志和断网等保护措施，以保护被采集数据的安全。

- 数据采集相关的其他工作。

5.2.11 使用技术工具

数据采集涉及很多方面，包括外部数据和内部数据的采集，这里的外部数据是指除了组织内部之外的所有数据提供方，包括第三方、合作伙伴和子公司等。在采集过程中，组织和数据提供方应提前约定好数据采集相关的工作流程和制度，数据采集的技术工具需要按照这些流程制度来进行数据采集的工作。技术工具除了需要达到基本的数据采集目标之外，还需要保证数据采集过程中的数据传输和存储安全，并提供全过程审计的能力。针对数据采集和数据防泄露，目前均有多种解决方案可供选择。数据采集根据采集的数据类型和数据源不同，也可以选择不同的技术工具。目前主要有三种类型的数据：数据库数据、网络数据和系统日志数据。根据不同的数据类型，数据采集系统也分为了三个主要的类型。目前，数据防泄露技术主要有数据加密技术、权限管控技术和基于内容深度识别的通道防护技术。下面就来详细介绍这些技术。

5.2.12 基于数据库的采集技术

目前，在政府、企业和高校中，绝大部分与业务相关的数据都采用结构化的方式保存在后端的数据库系统中，数据库系统主要分为两大类，一类是关系型数据库，如 Oracle、SQL Server 和 MySQL。另一类是非关系型数据库，如 MongoDB 和 Redis。基于数据库采集源数据，主要可采用以下三种实现方式。

- 直接数据源同步：是指直接连接业务数据库，通过规范的接口（如 JDBC）读取目标数据库中的数据，这种方式比较容易实现，但是针对业务量较大的数据源采集工作，可能会存在性能问题。
- 生成数据文件同步：是指从数据源系统现场生成数据文件，通过文件系统同步到目标数据库中，这种方式适用于数据源比较分散的场景，在数据文件传输前后需要做校验，同时对文件进行适当的压缩和加密，提高传输效率，并保证传输过程的安全性。
- 数据库日志同步：是指基于源数据库的日志文件进行同步。目前，绝大多数数据库都支持生成数据日志文件，并且支持通过数据日志文件进行数据恢复，因此可以通过数据日志文件来实现增量数据的同步。由于数据日志文件相比数据文件会小很多，因此同步的效率比较高，对性能的影响也比较小。

5.2.13 基于网络数据的采集技术

基于网络数据的采集技术是指通过网络爬虫或网站公开 API 等方式，从网站上获取数据信息的过程。网络爬虫会从一个或若干个初始网页的 URL 开始，获得各个网页上的内容，并且在抓取网页的过程中，不断从当前页面上抽取新的 URL 放入队列，直到满足系统设置的停止条件为止，这样即可将非结构化数据和半结构化数据从网页中提取出来，存储在本地的存储系统中。

网络数据采集方法支持图片、音频、视频等文件或附件的采集，附件与正文可以自动关联。

网络数据采集的目的是把目标网站上网页中的某块文字或图片等资源下载到指定的位置。这个过程需要完成如下配置工作：下载网页配置、解析网页配置、修正结果配置、数据输出配置。如果采集的数据符合工作的要求，则修正结果这一步可以省略掉。配置完毕，再以 XML 格式描述配置行程任务，采集系统将按照任务的描述开始工作，最后把采集到的结果存储到指定位置。

整个数据采集过程的基本步骤如下，流程图如图 5-7 所示。

1）将需要抓取数据网站的 URL 信息写入 URL 队列。

2）爬虫从 URL 队列中获取需要抓取数据网站的 URL 信息。

3）获取某个具体网站的网页内容。

4）从网页内容中抽取出该网站正文页内容的链接地址。

5）从数据库中读取已经抓取过内容的网页地址。

6）过滤 URL，对当前的 URL 和已经抓取过的 URL 进行比较，如果该网页地址没有被抓取过，则将该网页地址写入数据库，如果该网页地址已经被抓取过，则放弃对这个网址的抓取操作。

7）获取该地址的网页内容，并抽取出所需属性的内容值。

8）将抽取的网页内容写入数据库。

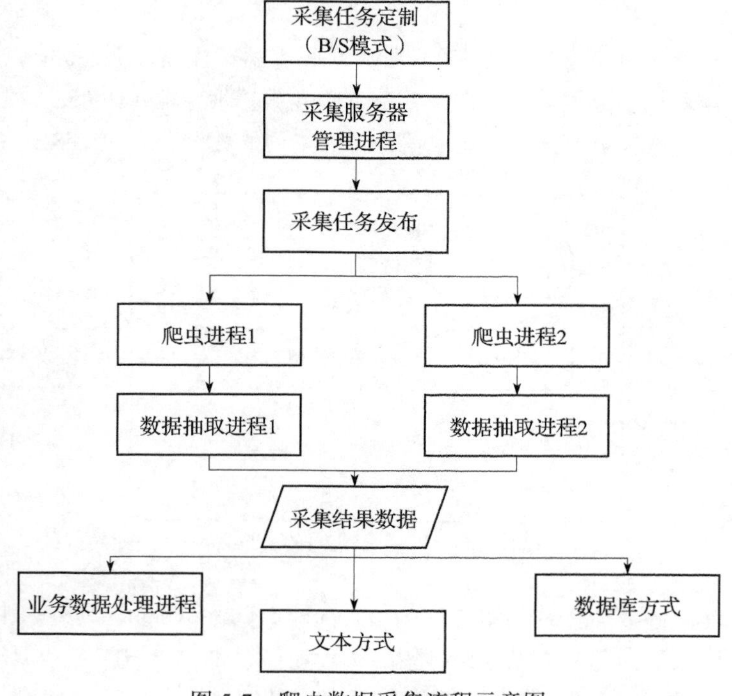

图 5-7　爬虫数据采集流程示意图

5.2.14 基于系统日志的采集技术

不管是业务系统、操作系统还是数据库系统，每天都会产生大量的日志数据，针对此类日志，目前有多款开源工具可实现数据采集的功能，如Hadoop的Chukwa、Cloudera的Flume、Facebook的Scribe等。

这里以Flume为例介绍系统日志采集的大致流程。Apache Flume是一个可用于收集日志、事件等数据资源，并将这些数量庞大的数据从各项数据资源中集中起来进行存储的工具或服务，或者数据集中机制。Flume是一款具有高可用性和分布式等特点的配置工具，其设计原理也是将数据流（如日志数据）从各种网站服务器上汇集起来存储到HDFS、HBase等集中存储器中。其结构如图5-8所示。

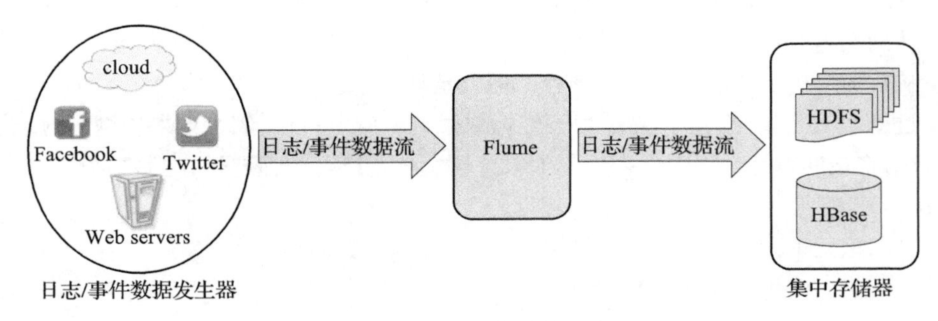

图5-8 Flume工作结构示意图

Flume内部包含Flume探针（Agent）和数据收容器（Data Collector）。如图5-9所示，运行在数据发生器所在服务器上的单个探针负责收集数据发生器（如Facebook）所产生的数据，之后数据收容器从各个探针上汇集数据并将采集到的数据存到HDFS或HBase中。

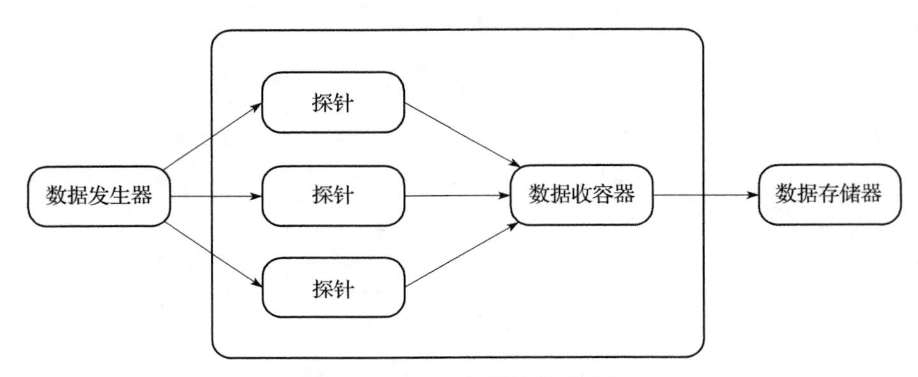

图5-9 Flume内部结构示意图

其中，Flume内部数据传输的单位称为事件（即Flume event），其由一个转载数据的字节数组（该数据组从数据源接入点开始，传输给传输器，也就是HDFS和HBase）和一个可选头部构成，以上就是Flume的内部结构。其中，Flume探针的内部结构如图5-10所示，主要由数据源（Source）、管道（Channel）和节点（Sink）三个组件组成。

- 数据源：负责从数据发生器接收数据，并将接收到的数据以 Flume 的事件（events）格式传递给一个或多个管道，Flume 提供了多种数据接收方式，比如，Avro、Thrift 等。

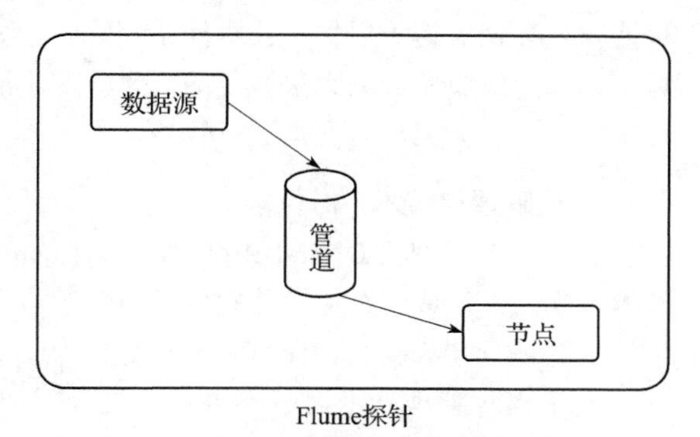

图 5-10 Flume 探针内部结构示意图

- 管道：一种短暂的存储容器，它将从数据源处接收到的事件格式的数据缓存起来，直到它们被节点消费掉，它在数据源和节点间起着一种桥梁的作用。管道是一个完整的事务，这一点可用于保证数据在收发时的一致性。而且，管道可以与任意数量的数据源和节点链接。管道支持的类型包括 JDBC Channel、File System Channel、Memort Channel 等。
- 节点：负责将数据存储到集中存储器中，比如 HBase 和 HDFS，它从管道消费数据（事件格式）并将其传递到目的地。目的地可能是另一个节点，也可能 HDFS、HBase 等存储器。

Flume 探针的端到端组合示意图如图 5-11 所示。

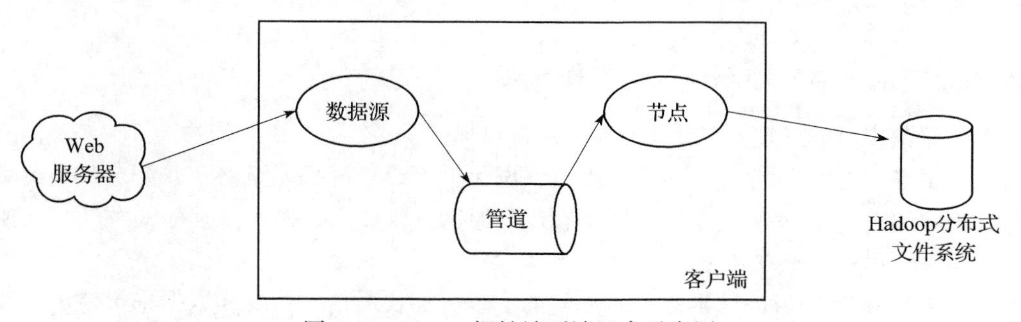

图 5-11 Flume 探针端到端组合示意图

5.2.15 数据防泄露技术

目前，数据防泄露技术主要包含数据加密技术、权限管控技术，以及基于内容深度识别的通道防护技术等，具体说明如下。

1. 数据加密技术

数据加密技术包含磁盘加密、文件加密、透明文档加解密等技术路线，目前以透明文档加解密技术最为常见。透明文档加解密技术通过过滤驱动对受保护的敏感数据内容设置相应的参数，从而有选择性地保护特定进程产生的特定文件，写入时进行加密存储，读取文件时进行自动解密，整个过程不会影响到其他受保护的内容。

加密技术需要从数据泄露的源头开始对数据进行保护，即使数据离开企业内部的保护，也能防止数据泄露。但加密技术的密钥管理十分复杂，一旦密钥丢失或加密后的数据遭到损坏，就会造成原始数据无法恢复的后果。对于透明文档加解密来说，如果数据不是以文档的形式出现，就会无法对数据进行管控。

2. 权限管控技术

数字权限管理（Digital Right Management，DRM）是指通过设置特定的安全策略，在敏感数据文件生成、存储和传输的同时实现自动化保护，以及通过条件访问控制策略防止对敏感数据进行非法复制、泄露和扩散等操作。

数字权限管理技术通常不会对数据进行加解密操作，而是通过细粒度的操作控制和身份控制策略来实现数据的权限控制。权限管控策略与业务结合比较紧密，因此会对用户现有的业务流程产生影响。

3. 基于内容深度识别的通道防护技术

基于内容的数据防泄露（Data Loss Prevention，DLP）概念最早源自国外，是一种以不影响用户正常业务为目的，对企业内部敏感数据外发进行综合防护的技术手段。数据防泄露以深层内容识别为核心，基于敏感数据内容策略定义，监控数据的外传通道，对敏感数据的外传进行审计或控制。数据防泄露不会改变正常的业务流程，具备丰富的审计功能，可用于对数据泄露事件进行事后定位和追责溯源。

5.2.16 技术工具的使用目标和工作流程

数据采集安全管理技术工具应能实现以下目标。

- 工具需要能够设置统一的采集策略，统一下发设置的采集策略，并能对采集策略进行调整。采集策略应遵循“最小够用”原则，既要确保采集数据的一致性，又要确保采集数据不会被滥用。
- 工具需要支持与被采集数据源之间的全过程加密通信。从发起数据采集请求、数据采集授权到采集数据传输的通信过程应该采取双向加密传输的方式，防止在双方通信过程中因故障或恶意截获窃取导致的信息泄露。加密包括但不限于数据采集工具自身使用的加密算法、传输层采取的加密方式（如 SSL）、使用专用隧道进行传输、数据在传输前进行数据加密等。
- 当数据采集涉及敏感信息时，工具需要具备在数据传输前对数据进行脱敏的能力。当通信链路存在风险时，在传输前对数据进行脱敏作业能够最大限度降低数据传输过程中的风险。工具需要依照规定的敏感信息定义，对采集到的敏感信息进行脱敏处理后再进行传输。
- 工具应能对采集前后的数据进行完整性校验。为了防止采集前后的数据被篡改，工具需要对数据进行完整性校验，可以使用数字签名、数字证书等手段来识别所采集的数据是否已遭到篡改。

- 在存储采集到的数据时，在保证敏感数据都经过了脱敏处理的前提下，工具需要对采集到的数据进行加密作业后再存储。同时，工具需要能够对所存储的数据定期进行备份，以保证存储数据的安全性，防止所存储的数据遭到窃取和破坏。

基于数据采集安全管理的技术工具进行数据采集作业的基本流程图如图 5-12 所示。

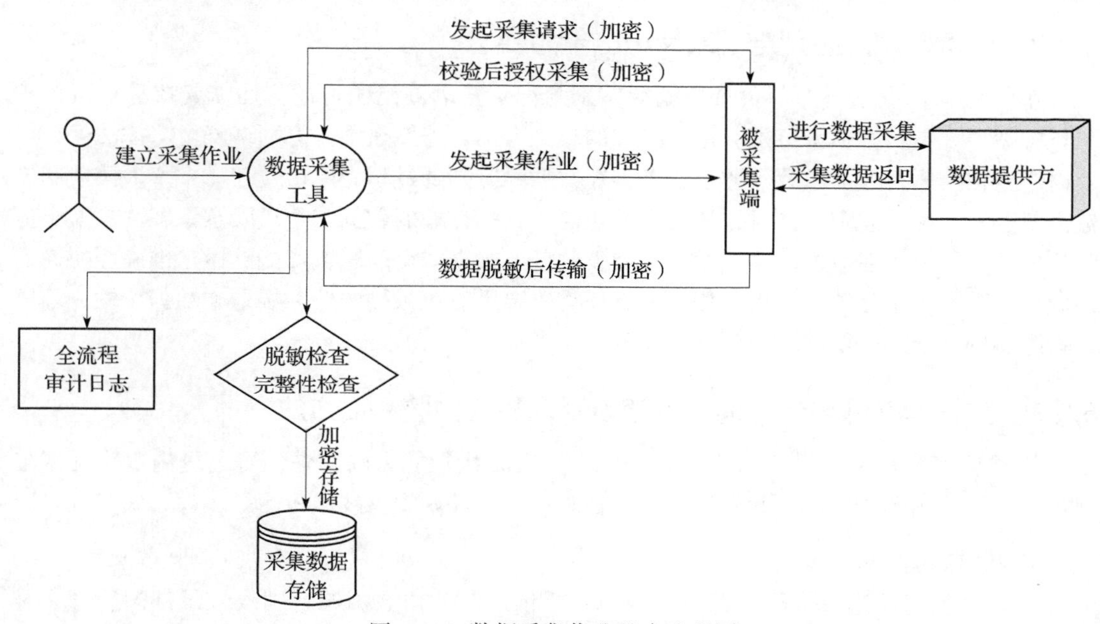

图 5-12　数据采集作业基本流程图

5.3　数据源鉴别及记录

数据源鉴别及记录是数据采集安全过程中的重要步骤，可分为数据源鉴别和数据源记录两部分。数据源鉴别是指对收集的数据源进行身份识别，以防止组织机构采集到其他非法或不被认可的数据源产生的数据，防止采集到错误的或失真的数据；数据源记录是指对需要提供数据采集服务的数据源进行标识与记录，保证可以在必要时对数据源进行追踪和溯源。有效的数据源鉴别及记录管理需要从多个方面进行建设和提升，本节将基于 DSMM 充分定义级（3 级）视角，从组织建设、人员能力、制度流程和技术工具四个维度对数据源鉴别及记录的建设和提升提供实践建议。

5.3.1　建立负责数据源鉴别与记录的职能部门

明确职责要求、设立岗位部门是组织机构进行数据源鉴别与记录建设的第一步，在条件允许的情况下，组织机构应该设立专门负责数据源鉴别与记录的岗位，并招聘专职人员。

数据源鉴别与记录管理岗位的相关人员需要负责对数据源进行鉴别、记录和追溯，检测数据是否被仿冒或伪造，同时为组织机构提供统一的数据源管理策略和方案，这样做的好处在于能够做到专人专职，能够制定更为有效、客观的数据源管理策略方案。如果公司条件有限，则可以将此岗位的工作内容交由业务团队的相关人员负责，这样做的好处在于能够提供更贴合真实业务场景的数据源鉴别服务。

5.3.2 明确数据源鉴别与记录岗位的能力要求

组织机构在设立了专门负责数据源鉴别与记录管理的岗位之后，还需要招募负责该项工作的专项人员。数据源鉴别与记录岗位的相关人员，需要熟悉国家网络安全法律法规，以及组织机构所属行业的政策和监管要求，在数据源鉴别的过程中严格遵守《中华人民共和国数据安全法》中的规定。同时，相关人员还需要具备良好的数据安全风险意识和数据安全应急响应能力，对于在数据源鉴别过程中突发的任何数据安全问题，都能够做出准确而快速的判断，并进行应急处置。最后，相关人员还需要熟悉组织机构的业务场景和数据特性，理解数据源鉴别标准，并能够结合实际的业务场景来执行。

5.3.3 数据源鉴别与记录岗位的建设及人员能力的评估方法

数据源鉴别及记录岗位的建设和对应人员实际执行能力的评估，可通过内部审计或外部审计等形式以调研访谈、问卷调查、流程观察、文件调阅、技术检测等多种方式实现。

1. 调研访谈

数据源鉴别及记录阶段的调研访谈，主要包含对公司数据源鉴别及记录部门管理人员和业务团队相关人员的访谈两部分，具体访谈内容如下。

- 对数据源鉴别与记录部门管理人员的访谈内容为：确认其是否能够胜任数据源识别、数据源身份鉴别、数据源溯源，以及提供数据源管理策略和方案方面的工作，确认公司是否对该团队提供了足够的资源支持，确认该团队所制定的数据源管理策略和方案是否能够得到有效地执行。
- 对业务团队相关人员的访谈内容为：确认其在真实业务场景下对数据源的鉴别是否能够得出较为准确的结果，是否能够很好地完成对数据源的识别、标识、记录、保存、溯源和备份等作业。

2. 问卷调查

数据源鉴别及记录阶段的问卷调查通常是以纸面问卷的形式，调研数据源鉴别团队及相关人员在制定数据源管理制度上的合理性，对真实业务场景中的数据源鉴别的准确性，以及是否做好了数据源的记录和备份。

3. 流程观察

数据源鉴别及记录阶段的流程观察，主要是观察数据源鉴别与记录部门管理团队的工作流程，并从中寻找可能的问题点和改善点，具体观察内容如下。

以中立的视角观察公司数据源鉴别与记录部门管理团队的工作流程，包括在为公司制定数据源管理策略和方案时，流程是否符合标准，方案中的各项要求、制度设计是否合理；在对数据源进行鉴别时，是否对数据源进行了标识以确保数据的唯一性，是否对数据源进行了身份识别以防止数据源被假冒和伪造，是否对数据的每次操作都进行了日志记录以便对数据进行溯源管理。从以上角度依次观察数据源鉴别与记录管理团队的各项工作流程，从而确认该团队的实际工作情况。

4. 技术检测

数据源鉴别及记录阶段的技术检测，需要使用技术工具确认通过数据源鉴别得到的数据，在识别上是否存在错误、伪造等情况，是否存在元数据管理、数据血缘管理对采集到的数据无法识别的情况等。

5.3.4　明确数据源鉴别及记录的目的

数据源鉴别是指对收集或产生数据的来源进行身份识别的一种安全机制，防止采集到其他不被认可的或非法数据源（如机器人注册信息等）产生的数据，避免采集到错误的或失真的数据；数据源记录是指对采集的数据标识其数据来源，以便在必要时能够对数据源进行追踪和溯源。

5.3.5　制定数据采集来源的管理办法

对数据采集来源进行管理的目的是确保采集数据的数据源是安全可信的，确保采集对象是可靠的，没有假冒对象。采集来源管理可通过数据源可信验证技术来实现，包括可信认证（PKI 数字证书体系，针对数据传输进行的认证），以及身份认证技术（指纹等生物识别技术，针对关键业务数据修改操作进行的认证）等。

1. PKI 数字证书

PKI（Public Key Infrastructure，即公钥基础设施），是通过使用公钥技术和数字证书来提供系统信息安全服务，并负责验证数字证书持有者身份的一种体系。PKI 技术是信息安全技术的核心。PKI 保证了通信数据的私密性、完整性、不可否认性和源认证性。

PKI 实现的基本原理为：由一个密钥进行加密的信息内容，只有由与之配对的另一个密钥才能进行解密。公钥可以广泛地发给与自己有关的通信者，私钥则需要被安全地存放起来。使用中，甲方可以用乙方的公钥对数据进行加密并传送给乙方，乙方可以使用自己的私钥完成解密。公钥通过电子证书与其拥有者的姓名、工作单位、邮箱地址等捆绑在一起，由权威机构（Certificate Authority，CA）进行认证、发放和管理。当把证书交给对方时，就意味着把自己的公钥传送给了对方。证书也可以存放在一个公开的地方，让别人能够方便地找到和下载。

一个完整的 PKI 系统必须包括权威认证机构、数字证书库、密钥备份及恢复系统、证书作废系统和应用接口等基本组成部分。

- 权威认证机构：权威认证机构简称 CA，是 PKI 的核心组成部分，是权威、公正、可信任的第三方数字证书的签发机构。
- 数字证书库：数字证书是由认证机构（认证权威）数字签名的数字文件，其中包含公开密钥拥有者的信息、公开密钥、签发者信息、有效期及一些扩展信息等。数字证书将 PKI 中的公钥信息与用户身份信息绑定在了一起，由证书即可确定用户的身份。数字证书库则是证书的集中存放地，是网上的一种公共信息库，可供公众进行开放式查询。到证书库访问查询，可以得到你想要与之通信者的公钥。证书库是扩展 PKI 系统的一个组成部分，证书中的的数字签名保证了证书的合法性和权威性。
- 密钥备份及恢复系统：如果用户丢失了密钥，则会造成已经加密的文件无法解密，从而导致数据丢失的问题，为了避免这种情况，PKI 提供了密钥备份及恢复机制。
- 证书作废系统：有时因为用户身份变更或密钥遗失，需要停止证书的使用，所以 PKI 系统提供了证书作废机制。
- PKI 应用接口系统：其作用是为各种各样的应用提供安全、一致、可信任的方式与 PKI 进行交互，确保所建立的网络环境安全可信，并降低管理成本。没有 PKI 应用接口系统，PKI 就无法有效地提供服务。

2. 身份认证技术

身份认证技术是指在计算机及计算机网络系统中确认操作者身份的过程，从而确定该操作者是否具有对某种资源的访问和使用权限，进而使计算机和网络系统的访问策略能够可靠、有效地执行，防止攻击者假冒合法用户获得该资源的访问权限，保证系统和数据的安全，以及授权访问者的合法利益。

目前，身份认证的主要手段具体包含如下几个方面。

- 静态密码：用户的密码是由用户自己设定的。在网络登录时只要输入的密码正确，计算机就会认为操作者就是合法的用户。静态密码机制无论是使用还是部署都非常简单，但从安全性上讲，用户名加密码的方式却是一种不安全的身份认证方式。
- 智能卡：智能卡认证是通过智能卡硬件的不可复制性来保证用户身份不会被仿冒的一种认证方式。
- 短信密码：身份认证系统以短信的形式向用户的手机发送随机的 6 位动态密码信息，用户在登录或交易认证时输入此动态密码，从而确保系统身份认证的安全性。
- 动态口令：是应用最广的一种身份识别方式，一般是长度为 5 ～ 8 的字符串，由数字、字母、特殊字符、控制字符等组成。
- USB Key：是一种 USB 接口的硬件设备。USB Key 内置单片机或智能卡芯片，有一定的存储空间，可以存储用户的私钥和数字证书，其利用 USB Key 内置的公钥算法来实现对用户身份的认证。由于用户私钥保存在密码锁中，理论上使用任何方式都无法读取，因此可以保证用户认证的安全性。

- 生物识别：生物特征识别技术是指计算机利用人类自身的生理或行为特征进行身份认定的一种技术。生物特征的特点是人各有异、终生（几乎）不变、随身携带，这些身体特征包括指纹、虹膜、掌纹、面相、声音、视网膜和 DNA 等人体的生理特征，以及签名的动作、行走的步态、击打键盘的力度等行为特征。指纹识别技术相对比较成熟，是一种较为理想的生物认证技术。
- 双因素：所谓双因素就是将两种认证方法结合起来，进一步加强认证的安全性。

5.3.6　数据溯源方法简介

目前，数据溯源的主要方法有标注法和反向查询法，具体说明如下。

1. 标注法

标注法是一种简单且有效的数据溯源方法，应用非常广泛，该方法通过记录处理相关的信息来追溯数据的历史状态，即用标注的方式来记录原始数据的一些重要信息，并让标注信息和数据一起传播，通过查看目标数据的标注来获得数据的溯源。采用标注法来进行数据溯源，相对来说实现起来比较简单且容易管理。但该方法只适用于小型系统，对于大型系统而言，很难为细颗粒度的数据提供详细的数据溯源信息，因为很可能会出现元数据比原始数据还多的情况，需要额外的存储空间，从而对存储造成很大的压力，而且效率也会很低。5.3.10 节将详细介绍标注法的具体技术原理。

2. 反向查询法

反向查询法，也称逆置函数法，适用于颗粒度较细的数据。该方法通过逆向查询或构造逆向函数对查询操作求逆，或者说是根据转换过程反向推导，由结果追溯到原始数据。反向查询法的关键是要构造出逆向函数，逆向函数的构造结果将直接影响查询的效果和算法的性能。与标注法相比，该方法的追踪比较简单，只需要存储少量的元数据即可实现对数据的追踪溯源，而不需要存储中间处理信息、全过程的注释信息等。但该方法需要用户提供逆置函数（并不是所有的函数都具有可逆性）和相对应的验证函数，构造逆置函数具有一定的局限性，实现过程相对来说比较复杂。5.3.10 节将详细介绍反向查询法的具体技术原理。

5.3.7　数据溯源记录

在数据生命周期过程中，组织机构需要对所采集的数据进行数据溯源记录，对数据流路径上的每次变化都保留日志记录，保证结果的可追溯性，以及数据的恢复、重播、审计和评估等功能。

5.3.8　制定数据源鉴别及记录的安全策略

组织机构开展数据源鉴别及记录活动时应遵循以下基本要求，防止数据仿冒和伪造。

- 设立负责数据源鉴别及记录的岗位和工作人员。
- 明确数据源管理制度，对采集的数据源进行鉴别和记录。

- 采取技术手段对外部收集的数据和数据源进行识别和记录。
- 对关键溯源数据进行备份，并采取技术手段对溯源数据展开安全保护。
- 确保负责该项工作的人员充分理解数据源的鉴别标准和组织内部的数据采集业务，并能结合实际情况执行标准要求。
- 制定数据源管理的制度规范，定义数据溯源安全策略和溯源数据格式等规范，明确提出对数据源进行鉴别和记录的要求。
- 通过身份鉴别、数据源认证等安全机制确保数据来源的真实性。

5.3.9 使用技术工具

在数据安全能力成熟度模型中，对数据源鉴别及记录的定义如下：对产生数据的数据源进行身份鉴别和记录，防止数据仿冒和数据伪造。这个定义的核心是溯源，具体来说就是保证数据可以被安全地溯源。所以数据源鉴别及记录的技术工具需要具备两个方面的能力：一方面是数据溯源的能力，另一方面是保证数据安全的能力。安全能力是指在对数据进行溯源操作时，保证其在传输、执行和存储等过程中的的安全性。

5.3.10 基于标注和反向查询的数据溯源技术

数据溯源有多种定义和解释，包括元数据、数据族系、数据系谱、数据血缘等，在《信息技术 数据溯源描述模型》中的一种解释是：数据在整个生存周期内（从产生、传播到消亡）的演变信息和演变处理内容的记录。

如前所述，目前，数据溯源追踪的主要方法有标注法和反向查询法。

标注法是一种简单且有效的数据溯源方法，应用非常广泛。其通过记录数据处理相关的信息来追溯数据的历史状态，即用标注的方式记录原始数据的一些重要信息，如背景、作者、时间、出处等，并让标注信息随数据一起传播，通过查看目标数据的标注来获得数据的溯源。采用标注法进行数据溯源虽然简单，但存储标注信息需要额外的存储空间。

由于标注法并不适用于细粒度数据，特别是大数据集中的数据溯源，于是，逆置函数反向查询法便由此而生了。由于逆置函数反向查询法只在需要时才进行计算，因此又称为 lazzy 方法。反向查询法的关键是要构造出逆向函数，逆向函数构造的好与坏将直接影响查询的效果及算法的性能，与标注法相比，它的实现过程比较复杂，但需要的存储空间比标注法要小。

建立一个有效的数据模型是数据溯源技术的关键所在。如今，数据类型多种多样，在搭建数据溯源模型时，需要充分考虑不同数据的异构特性。由此便出现了一种异构数据的溯源模型。这种模型由信息获取、信息存储、异构数据处理三部分组成。

1. 信息获取

在数据溯源的实现过程中，溯源信息是关键，它记录了如何追踪数据历史的重要信息，根据这些信息，我们可以追踪数据的历史档案，重现数据的演变过程。Sudha 等人提出了一个“7W”模型，该模型包括“who、when、where、how、which、what、why”7 个方面的内容，把这 7 个方面的标注信息当作元数据一起保存在数据库中以供查询，该模型详细且周全，但需要占用一定的存储空间。

下面以数据库中的层次结构为例，说明信息获取的原理和过程。如图 5-13 所示，每个数据库中都具有数据库所有者、数据库、数据表、数据表字段、数据这几层结构，如果想对一个数据库进行详细而完整的溯源，那就需要记录这个数据库的所有者、所有库、所有库的表、所有表的字段的“7W”信息（即 who、when、where、how、which、what、why），并将这些记录与对应数据保存在数据库中以供查询。

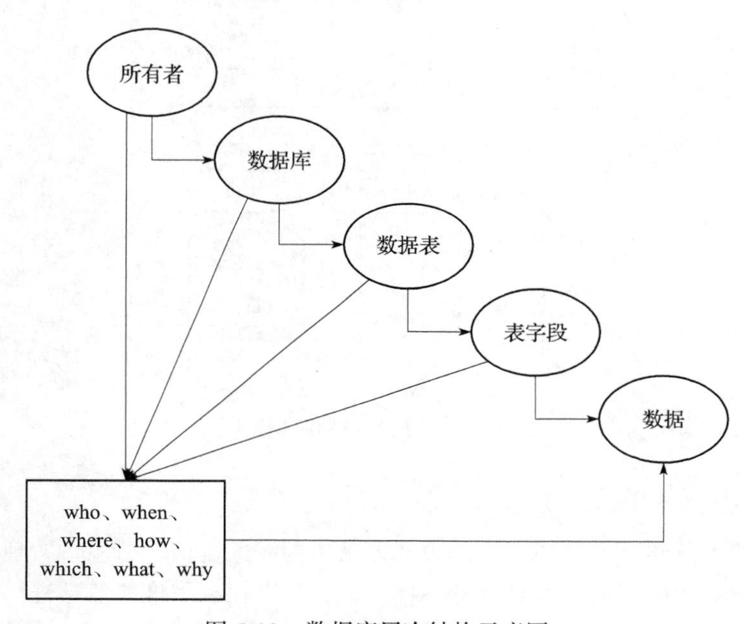

图 5-13　数据库层次结构示意图

2. 信息存储

目前，常用的信息存储技术共有两种，一种是基于 RDBMS 的存储方案，此方案基于关系型数据库，通过扩充属性的方式来存储数据溯源信息，即把溯源信息直接存储在关系型数据库的二维表中。另一种是基于树形文档的存储方案，树形存储方案是将元组、树形、溯源信息作为树的节点来存储，对于带有标注的源数据，需要在原树型结构中增加一个子节点，用于表示信息的来源，并对每个带标注的源数据都添加一个 href 属性，将其链接到源数据节点中。要想实现数据溯源，溯源信息的存储非常关键。因为溯源信息需要更多的存储空间来存储，所以存储方式对数据溯源的性能起着关键性的作用。

3. 异构数据处理

随着时间的推移和应用的需要，组织内将产生各种各样的数据源，其中最主要的是 MySQL、Oracle 和 SQL Server 等数据库构成的数据源。应用程序想要操作不同类型的数据库，只需要调用数据库访问接口（如 ODBC、JDBC 等支持的函数），动态链接到驱动程序上即可。再通过数据转换工具形成统一的目标数据库，数据溯源信息通过这种途径就能传递到目标数据库中。

异构数据的溯源模型示意图如图 5-14 所示。

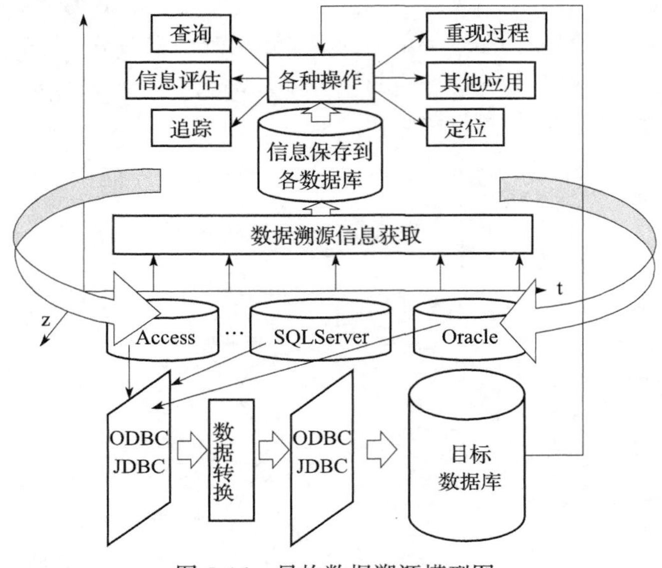

图 5-14　异构数据溯源模型图

5.3.11　数据溯源中的安全防护

数据溯源技术能够追本溯源，是因为其记录的溯源关键信息可用于实现追溯数据源的目的。但是其记录的溯源信息本身也是一种数据。所以在利用这些信息进行溯源工作的同时，溯源信息的安全性问题也必须受到重视。保护溯源信息的意义在于防止溯源信息被破坏或篡改等，一旦溯源所依赖的关键数据被破坏或篡改，那么数据溯源工作就会无法进行，或者会得到一个错误的溯源结果。所以为了保护溯源关键信息，需要加入安全防护技术。

为了防止信息遭到破坏之后无法恢复，组织机构需要通过自动备份工具定时对溯源关键信息进行自动全量备份，并且备份数据需要是多地、异地备份。另外，溯源关键信息的备份应与原有数据的备份分开进行，两者互相独立。

除了备份之外，保证数据及备份数据不被篡改也是数据溯源安全工作的另一大重点。目前，防止数据被篡改的技术已经相对比较成熟，主要可通过加密、数字证书、数字签名等手段实现对数据机密性和完整性的保护。数据源鉴别及记录作业的过程，应该是全程加密的，同时采用双向对端校验签名的机制，以保证作业过程中的数据未被破坏或篡改。在存储溯源关键信息时也要进行加密。

数据溯源模型中包含了一种数据溯源安全模型，就是为了防止有人恶意篡改数据溯源中溯源链的相关信息。利用密钥树再生成的方法，再加上时间戳参数，可以有效地防止攻击者恶意篡改溯源链中的溯源记录。对数据对象在生命周期内的修改行为进行记录，并按时间先后顺序组成溯源链。通过文档记录数据修改行为的方式，在进行各种操作时，文档将随着数据的演变而更新其内容，可以通过对文档添加一些无法修改的参数（比如，时间戳、加密密钥、校验和等）来限制操作权限，以保护溯源链的安全。

5.3.12　技术工具的使用目标和工作流程

数据源鉴别及记录技术工具应能实现以下目标。

- 工具需要具备完整且详细的数据溯源功能，不仅要能对结构化的数据进行鉴别和记录，也要能对非结构化的数据进行鉴别和记录。
- 工具需要具有良好的操作逻辑，能够较为方便地对溯源关键信息进行管理。
- 工具在进行数据溯源作业时，需要能够保证作业过程是安全的，作业结果是可靠的。
- 工具需要具备针对溯源关键信息的自动备份功能，可以通过自定义策略对数据进行自动定期备份。
- 工具需要具备数据加密功能，对管理的元数据在存储之前就进行加密处理。

基于数据源鉴别及记录的技术工具进行数据源鉴别及记录作业的基本流程图如图 5-15 所示。

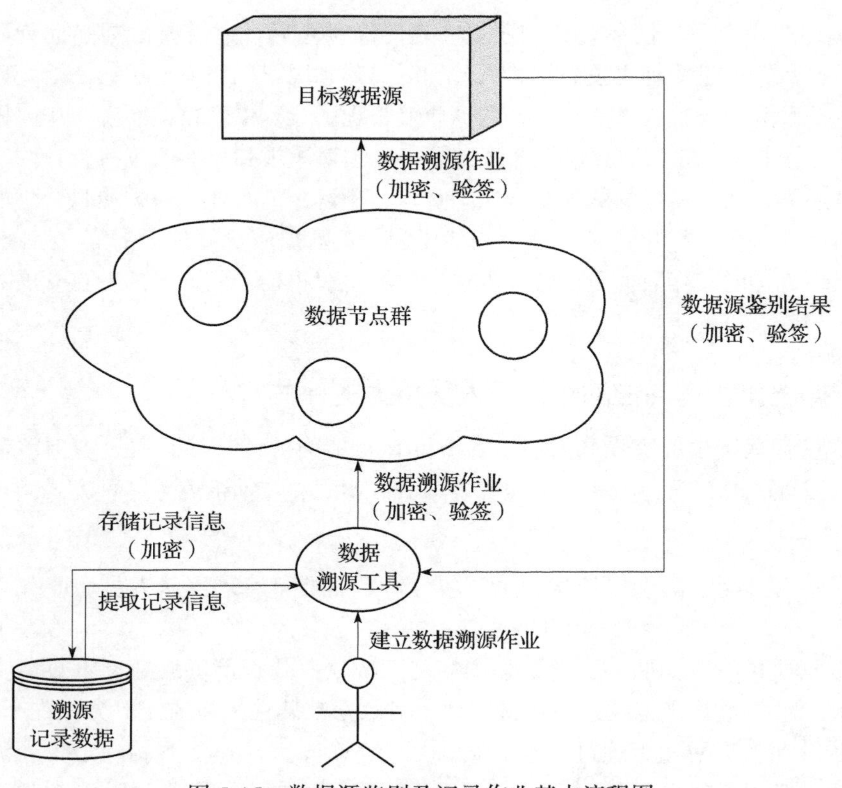

图 5-15　数据源鉴别及记录作业基本流程图

5.4 数据质量管理

数据质量管理可以确保数据的质量得到可靠保障，从而使得数据安全保护的对象具有更高的价值；在数据采集的整个过程中，数据质量管理可以保证数据采集过程中收集和产生的数据具有一致性、完整性和可用性。有效的数据质量管理需要从多个方面进行建设和提升，本节将基于DSMM充分定义级（3级）视角，从组织建设、人员能力、制度流程和技术工具四个维度对数据质量管理的建设和提升提供实践建议。

5.4.1 建立负责数据质量管理的职能部门

为了响应国家数据安全的发展规划，同时也为了保障企业数据安全建设能够成功实施和推进，组织机构需要专门设立负责数据质量管理的岗位，并招聘若干名数据质量管理人员。数据质量管理岗位的相关人员需要为组织机构建立数据质量管理体系，负责为公司制定统一的数据质量管理规范，推动数据质量管理制度的有效实施，明确责任主体，明确对数据质量进行监督和管理的相关责任人或责任部门。

5.4.2 明确数据质量管理岗位的能力要求

组织机构在设立了专门负责数据质量管理的岗位之后，还需要招募一批负责该项工作的专职人员。数据质量管理岗位的相关人员，需要熟悉国家网络安全法律法规，以及组织机构所属行业的政策和监管要求，在进行数据质量管理的过程中严格按照《中华人民共和国网络安全法》《中华人民共和国数据安全法》等相关法律法规和行业规范执行。同时，该岗位的相关人员还需要具备良好的数据安全风险意识，了解当前行业内数据质量管理的最佳实践路线，了解数据采集阶段中的数据质量控制要素，对数据质量管理规范能有一致性的理解，能够根据组织机构的实际数据质量管理需求，以及组织机构不同业务的特点开展数据质量评估工作。

5.4.3 数据质量管理岗位的建设及人员能力的评估方法

数据质量管理岗位的建设和对应人员实际执行能力的评估，可通过内部审计、外部审计等形式以调研访谈、问卷调查、流程观察、文件调阅、技术检测等多种方式实现。

1. 调研访谈

数据质量管理阶段的调研访谈，主要包含对数据质量管理团队人员和业务团队相关人员的访谈两部分，具体访谈内容如下。

- 对数据质量管理团队人员的访谈内容为：确认其是否能够胜任制定数据质量管理规范制度、对数据规范性进行定义监控、对数据准确性进行监控等方面的工作的规定，确认其在数据质量管理过程中的做法是否符合相关法律法规的规定，确认公司是否对该部门提供了足够的资源支持，确认该部门所制定的数据质量管理制度是否能够得到有效地执行。

- 对公司业务团队相关人员的访谈内容为：确认数据质量管理部门的相关人员在真实业务场景下的数据质量管理结果是否具备完整性、规范性、一致性和准确性，是否对数据关联性进行管理和监控，是否设立了有效的数据质量异常上报通道及响应流程，数据质量管理部门是否能够及时响应并解决上报的异常数据质量问题。

2. 问卷调查

数据质量管理阶段的问卷调查通常是以纸面问卷的形式，调研数据质量管理部门是否可以针对不同的业务环境开展数据质量评估工作。

3. 流程观察

数据质量管理阶段的流程观察，主要是观察数据质量管理团队的工作流程，并从中寻找可能的问题点和改善点，具体观察内容如下。

以中立的视角观察公司数据质量管理团队的工作流程，包括在为公司制定统一的数据质量管理制度和规范时，方法流程是否符合标准，对数据的完整性、规范性、一致性、准确性、唯一性、关联性是否进行了管理和监控，是否明确了数据质量监控责任人；在响应异常数据质量问题时，操作流程是否符合规范，整个响应链（即对异常数据质量问题从发现、上报、评估、更正到继续监控的整个过程）是否完善。

4. 技术检测

数据质量管理阶段的技术检测，需要使用技术工具确认数据质量管理覆盖了数据的全生命周期，确认在真实业务环境下的关键数据得到了有效的数据质量管理和监控，且监控结果符合预期效果，保障了数据的完整性、一致性和准确性，能够准确、快速地识别出异常数据质量问题，且对识别出的异常数据质量问题及时进行响应、告警和更正处理。

5.4.4　明确数据质量管理的目的

数据质量管理是指为了满足信息利用的需要，对信息系统的各个信息采集点进行规范化管理，包括建立模式化的操作规程、原始信息的校验、错误信息的反馈和矫正等一系列的过程。

数据安全保护的对象是有价值的数据，而有价值的前提是要能保证数据的质量，所以必须要有与数据质量相关的管理体系。数据质量管理的目的是保证数据采集过程中收集和产生的数据的准确性、一致性和完整性。

5.4.5　数据质量评估维度

数据质量可以从以下 8 个维度进行衡量，分别是真实性、完整性、规范性、一致性、准确性、唯一性、关联性和及时性，具体说明如下。

- 真实性：数据必须真实、准确地反映出客观的实体存在的真实业务，是一切管理工作的基础。数据的真实性取决于数据采集过程的可控程度和可追溯情况，可控程度高、可追溯性好的数据其真实性更容易得到保障，而可控程度低或无法追溯的数据其真实性则难以保证。

- 完整性：数据的完整性是通过数据采集到的完整程度来衡量的，可用于度量哪些数据丢失了，或者哪些数据不可用。
- 规范性：数据的规范性可用于度量哪些数据未按统一的格式进行存储。
- 一致性：数据的一致性可用于度量哪些数据的值在信息含义上是有冲突的。例如，相同的数据在有多个副本的情况下如果数据不一致，则会存在数据内容冲突的问题。
- 准确性：数据的准确性是指数据的采集值或观测值与真实值之间的接近程度，数据的准确性通常是由数据的采集方法来决定的。
- 唯一性：数据的唯一性可用于识别和度量重复数据或冗余数据。重复数据是导致业务无法协同、流程无法追溯的重要因素，也是数据治理需要解决的最基本的数据问题。
- 关联性：数据的关联性包括函数关系、相关系数、主外键关系、索引关系等。如果存在数据关联性问题，则会直接影响数据分析的结果，进而影响管理决策。
- 及时性：数据的及时性是指能否在需要的时候获得数据，数据的及时性与企业处理数据的速度及效率直接相关，是影响业务处理和管理效率的关键指标。

5.4.6 实施数据质量校验

数据质量校验是指实现数据的完整性和一致性检查，从而提升数据的质量。

数据质量校验的的规则如下。

- 关联性检查：是否存在 Key 值关联。
- 行级别：数据量是否一致。
- 列级别：表结构是否一致，如字段数量、字段类型和宽度等是否一致。
- 内容级别：数据内容是否一致，以及数据内容是否缺失。

数据质量校验可分为以下三个层次。

- 人工对比：为了检查数据的正确性，相关负责人员可打开对应数据库，对转换前和转换后的数据进行直接对比，如果发现数据不一致，则通知相关人员进行纠正。
- 程序对比：为了自动化检查数据的质量，更好地进行测试对比，可利用程序对转换前和转换后的数据进行对比，如果发现数据不一致，则通知相关人员进行纠正。
- 统计分析：为了更加全面地从总体上检查数据的质量，需要用到统计分析的方法，主要是通过不同角度、不同视图的统计结果对新旧数据转换的正确程度进行量化分析，如果发现其在某个统计结果上存在不一致的问题时，就通知相关人员进行纠正。

数据质量校验的流程具体如下。

- 解析待校验的数据源，以得到数据源的元数据。

- 配置检验规则，例如，数据唯一性校验、完整性校验、精度校验、格式校验、长度校验等。
- 根据数据源的元数据对数据源进行校验运算，得到校验结果。

5.4.7　实施数据清洗

数据清洗是发现并纠正数据文件中可识别的错误的最后一道程序，包括检查数据的一致性，以及处理无效值和缺失值等。

数据清洗的规则具体如下。

（1）缺失值处理

- 根据同一字段的数据进行填充，例如，均值、中位数、众数等。
- 根据其他字段的数据进行填充，例如，通过身份证件号码提取出生日期等。
- 设定一个全局变量，例如，缺失值用“unknown”等填充。
- 直接剔除，避免缺失值过多影响结果。
- 通过建模法进行归纳，可以用回归算法、贝叶斯形式化方法等基于推理的工具或决策树归纳确定。

（2）重复值处理

- 根据主键去重，利用工具去除重复记录的数据。
- 根据组合去重，编写一系列的规则，对重复情况比较复杂的数据进行去重操作。

（3）异常值处理

- 根据同一字段的数据进行修改，例如，均值、中位数、众数等。
- 直接剔除，避免异常值过多影响结果。
- 设为缺失值，可以按照处理缺失值的方法来处理。

（4）不一致值处理

- 从根源入手，建立统一的数据体系。
- 从结果入手，设立中心标准，对不同来源的数据进行值域对照处理。

（5）丢失关联值处理

重新建立关联。

5.4.8　明确数据质量管理的规范

在开展数据质量管理的过程中，组织机构应遵循如下基本要求，以提高数据质量。

- 设立负责数据质量管理的岗位和工作人员，负责制定数据质量管理规范，以对数据质量进行管理和监控，数据质量管理规范中需要包含但不限于数据格式要求、数据完整性要求、数据质量要素、数据源质量评价标准等内容。
- 对数据质量进行管理时，需要对数据的真实性、完整性、规范性、一致性、准确性、唯一性、关联性、及时性进行定义和监控。

- 建立数据采集过程中的质量监控规则，明确数据质量监控范围及监控方式。
- 设置数据质量校验和监控方法，例如，人工对比、程序对比、统计分析等。
- 设置数据质量异常问题上报流程和操作规范，并持序跟踪每个已上报的异常问题的解决状态。
- 根据实际情况，设置数据清洗的规则和方法。

5.4.9 制定数据质量管理的实施流程

提高数据质量最好的方法如下：首先，根据要分析的目标确定数据希望达到的标准，根据这些标准衡量现有的数据集，然后使用各种提高数据质量的技术和方法，持续不断地提高数据的质量，以达到预定义的标准。下面就来介绍一种常用的数据质量管理项目的实施流程。

1）发现数据质量问题，这是实施数据质量管理的第一步。

2）分析与数据质量相关的业务环节。

3）分析现有数据的数据质量，收集数据质量的管理需求。

4）设计项目使用的技术平台，技术平台可从软件供应商处购买，也可自行开发。

5）建立元数据模型。

6）建立数据质量管理系统架构。

7）评估数据质量管理程序的运行结果。

8）清洗数据。

9）持续监视数据。

5.4.10 使用技术工具

数据质量是保证数据应用效果的基础。衡量数据质量的指标有很多，这里列举几个典型的指标：完整性（数据是否缺失）、规范性（数据是否按照要求的规则存储）、一致性（数据的值是否存在信息含义上的冲突）、准确性（数据是否有误）、唯一性（数据是否重复）、时效性（数据是否按照指定的时间要求进行上传）。数据质量是描述数据价值含量的指标，就像铁矿石的质量一样，矿石的质量越高，则其能提炼出来的钢材就越多；反之，不但提炼出来的钢材少，同时也增加了提炼的成本，因此必须要对数据质量进行管理。

如表 5-2 所示，为实现数据质量管理，我们可以从以下多个维度对数据的质量进行衡量，同时对于不同的维度，明确其相关使用工具的功能要求。

表 5-2 数据质量指标

指标分类	指标名称	指标标准定义
完整性	非空检查	必需的数据项已经得到记录
	唯一性检查	数据需要及时更新，以体现当前事实
	外键检查	数据应符合主键与外键之间的关系

（续）

指标分类	指标名称	指标标准定义
正确性	长度检查	数据项取值的长度应在规定范围之内
	代码检查	数据项的取值应满足与其他数据项之间的依赖关系
一致性	一致性检查	数据应正确体现真实情况，并且数据的精度应满足业务的要求
自定义	自定义	自定义 SQL 用于开发那些不能满足需求的检核指标

目前，我们主要通过数据清洗工具，根据以上数据质量指标，对数据质量进行核查。

5.4.11　数据清洗工具的原理

所谓数据清洗，其目的是检测数据集合中存在的不符合规范的数据，并进行数据修复，提高数据质量。数据清洗一般是自动完成的，只有在少数情况下才需要人工参与完成，以提高数据质量。根据常见的数据缺陷类型，数据清洗方法可以分为如下五大类：解决空值数据的方法、解决错误数据的方法、解决重复数据的方法、解决不一致数据的方法、解决数据不规范的方法。下面就来具体说明这五大类方法。

- 解决空值数据的方法：进行估算填充。而估算方法又包括样本均值、中位数、众数、最大值 / 最小值填充，这种方法通常是在没有更多信息可参考时使用，缺点是有一定的误差，如果空值数量较多，则会对结果造成影响，使结果偏离实际情况。
- 解决错误值数据的方法：需要用一定的方法识别该错误值，通常用统计方法进行分析，统计工具有很多，例如偏差分析、回归方程、正态分布等，也可以用简单的规则库检查数值范围，使用属性间的约束关系来识别和处理数据。
- 解决重复数据的方法：重复记录的判断需要借助于实体识别技术。完全相同的记录会指向相同的实体，而有一定相似度的数据，也有可能指向同一实体，例如，对同一数据采用不同计量单位的情况，这里就需要使用有效的技术进行诊断和识别。还有可能存在一种极端的情况，即不相同的两条记录，反映的可能是同一实体的不同观测点，清洗时需要对这两条记录进行数据合并。
- 解决不一致数据的方法：如果数据不满足完整性约束，则可以通过分析数据结构和元数据文档，得到数据之间的关联关系，并制定统一的标准。
- 解决数据不规范的方法：不同行业的数据规范要求各不相同，一般来说，我们可以通过自定义的规则来制定不同行业的数据规范性要求。如在某个表中，某列中的数据内容为手机号，那么我们就可以明确制定该列数据的规范格式为 11 个数字字符，可以通过相关的正则表达式来实现，从而对该列中的内容进行自动化实时监控。

5.4.12　技术工具的使用目标和工作流程

数据质量管理工具从数据使用的角度监控和管理数据资产的质量，最终要求数据质量符合相关的业务用途，以及满足用户的要求，数据质量管理的主要流程如图 5-16 所示。

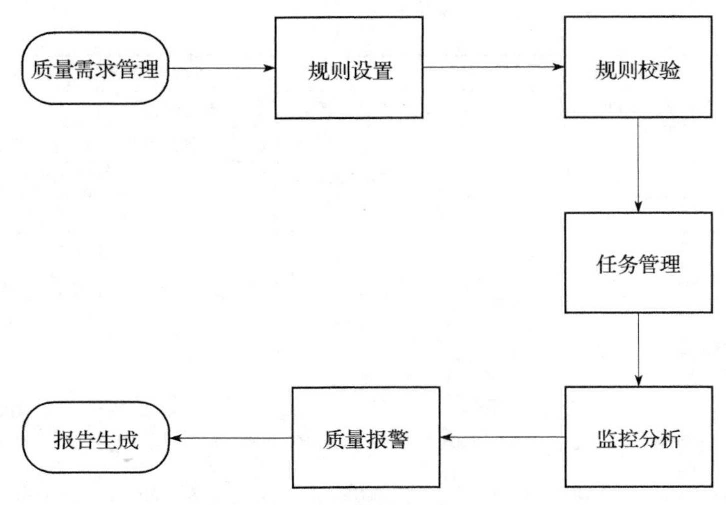

图 5-16 数据质量管理流程示意图

数据质量管理流程的步骤具体如下。

- 质量需求管理：对数据使用过程中产生的问题进行收集、存储和分类，并提供查询检索功能，为质量规则的制定提供依据。通过数据质量管理工具配置不同的权限，由数据的运维人员、测试人员、使用人员、开发人员、管理人员等不同维度的数据相关方，对数据质量的要求进行反馈。
- 规则设置：由数据质量管理工具的使用人员，根据质量需求管理所收集到的数据质量反馈，设置不同的数据质量规则，例如，某个表列的内容要求为手机号或身份证号，即可以据此设定相关规则。
- 规则校验：单次核检任务，能够对所关注的数据执行数据质量规则的校验任务。
- 任务管理：提供数据质量规则任务调度功能，指定数据质量规则任务执行的周期。
- 监控分析：对规则校验的结果进行监控和分析，校验结果要能够定位到原始数据，以便于进行快速回溯。
- 质量报警：能够对数据质量问题及时进行告警，以避免数据被污染，造成成本或业务损失，同时也便于快速修正数据质量问题。
- 报告生成：能够对校验结果的质量问题进行记录，通过积累形成问题知识库，并生成报告，在此基础上，能够根据检核结果，对问题数据的质量提高生成建议，而且在此过程中可以直接操作和修改数据。

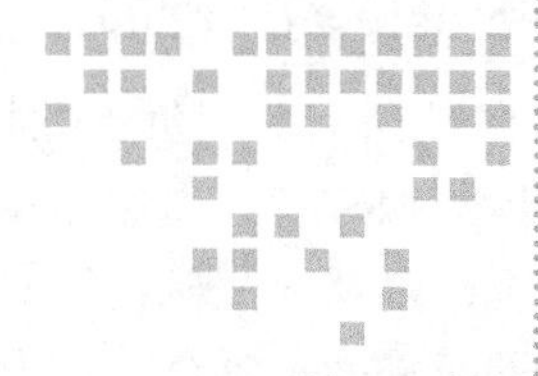

第 6 章 Chapter 6

数据传输安全实践

本章将基于 DSMM 数据安全治理思路和充分定义级（3 级）视角，对数据传输安全阶段的 2 个过程域提供数据安全建设实践建议。这 2 个过程域分别为数据传输加密和网络可用性管理。

6.1 数据传输加密

数据安全事件频发的阶段主要集中在数据传输阶段，而数据传输加密是保障数据传输安全的主要手段。数据传输加密可以帮助数据在不可信或安全性较低的网络中传输，能够有效防止数据遭到窃取、泄露和篡改。有效的数据传输加密管理需要从多个方面进行建设和提升，本节将基于 DSMM 充分定义级（3 级）视角，从组织建设、人员能力、制度流程和技术工具四个维度对数据传输加密的建设和提升提供实践建议。

6.1.1 建立负责数据传输加密的职能部门

为了成功实现企业数据传输安全建设，避免在数据传输阶段出现数据泄露或篡改等安全事件，组织机构应该设立数据加密管理部门，并至少指定两名相关人员负责公司整体的数据加密管理和密钥管理，为公司制定整体的数据加密制度和原则。公司应统一采用指定的数据加密算法和技术，并推动相关要求切实可靠地执行。除此之外，公司还需要指定各业务部门中的技术团队负责实现具体场景下的数据传输加密工作，包括但不限于数据传输通道的安全配置、密码算法配置、传输数据的完整性检测等。

6.1.2 明确数据传输加密岗位的能力要求

组织机构在设立了专门负责数据传输加密的岗位之后，还需要招募负责该项工作的专项人员。数据传输加密管理岗位的相关人员必须具备良好的数据安全风险意识，熟悉国家网络安全法律法规，以及组织机构所属行业的政策和监管要求，在进行数据加密管理以及制定数据加密制度的时候，能够严格按照《中华人民共和国网络安全法》《中华人民共和国数据安全法》等相关法律法规和行业规范执行。同时，相关人员还需要了解主流的安全通道和可信通道的建设方案、身份鉴别和认证技术，熟悉基本的数据加密算法、行业内常用的数据加密算法和国家推荐的数据加密算法，能够结合公司自身的实际情况选择合适的数据加密方法、数据传输方法，并能设计符合具体业务场景的数据传输安全管理方案。

数据传输加密部门的技术人员必须具备良好的执行能力，有能力落实不同数据传输安全建设方案，拥有良好的数据安全风险意识，熟悉组织机构的不同业务场景，在执行数据传输安全建设方案时，能够根据不同的业务场景合理地调度自己部门与其他部门的资源，具有良好的团队协作能力以及一定的应急响应能力，遇到紧急突发情况时能够进行妥善处理并及时向上汇报。

6.1.3 数据传输加密岗位的建设及人员能力的评估方法

数据传输加密岗位的建设和对应人员实际执行能力的评估，可通过内部审计、外部审计等形式以调研访谈、问卷调查、流程观察、文件调阅、技术检测等多种方式实现。

1. 调研访谈

数据传输加密阶段的调研访谈，主要包含对数据传输加密部门管理团队和业务部门技术团队人员的访谈两部分，具体访谈内容如下。

- 对数据传输加密部门管理团队的访谈内容为：确认其是否能够胜任该项工作；确认其在数据加密制度制定、数据加密算法选取、加密密钥保存管理的过程中是否遵守相关法律规定；确认公司是否对该团队提供了足够的资源支持与服务支持；确认该部门制定的数据加密管理制度是否得到了有效执行。
- 对公司业务部门技术团队人员的访谈内容为：确认公司中各业务部门的技术团队是否拥有数据传输加密安全建设经验，是否熟悉常见的数据加密算法及原理和常用的安全通道方案，是否熟悉业务团队的各项业务，是否可以根据不同的业务环境实现数据传输加密安全方案，以保证传输通道、传输节点和传输数据的安全；在实际加密的过程中，各项流程是否符合国家法律法规的规定，是否达到了保障组织自身业务数据保密性和完整性的要求。结合数据分类分级的内容，为满足组织自身业务数据的保密性和完整性要求，一般需要加密传输的数据通常包括但不限于系统管理数据、鉴别信息、重要业务数据和重要个人隐私等数据。

2. 问卷调查

数据传输加密阶段的问卷调查通常是通过纸面问卷的形式了解数据传输加密管理部门

的相关人员以及业务部门技术人员的工作情况，具体调研内容如下。

- 针对数据传输加密管理部门相关人员的问卷调查内容为：是否制定了有效的、适用于公司自身情况的数据加密管理制度，是否建立了数据传输安全管理规范，是否明确了数据传输安全的要求（例如，传输通道加密方案、数据传输接口安全方案、数据内容加密方案、签名验证方案、身份鉴别方案等），是否建立了密钥管理安全规范和密钥管理系统，是否定义并监控了密钥的全生命周期（包括生成、分发、存储更新、备份、销毁等流程），是否设立了针对加密策略配置和密钥管理人员的监督审核机制，从而确保加密算法的任何配置或变更都是被授权且可以溯源的。
- 针对业务部门技术人员的问卷调查内容为：在真实的业务环境中，设置不同的加密算法和密钥强度的时候，是否符合真实业务类型和网络现状的要求，是否能有选择地实施加密以避免对业务环境造成不必要的影响等。

3. 流程观察

数据传输加密阶段的流程观察，主要是观察数据传输加密管理团队和业务部门技术团队两方的工作流程，并从中寻找可能的问题点和改善点，具体观察内容如下。

- 以中立的视角观察公司数据传输加密管理团队的工作流程，包括在为公司制定统一的数据传输安全制度规范时，方法流程是否符合标准规范，对数据传输安全的目的要求是否明确，对数据传输加密的场景要求是否明确，在建立密钥管理安全规范时，对加密算法的选取、备份和删除是否明确，是否设立了针对密钥管理人员的审核监督机制，以确保密钥的每一次变更都是受监控的，从而确认相关事务的实际执行情况。
- 以中立的视角观察公司业务部门技术团队的工作流程，包括在真实业务场景下执行加密操作时，加密流程是否符合规范和标准，加密类型和密钥强度的选取是否符合业务类型和网络环境的要求，加密过程是否能够避免对公司的业务造成影响。

4. 技术检测

数据传输加密阶段的技术检测，需要使用技术工具对传输通道两端的主体进行身份鉴别和认证，对完成加密传输的数据进行完整性检测，确认数据在完成传输后其完整性是否遭到了破坏，如果遭到了破坏，那么系统是否具备数据容错或数据恢复控制的能力。除此之外，技术检测还需要使用技术工具对数据传输安全策略的变更、已部署的通道安全的配置变更、密码算法的配置变更进行监控和审核。

6.1.4　明确数据传输加密的目的

通过不可信或安全性较低的网络进行数据传输时，很容易发生数据被窃取、伪造和篡改等安全风险，因此需要建立相关的安全防护措施，保障数据在传输过程中的安全性，而加密是保证数据安全性的常用手段。在数据加密传输的过程中，需要建立相关的加密措施来保障数据在传输过程中的机密性、完整性和可信任性。

6.1.5 制定数据传输安全管理规范

为保证数据在传输过程中的安全性和规范性，组织机构应制定数据传输的相关安全规范。数据传输过程中的相关注意事项具体如下。

- 在对数据进行传输时，组织机构首先应进行风险评估，评估内容包括数据的重要程度，数据对机密性和完整性的要求，以及其安全属性遭到破坏后可能导致系统受到的影响程度。组织机构应根据风险评估结果采用合理的加密技术。加密技术的选择应符合以下规范。

  1）必须符合国家有关加密技术的法律法规。

  2）根据风险评估确定保护级别，并以此确定加密算法的类型和属性，以及所用密钥的长度。

  3）根据实际情况选择合适的工具，为数据传输安全提供所需的保护。

- 机密和绝密信息在存储和传输时必须加密，加密方式可以分为对称加密和非对称加密两种方式。
- 机密数据和绝密数据在传输过程中必须使用数字签名，以确保信息的不可否认性，使用数字签名时应符合以下规范。

  1）充分保护私钥的机密性，防止窃取者伪造密钥持有人的签名。

  2）采取保护公钥完整性的安全措施，例如使用公钥证书。

  3）确定签名算法的类型、属性及所用密钥的长度。

  4）用于数字签名的密钥应不同于用来加密内容的密钥。

6.1.6 实施数据安全等级变更审核机制

数据信息的安全等级不一定自始至终都是固定不变的，数据信息可以按照一些预定的策略发生改变。如果把安全等级划定得过高，就会增加不必要的数据防护成本，因此，数据信息安全等级需要经常变更。

数据资产的所有者负责数据信息安全等级变更，改变相应的分类，并告知信息安全负责人进行备案。数据信息的安全等级需要定期进行评审，一旦实际情况允许，就可以对数据的信息安全等级进行递减操作，这样即可降低数据防护的成本，并提高数据访问的便利性。

6.1.7 建立密钥安全管理规范

密钥管理对于密码技术的有效使用至关重要。密钥的丢失和泄露可能会损害数据信息的保密性、重要性和完整性。因此，组织机构应采取加密技术等措施来有效保护密钥，以免密钥遭到非法修改和破坏，还应对生成、存储和归档保存密钥的设备采取物理保护。此外，必须使用经过业务平台部门批准的加密机制进行密钥分发操作，并记录密钥的分发过程，以便审计跟踪，对密钥和证书进行统一管理。

密钥管理的流程和说明具体如下。

（1）密钥产生

密钥的产生包括为不同的密码系统和不同的应用生成密钥。密钥通常采用人工生成或加密机生成的方式产生。密钥产生的管理应满足以下要求。

1）设立数据密钥管理的岗位和工作人员，监督整个密钥生成过程的规范性。

2）密钥管理员需要审核密钥的长度及复杂程度等是否符合规定。

3）密钥生成过程中，不允许其他无关人员进入操作现场。

（2）密钥分发

向目标用户分发密钥，包括在收到密钥时如何将之激活。密钥分发管理应满足以下要求。

1）密钥分发应记录在案，包括密钥接收人、密钥类型、密钥激活过程等。

2）分发密钥时，目标用户需要派专人接收密钥。

3）在密钥分发的过程中，禁止使用明文形式的密钥，同时不允许采用电子邮件、传真、电传、电话等方式直接传递密钥。

4）在密钥激活的过程中，密钥管理员、密钥激活人员、设备操作员等相关人员需要明确各自的工作内容和责任。

5）密钥激活完成后，应按规定进行密钥封存。

（3）密钥存取

为当前或近期使用的密钥或备份密钥提供安全存储，包括授权用户如何访问密钥。密钥存取的管理应满足以下要求。

1）密钥管理员需要将密钥存储在能够确保物理安全的设备中，保存期限不低于密钥的生命周期。

2）密钥的授权访问应由指定的密钥管理员做好记录，密钥监督员负责监督。

3）密钥应受到严格的权限控制，不同的人员对不同密钥的读、写、更新和使用等操作应具有不同的权限。

4）密钥管理员调离岗位之前，需要妥善办理交接手续。

（4）密钥更新

包括密钥的变更时机及变更规则，处置被泄露的密钥。密钥更新管理应满足以下要求。

1）密钥更新应由密钥管理员负责，密钥的更新情况应记录在案。

2）密钥泄露的方式大致可分为非法获取、推测规律、直接穷举三种。一旦遇到密钥泄露，则应立即停止所有相关数据的传输，等待密钥管理员重置密钥。等到重新生成新的密钥之后，再使用新密钥进行数据传输。

3）密钥重置应由密钥管理员负责。密钥泄露与重置的情况应记录在案，包括密钥使用者、泄露密钥类型、发生密钥泄露的时间和方式、密钥泄露造成的损失和补救的措施等。

（5）密钥备份

密钥备份可用于防止密钥丢失。密钥备份管理应满足以下要求。

1）对内的密钥可备份在能够确保物理安全的设备中。

2）对公的密钥备份需要由可信赖的机构进行保管。

（6）密钥销毁

需要销毁的密钥包括过期密钥、废除密钥、泄露密钥和被攻破密钥。密钥销毁将删除该密钥管理下数据信息客体的所有记录，而且无法恢复，因此，在销毁密钥之前，应确认由此密钥保护的数据信息不再被需要，可以直接删除。密钥销毁管理应满足以下要求。

1）密钥的销毁操作需要在多人控制下安全销毁，以确保密钥已被真正销毁。

2）采用执行和检验相结合的方法销毁密钥，以确保密钥已被完全销毁，保证密钥无法被恢复。

3）密钥销毁应由密钥管理员监督和负责。密钥资料的销毁情况应记录在案，记录内容应包括销毁的时间、操作员、密钥管理员等要素。

6.1.8 使用技术工具

数据从一个节点流向下一个节点的过程就是数据传输的过程，组织的内部和外部每时每刻都在进行数据传输。数据传输过程包含三个要素，分别为传输的数据、传输节点和传输通道。所以，为了保证数据传输过程的安全，就需要对这三个要素进行相应的安全防护。对于传输的数据，应在传输之前先使用加密技术对数据进行加密，如果数据是明文传输，则其将面临巨大的安全风险；对于传输节点，需要利用身份鉴别技术校验传输节点的身份，从而防止传输节点被伪造；对于传输通道，需要确保数据传输的通道是加密、可信、可靠的。对这三个部分进行安全防护，可以实现数据传输的机密性、完整性和可信任性。

6.1.9 哈希算法与加密算法

数据加密技术是指明文信息经过加密密钥及加密函数转换，变成无意义的、无法直接识别的密文，而接收方则将此密文经过解密函数、解密密钥还原成明文。加密技术是网络安全技术的基石。

常见的数据加密技术一般包含对称加密和非对称加密两种。另外还有一种特殊的加密手段，即哈希。哈希是进行数据加密的手段之一，但其并不属于加密的范畴，因为加密技术是可逆的，而哈希是不可逆的。

1. 哈希算法

哈希（HASH），也称为散列、杂凑，音译为哈希，其过程是将输入的任意长度的明文信息通过哈希算法转换成固定长度的散列值。由于哈希过程是从任意长度转换到固定长度，所以对于数据来说哈希往往是一种压缩变换。输出的散列值的空间大小也要小于原数据的空间大小。而且，哈希算法还有一种关键的特性就是，不同的数据在经过哈希算法转换后，可能会得到同一个散列值，而无法通过散列值得到一个唯一的原数据，这也是哈希算法不可逆、不可破解的原因。哈希算法的工作流程如图 6-1 所示。

图 6-1 哈希算法工作流程示意图

目前常用的哈希算法有三种，即 MD4、MD5 和 SHA1。

MD4 是麻省理工学院的罗纳德 · 李维斯特（Ronald L. Rivest）于 1990 年设计的，MD 是 Message Digest（消息摘要）的缩写。MD4 适用于在 32 位字长的处理器上用高速软件实现，因为它是基于 32 位操作数的位操作来实现的。

MD5 是 MD4 的改进版本。其仍以 512 位对输入进行分组，其输出是 4 个 32 位字的级联，与 MD4 相同。MD5 相较于 MD4 更复杂，因此速度较之要慢一点，但安全性更高，在抗分析和抗差分方面表现更好。

SHA1 是由 NIST NSA 设计为与 DSA 一起使用的算法，它能将长度小于 2^{64} 的输入转换成长度为 160 位的散列值，因此抗穷举性更好。SHA1 的设计原理与 MD4 的相同，并且其实现也模仿了该算法。

哈希算法因其不可逆的特性，多用在身份认证口令的传输、存储和鉴别上。

2. 加密算法

与哈希算法不同的是，加密算法是可逆的，加密算法主要分为对称加密和非对称加密两种。对称加密算法和非对称加密算法的工作原理是一样的，这两个加密技术之间的区别在于，在对称加密算法中，加密密钥和解密密钥使用的是同一个密钥，而在非对称加密算法中，加密密钥和解密密钥使用的是两个不同的密钥。加密算法的工作流程如图 6-2 所示。

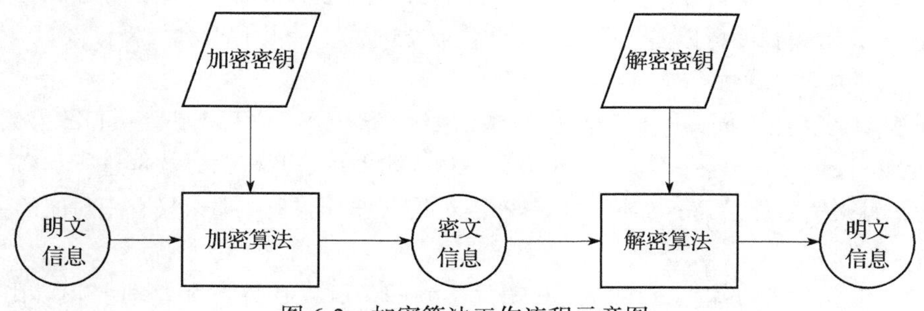

图 6-2 加密算法工作流程示意图

（1）对称加密算法

对称加密算法是应用较早的加密算法，其技术相对来说更加成熟。数据在被发送之前，需要将数据和对称加密的密钥一起经过特定的对称加密算法进行加密，加密后形成复杂的密文，然后再将密文数据发送出去。接收到密文数据之后，如果想要得到明文数据，则必须使用同一个密钥，经过解密算法的解密之后，才能得到加密之前的明文数据。由于对称加密和解密使用的是同一个密钥，因此接收方需要事先持有发送方进行加密的密钥。

对称加密算法的优缺点比较明显，优点是加密解密的过程比较简单、计算量小、加密解密的速度都很快、效率较高。缺点就是安全性不好，因为加密解密使用的是同一个密钥，一旦密钥泄露，那么任何人都可以使用密钥来解密信息。另外一个缺点就是由于加解密使用的是同一个密钥，因此为了保证安全性，每次传输都要生成一个唯一的密钥，在大数据时代，海量的数据传输会使得密钥的数量呈几何级增长，密钥会因此而变得难以管理。

对称加密算法主要有 DES、3DES、AES、RC2、RC4、RC5 和 Blowfish 等，其中比较常用的是 DES、3DES 和 AES 这三种加密算法，具体说明如下。

DES（Data Encryption Standard，数据加密算法）是 IBM 公司于 1975 年研究成功并公开发表的一种加密算法。DES 算法的入口参数有三个：Key、Data 和 Mode。其中，Key 为 8 字节，长度为 64 位，是 DES 算法的工作密钥；Data 也为 8 字节，长度为 64 位，是需要进行加密或解密的数据；Mode 为 DES 的工作方式，有加密或解密两种。DES 算法把 64 位的明文输入块变为 64 位的密文输出块，它所使用的密钥也是 64 位，其算法主要包含初始置换和逆置换两种。

- 3DES 是三重数据加密算法（Triple Data Encryption Algorithm，TDEA）块密码的通称。它相当于是对每个数据块应用三次 DES。由于计算机运算能力的增强，原版 DES 密码的密钥长度很容易被暴力破解，因此 3DES 应运而生，其可用来提供一种相对比较简单的方法，即通过增加 DES 的密钥长度来避免类似的攻击，而不是设计出一种全新的块密码算法。3DES 的原理是使用 3 条 56 位的密钥对数据进行三次加密。3DES 是 DES 向 AES 过渡的加密算法。
- AES（Advanced Encryption Standard，高级加密标准）是用来替代之前的 DES 加密算法的。AES 加密算法采用分组密码体制，每个分组数据的长度均为 128 位（即 16 字节），密钥长度可以是 128 位、192 位或 256 位，一共有四种加密模式。

（2）非对称加密算法

与对称加密算法不同，非对称加密算法需要两个密钥：公开密钥（public key）和私有密钥（private key）。公开密钥与私有密钥是一对，如果用公开密钥对数据进行加密，则只有用对应的私有密钥才能解密；如果用私有密钥对数据进行加密，那么只有用对应的公开密钥才能解密。

非对称加密算法的优点是由于公私钥是不同的，所以在分发和管理上相对比较简单，密钥数量也远远小于对称加密算法的密钥数量，安全性则远远高于对称加密算法的，即使公钥不慎泄露，也无法对传输信息进行解密。其缺点就是在加解密的速度上要比对称加密算法慢得多，计算量和资源消耗比较大。

常见的非对称加密算法有 RSA、DSA、ECDSA 等，具体说明如下。

- RSA 是一种目前应用非常广泛、历史也比较悠久的非对称密钥加密技术，于 1977 年由麻省理工学院的罗纳德·李维斯特、阿迪·萨莫尔和伦纳德·阿德曼三位科学家提出。由于难于破解，因此 RSA 是目前应用最广泛的数字加密和签名技术，例如，国内的支付宝就是通过 RSA 算法来进行签名验证的。它的安全程度取决于密钥的长度，目前主流可选的密钥长度有 1024 位、2048 位、4096 位等，理论上密钥越长越难于破解。按照《维基百科》上的说法，小于或等于 256 位的密钥，在一台个人电脑上花几个小时就能破解，512 位的密钥和 768 位的密钥也分别于 1999 年和 2009 年被成功破解。虽然目前还没有公开资料证实有人能够成功破解 1024 位的密钥，但显然距离这个节点并不会太遥远，所以目前业界推荐使用 2048 位或以上的密钥。目前来看 2048 位的密钥已经足够安全了，支付宝的官方文档上也是推荐使用 2048 位的密钥。当然，更长的密钥更安全，但也意味着会产生更大的性能开销。

- DSA（Digital Signature Algorithm，数字签名算法）是由美国国家标准与技术研究所（NIST）于 1991 年提出的。与 RSA 不同的是，DSA 只能用于数字签名，而不能用于数据加密解密，其安全性与 RSA 相当，但其性能要比 RSA 好。
- ECDSA（Elliptic Curve Digital Signature Algorithm，椭圆曲线数字签名算法）是 ECC（Elliptic Curve Cryptography，椭圆曲线密码学）和 DSA 的结合。椭圆曲线在密码学中的使用是由尼尔·科布利茨和维克多·米勒于 1985 年分别独立提出的。相比于 RSA 算法，ECC 可以使用更小的密钥，具有更高的效率，能够提供更高的安全保障。

对称加密算法和非对称加密算法各有优劣，对称加密的速度更快但是密钥管理比较困难且安全性较低，非对称加密安全性更高且密钥管理比较简单但速度较慢。目前，业界的常用做法是将对称加密算法与非对称加密算法相结合，先使用对称加密算法传输加密数据，然后使用非对称加密算法传输对称加密算法的密钥。这样既保证了对称加密密钥的安全性，又保证了加密数据传输的速度和效率。

6.1.10　加密传输密钥的认证管理

对称加密算法和非对称加密算法解决了数据传输过程中的保密性问题，但是对称加密算法和非对称加密算法都不能解决“中间人攻击”的问题，也就是无法鉴别数据传输双方的身份的问题。即使进行了加密传输，但是如果对方是恶意伪造的接收方，数据传输就会出现严重的安全问题。那么，如何在计算机网络中识别对方的身份呢？数字证书技术的出现就是为了解决该问题的。数字证书是由权威机构 CA 证书授权中心发行的，能提供一种权威性电子文档，用于在网络上进行身份验证。数字证书保证了数据传输过程中的不可抵赖性和不可篡改性。

在数据加密传输的过程中，数据证书通常是对密钥进行认证，验证密钥是否是真实合法的传输对象，其工作原理如图 6-3 所示。

密钥除了需要进行认证之外，还需要进行统一的管理。密钥管理技术的英文名称为 Key Management Service，简称 KMS，所以密钥管理系统通常称为 KMS 系统。密钥管理是数据加密的核心部分，负责加密密钥的生成、分发和销毁等工作。KMS 中的密钥一般可以分为三级，三级密钥是用来对数据进行加密的密钥，也称为数据加密密钥；二级密钥是用来加密三级密钥（即数据加密密钥）的密钥，也称为密钥加密密钥；一级密钥是用来加密二级密钥（即密钥加密密钥）的密钥，也称为 KMS 系统中的根密钥。KMS 系统的设计一般由三部分组成，首先是生成和存储密钥的部分，用于密钥的生成和存储；然后是分发和管理密钥的服务部分，用于获取生成和存储中的密钥并对其进行分发管理；最外层是提供 KMS 的接口，如 SDK、编程接口等。KMS 系统可用于大大提高密钥保护的安全性，同时降低密钥管理的成本。

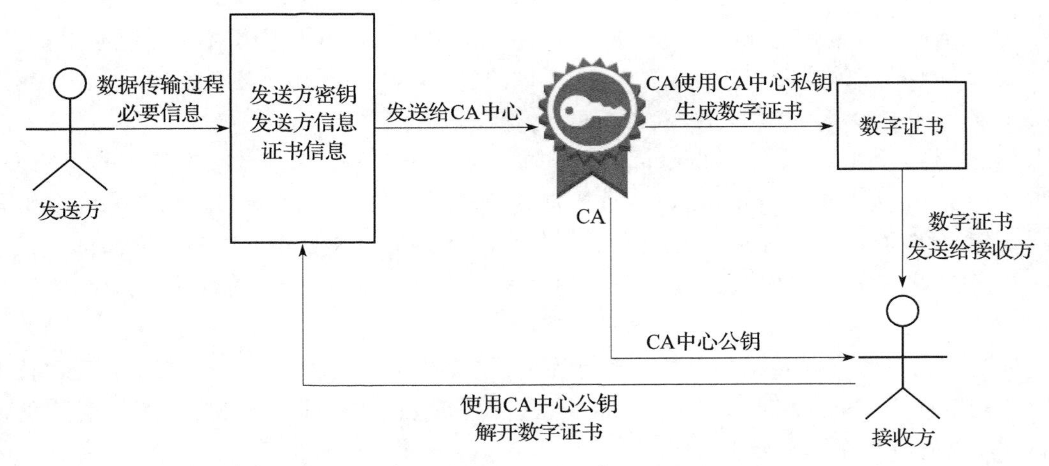

图 6-3　数据证书认证工作流程示意图

6.1.11　构建安全传输通道

上述的数据加密技术和数字证书技术可用于构建一个比较安全的数据传输过程，我们可以使用对称加密算法加密需要传输的数据，然后使用非对称加密算法传输对称加密算法的密钥，而非对称加密使用的公钥则可以使用数字证书进行传输和鉴别。同时，我们还可以在传输过程中加入时间戳校验，以防止数据传输过程中的重放攻击。重放攻击是指攻击者重复发送一个接收方已经接收过的数据包来进行欺骗，解决这一问题可以使用在数据包中绑定时间戳的方法。

在数据传输过程中，成熟的安全传输协议可用于方便地构建安全的数据传输过程，安全传输协议可以使用 SSL、TLS、IPSec 等协议，具体说明如下。

- SSL（Secure Socket Layer，安全套接字层）是位于可靠的面向连接的网络层协议和应用层协议之间的一种协议层。SSL 通过互相认证和使用数字签名来确保数据的完整性，使用加密来确保数据的私密性，以实现客户端和服务器之间的安全通信。该协议由两层组成，即 SSL 记录协议和 SSL 握手协议。
- TLS（Transport Layer Security，传输层安全协议）可用于在两个应用程序之间提供保密性和数据完整性。该协议由两层组成，即 TLS 记录协议和 TLS 握手协议。
- IPSec（Internet Protocol Security，互联网安全协议）是一组基于网络层的、应用密码学的安全通信协议族。

6.1.12　技术工具的使用目标和工作流程

数据传输加密技术工具应能实现以下目标。

- 密钥管理：能够生成、管理和销毁密钥。
- 数据加解密：为数据发送方提供数据加密功能，为数据接收方提供数据解密功能，并能够提供多种数据加密算法。
- 数字证书：能够在数据收发双方之间生成数字证书，并对证书进行校验。
- 传输协议：支持 SSL、TLS、IPSec 等多种安全传输协议。
- 数据校验：接收方在接收到数据之后，可以利用有效手段对数据进行完整性和真实性校验。

基于数据传输加密的技术工具进行数据传输加密作业的基本流程图如图 6-4 所示。

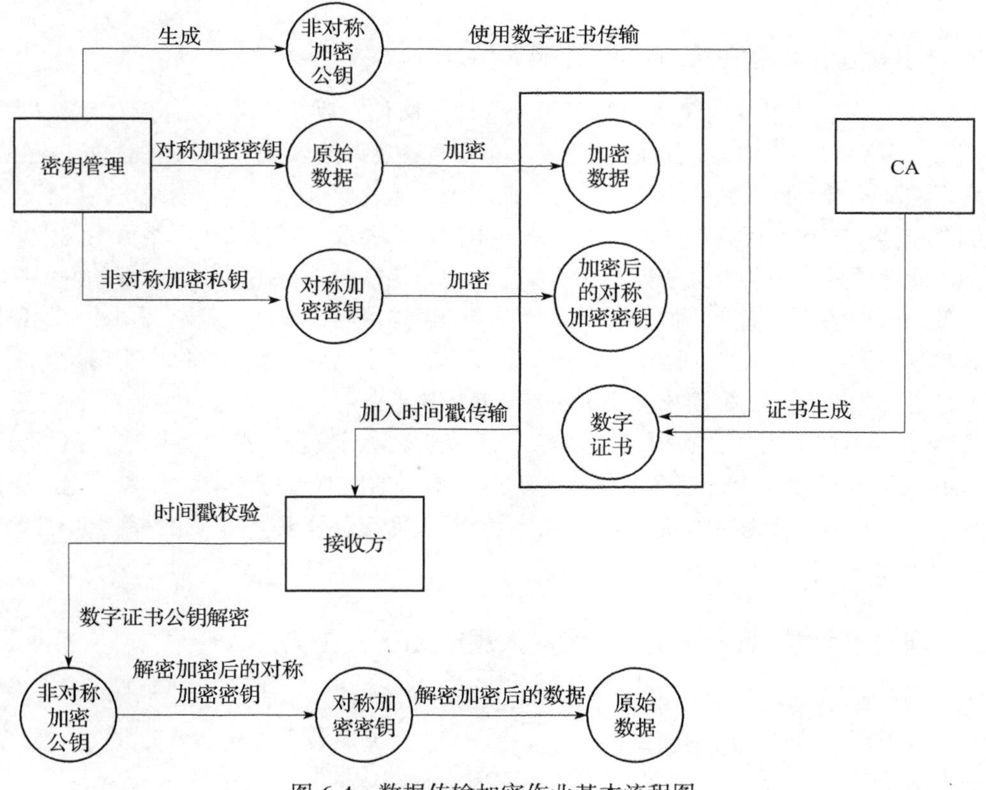

图 6-4　数据传输加密作业基本流程图

6.2　网络可用性管理

网络可用性管理可用于保障数据在网络中传输的稳定性，可以将网络故障或网络瘫痪的可能性降到最低，同时要求网络和业务恢复时间处在可控范围之内。有效的网络可用性管理需要从多个方面进行建设和提升，本节将基于DSMM充分定义级（3级）视角，从组织建设、人员能力、制度流程和技术工具四个维度对网络可用性管理的建设和提升提供实践建议。

6.2.1 建立负责网络可用性管理的职能部门

为了保障组织机构内部及业务环境下的网络稳定性，将发生网络故障或网络瘫痪的可能性降到最低，在条件允许的情况下，组织机构应设立一个网络可用性管理部门，并招募相关的工作人员负责管理公司的网络可用性，为公司制定整体的网络可用性管理方案和标准，包括制定可用性的标准数值、故障指标、故障处理方案等，对公司的网络节点、传输链路进行考察，并部署相应的设备以保障网络的可用性，防范因数据泄露而导致的安全风险，同时还应根据公司不同的业务环境所提出的各种网络性能需求，制定有效且可靠的安全防护方案等。

6.2.2 明确网络可用性管理岗位的能力要求

组织机构在设立了专门负责网络可用性管理的岗位之后，还需要招募负责该项工作的专项人员。网络可用性管理岗位的相关人员必须具备良好的数据安全风险意识，熟悉国家网络安全法律法规，以及组织机构所属行业的政策和监管要求，在进行网络可用性管理的时候，能够依据《中华人民共和国网络安全法》中的相关要求，对公司的网络可用性做好管理与维护。除此之外，相关人员还需要具备良好的网络架构基础，熟悉公司内部的网络结构和环境，熟悉常用的网络安全防护设备，熟悉常见的网络威胁手段，能够在公司内部的网络环境中，根据不同部门或业务对网络环境的不同要求，制定高效可靠的网络安全防护方案、网络可用性管理方案等，并推动相关要求切实有效地执行。

业务团队的技术人员，必须具备足够的能力和经验，进行网络设备搭建、网络设备维护管理和网络可用性维护管理等工作，了解业务团队的所有业务环境，具备一定的应急响应能力，在面对突发性网络瘫痪的情况时，应及时进行应急处理，并上报网络可用性管理部门，进行溯源排查等。

6.2.3 网络可用性管理岗位的建设及人员能力的评估方法

网络可用性管理岗位的建设和对应人员实际执行能力的评估，可通过内部审计、外部审计等形式以调研访谈、问卷调查、流程观察、文件调阅、技术检测等多种方式实现。

1. 调研访谈

网络可用性管理阶段的调研访谈，主要包含对公司网络可用性管理团队和业务部门技术团队的访谈两部分，具体访谈内容如下。

- 对网络可用性管理团队的访谈内容为：确认其是否具备一定的网络链路结构搭建经验，是否对常见的网络架构、网络设备和安全事件有一定的了解，是否熟悉市场上常用的负载均衡、防入侵攻击等安全产品的原理及部署方式，是否拥有一定的网络安全管理经验及能力，是否可以根据不同的业务场景对网络性能的需求制定高效可用的网络安全防护方案。

- 对公司业务部门技术团队的访谈内容为：确认公司中网络可用性管理部门的相关人员是否制定了针对公司的网络可用性管理制度，是否制定了能够贴合业务场景的网络安全防护方案，该方案是否能够有效降低网络的可用性风险，对于因突发的网络故障或瘫痪而导致的业务中断，业务团队向网络可用性管理部门发出的应急请求是否能够得到快速响应。

2. 问卷调查

网络可用性管理阶段的问卷调查通常是通过纸面问卷的形式，了解网络可用性管理部门所做的工作，比如是否为公司制定了有效的网络可用性管理方案，是否为业务团队制定了有效的网络安全防护方案，该方案中是否包含了对关键业务环境下网络传输链路、网络设备节点所进行的冗余建设，包括硬件、电源、引擎、模块、链路、设备、软件、路由等的冗余建设，是否包含了采用何种安全设备来降低网络可用性的风险，以及所选取的设备与市面上其他设备相比所具有的优缺点等内容。

3. 流程观察

网络可用性管理阶段的流程观察，主要是观察网络可用性管理团队的工作流程，并从中寻找可能的问题点和改善点，具体观察内容如下。

以中立的视角观察公司网络可用性管理部门相关人员的工作流程，包括在为公司制定整体的网络可用性管理制度时，流程是否符合标准，所选择的网络安全设备、网络节点冗余建设等是否合理，在为不同的业务场景制定网络安全防护方案时，是否深入考察过该项目对网络环境的需求，在发生网络故障或瘫痪等重大事件时，是否建立了应急响应通道，在对故障网络进行处理时，步骤是否准确、响应是否及时、对业务的影响是否降到最低，从而确认其实际执行情况。

4. 技术检测

网络可用性管理阶段的技术检测，需要使用技术工具对公司内部及业务场景下的网络环境进行安全检测，在部署了相应的安全设备及安全配置之后，目标网络的可用性是否能够抵挡得住常规的网络攻击（包括 DDos、C&C 等），针对关键业务的网络环境其可用性是否符合国家网络安全等级保护标准，是否能够有效抵挡高并发的分布式攻击。针对已发生故障的网络，应记录其网络可用性管理团队或业务部门的技术团队，自故障起计时至修复好为止的应急响应时长，该时长是否在业务可接受的时长范围之内。

6.2.4　明确网络可用性管理的目的

数据的网络传输过程依赖于网络的可用性，一旦发生网络故障或瘫痪，数据传输就会受到影响甚至中断。因此，我们要建设高可用性网络，以保证数据传输过程的稳定性。

6.2.5 网络可用性管理指标

可用性是指系统或组件在指定的条件下和时间内，维持其规定功能的能力，能够综合反映设备的可靠性和可维修性，通常以百分比标识。影响网络可用性的主要因素有网络的设计结构、设备的可靠性、传输介质和设备运行环境因素等。网络可用性常用的指标及说明如下。

- 平均无故障时间（Mean Time Between Failures，MTBF）：整个网络中的各个组件（链路、节点）不间断、无故障、连续运行的平均时间。MTBF 越大，表明网络越不容易出故障，可用性自然也就越高。MTBF 反映的是网络的可靠性（reliability）。
- 平均修复时间（Mean Time To Repair，MTTR）：从故障发生到故障消除所需要的平均时间。MTTR 越小，表示故障时间越短，可用性也就越高。出现故障后，要经过检查、识别、定位、修复和核查等一系列处理过程来消除故障，其间还可能会出现技术延迟和后勤延迟的问题。MTTR 不仅与设备的种类和所在位置有关，与是否使用网络管理系统及该系统的响应速度和告警能力有关，还与维修队伍的整体素质（包括体质、管理、责任心、维修支援能力等因素）有关。
- 可用度（Availability）：可用性的定量描述。
- 不可用度（Unavailability）：与可用度相对。

6.2.6 提高网络可用性的方法

下面就来列举几条提高网络可用性的方法，网络可用性管理部门可按照实际需求酌情遵从。

- 在网络规划设计阶段，网络可用性管理部门需要细致分析业务模型，确定基础网络拓扑，必须对影响网络可用性的关键节点和链路做充分的冗余设计，并根据网络结构，在各个层次和各个节点部署合适的高可用性技术。
- 在组件或设备选型阶段，网络可用性管理部门除了要保证技术指标之外，还要有足够高的可靠性指标。
- 持续进行网络维护和优化。网络可用性管理部门需要利用高效的网络设备管理工具持续进行监控、分析、预测和优化，最大限度地规避网络拥塞。
- 在进行软硬件版本升级或新设备、新业务上线时，网络可用性管理部门需要事先进行详细规划，制定应急预案。
- 高度关注网络安全问题。网络可用性管理部门需要定期对主机系统和网络系统进行安全评估，构建一个多层次的安全防御和预警系统。
- 做好业务系统和网络系统的协调工作。网络可用性管理部门需要积极分析业务模型，并进行适当的调整，使网络变得更通畅。

6.2.7　确立网络服务配置原则

组织机构在进行网络服务配置时必须遵循以下原则。

- 层次化：分层次设计网络结构，严格定义各层次的功能。
- 模块化：根据区域划分拓扑结构。
- 可扩展：根据业务发展需要，通过简单复制模块单元来拓展网络。
- 冗余设计：为设备和链路提供冗余保护。

6.2.8　制定网络可用性管理规范

为保证网络可用性管理工作的规范性，组织机构应制定相关的网络可用性管理规范，在数据传输的过程中，应注意以下相关事项。

- 设定网络可用性管理部门，负责网络及其组件设备的日常维护以及网络故障的应急工作，全面负责可能出现的各种突发事件的处置工作，并协调解决网络故障处置工作中的重大问题。
- 网络故障发生之前，网络可用性管理部门需要预先建设好网络故障预警预报体系，编制网络故障防治规划。
- 网络可用性管理部门需要加强对网络及各组件的日常监测及其日志保存工作，一旦发现险情，就要及时向领导小组报告。
- 网络可用性管理部门需要严格执行值班制度，以保证能第一时间发现网络故障，并及时处置次突发事件。
- 网络可用性管理部门需要建立健全的网络故障速报制度，保证对于突发性网络故障信息可以立即发布预警。
- 一旦发生网络故障，网络可用性管理部门就要立即启动应急预案，采取应急处置程序，判定网络故障级别，并及时向领导小组报告。在网络故障处置过程中，网络可用性管理部门应及时向上级报告网络故障处置工作的进展情况，直至故障完全修复为止。
- 网络故障消除后，网络可用性管理部门应向领导小组宣布网络故障应急期结束，并予以公告，同时终止预案。

6.2.9　使用技术工具

网络可用性管理过程域的设定，要求建设的网络具备高可用性，从而保证数据传输过程的稳定性。所谓网络可用性并不是单纯的网络设备、服务器或节点的通断，而是一种综合管理信息，可以反映支持业务的网络是否具备业务所要求的可用性。网络系统的可用性包括链路、交换节点（如交换机和路由器）、主机系统、网络拓扑结构、电源及配置等方面的可用性等。但是，由于网络节点与网络链路的故障无法完全避免，因此构建高可用性网络的基础就是要保证能够快速发现故障和恢复故障，这个过程会涉及相关的检测手段及冗余措施。

6.2.10 网络可用性衡量指标

目前，网络可用性的主要考核指标公式可参考如下网络可用性计算公式，字符释义说明如表 6-1 所示。

$$A = MTBF/(MTBF + MTTR) \times 100\%$$

$$DT = (1 - A) \times 365 \times 24 \times 60$$

表 6-1 网络可用性计算公式的字符释义

字符	中文释义	指标说明
MTBF	平均故障间隔时间	在规定的条件下和时间内，系统的累计运行时间与故障之比
MTTR	平均修复时间	在规定的条件下和时间内，产品在规定的任一维修级别上，修复性维护的总时间与在该级别上被修复产品的故障总数之比
A	可用度	可维修产品在规定的条件下和时间内，维持规定功能的能力，可用于综合反映产品的可靠性和可维修性
DT	年停机时间	在一年的时间期限内，产品由于故障维修而处于不能工作状态的全部时间之和

从上述关系式我们可以看出，为了提高网络可用性，我们需要尽量提高平均故障间隔时间（*MTBF*），即保证网络在规定时间内不出故障或少出故障，主要的措施有避错和容错机制。同时，降低平均修复时间（*MTTR*），即网络出了故障要能迅速修复，主要措施是快速检错和快速排错（恢复）。因此要想提高网络的可用性，主要可以采用如下 4 种方法。

6.2.11 网络可用性管理之避错措施

避错是指通过改进硬件的制造工艺和设计，选择技术成熟可靠的软硬件等策略来防止网络系统产生错误，从而提高网络的可靠性，并通过提高可靠性来提高网络的可用性。

避错方法包括各种硬件、软件和管理措施的避错方法，具体说明如下。

- 硬件避错方法是指通过改进硬件的制造工艺和设计，防止错误的产生，包括网络中电气系统、网络设备、服务器和网络中传输媒体等硬件的避错等。
- 软件避错方法包括形式说明、过程管理、软件测试和程序设计技术选择等，例如，网络应用系统的避错和成熟可靠的网络操作系统的使用等。
- 管理避错方法要求网络的运行管理必须严格按照规范进行，包括制度建设、任务分配、设备标识、规范文档记录、各种软硬件日常维护和网络安全管理标准等，例如，管理信息存储的避错、网络中网络结构选择的避错和日常网络管理的避错等。

6.2.12　网络可用性管理之容错措施

避错方法可以提高网络可靠性，但无论多么可靠的系统都会出现系统失效的问题，光靠避错方法并不能完全解决系统的可靠性问题，因此借助于容错技术，外加冗余资源消除单点故障，系统在发生单点故障的情况下仍能正常工作。冗余资源主要包含三大部分，即硬件冗余、软件冗余和路由冗余，下面就来具体说明。

1. 硬件冗余

硬件冗余方式包含电源冗余、引擎冗余、模块冗余、设备堆叠、链路冗余、设备冗余及负载均衡等，具体说明如下。

- 电源冗余：指在核心层设备上采用双电源冗余设计，由芯片控制电源进行负载均衡。
- 引擎冗余：核心路由器、交换机等重要网络设备使用双引擎设备。
- 模块冗余：核心关键设备需要进行 1:1 的模块冗余，即每个接口需要一个备份接口，每个模块需要一个备份模块。
- 设备堆叠：使用堆叠技术可以实现单交换机端口的扩充。
- 链路冗余：为上层的冗余设备架设物理上的链接，在冗余网络中，系统还需要通过二层 STP 算法或三层动态路由协议阻塞特定的端口或不转发流量，以实现既没有环路又可以冗余的网络。
- 设备冗余：指在核心层设备或出口设备上采用冗余备份设计。由各设备 HA（双集群控制系统）控制流量进行负载均衡。
- 负载均衡：使用负载均衡技术将特定的业务（例如，网络服务、网络流量等）分担给多个服务器或网络设备。

在容错机制中，最重要的就是负载均衡，可以说负载均衡是高可用网络基础架构的关键组件。将工作负载分布到多个服务器，可以提高网站、应用、数据库或其他服务的性能和可靠性，一个没有负载均衡的常规网站的架构如图 6-5 所示。

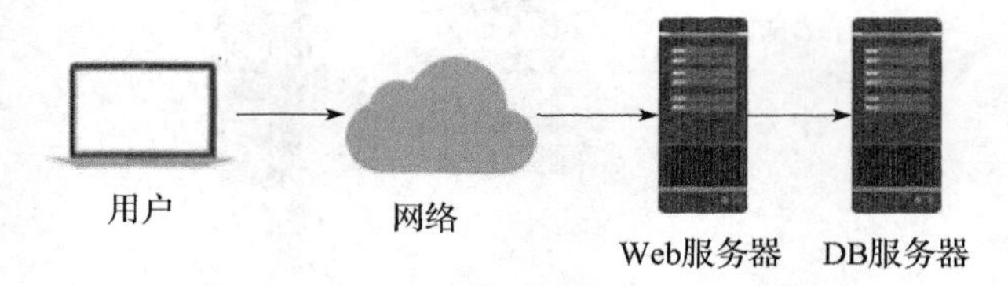

图 6-5　无负载均衡常规网站架构示意图

在图 6-5 中，如果该 Web 服务器宕机了，那么用户就会无法正常访问；或者如果很多用户试图在同一时间段访问该 Web 服务器，以致超出了其所能处理的极限，则会出现加载速度缓慢或无法连接的情况。针对上述情况，为提高网络的可用性，我们可以在网络中引入一个负载均衡器和至少一个额外的 Web 服务器，以减少网络不可用情况的发生（如图 6-6 所示）。

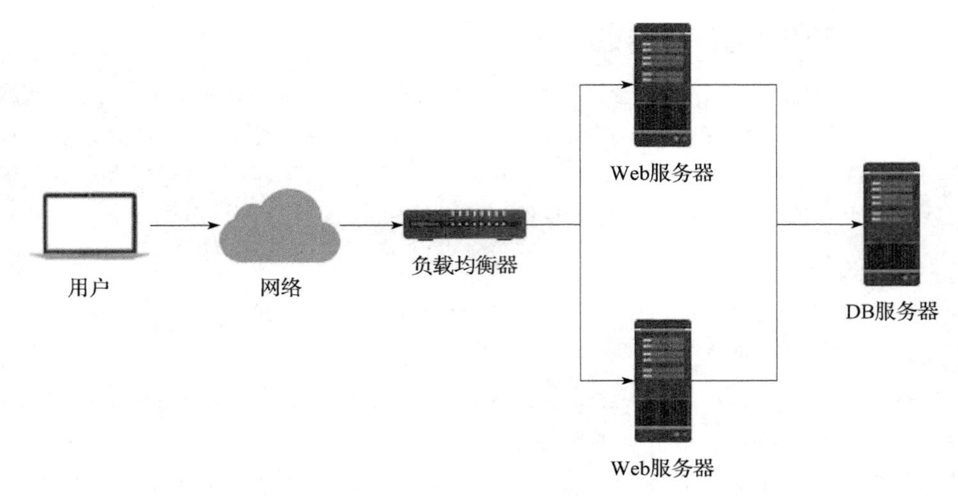

图 6-6 负载均衡网站架构示意图

从图 6-6 中可以看到，用户访问负载均衡器，再由负载均衡器将请求转发给后端服务器，后端服务器再根据实际情况引入多个 Web 服务器和 DB 服务器。这样，单点故障可能就会主要集中在负载均衡器上，为了避免这种情况的发生，我们可以再引入一个负载均衡器来解决这个问题。

根据负载均衡实现的技术不同，负载均衡主要可分为 DNS 负载均衡、HTTP 负载均衡、IP 负载均衡、链路层负载均衡四大类，具体说明如下。

- DNS 负载均衡：主要利用域名解析实现负载均衡。在 DNS 服务器中，配置多个 A 记录，这些 A 记录对应的服务器就构成了一个集群，大部分网站主要使用 DNS 解析，作为第一级负载均衡，如图 6-7 所示，在 DNS 请求过程中，DNS 负载均衡器将通过动态返回 Web 服务器 IP 的方式来实现流量分离。

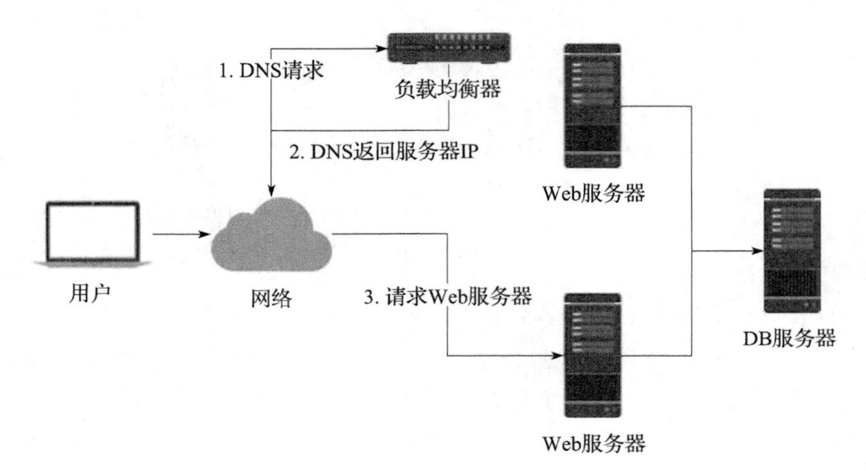

图 6-7 DNS 负载均衡网站架构示意图

- IP 负载均衡：通过在网络层修改请求目标来进行负载均衡。当用户请求数据包到达负载均衡服务器后，负载均衡服务器将从操作系统内核进程中获取网络数据包，根据负载均衡算法得到一个真实的应用服务器 IP 地址，然后将请求目的地址修改为真实的服务器 IP 地址，而不需要经过用户进程处理。真实服务器处理完成后，将响应数据包发回到负载均衡服务器，负载均衡服务器再将数据包的源地址修改为自身的 IP 地址之后返回给用户。具体逻辑示意图如图 6-8 所示。

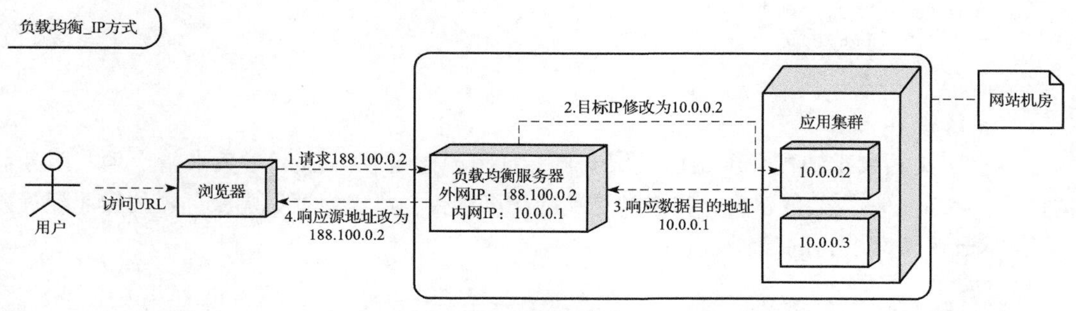

图 6-8　IP 负载均衡逻辑示意图

- 链路层负载均衡：通过在通信协议的数据链路层修改 MAC 地址来实现负载均衡。当对网络请求进行分发时，不必修改 IP 地址，只需要修改目标 MAC 地址，配置真实物理服务器集群所有机器的虚拟 IP，使其与负载均衡服务器的 IP 地址一致，即可达到不用修改数据包的源地址和目标地址也能进行网络请求的目的。当实际处理服务器 IP 与数据请求目的 IP 地址一致时，不需要经过负载均衡服务器进行地址转换，也可以将响应数据包直接返回给用户浏览器，从而避免负载均衡服务器网卡带宽成为瓶颈。链路层负载均衡模式也称为直接路由模式（DR 模式），具体逻辑示意图如图 6-9 所示。

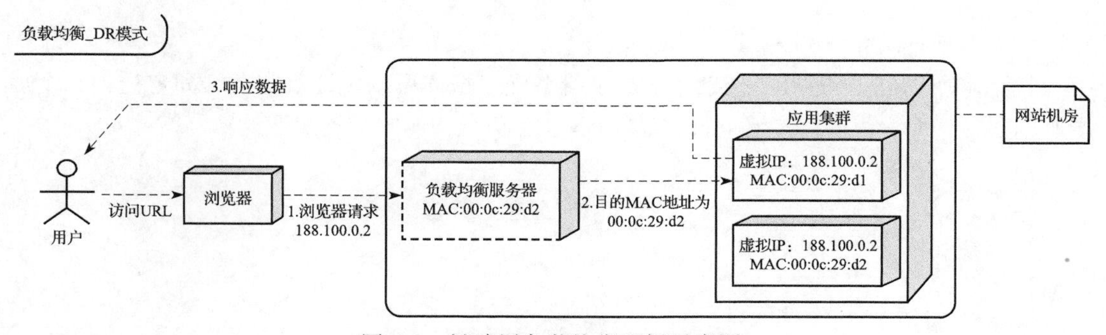

图 6-9　链路层负载均衡逻辑示意图

以上几种负载均衡方式的产品数据分发机制各不相同，除此之外，在实际应用中，负载均衡器还涉及多种负载均衡算法，负载均衡算法决定了后端的哪些服务器会被选中以进行服务请求的处理。目前主流的负载均衡算法有轮询、随机、最少连接、源地址哈希等算法。下面以 Nginx 负载均衡的配置为例来进行简单说明。

（1）轮询

按时间顺序，将各个请求逐一分配到不同的后端服务器，如果后端服务器宕机，则自动剔除。Nginx 负载均衡的配置如下：

```
Upstream backserver{
server 192.168.210.1
Server 192.168.210.2
}
```

（2）随机

将自定义的权重随机分配给后端服务器，这里通过配置 weight 参数来指定各个服务器的权重，weight 参数的值越大，代表被访问的几率越大，可以根据后端服务器的性能配置该参数。Nginx 负载均衡的配置如下：

```
Upstream backserver{
Server 192.168.210.1 weight=8;
Server 192.168.210.2 weight=10;
}
```

（3）最少连接

按后端服务器的响应时间来对请求进行分配，响应时间越短，分配的优先级就越高。Nginx 负载均衡的配置如下：

```
Upstream backserver{
Server 192.168.210.1;
Server 192.168.210.2;
fair;
}
```

（4）源地址哈希

按请求所访问 IP 的哈希结果对请求进行分配，这样可以保证每个访客固定访问一个后端服务器，从而解决会话（session）问题。Nginx 负载均衡的配置如下：

```
Upstream backserver{
Ip_hash;
Server 192.168.210.1;
server 192.168.210.2
}
```

2. 软件冗余

软件冗余多采用链路捆绑技术，把多条独立的网络链路捆绑成一条单独的逻辑链路，即使其中一条链路失效，流量也可以在剩下的链路上继续传输，从而实现冗余的目的。

3. 路由冗余

路由冗余目前多采用 VRRP（虚拟路由器冗余协议）和动态路由协议实现，具体说明如下。

- VRRP：采用虚拟路由冗余协议，可解决局域网中配置静态网关出现单点失效现象的路由协议。
- 动态路由协议：网络中通常使用 RIP（路由信息协议）、OSPF（开放的最短路径优先协议）等动态路由协议来实现网络路由的冗余备份，当主路由发生故障后，网络将自动切换到其备份路由中实现网络的连接。

6.2.13　网络可用性管理之检错措施

快速检错包括故障检测和故障诊断两个方面，故障检测的作用是确定故障是否存在，故障诊断的作用是确定故障的位置。快速检错一般是从故障现象出发，以网络诊断工具为手段获取诊断信息，确定网络故障点，查找问题的根源，具体包括如下内容。

- 自动检错而不是人工检错可以提高检错的速度。
- 线路检测工具（如线缆测试仪、时间域反射计等）可以提高线路故障的检错速度。
- 网络管理系统专有的管理进程可以连续不断地检测路由器的关键数据，并及时发出报警信息，从而提高路由器故障的检测速度。
- 通过工具自动监视主机流量、扫描主机端口和服务，可以检测主机中存在的异常，从而提高主机故障的检测速度。
- 网络测试仪可用于自动定位网络故障源，找出故障点并显示其网络相关信息，从而提高网络故障的检测速度。
- 网络分析工具可用于快速检错，如协议分析程序 Snigger，操作系统中内置的一些非常有用的软件网络测试工具等。

6.2.14　网络可用性管理之排错措施

排错是指当网络出现故障时，逐一排除故障，恢复系统可用性的过程。网络故障排错的方法可分为如下四种。

- 分层故障排错法：此方法主要是根据网络分层的概念进行逐步分析以排除故障。
- 分块故障排错法：此方法从设备的配置文件入手，将配置文件分为管理部分、端口部分、路由协议部分、策略部分和接入部分，并对其逐一进行检查和排错。
- 分段故障排错法：此方法是将网络分段，并逐段排除故障。
- 替换法：替换法是检查硬件问题最常用的方法。例如，假设怀疑是网线的问题，则更换一根确定完好的网线后再进行尝试。

6.2.15　技术工具的使用目标和工作流程

在网络系统建设的不同阶段，我们可以有选择地引入不同的技术工具，下面就按照网络系统建设的三个阶段（即网络系统设计期、网络系统建设期、网络系统维护期）来讲解技术工具的使用方法。

- 网络系统设计期：当网络系统处于设计期时，网络系统还处于不完整的状态，该阶段可以根据避错措施中涉及的各个方面，对网络系统涉及的硬件、软件进行选型，在经济许可的情况下，可以选择技术成熟且安全可靠的软硬件等策略，以防止网络系统错误的发生。
- 网络系统建设期：当网络处于系统建设期时，此时网络基本可用，为防止发生因突发网络事故而导致网络不可用的问题，此时需要引入容错措施，通过硬件或软件的负载均衡提高网络的可靠性。常规的容错网络架构设计图如图 6-10 所示。

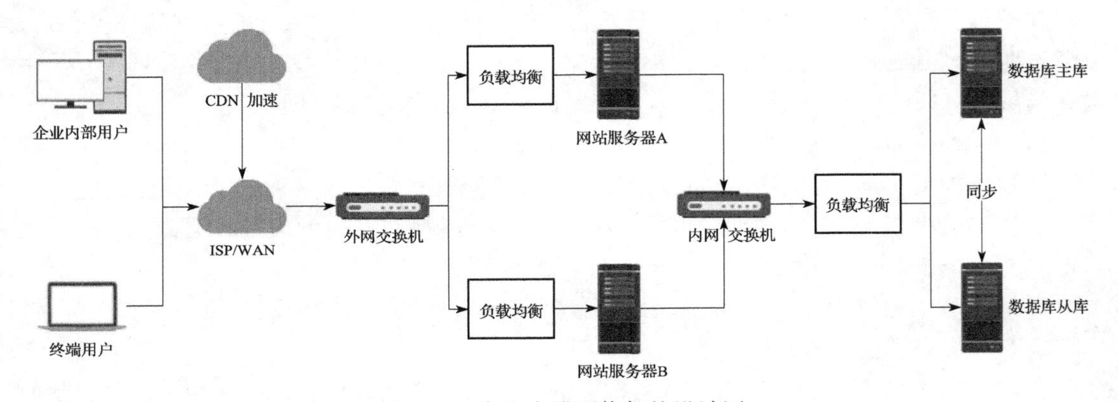

图 6-10 常规容错网络架构设计图

- 网络系统维护期：通过上述避错、容错措施的建设，网络的可用性得到了极大的增强，同时网络出错的概率也得到了极大的降低，维护期的工作主要集中在针对日常网络系统的监控、检错和排错等几个方面，该阶段可以使用相关的技术工具，不断减少平均修复时间，从而实现网络可用性的全维度把控。

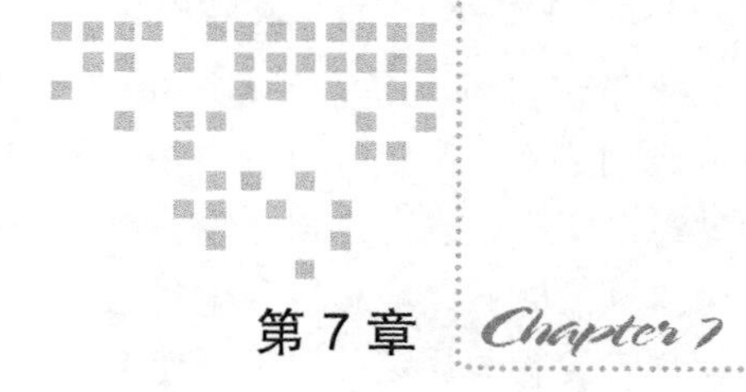

第 7 章 Chapter 7

数据存储安全实践

本章将基于 DSMM 数据安全治理思路和定义级（3 级）视角，对数据存储安全阶段的 3 个过程域提供数据安全建设实践建议，3 个过程域分别为存储介质安全、逻辑存储安全、数据备份和恢复。

7.1 存储介质安全

存储介质安全是数据存储安全中的一个重要部分，对数据的存储介质（如磁盘、硬盘、虚拟容器、虚拟机等）进行管理，可以有效防范因为存储介质的不当使用而引发的数据泄露风险。有效的存储介质安全需要从多个方面进行建设和提升，本节将基于 DSMM 充分定义级（3 级）视角，从组织建设、人员能力、制度流程和技术工具四个维度对存储介质安全的建设和提升提供实践建议。

7.1.1 建立负责存储介质安全的职能部门

为了保障数据存储介质的正确使用，避免出现因为存储介质的不当使用而引发的数据泄露风险，在条件允许的情况下，组织机构应该设立一个数据存储介质安全管理部门，并招募相关的工作人员负责管理公司整体的存储介质安全，包括学习市面上常用的数据存储介质安全管理思想，结合公司的实际情况，为公司制定整体的数据存储介质安全管理方案和标准，建立存储介质的审批、使用和记录等流程，通过常规与随机相结合的方式检查公司存储介质的状态和流程，考查其是否符合介质存储规范和介质使用规范等，以及是否存在其他的风险薄弱点。

7.1.2 明确存储介质安全岗位的能力要求

组织机构在设立了专门负责存储介质安全管理的岗位之后，还需要招募负责该项工作的专项人员。数据存储介质安全管理岗位的相关人员，必须具备良好的数据安全风险意识，熟悉国家网络安全法律法规，以及组织机构所属行业的政策和监管要求，在进行存储介质安全管理的时候，能够以《中华人民共和国网络安全法》中的相关要求为依据，对存储介质的使用符合相关规定和要求，能够做好公司存储介质的管理与保护工作。除此之外，相关人员还需要熟悉不同存储介质访问和使用的差异性，能够主动根据政策变化更新管理要求，熟悉公司的实际情况，能够明确组织机构对数据存储介质进行存储、访问和使用的实际场景，能够依据数据分类分级的结果来确定其对数据存储介质的要求，能够制定出有效的、符合公司实际情况的数据存储介质安全管理制度，并推动相关要求切实有效地执行。

7.1.3 存储介质安全岗位的建设及人员能力的评估方法

数据存储介质安全管理岗位的建设和对应人员实际执行能力的评估，可通过内部审计、外部审计等形式以调研访谈、问卷调查、流程观察、文件调阅、技术检测等多种方式实现。

1. 调研访谈

存储介质安全阶段的调研访谈，主要是对数据存储介质安全部门管理人员的访谈，具体访谈内容如下。

确认数据存储介质安全部门的管理人员是否具备一定的安全法律法规意识，是否熟悉常用的数据存储介质管理方案，是否清楚公司内部访问和使用数据存储介质的场景，是否建立了明确的存储介质安全管理制度，是否对存储介质进行了分类分级并全部打上了专属标签，是否明确了存储介质的使用要求（比如，设立使用规范制度、设立审批机制、设立测试流程等），是否定期或随机审查存储介质的状态，以防出现纰漏。

2. 问卷调查

存储介质安全阶段的问卷调查对象一般为数据存储介质管理部门的内部人员，或者其他与存储介质的使用和审批等相关的工作人员。问卷调查通常以纸面问卷的形式，调研数据存储介质安全管理的相关人员是否制定了可靠且有效的存储介质安全管理制度，是否明确了存储介质的存放环境管理制度，是否对主要存储区域做了划分（比如，防尘、防水、防电等分类标识），是否制定了明确的存储介质使用流程，是否能提供诸如申请表单、使用记录、存储介质状态等一系列的书面证明，是否明确了存储介质的购买、维修、测试等规范，是否定期对存储介质进行审查，以及是否能够提供相关工具对介质进行净化、访问和审计等操作。

3. 流程观察

存储介质安全阶段的流程观察，主要是观察数据存储介质安全管理团队的工作流程，并从中寻找可能的问题点和改善点，具体观察内容如下。

以中立的视角观察公司数据存储介质安全部门管理人员的工作流程，包括在为公司制定整体的存储介质安全管理制度、存储介质使用和审批制度、针对存储介质的测试和维修等相关制度时流程是否符合标准，在对存储介质进行常规或随机检查时所选择的检查项是否合理，尤其是相关人员所制定的存储介质安全管理方案能否契合公司的内部环境，从而确认其实际执行情况。

4. 技术检测

存储介质安全阶段的技术检测，需要使用技术工具对公司内部的数据存储环境及存储介质进行安全检测，确认其是否能够实时监控存储介质的状态，包括存储介质的使用情况、性能指标、报错信息，等等。针对存储介质的每一次使用，技术工具需要检测其是否可以收到相应的使用记录和审计信息。针对数据存储环境，技术工具需要检测其存储环境与标签标注的环境是否一致，分类的划分是否符合数据存储介质安全管理制度。

7.1.4　明确存储介质安全管理的目的

数据存储介质可分为物理实体介质（比如，磁盘、硬盘）和虚拟存储介质（比如，虚拟容器、虚拟盘）。针对数据存储介质进行访问和使用的场景，组织机构需要提供有效的技术和管理手段，防止出现因对介质的不当使用而引发数据泄露问题。

7.1.5　存储介质的定义

存储介质是指存储数据的载体，包括文件档案、计算机硬盘、U 盘、移动硬盘、存储卡、光盘、闪存和打印的媒体等。

7.1.6　存储介质采购规范

组织机构需要明确存储介质的采购规范，以保证存储介质采购工作的规范性。存储介质的采购工作需要注意以下事项。

- 存储介质应由存储介质安全管理部门统一进行采购。
- 采购存储介质时需要遵循申报、审批、采购、标识、入账的流程。
- 采购存储介质时应选择可靠的品牌，以确保产品的质量。
- 采购存储介质时应进行防病毒等安全性检测，在确保存储介质安全的情况下入账。

7.1.7　存储介质存放规范

组织机构需要明确存储介质的存放规范，以保证存储介质存放的安全性与规范性。存储介质的存放工作需要注意以下事项。

- 数据存储介质由存储介质安全管理部门统一进行管理。
- 存储介质的存放环境应采取防火、防盗、防水、防尘、防震、防腐蚀及防静电等措施，从而防止存储介质遭到盗窃、损毁、未经授权的修改，以及其中所存信息的非法泄露等。

- 对于磁带、磁盘等带有磁性的存储介质，应注意保存环境符合要求，以保证其长期有效。
- 应根据所存储数据的容量和重要性，合理选择相应的数据存储介质。
- 数据存储介质必须具有明确的分类标识，标识必须包括存储数据的内容、归属、大小、存储期限、保密程度等，并结合数据类型和管理策略统一命名，存储介质的标识必须是醒目的。
- 建立数据存储介质保管清单，由存储介质安全管理部门根据保管清单对介质的使用现状进行定期检查，检查内容包括完整性（数据是否损坏或丢失）和可用性（介质是否受到物理破坏）。
- 一旦有存储介质出现问题，就必须及时报告给上级领导部门。
- 根据数据备份的需求，确定进行异地存储的备份介质。

7.1.8 存储介质运输规范

组织机构需要明确存储介质的运输规范，以保证存储介质在运输过程中的安全性与规范性。存储介质的运输工作需要注意以下事项。

- 存储介质在运输过程中，必须采取密封处理。
- 应选择可靠的速递公司承担介质的传递工作，应在与速递公司的合同中约定介质的传递时间和传递期间的安全保障（防火、防震、防潮、防磁、防盗）等方面的要求。速递公司的资质、介质传递流程和速递合同等须获得存储介质安全管理部门的批准。
- 对存有敏感业务信息的介质进行异地传输时，应选择本单位的可靠人员进行传递，并且使用专用的安全箱包进行包装。
- 移动存储介质的接收应履行登记、入账等手续。
- 存储介质安全管理部门需要对存储介质的运输过程进行详细记录。

7.1.9 存储介质使用规范

组织机构需要明确存储介质的使用规范，以保证存储介质在使用过程中的安全性与规范性。存储介质的使用需要注意以下事项。

- 启用新的存储介质或使用移动存储介质时，必须进行安全检查和查杀病毒处理。
- 存储介质的使用需要在受控的办公场所的指定计算机上进行。
- 非本单位的移动存储介质一律不得与涉密计算机连接。
- 应避免在高温、强磁场的环境下使用存储介质。
- 涉密和非涉密的存储介质禁止交叉使用。

- ❑ 因公务需要而携带存储介质外出时，必须经存储介质安全管理部门审批同意并登记。
- ❑ 由于存储介质体积较小，易于流传，因此在使用时应对其安全保管，防止丢失。
- ❑ 如使用移动介质对敏感数据进行转移存储，则需要在使用前对移动介质进行格式化，并在使用后立即删除敏感数据。
- ❑ 复制移动存储介质中的信息，应经过存储介质安全管理部门的批准，并履行登记手续，复制件应视同原件进行管理。
- ❑ 复制移动存储介质中的信息时，不得改变其知悉范围，并由存储介质安全管理部门进行监督。

7.1.10 存储介质维修规范

组织机构需要明确存储介质的维修规范，以保证存储介质维修工作的规范性。存储介质的维修工作需要注意以下事项。

- ❑ 存储介质的维修应经过存储介质安全管理部门审批。
- ❑ 对于送外维修的介质，应首先清除介质中的敏感数据。
- ❑ 移动存储介质需要送外维修时，必须到存储介质安全管理部门指定的单位进行维修，由存储介质安全管理部门全程陪同监督。
- ❑ 存储介质的维修应由存储介质安全管理部门负责，并对维修人员、维修对象、维修内容、维修前后的状况进行监督和记录。

7.1.11 存储介质销毁规范

组织机构需要明确存储介质的销毁规范，以保证存储介质销毁工作的规范性。存储介质的销毁工作需要注意以下事项。

- ❑ 存储介质的销毁应经过存储介质安全管理部门审批，未通过审批不得自行销毁。
- ❑ 为防止敏感信息泄露给未经授权的人员，各部门应将需要销毁的存储介质送到存储介质安全管理部门，由存储介质安全管理部门统一进行安全销毁。
- ❑ 存储介质销毁之前，存储介质安全管理部门需要对介质中所含的信息进行风险评估，以确定存储介质的处理方式。
- ❑ 任何含有敏感信息的中间存储介质，都需要销毁其中所存的信息。
- ❑ 任何存储介质，在用于存储保密信息之前，都必须进行格式化。
- ❑ 删除存储介质中的敏感信息后，必须执行重复写操作，以防止因数据恢复而导致的敏感信息泄露。
- ❑ 含有硬复制形式的敏感信息存储介质的报废处理方式是粉碎或烧毁。
- ❑ 存储介质安全管理部门需要记录对存储介质所做的处置，以备审查。
- ❑ 被销毁介质上的备份内容如果未到备份保存期限，则应将备份内容复制到较新的介质上，并将复制后的介质归档。

7.1.12 使用技术工具

存储介质指的是存储数据的介质，是一种物理载体，不管是本地数据还是网络上的数据，最终都是存储在这样的物理载体上。组织机构在访问和使用数据的时候，都会用到存储介质。常见的存储介质有硬盘、软盘、内存、光盘、磁带，等等，而存储介质作为一种物理载体，就会存在损坏、故障、寿命有限，以及安全性等问题。因此需要利用相应的技术工具来管理存储介质，从而保证存储介质中的数据能够安全、可靠地运行，避免出现数据丢失、损坏、泄露等问题。

7.1.13 存储介质的常见类型

根据存储介质的不同类型，目前市面上常见的存储介质可以分为三大类，即磁介质、半导体介质和光盘介质，具体说明如下。

- 磁介质：是一种磁记录介质材料，是利用磁特性和磁效应实现信息记录和存储功能的磁性材料。我们日常使用的硬盘其实全称为硬磁盘，就是利用磁记录技术来实现数据存储的。除了硬盘之外，磁卡也是一种磁记录介质材料，还有早期的软盘（软磁盘），以及更早的磁带等。
- 半导体介质：是一种使用半导体大规模集成电路作为存储介质的记录材料，可以对数字信息进行随机存取。半导体一般可以分为两大类，即随机存取存储器（RAM）和只读存储器（ROM）。半导体介质具有体积小、存储速度快、存储密度高、与逻辑电路对接方便等优点，计算机及各类电子设备中的内存所使用的就是半导体介质。
- 光盘介质：是一种利用光信息作为数据载体的记录材料，它利用激光扫描的原理进行读写。光盘作为一种十分重要的存储介质，具有可以存放大量数据的特性。我们所熟知的 CD、DVD、VCD 等都是光盘存储介质。

7.1.14 存储介质的监控技术

不同的存储介质，所采取的监控和审计技术也各不相同。

对于光盘介质，需要监控和审计的重要行为就是刻录。构建一个光盘刻录和审计系统，对于光盘介质的安全管理十分重要。光盘介质的刻录和审计系统应具备以下功能。

- 制作加密光盘，并规定只有使用特定的密钥才可以读取光盘和写入数据。
- 只有在系统上注册过的刻录机才能进行光盘刻录作业。
- 在光盘刻录全生命周期（包括刻录申请发起、审批、刻录资源授权等）中，均需要有相应的管理人员进行审批，并且只有审批通过后才能进行最终的刻录作业。
- 支持全面的日志审计，如用户名称、刻录文件名、文件处理方式、文件密级、任务提交时间、刻录文件份数、文件包含页数、使用刻录机名称、实际操作人、任务状态等信息。

磁介质和半导体介质的典型代表分别是硬盘和内存，硬盘和内存是每台计算机的基本组成设备。以硬盘和内存为例，在计算机上需要进行监控和审计的存储介质主要可分为两大类，一类是对本地存储介质的监控和审计，另一类是对外来接入存储介质行为的监控和审计。对本地存储介质的监控和审计技术工具已经十分成熟了，Windows 和 Linux 系统都自带了系统监控工具，如 Windows 的资源监视器，Linux 的 top、htop、iotop 等都是最基本的监控工具。系统可以通过存储介质的驱动程序连接存储介质设备，并对存储介质进行实时监控。另外还有许多优秀的工具可用于实现日志审计导出、存储设备管理等更强大的功能，并提供友好的可视化界面，这些工具都是在系统提供的工具之上进行功能叠加和改进的。例如，Cockpit 是一个免费且开源的、基于 Web 的管理工具，系统管理员可以将其用于诸如存储管理、网络配置、检查日志、管理容器等任务。Cockpit 所提供的友好的 Web 前端界面可用于轻松地管理 GNU/Linux 服务器，是一款非常轻量级的工具，Web 界面也非常简单，易于使用。更重要的是，Cockpit 可以实现集中式管理。除此之外，还有 Netdata 等工具。对于外来接入存储介质行为的监控和审计，一般是通过监控计算机扩展接口来实现的，如 USB 接口等，目前大多数终端安全管理工具均已具备该技术功能。

7.1.15　基于数据擦除的介质净化技术

当需要废弃旧的存储介质转而使用新的存储介质，或者需要重新写入存储介质中的数据时，通常需要对存储介质中的数据执行清除操作，这种操作也称为介质净化。只有被净化过的存储介质，才允许被废弃，或者重新写入数据，以保证数据能够安全可靠地存储，防止存储介质中的数据遭到损坏和泄露。一般来说，只有可重复使用的、可擦除的存储介质才能进行清除操作，一次性的、不可擦除的存储介质是无法进行清除操作的，需要废弃时只有使用物理手段进行销毁。净化的原则之一就是尽量做到不可恢复，以防止净化后的存储介质被有心之人利用进行数据恢复。

光盘介质的原理是通过光盘表面深浅不一的凹槽，以及对光的反射与否来表示数据，而光盘记录数据的操作就是通过刻录机在光盘表面制造凹槽。所以光盘的数据清除操作只需要用刻录机对光盘进行刻录操作即可，目前的刻录机软件都带有物理完全擦除功能，其原理就是通过重新刻录凹槽覆盖原本的凹槽，从而达到擦除数据的目的。由于擦除光盘的过程是一种物理过程，所以光盘上的数据基本上是无法恢复的。

半导体是一种在常温下导电性能介于导体和绝缘体之间的材料，其导电性是可控的，可以利用其导电与否来表示“0”和“1”，从而可将其用于数据记录。半导体存储器的类别包含 RAM 和 ROM 两大类，具体说明如下。

RAM 属于易失性存储器，这种存储器的特点是需要不断加电刷新才能保持数据，完全断电一段时间之后，其中的数据就会完全消失且无法恢复，所以 RAM 通常用于作为电子设备的内存。

ROM 则是非易失性存储器，不能通过断电来进行数据清除，其数据清除过程涉及较为复杂的物理过程，擦除方法通常是在源极之间加高压，从而形成电场，通过 F－N(Fowler-Nordheim）隧道效应实现擦除操作。

磁性存储器是目前市面上最主要的存储介质之一，净化磁介质的方法也比较成熟。下面以磁盘为例来说明，目前，对于磁盘数据的清除手段主要包含以下几种。

- 反复对同一磁盘扇区写入无意义的数据，从而把数据还原的可能性降至最低。
- 磁盘扇区清零操作，即多次（至少一次）对磁盘的所有扇区全部用 0 或全部用 1 写入，使得磁盘上的所有数据全部丢失，这种清除方式比较彻底，但耗时稍长。
- 直接访问主文件列表，找到文件的具体存储位置，并解码二进制文件，从而彻底清除文件。这种方法减少了对操作系统的依赖，避免了大量盲目填写无效文件的操作。同时，这种方法还可以保护磁盘，延长其使用寿命。

目前使用较多的专业磁盘清除工具有 Darik's Boot and Nuke、HDShredder 等。

7.1.16 技术工具的使用目标和工作流程

存储介质安全技术工具应能实现以下目标。

- 存储介质管理：提供统一的管理平台，管理所有存储介质的使用、记录等情况，以便对存储介质进行更好的管理。
- 存储介质监控：能够实时监控所有存储介质的使用情况，包括状态、用量、性能等情况。
- 存储介质扫描：能够对存储介质进行定期扫描，扫描存储介质各方面的情况，并自动生成扫描报告。
- 存储介质清除：对于不同种类的存储介质，能够进行逻辑层面的、彻底的低损或无损清除，以保证需要重复使用的存储介质在历史数据清除干净的前提下不会被损坏。

图 7-1 所示的是使用存储介质安全的技术工具进行作业的基本流程图。

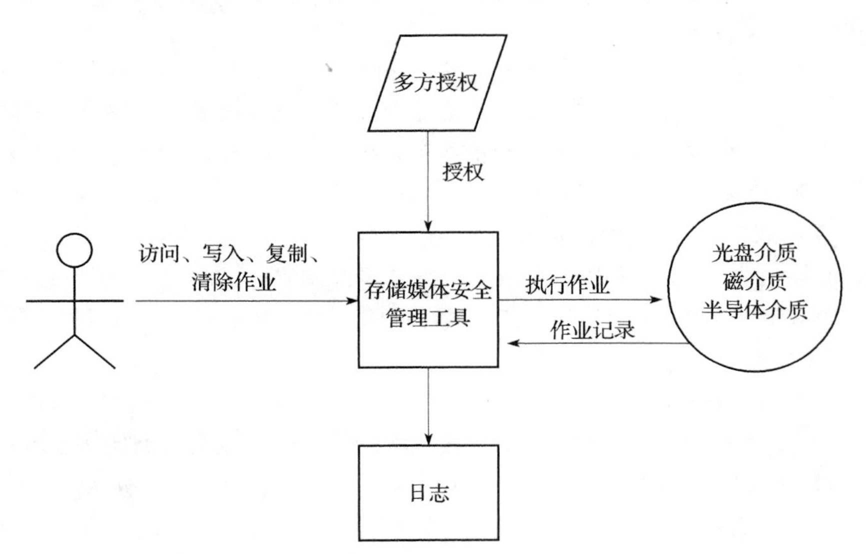

图 7-1 存储介质安全作业基本流程图

7.2 逻辑存储安全

逻辑存储安全是数据存储安全中的一个重要部分，对数据的逻辑存储（如认证鉴权、访问控制、日志管理、安全配置等）进行管理，可以有效保证数据存储安全。有效的逻辑存储安全手段需要从多个方面进行建设和提升，本节将基于 DSMM 充分定义级（3 级）视角，从组织建设、人员能力、制度流程和技术工具四个维度对逻辑存储安全的建设和提升提供实践建议。

7.2.1 建立负责逻辑存储安全的职能部门

为了保障逻辑存储受到正确管理，以及保证数据存储安全，在条件允许的情况下，组织机构应该设立一个数据逻辑存储安全管理部门，并招募相关的人员负责管理公司整体的数据逻辑，包括学习目前常用的数据逻辑管理方法，结合公司的实际情况，制定数据逻辑安全存储管理制度，建立数据逻辑存储隔离与授权操作标准等，包含认证授权、账号管理、权限管理、日志管理、加密管理、版本管理、安全配置、数据隔离等要求点，搭建公司整体的数据逻辑存储系统，同时维护数据逻辑存储系统和存储设备。

7.2.2 明确逻辑存储安全岗位的能力要求

组织机构在设立了专门负责数据逻辑存储安全管理的岗位之后，还需要招募负责该项工作的专项人员。数据逻辑存储安全管理岗位的相关人员，必须具备良好的数据安全风险意识，熟悉国家网络安全法律法规，以及组织机构所属行业的政策和监管要求，在进行数据逻辑存储管理的时候，能够依据《中华人民共和国网络安全法》《中华人民共和国数据安全法》中的相关要求，做好公司数据逻辑存储安全管理、保护与合规的工作，为公司制定有效的、整体的数据逻辑存储管理安全制度和配置规则，明确相应的安全需求，并推动相关的要求切实有效地执行。除此之外，相关人员还需要熟悉市场上常见的数据存储系统架构，能够根据公司的真实环境与需求，准确构建公司整体的数据逻辑存储系统，并且能够分析出数据进行逻辑存储时可能会遇到的安全风险，保障数据逻辑存储系统的安全性与稳定性。

7.2.3 逻辑存储安全岗位的建设及人员能力的评估方法

数据逻辑存储安全管理岗位的建设和对应人员实际执行能力的评估，可通过内部审计、外部审计等形式以调研访谈、问卷调查、流程观察、文件调阅、技术检测等多种方式实现。

1. 调研访谈

逻辑存储安全阶段的调研访谈，主要包含对数据逻辑存储安全部门管理人员和系统运维人员的访谈两部分，具体访谈内容如下。

- 对数据逻辑存储安全部门管理人员的访谈内容为：确认其是否具备一定的数据逻辑存储系统构建基础知识，是否对常见的数据存储系统架构、逻辑存储设备有一定的了解，是否明确数据存储系统的整体设计方案，是否了解公司的安全需求，是否能够制定出面向公司整体的数据逻辑存储安全管理制度，是否拥有一定的数据逻辑存储系统搭建经验，是否清楚其中的安全隐患并能给出相应的解决方案，是否清楚数据逻辑存储系统在上线前必要的安全合规配置，是否具备建立数据逻辑存储隔离制度的意识和计划能力。

- 对数据逻辑存储安全部门系统运维人员的访谈内容为：确认其是否具备一定的数据风险意识与应急响应能力，是否清楚数据逻辑存储系统中各项指标或数据的意义，是否能够按照数据逻辑存储安全管理部门制定的操作流程进行操作，是否能够按照标准的采集分析过程对系统的日志进行记录，是否能够判断日志信息监控数据使用的规范性和合理性，是否能够对突发的安全事件进行必要的应急响应与分析溯源。

2. 问卷调查

逻辑存储安全阶段的问卷调查，通常是以纸面问卷的形式，调研数据逻辑存储安全部门的管理人员是否制定了面向公司的、有效的可靠的数据逻辑存储安全管理制度，是否搭建了数据逻辑存储系统并制定了面向运维人员的数据逻辑存储系统操作规范和日志采集分析规范等，在定义数据逻辑存储系统和设备时，是否明确了数据存储系统的各项安全需求（例如，账号和权限管理、加解密存储管理、安全配置管理、认证授权管理、日志分析管理等），在数据逻辑存储系统上线以后，是否清楚系统架构设计中可能存在的安全隐患并能够寻找对应的解决方法。

3. 流程观察

逻辑存储安全阶段的流程观察，主要是观察数据逻辑存储安全部门管理团队和系统运维团队两方的工作流程，并从中寻找可能的问题点和改善点，具体观察内容如下。

以中立的视角观察公司数据逻辑存储安全部门管理人员和系统运维人员的工作流程，包括管理人员在为公司制定整体的数据逻辑存储安全管理制度时，定义数据逻辑存储系统架构时，定义数据逻辑存储系统、设备和配置规则时，制定数据逻辑存储系统和设备的安全操作规范时，以及制定数据逻辑存储隔离授权规范时，流程是否符合标准、制定的要求是否合理、是否存在可能的薄弱点，以及是否制定了应对突发事件的相应解决方案，从而确认该部门管理人员的实际工作情况。

4. 技术检测

逻辑存储安全阶段的技术检测，需要使用技术工具对公司内部的数据逻辑存储系统进行安全检测，检查其安全配置情况是否符合安全基线的要求。利用技术工具检测数据逻辑存储系统中数据使用的规范性，包括操作流程、运维流程、应急流程等阶段。同时，技术检测还应该检测数据逻辑的存储环境与授权情况，以确保多用户的数据逻辑存储是安全隔离开的，从而避免用户之间在未授权的情况下产生数据互通或数据修改等危险情况。

7.2.4 明确逻辑存储安全管理的目的

逻辑存储系统是指存储数据的容器，一般为服务器。组织机构应通过认证鉴权、访问控制、日志管理、通信举证、文件防病毒等安全配置，以及对应的安全配置策略，保证数据存储的安全。

7.2.5 实施系统账号管理

（1）普通账号的管理

1）申请人需要使用统一而规范的申请表，提出用户账号创建、修改、删除和禁用等各项申请。

2）在受理申请时，逻辑存储管理部门应根据申请配置权限，在系统条件具备的情况下，为用户分配独有的用户账号和权限。一旦分配好了账号，用户就不得再使用他人账号，或者允许他人使用自己的账号。

3）当用户岗位和权限发生变化时，应主动向逻辑存储管理部门申请逻辑存储系统所需的账号和权限。

（2）特权账号和超级用户账号的管理

1）特权账号是指在系统中拥有专用权限的账号，如备份账号、权限管理账号、系统维护账号等。超级用户账号是指系统中拥有最高权限的账号，如 administrator、root 等管理员账号。

2）只有经过逻辑存储安全管理部门授权的用户才可以使用特权账号和超级用户账号，严禁共享账号。

3）逻辑存储安全管理部门需监督特权账号和超级用户账号的使用情况并做好记录以备后查。

4）尽量避免出现临时使用特权账号和超级用户账号的情况，确实需要临时使用时，必须提交申请并通过审批流程；临时使用超级用户账号必须要有逻辑存储安全管理部门的相关人员在场监督，并记录其工作内容；超级用户账号临时使用完毕后，逻辑存储安全管理部门需要立即更改账号密码。

（3）账号权限的审阅

1）逻辑存储管理部门需要建立逻辑存储系统账号及权限的文档记录，记录用户账号和相关信息，并在账号发生变动时及时更新记录。

2）用户离职后，逻辑存储管理部门需要及时禁用或删除离职人员所使用的账号；如果离职人员是系统管理员，则应及时更改特权账号或超级用户口令。

（4）账号口令的管理

1）用户账号口令的发放要严格保密，用户必须及时更改初始口令。

2）账号口令的最小长度为 8 位，要求具有一定的复杂度，账号口令需要定期更改，账号口令的更新周期不得超过 90 天。

3）严禁共享个人用户账号口令。

4）超级用户账号需要通过保密形式由逻辑存储安全管理部门留存一份。

7.2.6 实行认证鉴权

逻辑存储系统需要通过管理平面和业务平面的认证来限制可访问逻辑存储系统的维护终端及应用服务器。当用户使用存储系统时，只有通过认证的用户才能对存储系统执行管理操作，并对存储系统上的业务数据进行读写操作。

7.2.7 采取访问控制措施

组织机构需要采取有效的访问控制措施，以保证逻辑存储系统的安全性。

- 逻辑存储安全管理部门需要制定逻辑存储系统的访问规则，所有访问逻辑存储系统的用户都必须按规定执行，以确保逻辑存储设备和业务数据的安全。
- 对逻辑存储系统进行设置，以保证用户在进入系统之前必须先通过登录操作，并且记录登录成功或失败的日志。
- 逻辑存储系统的管理员必须确保用户的权限被限定在许可的范围之内，同时还要能够访问有权访问的信息。
- 访问控制权限设置的基本规则是，除明确允许执行的情况之外，其余情况必须一律禁止。
- 访问控制的规则和权限应结合实际情况，并记录在案。

7.2.8 基于逻辑存储系统的病毒和补丁管理

组织机构需要对逻辑存储系统进行病毒查杀和病毒库管理，以保证逻辑存储系统的安全性。

- 逻辑存储安全管理部门应具备较强的病毒防范意识，定期对逻辑存储系统进行病毒检测，如果发现病毒应立即处理并通知上级领导部门或专职人员。
- 采用国家许可的正版防病毒软件进行查杀，并及时更新软件版本。
- 逻辑存储系统必须及时升级或安装安全补丁，修复系统漏洞；必须为逻辑存储服务器做好病毒及木马的实时监测，及时升级病毒库。
- 若未经逻辑安全管理部门许可，则不得在逻辑存储系统上安装新软件，若确实需要安装，则在安装之前应先进行病毒例行检查。
- 经远程通信传送的程序或数据，必须经过检测确认无病毒后方可使用。

7.2.9 制定日志管理规范

组织机构需要定期检查逻辑存储系统上的安全日志，对错误、异常、警告等日志进行分析和判断，对判断结果进行有效处理并记录存档。同时，逻辑存储系统上的日志需要定期备份，以便帮助用户了解与安全相关的事务中所涉及的操作和流程，以及事件的整体信息。

7.2.10　定期检查存储

逻辑存储安全管理部门应定期检查并记录逻辑存储系统的存储情况，如果发现存储容量超过 70% 以上，则应及时删除不必要的数据以腾出磁盘空间，必要时应及时申报新的存储设备。

7.2.11　明确故障管理方法

组织机构应明确逻辑存储系统的故障管理方法，以保证在安全事件发生时能够及时采取响应措施。

- 逻辑存储系统的故障包括：软件故障、硬件故障、入侵与攻击，以及其他不可预料的未知故障等。
- 当逻辑存储系统出现故障时，应由逻辑存储安全管理部门督促和配合厂商工作人员尽快进行维修，并对故障现象及解决全过程进行详细记录。
- 逻辑存储系统需要送外维修时，逻辑存储安全管理部门必须删除逻辑存储系统中的敏感数据。
- 对于不能尽快处理的故障，逻辑存储安全管理部门应立即通知上级领导，并保护好故障现场。

7.2.12　制定逻辑存储安全配置规则

逻辑存储系统在上线之前应遵循统一的配置要求，进行有效的安全配置，同时采用配置扫描工具和漏洞扫描系统，对数据存储系统定期进行扫描，尽可能地消除或降低逻辑存储系统的安全隐患。关于逻辑存储的安全配置规则具体如下，各企业的逻辑存储安全管理部门可按照实际需求酌情选用。

账号管理与授权的安全配置规则具体如下。

1）删除或锁定可能无用的账户。

2）根据用户角色分配不同权限的账号。

3）口令策略设置应符合复杂度要求。

4）口令的设定不能重复。

5）不使用系统默认用户名。

6）口令生存期不得长于 90 天。

7）限定连续认证失败的次数。

8）远端系统强制关机的权限设置。

9）关闭系统的权限设置。

10）取得文件或其他对象的所有权设置。

11）将从本地登录设置为指定授权用户。

12）将从网络访问设置为指定授权用户。

日志的安全配置规则具体如下。

1）审核策略设置为无论成功还是失败都要审核。

2）设置日志查看器的大小。

IP 协议的安全配置规则具体如下。

1）开启 TCP/IP 筛选。

2）启用防火墙。

3）启用 SYN 攻击保护。

服务的安全配置规则具体如下。

1）启用 NTP 服务。

2）关闭不必要的服务。

3）关闭不必要的启动项。

4）关闭自动播放功能。

5）审核 HOST 文件的可疑条目。

6）关闭默认共享。

7）关闭 EVERYONE 的授权共享。

8）正确配置 SNMP 服务 COMMUNITY STRING 设置。

9）删除可匿名访问共享。

10）关闭远程注册表。

11）对于远程登录的账号，设置不活动断开时间为 1 小时。

12）更新 IIS 服务补丁。

其他安全配置规则具体如下。

1）安装防病毒软件。

2）配置 WSUS 补丁更新服务器。

3）更新 SERVER PACK 补丁。

4）更新 HOTFIX 补丁。

5）设置带密码的屏幕保护。

6）交互式登录不显示上次登录用户名。

7.2.13 使用技术工具

数据在存储过程中，除了要解决常见的物理介质问题所导致的数据安全问题之外，还对存储容器和存储架构提出了更高的要求。一般来说，存储数据的容器主要是服务器，所以数据存储安全需要加强服务器本身的安全措施。对于服务器来说，一方面需要加强常规的安全配置，这方面可以通过相关的安全基线或安全配置检测工具进行定期排查，检查项包括认证鉴权和访问控制等；另一方面需要加强存储系统的日志审计，采集存储系统的操作日志，识别访问账号和鉴别权限，检测数据使用的规范性和合理性，实时监测以尽快发现相关问题，从而建立起针对数据逻辑存储和存储容器的有效安全控制系统。

7.2.14　安全基线核查技术

所谓安全基线，是指为了保证企业网络环境中相关设备与系统达到最基本的防护能力而制定的一系列安全配置基准。目前，安全配置基线主要包含五大块内容：服务包与安全升级（包括服务包、安全更新相关的配置）、审计与账户策略（包括审核策略和账户策略相关的配置）、额外的安全保护（包括网络访问、数据执行保护、安全选项及若干注册表键值相关的配置）、安全设置（包括用户权限分配、文件许可、系统服务相关的配置）和管理模板（包括远程系统调用、Windows 防火墙、网络连接相关的配置）。为实现对上述安全基线项目的监控，安全基线核查技术工具应主要包含以下几个模块。

- 基础知识库：该模块通过预定义的方式，定义安全基线检查清单、安全基准和其他安全配置指南。目前主流的预定义方式有美国国家安全局（The National Security Agency, NSA）和美国国家标准与技术研究所（National Institute of Standards and Technology，NIST）联合发布的 XCCDF（eXtensible Configuration Checklist Description Format，可扩展的配置检查清单描述格式）规范，该规范基于 XML 的描述格式，因此比较有利于资源的重用，具有良好的可扩展性。除 XCCDF 之外，在美国国土安全部的资助下，MITRE 公司制定发布的 OVAL（Open Vulnerability and Assessment Language，开放的脆弱性评估语言）规范，同样也可用来描述系统的配置信息，分析系统的安全状态（包括漏洞、配置、系统补丁版本等）。目前，XCCDF 及 OVAL 均已得到众多厂商的支持，相关的基础配置库均有开源版本，可直接利用，根据配置的相关格式，同样也可随时自定义更新。部分规则虽然无法通过定义的方式进行自动化核查，但是可以引入用户交互填写调查问卷的形式进行检查。
- 远程连接和登录模块：目前，根据应用场景的不同，针对客户端或服务器的检查主要可以采用两种连接方式。一种是 B/S 架构，即在管理后台配置需要远程的 SSH 账号（Linux）或 Windows 远程账号进行远程登录连接，以用于后续的远程任务下发及执行，这种方式常见于第三方安全服务公司或等级保护测评机构。另外一种是 C/S 架构，即在每个要核查的系统上安装代理（Agent)，有了代理之后就不再需要配置系统的登录信息了，企业用户可用该方法进行内部自查，虽然通过代理可以做到实时的安全基线核查，但是这样会消耗服务器的部分资源。
- 任务管理模块：该模块可以通过各种参数完成对检测策略的设置与加载，并可实现对检测策略的维护，比如，设置某类系统需要执行哪一类安全检查项目，同时完成对任务的创建，以及对任务参数的初始化；在同时运行多个核查任务时，对不同的任务进行调度管理等。

- 知识库解析及核查脚本执行模块：该模块可以根据任务管理模块配置的检查策略，对基础知识库中的策略进行解析，并根据解析结果，自动化调用和执行相关的核查脚本，从而最终完成对目标系统的配置及核查。同时，对于部分无法定义的检查策略，可以调用检查问卷模块对其进行核查。
- 安全度量模块：该模块可以对各类检查项目进行预定义分值，接收与转送核查脚本执行后的核查结果，对照知识库及分值定义策略，返回相关检查项的整改建议及总体安全系统评价，为下一步生成各类报表产生中间数据。
- 报表生成模块：该模块根据安全度量模块的结果，按照一定的报表格式，生成相关检查结果并输出。

7.2.15 日志监控技术

日志监控是实现逻辑存储安全的一个重要部分，对存储系统的操作日志进行监控，可以识别访问账号和鉴别权限，从而检测数据使用的规范性和合理性。日志监控系统的实现主要包括三大部分，即日志采集中心、日志存储中心和日志审计中心，具体说明如下。

1. 日志采集中心

如图 7-2 所示，日志采集中心负责接收各个逻辑存储系统的日志记录，并按照统一的日志格式进行整理和解析，然后将分类后的解析结果交给日志存储中心。

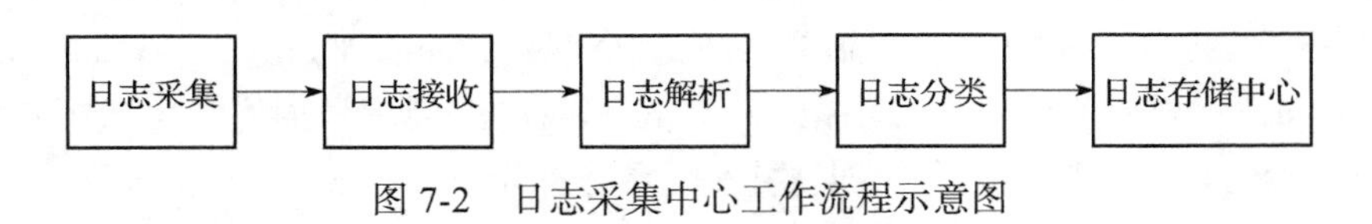

图 7-2　日志采集中心工作流程示意图

日志采集的范围应尽可能地覆盖所有的网络设备、操作系统、数据库，以及各个应用系统服务器的日志记录，主要包含网络日志采集和本地日志采集两个方面。根据具体的采集技术来划分，本地日志采集可采用如下六种采集方式。

- SNMP：系统运行的 SNMP 代理一般用于产生 SNMP Trap 报警消息。
- Syslog：Sys 是一种标准的系统日志，支持逐条事件的发送机制，支持 Syslog 发送服务的操作，包括一般的 Unix 类操作系统等。
- Flatfile：Flatfile 的日志收集机制与 Syslog 的逐条发送机制相对应，可以实现对系统日志文件的整体传输和解析的功能。在满足条件的情况下，大量非实时日志数据、Windows 或 XWindows 的视频回放数据都可以采用这种方式。
- ODBC：这是一种针对数据库管理系统的日志采集方式，在开启数据库的日志功能时，可以通过 ODBC 方式收集数据库的日志。
- 审计代理：通过在操作系统上安装审计代理软件来完成对系统日志记录的采集工作，

在这种方式下，审计代理不应该占用过多的系统资源，并且不能对系统的安全和性能产生影响。

- OPSEC：在防火墙系统中，需要支持 OPSEC 协议来完成日志记录的发送和接收。

对于网络型的日志，既可以通过对网络设备进行镜像复制等方式获取采集对象服务器上的日志记录，也可以通过堡垒主机串路接入网络的方式来采集对审计对象进行操作的日志。

采集完日志之后，日志采集中心还需要采用相关的技术手法接收日志。目前，数据接收主要包含四种方式，即 Socket 方式、FTP 文件服务器共享方式、数据库共享数据方式和 Java 消息服务方式，具体说明如下。

（1）Socket 方式

Socket 方式是最简单的交互方式，是一种典型的客户端 / 服务器的交互模式，该模式包含一台客户机和一台服务器。服务器通过 IP 地址和端口为客户端提供访问服务，客户端通过连接服务器段指定的端口完成消息交互。Socket 通信方式具有易于编程的特点，目前 Java 提供了多种框架，屏蔽了底层通信细节，以及数据传输转换细节。

Socket 通信方式还具有容易控制权限的特点，可以通过传输层协议 HTTPS 加密所传输的数据，提高数据传输的安全性。

（2）FTP 文件服务器共享方式

FTP 文件传输协议是 TCP/IP 网络上两台计算机之间文件传输所采取的形式。用户可以通过客户端在服务器上下载或上传文件。FTP 文件服务器共享方式特别适用于大数据量的数据传输场景，实时性较差。

（3）数据库共享数据方式

如图 7-3 所示，数据库共享数据方式是指几个应用系统服务器共享同一个数据库，每个应用系统均可以操作该共享数据库的一种数据接收方式。数据库共享数据方式共享一个数据库，交互操作比较简单，由于数据库提供了相当多的操作，比如更新和回滚等，因此交互方式比较灵活，而且借助于数据库的事务机制，数据交换过程可保证高可靠性。

（4）Java 消息服务

Java 消息服务（Java message service，JMS）是指通过一组定义好的 Java 应用程序接口来实现对数据信息的创建、发送、接收和读取消息的服务功能。JMS 定义了五种不同的消息正文格式和需要调用的消息类型，用户可以发送和接收不同形式的数据，为现有的消息格式提供一些级别的兼容性。Java 消息服务的通信方式如图 7-4 所示。

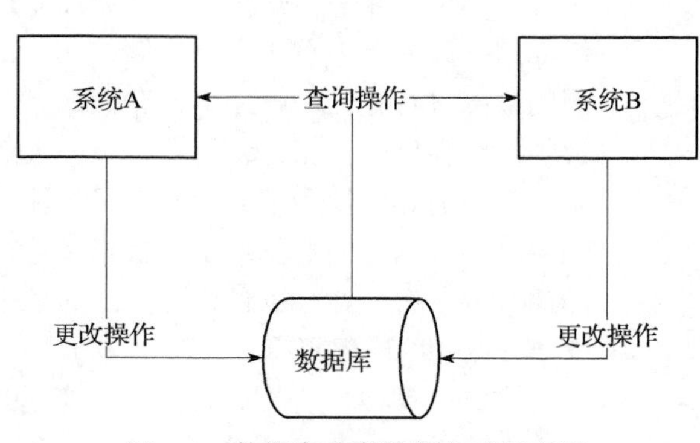

图 7-3　数据库共享数据方式示意图

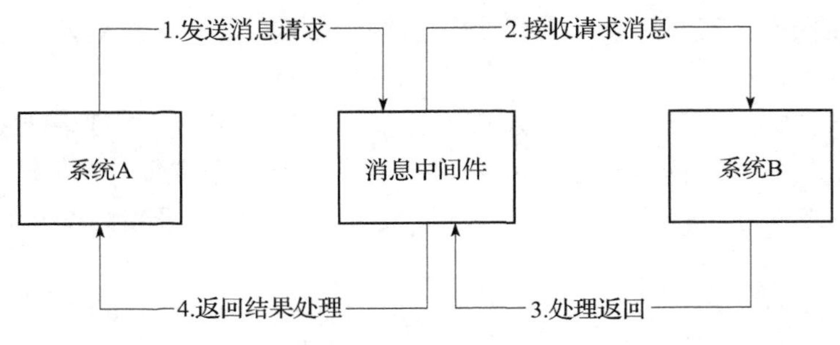

图 7-4 Java 消息服务通信示意图

另外，由于日志采集中心采集到的日志记录来自多个不同的逻辑存储系统，且日志类型多种多样，因此为了便于后续的存储和审计，需要对日志进行标准化操作，即按照标准的数据格式进行解析和存储。不同日志的标准化可以按三大块内容进行：用户信息、事件信息和资产信息。用户信息的标准化字段包括主账号信息、从账号信息、用户身份信息和用户的登录信息（如登录 IP、登录时间等信息）。事件信息的标准化字段包括事件的编号信息、名称、原始事件信息、采集时间、内容、类型、源地址、目的地址、源端口信息、目的端口信息、原始级别、标准化后的级别、采集来源、相关协议和会话信息等。资产信息的标准化字段包括资产名称、资产 IP、资产所属域、资产管理人员等。

日志采集中心根据上面的基本规则对日志进行解析并分类，同时过滤部分不完整的日志记录，因为不完整的日志记录无法用于后续日志的审计和统计分析操作。

2. 日志存储中心

日志存储中心需要对采集到的日志进行持久化的操作，并对存储在持久化存储介质中的数据进行相关的检索查询。常见的存储介质有磁盘、光盘和磁带等，其中最主要的存储介质是磁盘。数据的存储系统包括文件系统的数据存储和数据库形式的数据存储。根据不同的存储系统选型，日志存储中心主要可实现如下三大块功能：日志数据持久化、日志查询和日志备份。

- 日志数据持久化：是指将日志数据存储在持久化的存储系统中，主要是针对文件系统和数据库系统。对于文件存储方式，主要是把需要存储的数据记录组织成一定规则的数据进行存储。采用文件存储的方式，虽然数据的存取速度比较快，但是由于文件系统存储的数据组织格式不统一，因此读取其中的数据并进行解析时会比较困难，数据的完整性和准确性难以得到保证。数据库存储方式主要是将日志记录存储到关系型数据库的数据表中。数据库是把某些具有相同特点的数据组织起来进行存储的数据集合，并且以最优的方式为某个特定组织的多个应用服务，其数据结构独立于使用它的应用程序。
- 日志查询：即按照查询条件将满足条件的日志数据从存储系统中检索出来的操作。日志查询主要包含两种方法，即缓存和索引。缓存方式需要耗费一些硬件资源，将常用的数据存放在缓存中，在查询的时候首先检查数据是否存放在缓存中，若在，则直接从缓存中读取；如果不在，则再到数据库中读取，并对缓存中的数据进行相应的替换操作。索引是指通过字典树的方式进行组织，建立索引后，再通过索引的方式来加快数据的查询操作。

- 日志备份：是指将日志记录从当前的存储文件或数据库表中转移到备份文件或备份数据库表中的操作，主要是为了防止日志数据丢失。可通过手动备份或系统自动备份的方式完成日志备份的操作。

3. 日志审计中心

日志审计中心是日志监控系统中非常重要的部分，该中心可用于对系统进行及时审计操作，实现对越权访问控制等敏感操作的预警，并将异常情况反馈给系统管理员或相关用户。日志审计中心应具备以下主要功能：审计规则库管理功能、审计报表自动生成功能、审计查询功能、时间周期报表功能、审计相关信息的配置功能。日志审计中心的基本流程图如图 7-5 所示。

（1）日志审计规则库

在日志审计操作中，其审计的客体就是日志数据本身，通过统计或审查等手段对日志数据进行相关的评估和过滤，再来检测用户的应用操作和行为是否违反了网络行为规范或相关的程序安全要求。日志审计规则库可用于存储一些常见的、会引起日志异常的日志数据。对于接收到的日志数据，首先需要与日志规则库中的日志数据记录进行匹配，若匹配成功，则继续进行后续的审计操作。比如，某个用户在某段时间内频繁进行登录操作，对于这种异常情况，审计中心需要将此事件生成一条告警信息，并将其反馈给系统管理员，然后由系统管理员来对这样的事件进行相应的处理。再比如，有的用户在某个时间段内多次尝试登录都不成功，对于这样的事件也应该进行相应的告警操作，可以对此用户执行如下处理：锁定账号使其当天（或者在某段时间内）不能再登录，或者是将此信息发送给系统管理员，由系统管理员对其进行相应的处理。审计规则库的设计目的是能够进行快速的检索操作，因此设计的审计规则库应能够尽可能地缩短检索操作时间，从而提高审计的速度，及时地将异常信息或威胁通知到系统管理员，进而进行有效处理。除此之外，审计规则库还需要在前端支持使用者自定义的功能。

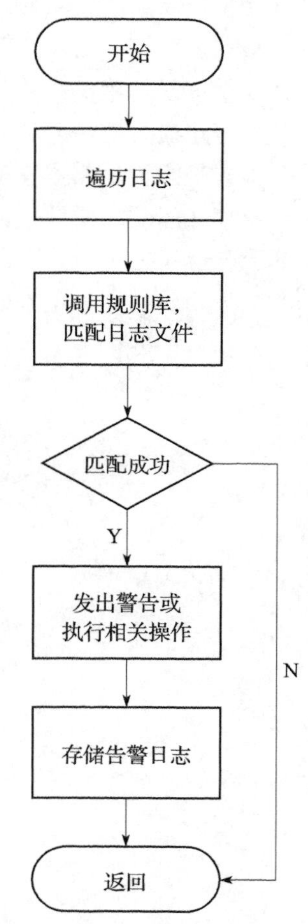

图 7-5　日志审计中心基本流程图

（2）日志审计报表

审计报表应该能形成文字方式或图形方式的分析报告，并且支持文本格式、超文本格式、表格方式等多种方式的报告。系统还应该提供时间周期类型的报表，如日报表、周报表等，用户可以根据客户的需要自行定义各种形式的报表。报表中的内容可以是审计系统中所有的审计对象及其网络行为。

7.2.16 安全基线核查流程和目标

安全基线核查工具应能实现以下目标。

- 知识库模块：需要厂家自定义的知识库基础模板，同时还可支持用户自定义的相关知识库。
- 远程连接登录或本地代理：可通过本地代理或远程连接登录的方式进入需要核查的机器。
- 任务管理模块：用户可自由选择需要检查的策略及检查时间。
- 知识库解析及核查脚本执行：解析知识库模块并调用相关的核查脚本进行安全基线核查。
- 安全度量：根据核查脚本的执行结果，对被检查的机器进行打分评估并输出相关的安全建议。
- 报告输出：输出本次安全基线核查结果，主要应包含此次安全核查的总体情况，以及存在问题的项目。

基于安全基线核查工具的安全基线核查作业基本流程图如图 7-6 所示。

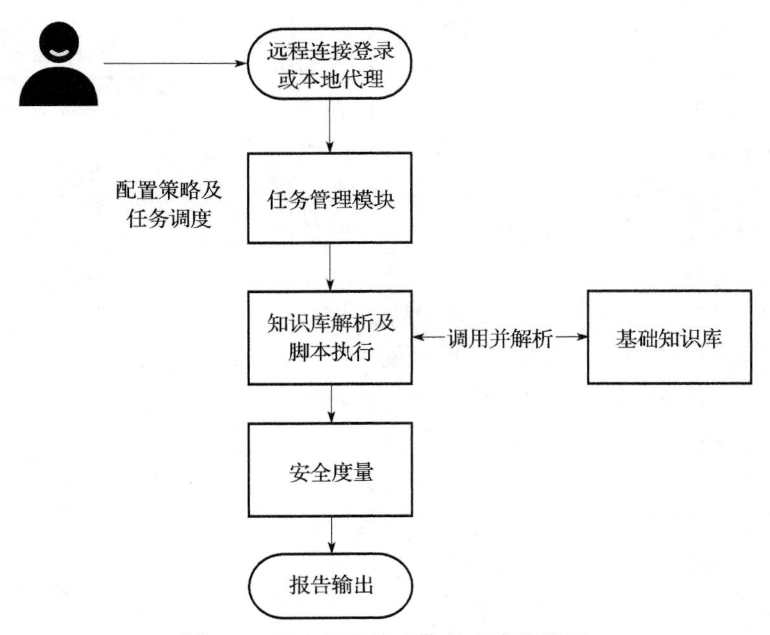

图 7-6 安全基线核查作业基本流程图

7.2.17 日志监控流程和目标

日志监控系统应能实现以下目标。

- 日志采集：收集各类日志并传送给接收服务器。
- 日志接收：日志接收服务器接收日志。
- 日志解析：按照标准格式对各类别日志进行标准化操作，并按日志类型进行分类。
- 日志存储：将解析后的日志保存到特定的存储系统中。
- 审计规则库：定义敏感操作相关的行为，将日志存储系统中的日志与审计规则库中的规则进行匹配，审计规则库支持自定义添加。若匹配到特定规则，则进行告警或拦截等预定义的响应行为。

基于日志监控技术工具的日志监控作业基本流程图如图 7-7 所示。

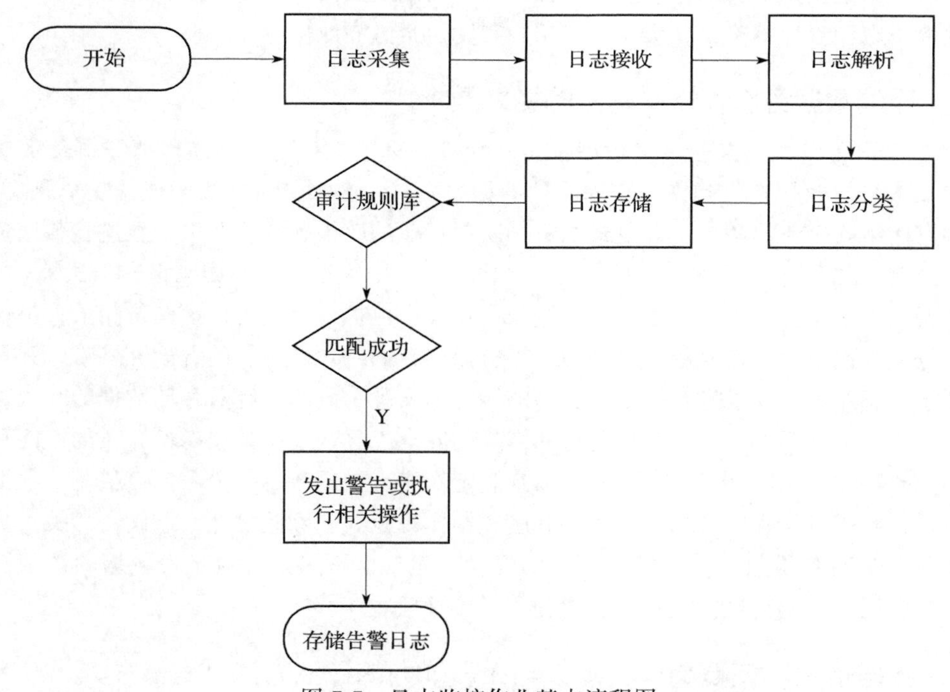

图 7-7 日志监控作业基本流程图

7.3 数据备份和恢复

在当今的互联网中，企业的资产（如数据、服务器、软硬件等）无时无刻不面临着黑客日益频繁的攻击活动，所以为了加强企业自身的防御力，同时也为了提升企业自身的业务连续性，众多企业采取了数据备份和恢复的主流手段来防范上述风险。数据备份是指对存储数据定期进行冗余备份，而数据恢复则是指企业数据在受到灾难性打击后，能够将备份数据立即转换为业务数据的能力。通过数据备份和恢复的方法，企业可以大大提升自身信息系统的可用性，能够有效地保障业务的正常运行。有效的数据备份和恢复管理需要从多个方面进行建设和提升，本节将基于 DSMM 充分定义级（3 级）视角，从组织建设、人员能力、制度流程和技术工具这四个维度对数据备份和恢复的建设和提升提供实践建议。

7.3.1 建立负责数据备份和恢复的职能部门

为了保障企业数据的高可用性及业务的连续性，在条件允许的情况下，组织机构应该设立负责数据备份和恢复管理的部门，并招募相关人员负责为公司制定整体的数据备份和恢复制度、为公司建立数据备份和恢复的标准操作流程，定义公司内部所覆盖的数据备份和恢复范围，指定日志记录的规范、数据保存的时长等指标，根据数据生命周期和业务要求，建立不同阶段的数据归档存储标准操作流程，为公司制定数据存储、使用、分享、清除等操作的时效性规定和管理策略，并推动以上相关制度切实可靠地执行。

7.3.2 明确数据备份和恢复岗位的能力要求

组织机构在设立了专门负责数据备份和恢复管理的岗位之后，还需要招募负责该项工作的专项人员。数据备份和恢复管理岗位的相关人员，必须具备良好的数据安全风险意识，熟悉国家网络安全法律法规，以及组织机构所属行业的政策和监管要求，在进行数据备份和恢复以及制定相关制度规范的时候，应该严格按照《中华人民共和国网络安全法》《中华人民共和国数据安全法》等国家相关法律法规和行业规范执行。同时，该岗位相关人员还需要具备良好的数据备份和恢复的建设经验，了解数据存储时效性相关的合规性要求，并具备基本的基于业务对合规要求进行解读和实施的能力，熟悉主流的、针对存储数据的冗余管理方案，熟悉市面上常用的自动化执行备份和恢复的安全工具，了解数据备份介质的性能和相关数据的业务特性，能够结合真实的业务场景制定切实有效的数据备份和恢复机制、数据备份加密策略、数据备份和恢复的安全管理制度和操作规范等。除此之外，该岗位相关人员还应该具备一定的对备份数据进行安全管理的经验，包括但不限于针对备份数据的访问控制管理、压缩管理、加密管理、完整性管理和可用性管理。

7.3.3 数据备份和恢复岗位的建设与人员能力的评估方法

数据备份和恢复管理岗位的建设和对应人员实际执行能力的评估，可通过内部审计、外部审计等形式以调研访谈、问卷调查、流程观察、文件调阅和技术检测等多种方式实现。

1. 调研访谈

数据备份和恢复阶段的调研访谈，主要包含对数据备份和恢复部门的管理人员和技术人员的访谈两大部分，具体访谈内容如下。

- 对数据备份和恢复部门管理人员的访谈内容为：确认其是否能够胜任制定公司整体

的数据备份和恢复的管理制度标准操作流程完整性校验和加密策略要求等方面的工作，以及是否具备足够的相关法律法规知识和风险意识，确认其在制定相关制度时是否清楚定义并解释了数据备份相关的概念（例如，数据备份和恢复的范围、过程、周期、工具、时长、日志，等等），相关制度要求是否符合相关法律法规的规定，是否切合真实业务场景，是否可以满足监管部门对相关数据予以记录和保存备份的要求，对数据备份的存储空间是否做到了有效利用和安全访问等。

- 对数据备份和恢复部门技术人员的访谈内容为：确认其是否熟悉本部门管理人员所制定的数据备份和恢复策略，是否熟悉数据备份和恢复的标准操作流程，是否能够熟练使用管理人员规定的统一的数据备份和恢复工具等，是否明确数据备份和恢复的定期更新与检查的工作要求（例如，数据备份的保存时间、更新频率、有效性校验，等等）。

2. 问卷调查

数据备份和恢复阶段的问卷调查通常是以纸面问卷的形式，调研数据备份和恢复管理部门相关人员的工作情况，具体内容如下。

调查数据备份和恢复管理部门的相关人员是否制定了有效的、针对公司整体的数据备份和恢复的策略和管理制度，是否可以保证业务层面上对数据服务的可靠性和可用性需求，是否为实施人员建立了数据备份和恢复的操作规范，是否制定了统一的备份数据的完整性校验和加密策略要求，是否可以确保数据的存储空间能被安全地访问与利用，是否可以基于相关法律法规的要求并结合具体的业务场景保证备份数据能够得到有效的记录与保存。针对不同业务场景下的备份数据，调研该管理人员是否为技术人员提供了可靠且有效的数据采集安全管理方法等。

3. 流程观察

数据备份和恢复阶段的流程观察，主要是观察公司数据备份和恢复管理部门的工作流程，并从中寻找可能的问题点和改善点，具体观察内容如下。

以中立的视角观察公司数据备份和恢复管理部门的工作流程，包括在为公司制定统一的数据备份和恢复管理制度时，为实施人员制定统一的数据备份和恢复操作规范时，制定数据备份的压缩、加密和完整性校验策略时，方法和流程是否符合规范，是否符合组织机构所适用的各类法律法规要求，对数据备份和恢复的目的要求是否明确，是否切合数据备份和恢复的场景，对备份数据进行安全管理时是否实现了备份数据的访问控制管理、压缩管理、加密管理、完整性管理、可用性管理、日志管理、时长管理、工具管理等，从而确认其相关制度的实际执行情况。

4. 技术检测

数据备份和恢复阶段的技术检测，需要使用技术工具对数据备份和恢复的工作流程进行监控，保证其相关工作能够得到正确执行，以及利用相关工具对备份数据的完整性、可用性、访问控制机制、加密机制等进行检测。除此之外，还需要对备份数据的删除工作情况进行检测，以确保数据能够被彻底消除且无法恢复，以及是否存在误删除的情况等。

7.3.4 明确数据备份和恢复的目的

数据备份和恢复是为了提高信息系统的高可用性和灾难可恢复性，在数据库系统崩溃的时候，如果没有数据库备份，就无法找回数据。保证数据的可用性是数据安全工作的基础。

7.3.5 数据备份

数据备份是指为了防止计算机系统因为操作失误或故障而导致的数据丢失，将全部或部分数据从计算机挂接的硬盘或磁盘阵列复制到其他存储介质的过程。

数据备份包括定期备份和临时备份两种方式。定期备份是指按照规定的日期对数据进行备份；临时备份则是指在特殊情况下（如软件升级、设备更换、感染病毒等情况），临时对数据进行备份。

根据不同的数据内容和系统情况，数据备份可分为完全备份和增量备份两种方式。完全备份是指对所有的数据进行整体备份；增量备份是指仅备份上一次备份后新增加和修改过的数据。

7.3.6 明确数据备份安全管理规范

组织机构应制定完备的数据备份管理制度，以保证数据备份工作的规范性，数据备份的流程示意图如图 7-8 所示。

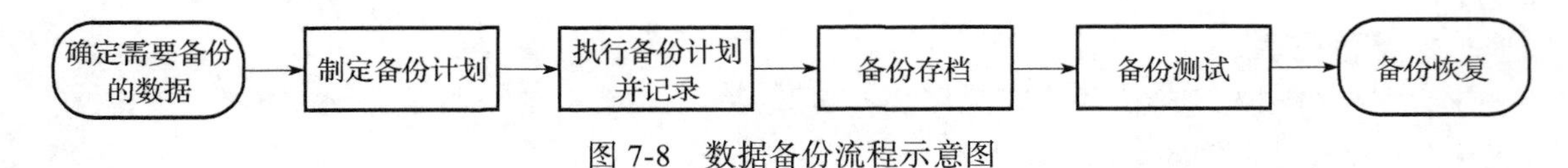

图 7-8 数据备份流程示意图

数据备份流程中的相关注意事项具体如下。

（1）确定需要备份的数据

1）为了保证所备份的内容可再现系统的运行环境，数据备份内容应包括网络系统的所有关键数据，具体涵盖计算机和网络设备的操作系统、应用软件、系统数据和应用数据等。

2）相关人员需要填写《备份清单》，包括信息资产的名称、重要性、资产的保护级别等属性。

（2）根据《备份清单》制定《备份计划》

具体包括如下内容。

1）备份周期：根据信息的更新速度、易损坏程度，以及备份介质的有效性，确定数据的备份周期。另外，在每次重大行动之前必须对数据进行有效备份。

2）备份介质类型：根据数据的实际情况选择数据备份所用的介质，可选择硬盘、光盘等存储介质。存储介质应存放在无磁性、无辐射性的安全环境中。

3）备份方式：根据数据的重要程度及其容量，确定其备份方式。一般采用复制、双系统同步、转储、压缩复制等方式进行备份。

4）备份工具：根据数据的实际情况选择合适的备份工具，如光盘刻录机、复印机、软驱、压缩软件等。

5）份数：对于一般的数据信息，备份一份即可。对于特别重要的数据，则需根据实际情况多备份几份。

6）责任人：明确数据备份的责任人。

（3）执行《备份计划》并记录

1）执行《备份计划》。

2）需要提高数据备份的自动化运行水平，减少人工操作与干预，或者制定严格的数据备份管理规范，避免误操作。

3）执行备份程序，检查备份数据的可用性。

4）清理备份过程中产生的临时数据。

（4）备份存档

1）备份完成后，备份负责人需要提供备份结果，包括备份使用的介质，以及备份过程中的相关文件（比如，备份恢复工具或软件、备份恢复指导手册等）。

2）数据备份必须建立备份文件档案及档案库，以用于详细记录备份数据的信息。所有的备份都要有明确的标识，具体包括备份数据的内容、归属、大小和备份时间等，并结合数据类型和备份管理策略统一命名。

3）会对业务产生重大影响的关键备份介质需要异地存放，以避免主要场地发生灾难时损坏备份介质，从而确保备份数据万无一失。

4）需要分配专人管理备份的介质信息，并控制对备份介质的访问。

（5）备份测试

对备份的数据定期进行抽样检查与测试，以确保数据的有效性和可用性。每种备份介质类型一次需要抽检两个以上，同时还需要对抽检的过程及结果做好详细记录。

（6）备份恢复

重要信息遭到篡改、破坏或丢失时，需要使用备份数据恢复信息，按照数据恢复的相关流程制度执行数据的恢复操作。

7.3.7　数据恢复

数据恢复是指当数据存储设备遭到物理损坏，或者由于人员误操作、操作系统故障等导致数据不可见、无法读取或丢失等问题时，通过已有的数据备份将数据复原的过程。数据恢复是为了保证系统数据的完整性和可用性。

7.3.8 明确数据恢复安全管理规范

为了更好地保证数据恢复过程中的安全性和规范性，组织机构应制定数据恢复的相关安全规范。数据恢复的流程示意图如图 7-9 所示。

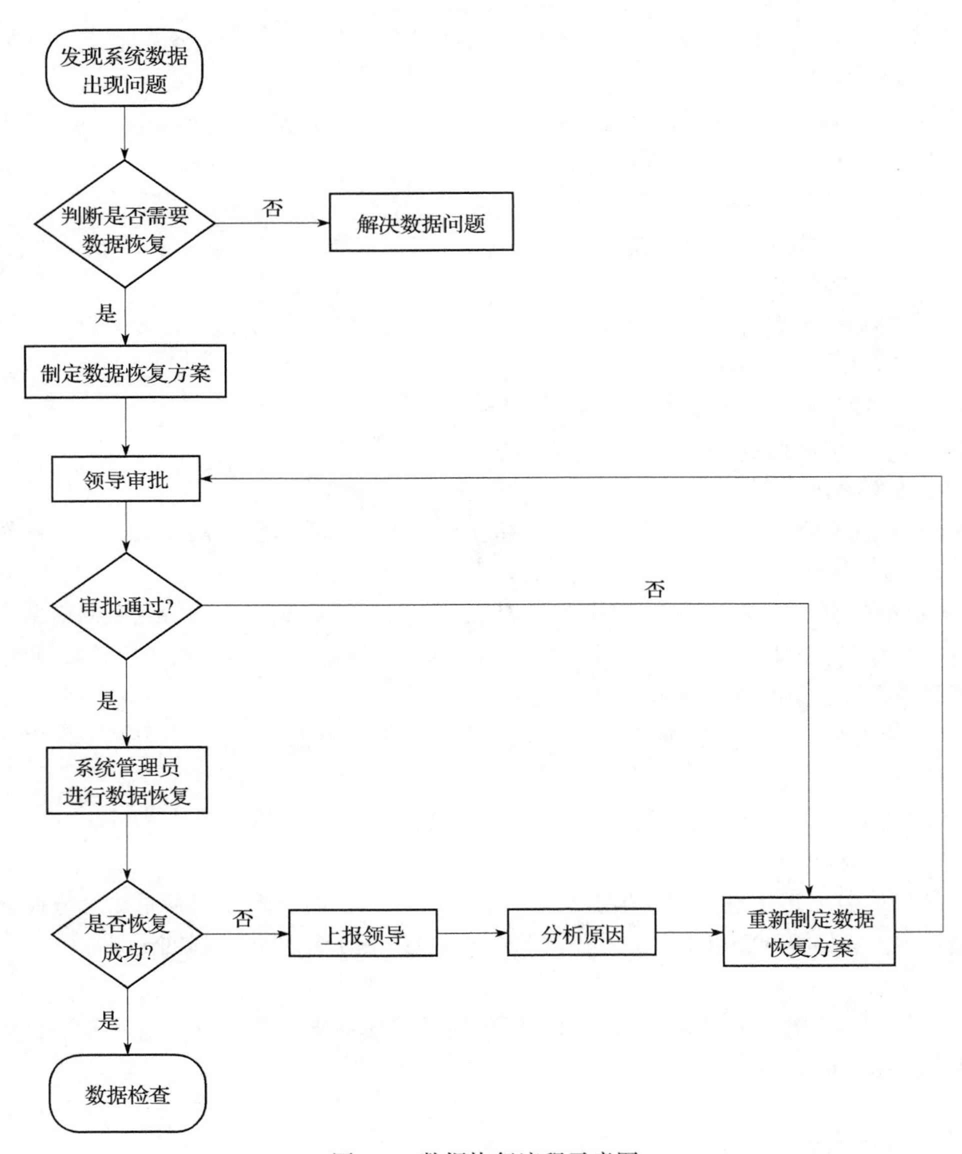

图 7-9 数据恢复流程示意图

数据恢复流程中的相关注意事项具体如下。

1）当发现系统数据出现损坏或丢失的问题，需要及时进行数据恢复操作时，应该立即向上级领导提出数据恢复申请，并制定《数据恢复解决方案》。

2)《数据恢复解决方案》审批通过后方可实施数据恢复操作。

3）数据恢复的实施应由系统管理员负责，需要按照《数据恢复解决方案》执行数据恢复操作。数据恢复的实施过程必须达到以下要求。

- 应保证至少有两人在现场并登记备案，以确保恢复操作准确无误。
- 数据恢复的时间可根据实际情况而定。
- 恢复过程完成之后，需要填写《数据恢复记录》，包括数据恢复过程及恢复结果。

4）检查数据恢复结果。若数据恢复成功，则由专门的检查人员负责对恢复之后的数据进行检查。若数据恢复不成功，则系统管理员需要上报相关的上级领导，并制定新的数据恢复解决方案，直至问题解决。

5）此外，系统管理员需要定期对全系统备份的数据进行模拟恢复，以检查数据的可用性。

7.3.9 使用技术工具

数据的备份恢复在数据的全生命周期过程中十分重要，关系到数据在丢失或损坏后能否在最短的时间内恢复正常，以保证系统的可用性。数据备份和恢复的过程就是利用技术工具将数据以某种方式保存下来，以便在数据或整个系统遭到破坏时，能够重新使用所保留的数据。

7.3.10 不同网络架构下的备份技术

数据备份包括三种常用的备份方式，即全量备份、增量备份和差异备份，具体说明如下。

- 全量备份：指的是对整个系统（包括系统和数据）进行的完全备份。在三种备份方式中，全量备份是最可靠的备份方式，其所要备份的数据量是最大的，耗费的时间和资源也是最多的，但是恢复时间是最短的。
- 增量备份：指的是每次备份的数据是上一次备份后增加和修改过的数据。在三种备份方式中，增量备份所要备份的数据量是最小的，但相应的恢复时间也是最长的。
- 差异备份：指的是备份的数据是上一次全量备份后增加和修改过的数据，差异备份和增量备份的区别在于上一次备份是否为全量备份。

主流的数据备份技术主要包含如下三种：LAN 备份、LAN Free 备份和 SAN Server-Free 备份。LAN 备份技术适用于所有的存储类型，而 LAN Free 备份技术和 SAN Server-Free 备份技术只适用于 SAN 架构的存储类型。

SAN（Storage Area Network）即存储区域网络，SAN 采用网状通道技术，通过专用的交换机连接存储阵列和服务器主机，建立专用于数据存储的区域网络，是一种专门为存储建立的独立于 TCP/IP 网络的专用网络。由于 SAN 是一种专用网络，所以可对数据存储提供高速传输服务，而且不会影响其他网络带宽。

（1）LAN 备份技术

LAN（Local Area Network）即局域网，从名称不难看出，LAN 备份技术依赖的是网络。在 LAN 备份技术中，数据传输是以网络为基础进行的。如图 7-10 所示，LAN 备份技术的设计原理是在局域网中配置一台服务器作为中央备份服务器，该服务器与备份存储设备进行连接，由它负责整个系统的备份工作。在整套备份系统中，局域网内的其他服务器和需要备份的工作站为客户端，客户端上需要安装备份客户端程序，当对数据执行备份操作时，由客户端向中央备份服务器发起请求。LAN 备份技术在局域网内提供了一种集中化的、易于管理的备份方式，以提高备份效率。但是，由于 LAN 高度依赖于网络传输，因此会对网络传输造成较大的压力。

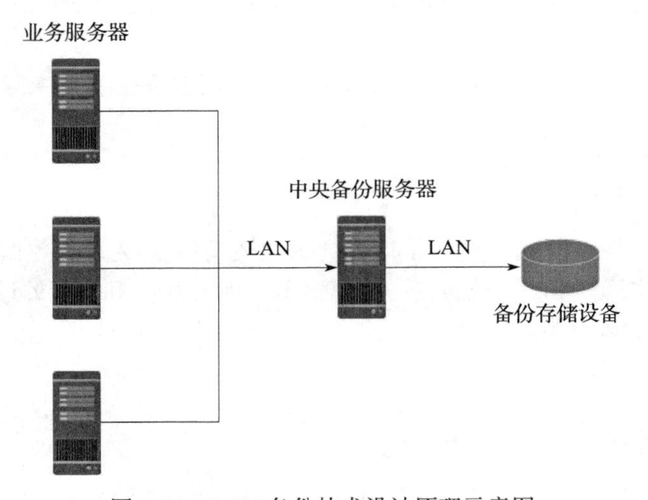

图 7-10 LAN 备份技术设计原理示意图

（2）LAN Free 备份技术

LAN Free 备份技术解决了 LAN 备份技术对网络传输带宽占用大的问题。如图 7-11 所示，LAN Free 备份技术采用了 SAN 存储区域网络，将数据备份时的数据传输从传统网络转移到存储区域网络中进行，从而实现了不影响局域网传输网络带宽的目的，而且还大大提高了传输的速度。LAN Free 备份技术是指通过存储区域网络，将需要进行数据备份的服务器及其他工作站直接连接到备份存储设备上，并在这些服务器和工作站上安装 LAN Free 备份客户端程序。当程序运行时，首先读取需要备份的数据，然后通过存储区域网络传输到备份

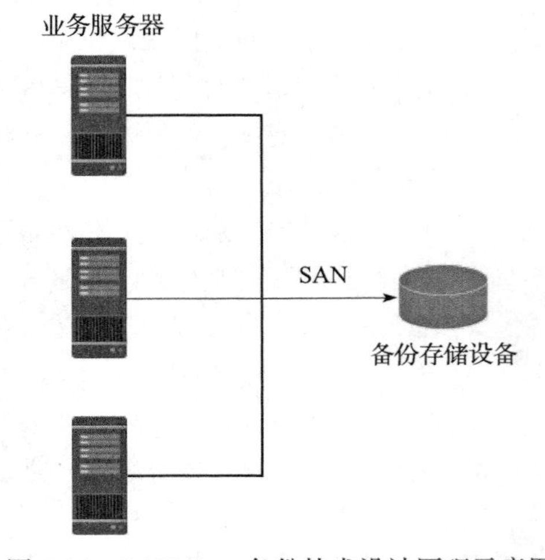

图 7-11 LAN Free 备份技术设计原理示意图

存储设备上，完成备份工作。

（3）SAN Server-Free 备份技术

LAN 备份技术和 LAN Free 备份技术都需要在服务器上安装备份客户端程序，备份操作的指定下发和数据传输等工作都需要经过服务器的处理，这必然会带来服务器 CPU 和内存的开销，备份的数据量越大，开销就会越大。LAN Free 备份技术解决了传输网络带宽压力的问题，在此基础上，SAN Server-Free 备份技术又进一步解决了备份工作带来的服务器 CPU 和内存开销的问题。SAN Server-Free 备份技术也称为无服务器备份技术，如图 7-12 所示，它通过存储区域网络，将需要备份的服务器内的存储设备与备份存储设备直接进行连接，虽然仍然需要经过服务器的处理，但是服务器只是充当指挥（也就是指定下发）的作用，具体的传输过程并不需要经过服务器处理，从而大大减轻了服务器的资源开销。

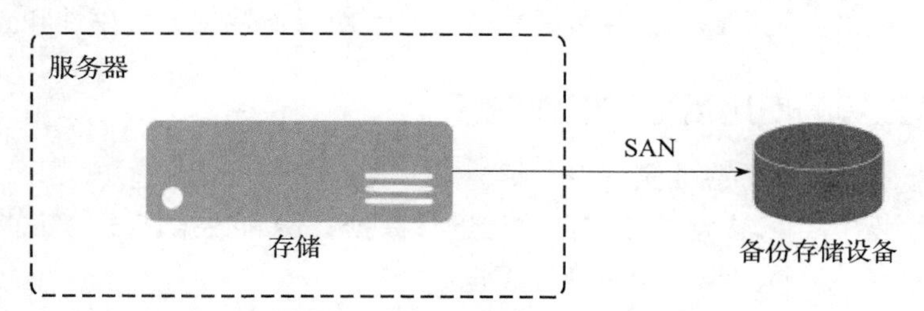

图 7-12　SAN Server-Free 备份技术设计原理示意图

在这三种备份技术中，LAN 备份技术使用得最为广泛，成本最低，但是它对网络带宽的占用和服务器资源的消耗是最大的；LAN Free 备份技术不会占用局域网网络传输的带宽，而且由于存储区域网络光纤本身也负责了一部分处理过程，因此它对服务器资源的消耗比 LAN 备份技术要小，但成本较高；SAN Server-Free 备份技术对服务器资源的消耗是最小的，但是其搭建难度和成本却是最高的。在现实场景中，数据备份和恢复管理人员需要根据组织机构的实际情况选择相应的备份技术。

7.3.11　数据恢复技术与安全管理

如图 7-13 所示，将数据从备份中恢复，一般是先将最近一次全量备份的数据恢复到指定的存储空间，再在上面叠加增量备份和差异备份的数据，最后再重新加载应用和数据。

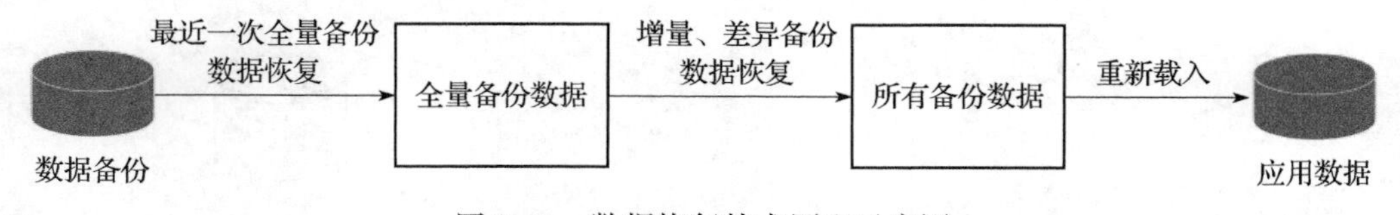

图 7-13　数据恢复技术原理示意图

备份的数据也是一种数据，其安全性同样需要得到重视。组织机构需要在管理制度层面规范数据备份和恢复的流程，除此之外，还需要通过技术工具来保证备份数据的安全性。

- ❑ 访问控制：数据备份恢复工具需要具备认证措施，只有通过认证的身份才可以使用数据备份恢复工具，认证方式应采用多因素认证技术。账户权限需要严格划分，如读取、复制、粘贴、删除等权限。
- ❑ 数据加密：对备份的数据进行加密。数据备份恢复工具内部需要提供相应的加密手段和算法，对需要备份的数据进行加密操作，从而保证备份数据的解密工作只能通过进行加密操作的数据备份恢复工具来完成。此外，我们还可以使用数据源自带的加密手段，由工具统一进行密钥的管理。以数据库为例，SQL Server 就能提供在备份时进行加密的功能。
- ❑ 恢复测试：备份的数据需要定期校验其可用性和完整性，完整性校验可以通过在备份数据中加入数字签名和数字证书等手段来完成。可用性校验则可以通过对数据进行恢复测试来实现，即通过恢复后的数据来判断备份数据的可用性和完整性。

7.3.12 技术工具的使用目标和工作流程

存储介质安全技术工具应能实现以下目标。

- ❑ 数据备份恢复：工具应能提供自动化进行数据备份和数据恢复的功能，以及根据定义的策略自动进行数据备份和恢复工作。
- ❑ 备份数据管理：工具应能对备份的数据进行安全管理，包括但不限于访问控制、加密可用性和完整性校验等，以及能够对管理日志进行记录审计。

图 7-14 所示的是基于数据备份和恢复的技术工具进行作业的基本流程图。

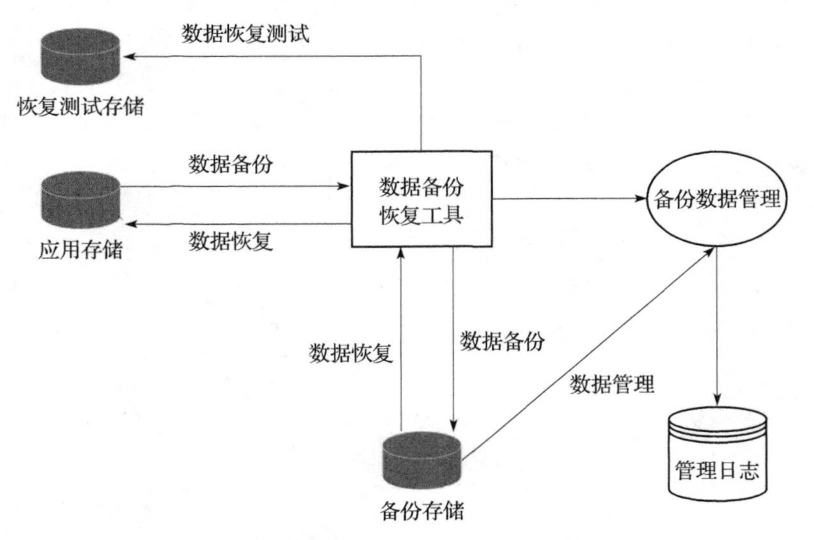

图 7-14 数据备份和恢复作业基本流程图

第 8 章 Chapter 8

数据处理安全实践

本章将基于 DSMM 数据安全治理思路和定义级（3 级）视角，对数据处理安全阶段的 5 个过程域提供数据安全建设实践建议，5 个过程域分别为数据脱敏、数据分析安全、数据正当使用、数据处理环境安全和数据导入导出安全。

8.1 数据脱敏

数据，作为企业最重要的资源，自诞生以来就伴随着高价值与高风险。各个企业在向数字化转型的过程中，都在不断加大对数据挖掘的投入，而随着数据量的不断提升，其安全性却并未有太大的增长。“数据泄露”问题是摆在当前每个企业面前的一道难题。一方面，任何有权限的人员，其操作都有可能导致数据泄露；另一方面，没有访问权限的人，也会导致数据挖掘的难度增大。为了解决该问题，数据脱敏技术出现了。数据脱敏是指通过对敏感的数据进行变形和加密，将处理过的数据呈现在用户面前，从而既能满足数据挖掘的需求，又能实现对敏感数据的有效保护。有效的数据脱敏管理需要从多个方面进行建设和提升，本节将基于 DSMM 充分定义级（3 级）视角，从组织建设、人员能力、制度流程和技术工具四个维度对数据脱敏的建设和提升提供实践建议。

8.1.1 建立负责数据脱敏的职能部门

为了满足企业对数据挖掘的需求，同时也为了提供针对敏感数据的可靠保护，在条件允许的情况下，组织机构应设立数据脱敏部门，并招募相关的技术人员和管理人员，负责为公司制定整体的数据脱敏原则和制度，并推动相关要求切实可靠地执行。除此之外，数据脱敏部门的管理人员还需要为公司定义不同等级的敏感数据脱敏处理情景、标准操作流程和标准方法，为公司建立统一的安全审计机制，用于记录和监督数据脱敏各阶段的操作行为，以方便后续的问题排查和事件溯源等。在申请数据权限的阶段，数据脱敏管理部门还应该提供评估使用真实数据必要性的服务支持，并确定在当前业务场景下应该采用的数据脱敏规则和方法。

8.1.2 明确数据脱敏岗位的能力要求

组织机构在设立了专门负责数据脱敏管理的岗位之后，还需要招募负责该项工作的专项人员。数据脱敏管理岗位的相关人员，必须具备良好的数据安全风险意识，熟悉国家网络安全法律法规，以及组织机构所属行业的政策和监管要求，在进行数据脱敏管理及数据脱敏原则制定的时候，能够严格按照《中华人民共和国网络安全法》《中华人民共和国数据安全法》等相关法律法规和行业规范执行。同时，相关人员还需要具备一定的数据安全管理经验，拥有良好的数据脱敏专业知识基础，熟悉主流厂商的数据脱敏解决方案，熟悉常规的数据脱敏技术，能提前分析出数据脱敏过程中可能存在的安全风险，能够与具体的业务场景相结合，保持数据脱敏过程中业务与安全之间的平衡，具备对数据脱敏技术方案进行定制化的能力，能够基于组织机构内部各级别的数据，建立行之有效的数据脱敏解决方案。

数据脱敏部门的实施人员必须具备良好的数据安全风险意识，熟悉相关法律法规及政策要求，熟悉主流厂商的数据脱敏方案，熟悉市面上常用的数据脱敏工具，拥有一年以上的数据脱敏实践经验，熟悉公司内部的应用场景和业务场景，能够快速有效地实施由管理部门输出的定制化数据脱敏方案，并保障任务的完成质量。同时，数据脱敏实施人员还应该具备一定的应急响应能力，当数据脱敏过程中出现了突发事件或意外情况时，能够快速响应并及时向上级汇报，以保障原始数据的安全性，以及脱敏数据的完整性和可用性等。

8.1.3 数据脱敏岗位的建设及人员能力的评估方法

数据脱敏管理岗位的建设和对应人员实际执行能力的评估，可通过内部审计、外部审计等形式以调研访谈、问卷调查、流程观察、文件调阅、技术检测等多种方式实现。

1. 调研访谈

数据脱敏阶段的调研访谈，主要包含对数据脱敏部门管理人员和技术人员的访谈两大部分，具体访谈内容如下。

- 对数据脱敏部门管理人员的访谈内容为：确认其在制定数据脱敏原则之前是否按照数据分类分级的标准对需要脱敏的敏感数据进行定义，是否明确指定了需要脱敏的数据（比如，个人信息数据、组织敏感信息、国家重要数据等），是否能够为公司制定整体的数据脱敏原则和制度，是否具备足够的相关法律法规知识和风险安全意识，是否能够制定出定制化的数据脱敏解决方案，是否平衡了系统开销、业务需求、最小权限原则、最大防止信息泄露等要求，以及确认其在制定定制化数据脱敏解决方案时是否切合实际情景，是否建立了安全审计机制，并覆盖了数据脱敏的各个阶段。

- 对数据脱敏部门技术人员的访谈内容为：确认其是否拥有丰富的数据脱敏案例实施经验，是否熟悉数据分类分级结果，是否明确哪些数据需要脱敏，是否能够胜任在不同场景下对数据实施脱敏的工作（比如，针对不同数据使用者的职责、业务范围和权限，应该采用不同的数据脱敏方法来实施，对开发人员的数据脱敏处理可以使用扰乱技术并报流属性特征，而对投屏数据则可以使用掩码方式隐藏敏感信息），最后，为了能够在不同脱敏场景的切换中满足不同的业务需求，还应该确认实施人员是否熟悉常见的数据脱敏工具。

2. 问卷调查

数据脱敏阶段的问卷调查通常是以纸面问卷的形式，向公司数据脱敏部门的技术人员调研该部门管理人员的工作情况，调研内容具体如下。

数据脱敏管理人员是否制定了针对公司的、有效的数据脱敏原则和制度，是否根据公司不同的业务需求制定了定制化的数据脱敏解决方案，是否定义了不同等级的敏感数据脱敏处理场景、流程和方法等，是否规定了标准统一的数据脱敏工具，以提供静态脱敏和动态脱敏规则，或者其他基于场景需求的自定义脱敏规则。除此之外，问卷调查还需要调研数据脱敏管理人员是否设立了安全审计机制，并贯穿整个数据脱敏生命周期，以对数据脱敏过程中的操作行为进行记录，用于后续问题的排查分析和事件取证溯源，以及其是否熟悉常规的数据脱敏技术，是否可以分析出数据脱敏过程中存在的安全风险，是否可以在数据脱敏的具体场景中做到业务和安全之间的需求平衡。

3. 流程观察

数据脱敏阶段的流程观察，主要是观察公司数据脱敏部门管理团队和技术团队两方的工作流程，并从中寻找可能的问题点和改善点，具体观察内容如下。

- 以中立的视角观察公司数据脱敏部门管理团队的工作流程，包括在为公司制定整体的数据脱敏原则和制度时，为公司定义不同等级敏感数据的脱敏处理场景、流程和方法时，为实施人员制定定制化的数据脱敏解决方案时，是否可以识别出其中可能存在的安全风险，是否贴合组织机构的内部架构，方法流程是否符合标准规范，在进行数据脱敏前所执行的敏感数据定义流程是否符合标准，是否依据了数据分类分级的结果导向。
- 以中立的视角观察公司数据脱敏部门技术团队的工作流程，包括在真实业务场景下实施数据脱敏服务时，平衡数据的可用性和安全性时，进行审计记录与应急响应时，是否可以识别出其中可能存在的安全风险，方法流程是否符合标准流程，在使用与配置特定的数据脱敏工具时是否依据了管理人员定义的标准使用方法，从而确认该团队的实际工作情况。

4. 技术检测

数据脱敏阶段的技术检测，需要使用技术工具检测数据脱敏工具与数据权限管理平台的联动性；检测脱敏后的数据是否正确、正常，原始的数据格式或特定属性是否有所保留，是否能够满足开发与测试的需求；检测数据脱敏过程中各阶段安全审计机制的工作是否正常，是否有相应的操作记录和日志记录等。

8.1.4 明确数据脱敏的目的

数据脱敏技术通过对敏感数据执行数据变形操作，为用户提供虚假数据而非真实数据，从而实现对敏感数据的可靠保护。在开发、测试和其他非生产环境及外包环境中安全地使用脱敏后的真实数据集，这样就可以既不会泄露组织的敏感信息，又能达到挖掘数据价值的目的。

8.1.5 确立数据脱敏原则

组织机构在进行数据脱敏工作时必须遵循以下原则。

- 有效性：要求数据经过脱敏处理后，原始信息中包含的敏感信息应全部移除，保证他人无法通过处理后的数据得到敏感信息。
- 真实性：要求脱敏后的数据应尽可能地体现原始数据的特征，且应尽可能多地保留原始数据中有意义的信息，从而降低对使用该数据的系统的影响。
- 高效性：应保证数据脱敏的过程可通过程序自动化实现，可重复执行。
- 稳定性：需要保证对于相同的原始数据，在各种输入条件一致的前提下，无论脱敏多少次，其最终得到的结果数据都是相同的。
- 可配置性：可通过配置的方式，按照不同的输入条件生成不同的脱敏结果，从而可以方便地按照数据的使用场景等因素，为不同的最终用户提供不同的脱敏数据。

8.1.6 数据脱敏安全管理内容

如图 8-1 所示，一个完整的数据脱敏流程包括敏感数据识别、确定脱敏方法、制定脱敏策略、执行脱敏操作、审计及溯源等步骤。由数据脱敏管理部门负责执行与监督数据脱敏的整个流程。具体流程如下各节所述。

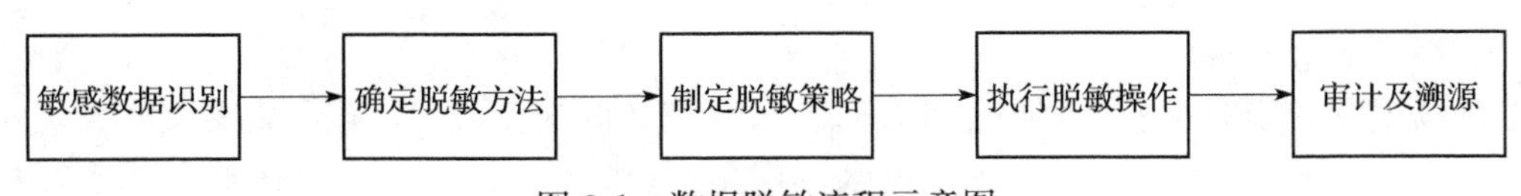

图 8-1 数据脱敏流程示意图

8.1.7 敏感数据识别

在进行数据脱敏操作之前，相关人员应结合数据分类分级表对敏感数据进行识别和定义，明确需要脱敏的数据信息，一般包括个人信息、组织敏感信息和国家重要数据等。需要注意的是，有些信息本身可能并不是直接敏感信息，但是可通过与其他一些信息结合后推断出敏感信息，此类信息也应纳入敏感数据的范围。

- 个人信息：是指能够单独或与其他信息相结合，以识别特定自然人的身份或反映特定自然人活动情况的各种信息。个人信息具体包括个人基本资料、个人身份信息、个人生物识别信息、网络身份标识信息、个人健康生理信息、个人教育工作信息、个人财产信息、个人通信信息、联系人信息、个人上网记录、个人常用设备信息和个人位置信息等。
- 组织敏感信息：是指涉及组织的商业秘密、经营状况和核心技术的重要信息。组织敏感信息包括但不限于客户信息、供应商信息、产品开发信息、关键人事信息和财务信息等。
- 国家重要数据：是指组织在境内收集、产生和控制的不涉及国家秘密，但与国家安全、经济发展、社会稳定及企业和公共利益密切相关的数据。国家重要数据包括上述这些数据的原始数据和衍生数据。

数据脱敏工作人员在识别敏感数据的过程中，需要注意以下事项。

- 定义数据脱敏工作执行的范围，并在该范围内执行敏感数据的识别工作。
- 可通过数据内容直接匹配，或者通过正则表达式的方式进行匹配，以发现敏感数据。
- 尽量利用自动化工具执行数据识别工作，并降低该过程对生产系统造成的影响。
- 尽量选择具有扩展机制的数据识别工具，以便于根据业务需要自定义敏感数据的识别逻辑。
- 固化常用的敏感数据识别规则，如身份证号、手机号等敏感数据的识别规则，从而避免重复定义数据识别规则。

组织机构在识别到敏感数据之后，需要对敏感数据进行标识，包括标识敏感数据的位置和格式等信息，以便后续对敏感数据的访问、传输和处理进行跟踪和监督。

数据脱敏工作人员在标识敏感数据时，需要注意以下事项。

- 应该尽早在数据的收集阶段就对敏感数据进行识别和标识，以便在数据的整个生命周期阶段对敏感数据进行有效管理。
- 敏感数据的标识方法应该确保敏感数据标识信息能够随敏感数据一起流动，并且保证其难以删除和篡改，从而可以对敏感数据进行有效跟踪，以确保敏感数据的安全合规性。
- 敏感数据的标识方法应能同时支持对静态数据和动态流数据的敏感标识。

8.1.8　确定脱敏方法

根据不同的应用场景和实现机制，数据脱敏方法可分为静态数据脱敏和动态数据脱敏两种方案。不同的数据脱敏方案对数据源的影响不同，脱敏的时效性也不一样。组织机构应根据识别出的敏感数据的具体情况，确定合适的脱敏方法。

- 静态数据脱敏方法是指对原始数据进行一次脱敏操作后，脱敏后的结果数据可以多次使用。该方法非常适合于使用场景比较单一的场合。

- 动态数据脱敏方法是指在显示敏感数据时，针对不同的用户需求，对显示数据进行不同的屏蔽处理的数据脱敏方式。它要求系统提供相应的安全措施，以确保用户不能绕过数据脱敏层而直接接触敏感数据。动态数据脱敏方法比较适合于用户需求不确定、使用场景比较复杂的情形。

8.1.9 制定脱敏策略

组织机构应根据实际业务场景，结合行业法规的要求，制定相应的数据脱敏策略。数据脱敏工作人员在制定脱敏策略的过程中，需要注意以下事项。

- 数据脱敏工作人员在制定脱敏策略时，应遵循个人隐私保护、数据安全保护等关键领域的法律法规、行业监管规范或标准，并以此作为数据脱敏规则必须遵循的原则。
- 在“最小够用”的原则下，明确待脱敏的数据内容，以及符合业务需求的脱敏方式，数据脱敏的方式主要有泛化、抑制、扰乱和有损等。
- 根据不同用户对数据的访问需求和当前的权限设置情况，分析并整理出存在数据脱敏需求的业务场景。例如，对开发人员使用的数据，可采用扰乱技术在脱敏后保留数据的属性特征等；对投屏展示用的数据，可以选择以掩码的方式隐藏其中的敏感信息。
- 应配置统一的数据脱敏工具，且该脱敏工具需要具备静态脱敏和动态脱敏（能够基于场景的不同需求自定义脱敏规则）功能，以满足不同业务的需求。
- 应固化常用的敏感数据脱敏规则，如身份证号、手机号等常用数据的脱敏规则，避免数据脱敏项目在实施过程中重复定义数据脱敏规则。

8.1.10 执行脱敏操作

数据脱敏工作人员需要根据已定义的数据脱敏策略，以及数据脱敏工作的流程和数据脱敏工具的运维管理制度，在实际业务运营过程中执行数据脱敏操作。在执行数据脱敏操作的过程中，工作人员需要注意以下事项。

- 对于脱敏任务的管理，可考虑采用自动化管理的方式提升任务管理的效率。
- 执行对数据脱敏任务的运行监控，关注任务执行的安全性，以及脱敏任务对业务的影响。

8.1.11 脱敏操作的审计及溯源

数据脱敏的各个阶段都需要加入安全审计机制，以及严格且详细地记录数据处理过程中的相关信息，形成完整的数据处理记录，以备后续问题的排查分析和安全事件的取证溯源。同时，公司还应设置专人定期对脱敏相关的日志记录进行安全审计，发布审计报告，并跟进审计中发现的异常。

8.1.12　使用技术工具

一个有效的数据脱敏工具应该包含两部分，即可靠的数据脱敏技术和合理的脱敏规则，这两部分是数据脱敏工具正常进行基本数据脱敏作业的基础。除此之外，数据脱敏工具还需要具备良好的适配性，能够应用在不同的环境下，如生产环境、开发环境、测试环境、外包环境等。同时，数据脱敏工具还需要能够支持丰富的数据类型，针对不同应用场景中不同类型的数据，脱敏后的数据不能破坏数据原有的类型和组成结构。

数据脱敏技术工具可以分为两种，一种是静态脱敏技术工具，另一种是动态脱敏技术工具。静态脱敏和动态脱敏最大的区别就是在使用时是否需要与原数据源进行连接。静态脱敏是将原数据源按照脱敏规则生成一个脱敏后的数据源，使用的时候是从脱敏后的数据源获取数据，静态脱敏一般用于开发、测试、分析等需要完整数据的场景。动态脱敏则是在使用时直接与原数据源进行连接，然后在使用数据的中间过程中进行实时的动态脱敏操作。在生产环境中，读取同一敏感数据时，如果需要根据不同的情况对其进行不同级别的脱敏操作，则一般采用动态脱敏的方式。

8.1.13　静态脱敏技术

静态脱敏是指利用截断、偏移、规整、替换、重写、加密等算法，对原数据进行脱敏操作，并将脱敏后的数据导入到脱敏后的数据源中。静态脱敏工具一般都支持文件到文件脱敏、文件到数据库脱敏、数据库到文件脱敏、原库脱敏、异库脱敏等脱敏方式。

1. 数据获取

静态脱敏的第一步，是从原数据源中获取数据，目前，静态脱敏工具一般是通过以下几种方式来获取数据。

（1）代理软件

在数据库上部署代理软件，使其从中读取数据。这种方式的脱敏产品对用户方来说是侵入式的，只有极少数产品才会这样使用。而市面上数据备份厂商的数据脱敏产品大多会采用这种方式，因为利用备份软件客户端作为数据脱敏的数据采集工具，速度会比较快。

（2）数据库开发接口

数据库开发接口方式的优点在于数据采集速度较快，因此市面上大部分数据脱敏产品采用的是此种方式。不过，这种采集方式的缺点也很明显，数据库类型太多，脱敏产品支持的数据库类型与版本都会受到限制。如果用户将来升级了数据库版本，除非脱敏厂商也花精力开发和升级新版本，否则采购的脱敏产品可能会无法继续支持。

（3）ETL 技术

ETL，是英文 Extract-Transform-Load 的缩写，描述的是将数据从来源端经过抽取（extract）、转换（transform）、加载（load）至目的端的过程。这种采集技术的优势是兼容性强，ETL 工具兼容的数据库类型是最全面的。不过，ETL 采集方式也有其弱点，由于该方式并不是专门针对某个特定的数据库类型开发的，因此在没有强大的 ETL 技术积累的情况下，采集数据的速度不如其他方式。从国外脱敏厂商的采用数据来看，如果具备一定的 ETL 技术积累优势，大多都会采用该技术，如 Informatica。而国内脱敏厂商中，大多数厂商的主业并不是大数据处理，没有 ETL 工具的技术能力，因而很少采用该技术。

2. 数据识别与脱敏

静态脱敏系统在获取到原数据源中的数据后，会对数据中的敏感数据进行自动识别，同时识别并记录数据之间的结构关联关系。确定敏感数据后会自动配置相应的脱敏规则，敏感数据及其脱敏规则配置好之后就可以进行脱敏作业了，脱敏之后即可将数据加载到脱敏后的数据源中。静态脱敏系统的工作流程如图 8-2 所示。

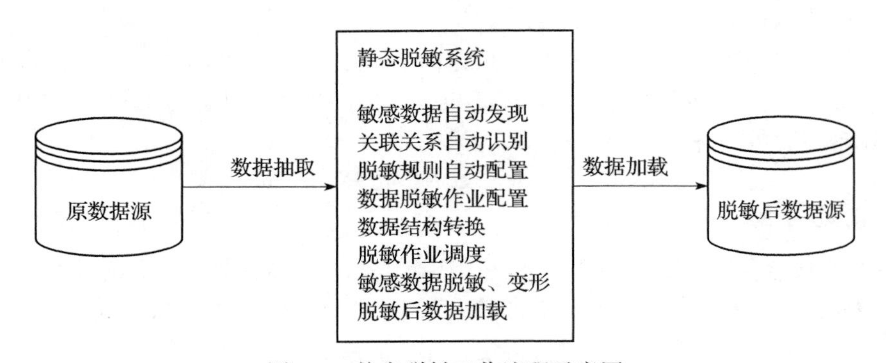

图 8-2　静态脱敏工作流程示意图

3. 数据脱敏规则

脱敏规则及其算法是静态脱敏工作的核心部分，静态脱敏规则中经常用到的技术方法包括但不限于以下几种。

（1）数据截断

数据截断指的是直接在原数据的基础上截掉业务使用时不需要的部分，从而实现数据脱敏。例如，在进行手机号密码找回时，通常会提示绑定手机号的开头 3 位数字（如“135 开头的手机号”）或最后 4 位数字（如“尾号为 1158 的手机号”），这里使用的就是数据截断的脱敏方法。

（2）数据偏移

数据偏移一般多用在日期时间中，其原理是让数据按照指定的偏移量向上（前）或向下（后）偏移。如原数据“2020-05-06”按照 5 天的偏移量向下偏移脱敏后得到的数据为“2020-05-11”。

（3）数据隐藏

数据隐藏是指将原数据中的一部分隐藏起来，使用户无法读取到完整的数据，通过这种方式实现脱敏，隐藏部分的原字符可以使用特定的字符替代，常用的有“*”“#”等。例如，姓名脱敏可通过“*”隐藏第二位字符（如“张子陵”-> “张*陵”）；手机号脱敏可通过“*”隐藏中间四位字符（如“13467123409”-> “134****3409”）等。

（4）数据替换

因为数据替换一般是按照指定的映射关系进行替换，所以数据替换的操作是可逆的。例如，将女性性别统一替换为“F”。

（5）数据重写

数据重写与数据替换的区别在于：数据重写一般是不可逆的，数据重写是按照原数据的数据格式重新生成数据，生成的数据是随机的。如金融行业的交易数据，“1.53”就可以相应地重写为“5.18”，格式是按照一个整数和两位小数的格式随机生成的。

（6）数据加密

数据加密包括使用加密算法、散列算法、重排算法等进行的数据转换，如常见的密码一般都是通过散列算法 + 盐值进行加密从而实现数据脱敏的。

8.1.14 动态脱敏技术

动态脱敏技术在工作时并不会改变原数据，而是通过解析业务 SQL 语句匹配出脱敏规则对应的条件和数据。当匹配到对应的数据和条件时，就会对业务 SQL 语句进行改写，改写后的 SQL 语句在查询数据时实际输出的数据即为脱敏后的数据。

动态脱敏的另外一个特点是可以根据不同的授权对象，进行不同级别的脱敏操作。动态数据脱敏是指在用户层对数据进行独特的屏蔽、加密、隐藏、审计或封锁访问途径等操作来进行脱敏的技术，当应用程序、维护和开发工具请求通过动态数据脱敏时，就会实时筛选请求的 SQL 语句，依据用户角色、权限和其他脱敏规则屏蔽敏感数据，并且能够运用横向或纵向的安全等级，限制响应一个查询所返回的行数。

下面以论坛注册用户列表查询脱敏的流程为例，来阐述动态脱敏的原理和特点（如图 8-3 所示）。

在部署方面，动态脱敏系统一般包含三种部署方式，分别为代理网关式、透明网关式和软件代理方式，具体说明如下。

1. 代理网关式

动态脱敏系统最常见的一种部署模式是，在逻辑上采用旁路模式，在物理上采用串行模式。原本应用系统与数据库建立连接，是为了实现数据脱敏操作，应用系统的 SQL 数据连接请求转发到脱敏代理系统，由动态脱敏系统解析请求后，再将 SQL 语句转发到数据库服务器，数据库服务器返回的数据同样也需要经过动态脱敏后由脱敏系统返回给应用服务器。

这种部署方式的一个优点是，不在数据库服务器与应用服务器上安装软件也能进行脱敏处理，但这需要更改应用务器对数据库的调用地址，也就是说原来是由应用服务器连接数据库，现在要改成应用服务器连接动态脱敏系统的代理网关。这种部署模式既能针对应用用户实现粗粒度的脱敏，也可实现针对运维脱敏的处理。不过，该模式存在一个问题，即针对应用用户，该模式无法实现用户级的不同脱敏算法与效果，同时运维脱敏也存在被绕过的危险，数据库管理员可能会绕过动态脱敏系统直接访问数据库地址（国外 Informatica 的产品经常采用代理网关的部署方式）。

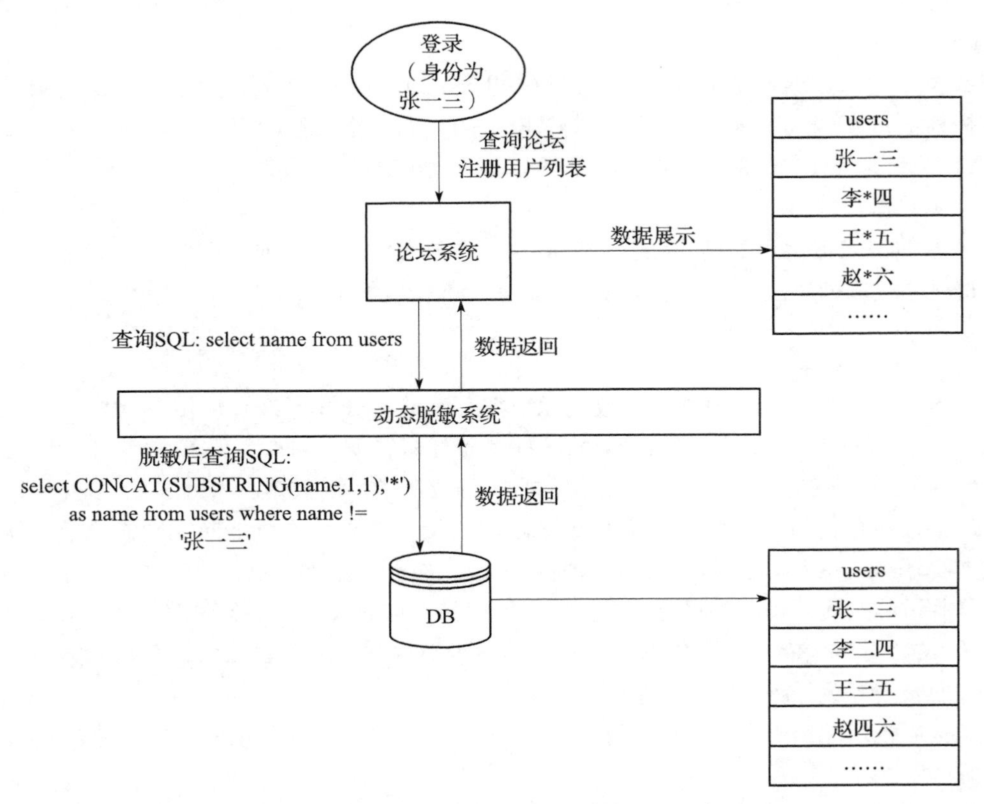

图 8-3 论坛注册用户列表查询脱敏流程示意图

2. 透明网关式

这种部署模式是将动态脱敏系统串接在应用服务器与数据库之间，由于动态脱敏系统能在 OSI 二层上工作，不需要 IP 地址，因此对应用服务器与数据库服务器来说，都像原来一样访问各自的真实 IP 地址即可，动态脱敏系统可以通过协议解析分析出流量中的 SQL 语句从而实现脱敏效果。这种部署方式不需要更改应用服务器与数据库服务器的连接设置，但在网络中会形成单点故障，虽然有旁路（BYPASS）技术作为支撑，但所有流量都会经过网关，从而造成网关性能瓶颈问题。（国外做数据库防火墙的 Imperva 等也会采用透明网关的方式，但动态脱敏只是其中一项很小的功能，也只是在针对少量敏感数据的时候才会采用这种脱敏方式。）

3. 软件代理方式

这种方式是在数据库服务器上安装代理（Agent）软件，以监控对数据的访问请求。当请求的数据是敏感数据时，代理会利用脱敏算法对数据进行脱敏处理。这种部署方式需要在数据库服务器上安装软件，优点是运维人员无法绕过代理直接访问数据库。

动态脱敏技术适用的场景十分广泛，不管数据使用的场景是内部场景还是外部场景（如业务脱敏、运维脱敏、数据交换脱敏等场景），动态脱敏都能较好的完成脱敏需求。

8.1.15　数据脱敏技术的安全性对比

相对来说，动态脱敏在自身数据安全性上是高于静态脱敏的。这是由于在脱敏作业中，动态脱敏不会涉及对原数据的处理，动态脱敏改变的只是 SQL 语句。而静态脱敏则会对原数据进行处理，因此在处理过程中会存在比动态脱敏更多的风险点。

在数据安全保护上，静态脱敏技术的一个重点是，首先需要确认脱敏系统是否也具有与数据源同样大小的存储空间。静态脱敏技术对脱敏系统的存储要求较高，在同时进行多业务数据源脱敏的情况下，还需要对接存储系统，不仅硬件成本高，而且存在更多的安全风险。

数据脱敏需要从信息安全的职责分离的角度出发，脱敏系统的管理者为安全管理员，可以将数据库管理员从接触敏感数据的场景中剥离出来，同时安全管理员不具有数据库管理员的权限，无法查看所有敏感数据。但如果数据脱敏系统在数据脱敏过程中将数据保存到了本地，安全管理员就可以从数据脱敏系统内获得全部敏感数据了，这就违背了职责分离的初衷。

一般来说，使用 ETL 技术，或者针对不同数据库开发接口的静态脱敏系统都不会采用将数据保存到本地的方式。

8.1.16　技术工具的使用目标和工作流程

数据脱敏技术工具应能实现以下目标。

- 敏感数据自动识别：数据脱敏系统在获取到数据源中的数据后，应该能够利用特征匹配和机器学习等技术，自动识别数据源中的敏感数据。
- 不同场景的脱敏规则：数据脱敏系统应当拥有丰富的脱敏规则，从而能够涵盖组织中全部数据的使用场景。
- 脱敏规则自动配置：针对自动识别的敏感数据，数据脱敏系统可以自动配置最合适的脱敏策略。
- 无损同构脱敏作业：数据脱敏系统在进行脱敏作业时，不能出现对数据造成损坏或数据丢失的问题，同时脱敏后的数据结构应与原数据保持一致。
- 脱敏全流程审计：对于脱敏全流程，从配置脱敏源、敏感数据自动识别、脱敏规则配置、脱敏作业发起到脱敏作业结束等所有的操作都应该被审计记录下来。

图 8-4 所示的是使用数据脱敏技术工具进行作业的基本流程图。

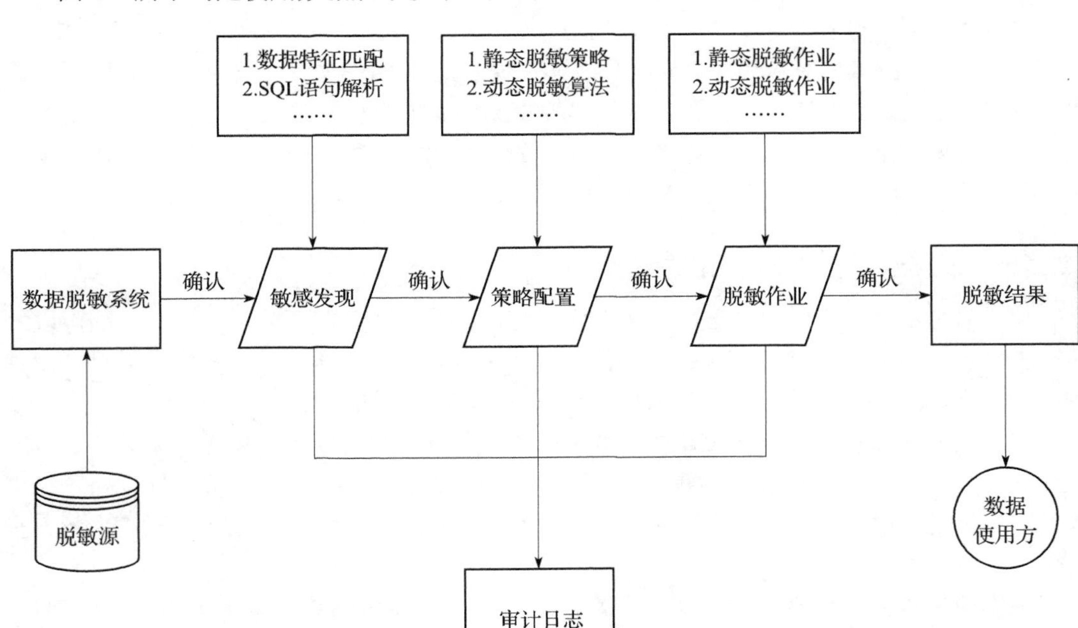

图 8-4 数据脱敏作业基本流程图

8.2 数据分析安全

数据是当今社会价值最高的产物，但不同的人却能为同样的数据赋予不同的价值。这就说明了，数据本身其实并不具备任何价值，其价值大小完全取决于挖掘数据的对象。前文曾提到过，数据的高价值是与高风险并存的，当企业对数据挖掘（数据分析）的投入越大，虽然所发现的价值也越大，但与此同时暴露出来的安全风险也在增大。为了防止在数据分析过程中可能会出现的数据泄露和数据篡改等安全问题，对数据分析的过程进行安全管理是很必要的。有效的数据分析安全管理需要从多个方面进行建设和提升，本节将基于 DSMM 充分定义级（3 级）视角，从组织建设、人员能力、制度流程和技术工具四个维度对数据分析安全的建设和提升提供实践建议。

8.2.1 建立负责数据分析安全的职能部门

为了预防在数据分析过程中可能会出现的安全问题，同时加强对数据分析过程的管理，在条件允许的情况下，组织机构应该设立数据分析安全管理部门，并招募相关的技术人员与管理人员，负责为公司提供必要的数据分析技术支持，以及为公司制定整体的数据分析安全方案和相关制度，并推动相关要求切实可靠地执行。除此之外，数据分析安全管理部门还需要为公司定义数据的获取方式、授权机制、数据使用等内容，明确应该使用哪些数据分析工具，以及相应工具的规范使用方法。同时，数据分析安全管理部门还应该针对数据分析结果建立审核机制，以及针对数据分析过程中的审计机制，确保数据分析结果的可用性和数据分析事件的可追溯性。

8.2.2　明确数据分析安全岗位的能力要求

组织机构在设立了专门负责数据分析安全管理的岗位之后，还需要招募负责该项工作的专项人员。数据分析安全管理岗位的相关人员，必须具备良好的数据安全风险意识，熟悉国家网络安全法律法规，以及组织机构所属行业的政策和监管要求，在进行数据分析管理，以及制定数据分析安全制度时，能够严格按照《中华人民共和国网络安全法》《中华人民共和国数据安全法》等相关法律法规和行业规范执行。同时，相关的管理人员还需要具备一定的数据分析安全管理经验，拥有良好的数据分析专业知识基础，熟悉常见的数据分析流程和主流的数据分析工具，能够结合业界标准和合规要求，对在大数据分析中可能引发的数据聚合的安全风险进行有效地评估和预防，并制定相应的数据分析安全解决方案。

数据分析安全岗位的技术人员，必须具备良好的数据分析安全风险意识，熟悉相关的法律法规及政策要求，熟悉主流厂商的典型数据分析方案，熟悉主流数据分析工具的使用方法，熟练掌握至少一门编程语言，拥有一年以上的数据分析实践经验，熟悉公司内部应用场景和外部业务需求，能够快速有效地执行由数据分析安全部门输出的定制化数据分析方案，并保障数据质量。同时，数据分析安全技术人员还应该具备一定的日志分析能力和应急响应能力，当在数据分析过程中发生突发事件或意外情况时，能够根据日志记录对分析结果进行及时溯源，以保障分析结果的完整性和可用性。

8.2.3　数据分析安全岗位的建设与人员能力的评估方法

数据分析安全管理岗位的建设和对应人员实际执行能力的评估，可通过内部审计和外部审计等形式以调研访谈、问卷调查、流程观察、文件调阅、技术检测等多种方式实现。

1. 调研访谈

数据分析安全管理阶段的调研访谈，主要包含对数据分析安全部门管理人员和技术人员的访谈两部分，具体访谈内容如下。

- 对数据分析安全部门管理人员的访谈内容为：确认其在制定数据分析安全原则、规定标准的数据分析工具、限制数据分析工具的适用范围、制定数据分析结果的审核机制、对数据分析过程中所涉及的活动进行风险评估等方面是否符合相关法律规定，是否具备足够的能力以胜任该职业。同时，调研访谈还应该确认管理人员是否明确定义了数据分析过程中的重要指标，如数据获取方式、访问接口、授权机制等，是否明确了数据分析工具中所使用的算法，是否对算法的变更提供了必要的风险评估支持，是否采取了必要的技术手段和管控措施以保证分析结果不会泄露敏感信息，是否明确规定了数据分析实施人员不能将分析的结果数据用于授权范围之外的任何情境中。

- 对数据分析安全部门技术人员的访谈内容为：确认其是否拥有一年以上的数据分析经验，是否熟悉数据分析的标准工作流程，对需要进行数据分析的数据是否明确，是否熟悉数据分析工具的标准使用方法，是否明确数据分析工具的使用范围，是否能根据“最小够用”原则获取到业务所需的最小数据集，是否可以根据数据分析过程的日志记录对分析结果的质量和真实性进行溯源，是否具备良好的职业素质，在不同的场景下是否能够胜任数据分析的工作。

2. 问卷调查

数据分析安全阶段的问卷调查通常是以纸面问卷的形式，向公司数据分析安全部门的技术人员调研该部门管理人员的工作情况，调研内容具体如下。

数据分析安全部门管理人员是否制定了针对公司的、有效的数据分析原则和制度，是否能够根据不同的分析场景制定基于合规性要求和业界标准的数据分析方案，以及对安全风险的评估方案；是否规定了标准的数据分析工具及其所使用的算法，以及算法可以使用的数据范围等；是否明确了数据分析工具的输出结果不会涉及用户个人隐私和企业敏感信息；是否明确了数据分析工具可以被哪些数据分析实施人员所使用。除此之外，该管理人员是否制定了针对数据分析结果的审核机制，是否采取了某些必要的技术手段或管控措施（如“二次评估”，以评估分析结果与使用者所申报的使用范围是否一致）。

3. 流程观察

数据分析安全阶段的流程观察，主要是观察数据分析安全部门的管理团队和技术团队两方的工作流程，并从中寻找可能的问题点和改善点，具体观察内容如下。

- 以中立的视角观察公司数据分析安全部门管理团队的工作流程，包括在为公司制定整体的数据分析安全原则和制度时，为公司定义不同的数据分析场景、流程和方法时，为实施人员制定数据分析工具的标准操作方案时，为不同的业务场景提供风险评估支持时，为数据分析结果制定审核机制时，是否能够贴合公司各方面的需求，是否可以识别出其中可能存在的安全风险，方法流程是否符合标准规范，在进行数据分析的过程中是否对权限进行了限制，是否去除了分析结果中的敏感信息。
- 以中立的视角观察公司数据分析安全部门技术团队的工作流程，包括在真实的业务场景下实施数据分析服务时，在记录数据分析过程中的日志时，在对分析结果的质量和真实性进行溯源时，是否可以识别出其中可能存在的安全风险，方法流程是否符合标准流程，是否依据了管理人员定义的标准使用方法，从而确定其实际执行情况。

4. 技术检测

数据分析安全阶段的技术检测，需要使用技术工具检测在数据分析过程中是否存在敏感信息泄露的风险；检测数据分析后的数据是否正确和正常，数据质量和真实性是否过关；检测数据分析过程中的操作日志是否被正确记录，数据分析结果的审核结果是否正常；以及利用技术工具检测经过数据分析算法变更后的数据分析工具是否存在未被发现的安全风险。

8.2.4 明确数据分析安全管理的目的

在大数据环境下，企业对多来源、多类型数据集进行关联分析和深度挖掘，可以复原匿名化数据，进而能够识别出特定个人，获取有价值的个人信息或敏感数据。数据分析安全管理主要用于规范数据分析的行为，通过在数据分析过程中采取适当的安全控制措施，防止在数据挖掘和分析过程中，出现有价值的信息和个人隐私泄露的安全问题。

8.2.5 数据分析安全管理的内容

数据分析在各行各业都有着广泛的应用，如图 8-5 所示，一般情况下，一个完整的数据分析流程包括明确数据分析需求、收集数据、建立数据分析模型、评估数据分析模型、实施数据分析、评估数据分析结果等步骤，并由数据分析安全管理部门负责整个数据分析流程的执行与监督。接下来的几节将具体讲解数据分析流程的各个步骤。

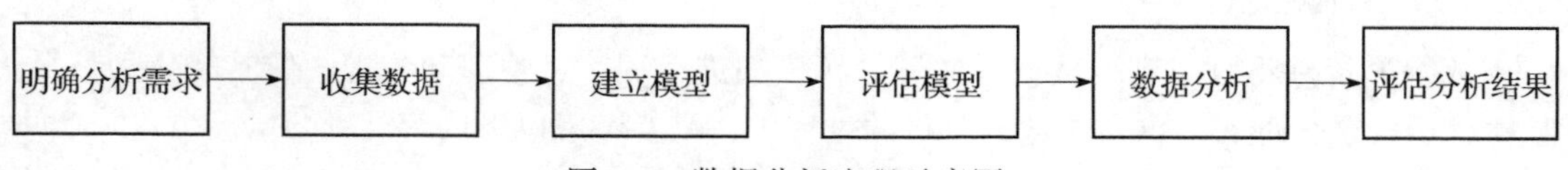

图 8-5 数据分析流程示意图

8.2.6 明确数据分析需求

明确数据分析的需求是确保数据分析过程有效性的首要条件，可以为数据的收集和分析提供清晰的目标。数据分析安全管理部门应根据实际情况，充分理解业务规则和用户需求，明确提出对信息的需求。

8.2.7 收集数据

收集数据的过程具体包括收集原始数据、清洗数据、构造数据、整合数据和格式化数据。在刚获取到数据时，数据信息可能是杂乱无章的，难以看出其中的规律。这时，数据分析安全管理部门就需要对收集数据的内容、渠道、方法和频次等进行策划，策划时需要考虑以下内容。

- ❑ 将识别的需求转化为具体的要求。
- ❑ 明确数据收集的对象、渠道和方法。
- ❑ 采取有效措施，防止因数据丢失而对系统造成干扰。

8.2.8 建立数据分析模型

根据数据分析需求和收集到的数据，提出一类或几类可能的模型，然后对选定模型的可靠程度和精确程度做出推断。建立数据分析模型的过程具体包括选择合适的建模技术、参数调优、生成测试计划和构建模型。数据分析安全管理部门在建立模型的过程中，需要考虑以下内容。

- 明确算法具体如何使用数据，使用哪些数据，并对算法本身进行风险评估，以确定该算法输出的分析结果不会涉及用户的个人隐私和组织的敏感信息。
- 制定测试计划，对建立的模型进行风险评估。

8.2.9 评估数据分析模型

数据分析模型的评估由数据分析安全管理部门负责，在模型评估过程中，需要考虑以下内容。

- 数据分析管理部门需要对模型进行较为全面的评价，并将模型提交至上级领导部门审核，上级领导部门审核通过后，该模型方可投入使用。
- 对于分析算法的变更，需要重新进行风险评估，以确保算法的变更不会导致敏感信息和个人隐私的泄露。

8.2.10 实施数据分析

数据分析是将收集到的数据，按照分析模型进行加工、整理和分析，使其转化为信息。数据分析安全管理部门在实施数据分析的过程中，需要考虑以下内容。

- 明确数据分析过程中使用的技术工具，选择合适的分析工具做分析，要求选择具有个人信息去标识化的数据分析工具，确保能够断开这些信息与个人信息主体的关联。
- 明确数据分析的方法是否合理，是否能将风险控制在可接受的范围之内。
- 数据分析安全管理部门需要明确规定哪些人员可以使用数据分析工具，应开展哪些分析业务，根据“最小够用”原则，允许其获取完成业务所需的最小数据集。
- 应对数据分析过程进行日志记录，以备对分析结果的质量和真实性进行溯源，确保数据分析事件可被审计和追溯。

8.2.11 评估数据分析结果

数据分析安全管理部门需要建立数据分析结果审核机制，明确数据分析结果输出和使用的安全审核、合规评估和授权流程，防止由于数据分析结果的输出而造成的安全风险。

数据分析的结果需要经过二次评估后才允许导出，应重点评估分析结果是否与使用者所申报的使用范围一致。此外，数据分析者不能将数据分析的结果用于授权范围之外的其他业务。

8.2.12 使用技术工具

随着互联网、物联网、移动终端等网络和设备的发展，我们几乎每时每刻都会在不同的地方留下数据足迹。比如，在使用打车软件的时候，打车软件就会获取我们的 GPS 定位及出行轨迹；使用购物软件时，购物软件就会获取我们的购买记录、商品浏览记录等。当对应的企业获取到这些数据后，为了对数据进行二次使用或共享，企业需要对数据进行除脱敏之外的处理，以降低在数据分析过程中泄露用户隐私的风险。比较知名的隐私泄露事件如 AOL 搜索数据泄露、Netflix 用户信息泄露、纽约出租车名人车费泄露、雅虎公司账户泄密等。因此在数据处理阶段，技术工具需要能够对个人信息实现去标识化操作，即对个人信息进行技术处理，在不借助额外信息的情况下，使人无法识别特定的个人信息，同时还要对各类敏感数据的分析操作进行日志记录。目前主流的数据分析安全技术有语法隐私保护技术和语义隐私保护技术，具体说明如下。

8.2.13　语法隐私保护技术

语法隐私保护的操作通常是在统计数据库中进行的，数据通常是以表格的形式发布，表格中包含了不同的属性。下面就以病人就诊记录的医疗数据为例进行说明，如表 8-1 所示。

表 8-1　医疗数据示例

姓名	身份证	年龄	性别	国籍	职业	疾病	地址
***	***	21	男	中国	安全工程师	癌症	衢州
***	***	34	女	美国	医生	HIV	洛杉矶

医疗数据表中的属性主要可分为以下 4 种类型。

- 标识属性：该属性能够准确识别出某个人的真实身份，如表 8-1 中的身份证信息。
- 半标识属性：该属性能够与外部的信息结合起来追溯并识别出数据集中（全部或部分）信息所指的个人，或者降低识别某些人真实身份确认的不确定性，如通过表 8-1 中的年龄、性别和职业信息来识别。
- 敏感属性：该属性属于个体敏感信息，不想被他人知道，如疾病信息。
- 非敏感属性：该属性是个体认为不敏感的信息，即使被他人知道了，也不会对个体造成伤害，如国籍信息。

语法隐私保护技术基于如下这样一种事实：数据的发布可能会泄露某些个体的隐私信息。保护个体隐私信息的第一个步骤是脱敏，即在数据发布之前就剔除或使用随机数字来代替表格中的标识属性。但这种简单的去除标识的方法并不能为个体提供足够的隐私安全保证，这是由于通过半标识属性与公开发布的信息的组合仍然能够识别出个体的真实身份。因此为了保护隐私信息不被泄露，语法保护技术通常是直接修改初始数据的半标识属性的值来保护数据的隐私。而根据不同的信息泄露情况，隐私泄露又可以分为如下几种情况。

- 身份泄露，即个体的真实身份信息被泄露。
- 属性泄露，即个体的敏感信息被泄露。

❑ 表格泄露，即个体所在数据集中的信息被泄露。

在数据的发布、处理和应用阶段，数据收集者可以通过语法隐私保护技术来对数据进行匿名处理，然后共享给第三方。语法隐私技术主要是通过K匿名（K-Anonymity）技术来实现的。

K匿名技术

K匿名技术的基本思路是对于需要公布的数据集，必须保证每个等价类（一组相同的半标识属性值）至少有K组记录是相同的，这样就减少了信息被重新识别的概率。下面就以表8-2所示的医疗数据作为示例来讲解如何实现K匿名技术。

表8-2 医疗数据示例

姓名	身份证	年龄	性别	职业	疾病	地址
***	***	21	男	安全工程师	癌症	衢州
***	***	25	男	律师	感冒	悉尼
***	***	34	女	歌唱家	HIV	洛杉矶
***	***	38	女	舞蹈师	胃病	首尔

表8-2中，我们设定年龄、性别、职业为一组半标识属性，为实现K匿名技术，我们可以依次进行如下改动。

1）将年龄属性从一个值改为一个区间，如将年龄的值21和25改为区间［20，25］，将34和38改为［30，40］。

2）将职业属性改为能够表示更大范围的职业类别，如将安全工程师和律师改为专业工种，将歌唱家和舞蹈师改为艺术家。

3）将地址属性全部删除。

使用K匿名技术对数据进行匿名处理的结果如表8-3所示。

表8-3 医疗数据K匿名示例

姓名	身份证	年龄	性别	职业	疾病
***	***	［20，25］	男	专业工种	癌症
***	***	［20，25］	男	专业工种	感冒
***	***	［30，40］	女	艺术家	HIV
***	***	［30，40］	女	艺术家	胃病

从上面对数据进行匿名处理后的结果我们可以看到，对于一组半标识属性，它共有2组等价（相同）的记录，如第一组和第二组是等价记录，第三组和第四组是等价记录，因此$K=2$。在这种情况下，攻击者能够重新识别某个个体的最大概率变成了$1/K$。K值越大，隐私保护的效果越好，当然与此同时匿名处理之后的数据价值也就越低了。

实现K匿名的典型操作是对半标识属性进行泛化和抑制，而对非敏感和敏感的属性则不做改变。泛化操作指的是用更一般的值来代替原始值。如上面的将职业属性中的安全工程师和律师改为专业工种。抑制操作指的是将属性值全部或部分删除，如将地址属性值全部消除。泛化操作和抑制操作的组合使用能够最大化地减少为了满足 K 匿名所需要泛化的数量，从而能够公布更多的详细信息来增加数据的价值。

8.2.14　语义隐私保护技术

语义隐私保护技术是为了保护个体的隐私数据，无论其是否在公开发布的数据集中。例如，现在有一个数据集能够对外提供一项查询功能，比如可以查询某个地区某个行业的从业人员每年上交的平均税费。假设个体每年上缴的税费是敏感信息，不能被他人知道，在这种情况下，如果某个攻击者知道了小明所上缴的税费与上海的公务员所上缴的平均税费相比要低 800 元，那么尽管攻击者并不知道小明在税费上面的任何信息，但是通过该数据集提供的查询功能，攻击者可以推断出小明每年所上缴的税费额度，值得注意的是，小明的隐私信息泄露并不依赖于其信息是否在公开的数据集中。

语义隐私保护技术通常适用于以下两种环境。

- 非交互环境：该环境是指数据收集者与数据应用者之间没有直接互动，数据收集者可以直接共享和发布数据集，而没有限定数据应用者对数据的使用权限。
- 交互环境：该环境是指数据收集者仅提供基于数据的查询服务，而不会将数据公开发布。

语义隐私保护技术通常是用来保证查询结果不会被攻击者利用以从中获得需要保密的信息。语法隐私保护技术通常是在发布数据之前修改原始数据，而语义隐私保护技术则通常是在真实发布的查询结果之中加入噪音，语义隐私保护主要是通过差分隐私技术来实现的。

差分隐私保护技术

语法隐私保护技术中的匿名处理技术（如 K 匿名技术），都是针对可能的外部攻击来设计隐私保护的阈值，而面对新的攻击就需要制定新的保护方法。如在攻击者对攻击目标的外部信息掌握较少的情况下，数据监管者可能会选择 K 匿名技术，而 K 的取值也是越低越好。但在真实的情况下，数据监管者根本无法了解攻击者对于攻击目标外部信息的掌握情况。除此之外，匿名化技术也缺乏较强的数据理论框架来定义数据的隐私性与损失性，而差分隐私保护技术可以很好地解决这一问题，弥补匿名化技术的缺陷。

顾名思义，差分隐私保护技术主要是为了防止差分攻击。假设有这样一种情况，如某医院发布数据说该院共有 100 个病人，其中 10 个病人患有 HIV。如果攻击者知道了另外 99 个人是否患有 HIV 的信息，那么只需要将这两则信息进行对比，其就能确定某个具体用户是否感染 HIV 的精确信息。这种对隐私的攻击行为就是差分攻击。因此差分隐私保护技术是指通过某种手段，让攻击者查询 100 个信息和查询 99 个信息得到的结果是一致的，那么攻击者就会无法找出第 100 个人的信息。这种一致性主要是基于数据失真技术来实现的，即向原始数据、原始数据的转换数据或统计结果中添加噪音，从而使查询结果随机化，最终达到隐私保护的效果。该保护方法可以确保在某一数据集中插入或删除一条记录的操作不会影响任何计算的输出结果。目前，差分隐私保护技术主要有两种实现方法：拉普拉斯

（laplace）机制和指数机制。

- 拉普拉斯机制：是指在查询结果中加入拉普拉斯机制发布的噪音，该机制适用于数值型输出场景。例如，虎扑有多少人能达到 30 万年薪？假设结果为 5 万人，那么每次查询得到的结果都会稍稍有些区别，比如，很高概率会输出 50001 人，也有较高概率输出 50500 人，较低概率输出 1 人。
- 指数机制：是指在查询结果中用指数分布来调整概率，该机制适用于非数值型输出场景。例如，我国排名前三的大学是哪三所？很高概率会输出清北等高校，很低概率会输出某翔等技校。

8.2.15 技术工具的使用目标和工作流程

数据分析安全涉及的技术工具，需要实现以下几个目标。

- 生成发布数据库：基于语法或语义隐私保护技术涉及的技术手法生成发布数据库。
- 生成日志记录：记录数据分析者提交的查询任务及返回的结果，生成日志并保存。

基于数据分析技术工具的数据分析安全作业基本流程图如图 8-6 所示。

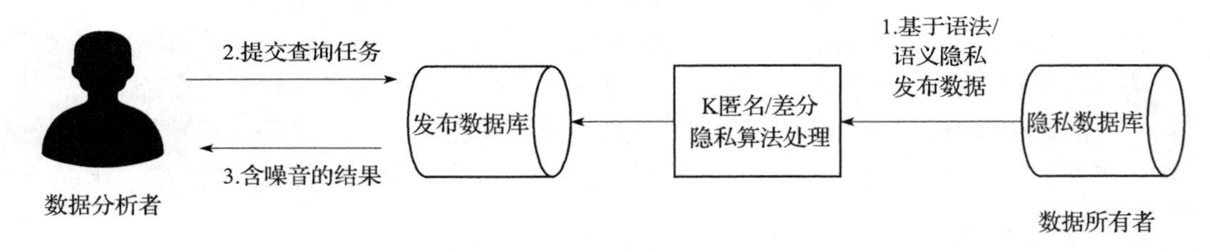

图 8-6 数据分析安全作业基本流程图

8.3 数据的正当使用

在大数据时代，数据的重要性越来越高，但正如一个硬币有正反两面一样，如果数据能够得到正当使用，那么数据技术就可以推进社会快速向前发展；而如果数据被非法使用，则会造成无法想象的灾难。尤其是组织内部的人员如果被数据的高价值所吸引而做出了错误的行为，则会使得本就脆弱的组织内部安全建设更易崩塌。因此，为了避免数据被非法获取、使用和处理，企业需要对数据进行正当使用管理。有效的数据正当使用管理需要从多个方面进行建设和提升，本节将基于 DSMM 充分定义级（3 级）视角，从组织建设、人员能力、制度流程和技术工具四个维度对数据正当使用的建设和提升提供实践建议。

8.3.1 建立负责数据正当使用管理的职能部门

为了避免数据被错误使用，同时也为了加强对数据使用的管理，在条件允许的情况下，组织机构应该设立专门负责数据正当使用的监管部门，并招募相关的技术人员和管理人员，负责为公司提供必要的技术支持，负责为公司制定整体的身份和权限管理制度，提供对数据正当使用的风险评估和风险控制，建立组织机构内部的数据权限授权管理制度，并推动相关要求切实可靠地执行。除此之外，数据正当使用管理部门还需要为公司配置成熟的数据权限管理平台、数据使用日志记录或审计产品，制定数据使用的违规处罚制度和惩罚措施等。

8.3.2 明确数据正当使用管理岗位的能力要求

组织机构在设立了专门负责数据正当使用管理的岗位之后，还需要招募负责该项工作的专项人员。数据正当使用管理岗位的相关人员，必须具备良好的数据安全风险意识，熟悉国家网络安全法律法规，以及组织机构所属行业的政策和监管要求，在进行数据使用监督管理，以及制定数据正当使用原则的时候，能够严格按照《中华人民共和国网络安全法》《中华人民共和国个人信息保护法》等相关法律法规和行业规范执行。同时，相关的管理人员还需要具备一定的数据正当使用安全管理的经验，拥有良好的数据正当使用安全专业知识基础，熟悉常见的数据正当使用监督流程和主流的数据正当使用监管工具，具有能够结合业界标准和合规标准对数据正当使用过程中可能出现的相关风险进行分析和跟进的能力，并制定相应的数据正当使用安全解决方案。

数据正当使用监管部门的技术人员，必须具备良好的数据正当使用安全风险意识，熟悉相关的法律法规及政策要求，熟悉主流厂商的数据正当使用监督方案，熟悉主流的数据正当使用监督工具的使用方法，拥有一年以上的数据正当使用监管经验，能够定期审核当前的数据资源访问权限，能够依据数据使用规范对个人信息和重要数据的违规使用行为进行处罚，能够熟练配置和使用数据权限管理平台，能够熟练运用数据正当使用的日志记录或审计产品，保证可以对数据使用的操作记录进行审计与溯源。

8.3.3 数据正当使用管理岗位的建设与人员能力的评估方法

数据正当使用管理岗位的建设和对应人员实际执行能力的评估，可通过内部审计、外部审计等形式以调研访谈、问卷调查、流程观察、文件调阅、技术检测等多种方式实现。

1. 调研访谈

数据正当使用阶段的调研访谈，主要包含对数据使用监管部门的管理人员和技术人员的访谈两部分，具体访谈内容如下。

- 对数据正当使用监管部门管理人员的访谈内容为：确认其在制定数据正当使用规则上、在规定标准的数据正当使用监管工具上、对数据使用进行明确的授权管理上、在建立权限最小化及惩罚措施上、在对数据正当使用过程中的活动进行风险评估上，是否符合相关法律规定，是否具备足够的能力以胜任该职业。同时，调研访谈还应该确认管理人员是否明确定义了数据使用过程中的权限授予管理，授权审批的整个流程，以及关键节点的人员职责，是否在数据授权过程中遵循了“最小够用”原则，为使用者完成业务处理活动提供所需的最小数据集，是否制定了针对数据使用的违规处罚制度和惩罚措施。

- 对数据正当使用监管部门技术人员的访谈内容为：确认其拥有一年以上的数据正当使用监管经验，熟悉数据使用监管的标准工作流程，定期审核当前对数据资源的访问权限的设定是否合理，当人员岗位发生调动或数据保密级别发生变更后是否及时对访问权限进行了调整，是否能够依据数据使用原则对个人敏感信息或数据的违规使用进行处罚，是否搭建和配置了成熟的数据权限管理平台，是否限定了用户可访问的数据范围，是否使用了成熟的数据正当使用日志记录或审计产品，是否对数据正当使用的操作进行了审计记录以备溯源和追责。

2. 问卷调查

数据正当使用阶段的问卷调查通常是以纸面问卷的形式，向公司数据正当使用监管部门的技术人员调研该部门管理人员的工作情况，具体调查内容如下。

数据正当使用监管部门的管理人员是否制定了针对公司的、有效的数据正当使用安全原则和制度，是否建立了针对组织机构的数据权限授权管理制度，是否明确了整个授权流程中关键节点的授权及人员职责，是否能够依据国家的相关法律法规对数据的使用进行严格、规范的管理，是否建立了数据使用的违规处罚制度，是否强调了数据使用者的安全责任，是否规定了统一的数据使用监管工具、审计产品及使用流程，当出现异常数据使用操作时是否能够根据日志记录对数据使用操作进行追责溯源。

3. 流程观察

数据正当使用阶段的流程观察，主要是观察数据正当使用监管部门的管理团队和技术团队两方的工作流程，并从中寻找可能的问题点和改善点，具体观察内容如下。

- 以中立的视角观察公司数据正当使用监管部门管理团队的工作流程，包括在为公司制定整体的数据正当使用安全原则和制度时，为公司建立数据权限授权管理制度时，是否可以识别出其中可能存在的安全风险，是否贴合组织机构的内部架构，方法流程是否符合标准；在对数据正当使用进行严格、规范的管理时，是否基于国家相关的法律法规要求和数据分类分级标准；在对数据的访问权限进行控制时，是否对权限最小化进行了严格控制，并建立相应的违规惩罚措施；在对数据正当使用的相关风险进行分析和跟进时，是否进行了审计记录。
- 以中立的视角观察公司数据正当使用监管部门技术团队的工作流程，包括在不同的环境下进行数据正当使用监管时，定期审核数据资源的访问权限时，使用数据权限管理平台时、使用日志记录和审计产品时，是否可以识别出其中可能存在的安全风险，方法流程是否符合标准流程，是否符合国家法律法规的相关要求。

4. 技术检测

数据正当使用阶段的技术检测，需要使用技术工具检测用户可访问的数据范围；检测数据使用过程中的操作日志是否完整和可用，以备对潜在违约使用者进行识别和追责；检测数据使用监管部门的管理团队制定的数据使用违规处罚制度是否被正确执行；检测数据使用监管部门的技术团队是否有定期对数据资源的访问权限进行审核，是否能够及时调整用户的访问权限，是否采取了防范措施避免数据被不正当使用。

8.3.4　明确数据正当使用管理的目的

大数据时代，数据的价值越来越高，同时也很容易导致组织内部合法人员因被数据的高价值所吸引而犯下违规或违法获取、处理和泄露数据的错误。为了防范内部人员导致的数据安全风险，建立数据使用过程中的相关责任和管控机制，可以保证数据的正当使用。

8.3.5　数据正当使用安全管理的内容

组织机构应基于国家相关的法律法规（《中华人民共和国网络安全法》《中华人民共和国个人信息保护法》等）及组织数据分类分级标准和处置方式等要求，制定数据使用管理制度，明确数据使用权限管理与数据使用管理，保证在数据使用声明的目的和范围内，对受保护的个人信息和重要数据等进行使用和分析处理，避免数据使用权限失控，并防止组织内部合法人员利用违规或违法操作取得的权限进行不正当的操作。

数据使用管理制度所涉及的范围应包括数据信息系统及数据，包括但不限于公司运行的办公自动化系统、业务系统、对外网站系统等所涉及的系统用户权限分配、日常管理、系统及业务参数管理，以及数据的提取和变更。由数据使用监管部门作为主要执行部门，负责数据信息系统及数据权限的分配管理，以及系统数据的提取变更管理等。

如图 8-7 所示，数据正当使用的流程一般包括提交数据使用申请、评估数据使用范围及内容、审批、授权和记录存档等步骤。接下来的几节将具体介绍数据正当使用流程的各个步骤。

图 8-7　数据正当使用流程示意图

8.3.6　提交数据使用申请

用户在明确了数据使用的目的之后，需要向数据使用监管部门提交《数据使用申请表》，其中的内容包括申请人信息、所在部门、岗位、申请理由、申请内容等。

此外，各部门数据权限管理人员应实时跟踪本部门用户离职或更换部门的情况，及时申请删除用户权限，并在相应的用户申请表上写明权限变动情况，从而避免数据被不正当使用。更换部门后，用户如需获取相应的数据权限，则必须由用户所属的新部门发起申请。

8.3.7 评估数据使用范围及内容

数据使用监管部门在收到《数据使用申请表》之后，需要对所申请的数据使用范围及内容进行风险评估和合规性审查等工作。

数据使用监管部门需要对数据的正当使用进行严格、规范地管理。例如，当需要使用个人信息时，必须征得个人信息主体的明示同意。

8.3.8 针对数据使用范围及内容的审批

数据使用监管部门有权对不规范的授权事宜提出否决意见，对授权范围和内容的变更或终止提出意见。

数据使用监管部门审查无误后，方可对数据使用的范围和内容进行授权。

8.3.9 针对数据使用范围及内容的授权

为了保证数据使用范围及内容授权工作的规范性，组织应制定相关的授权规范。数据使用范围及内容授权过程中的相关注意事项具体如下。

- 应配置成熟的数据权限管理平台，限定用户可访问的数据范围。
- 数据授权过程应采取“最小够用”原则，即为使用者完成业务处理活动提供所需的最小数据集。
- 授权应当符合组织内部控制的基本要求，做到不相容岗位的有效分离。
- 数据使用监管部门需要确定授权的有效期，期满后需要重新授权。
- 应建立数据使用的违规处罚制度和惩罚措施，对个人信息、重要数据的违规使用等行为进行处罚，强调数据使用者的安全责任，具体可参考以下内容。

  1）被授权人在授权范围内发生滥用权利，不正当行使权利，对组织机构的声誉或经济造成损失的行为，要追究被授权人主要负责人和直接责任人的民事赔偿责任和行政责任。构成犯罪的，应及时移交司法机关。

  2）因被授权人经授权或超越授权，对组织机构声誉或经济造成损失的，要追究被授权人主要负责人和直接责任人的民事赔偿责任和行政责任；构成犯罪的，应及时移交司法机关。

  3）因授权不明确，对组织机构声誉或经济造成损失的，要追究相关责任人的民事赔偿责任和行政责任；构成犯罪的，应及时移交司法机关。

  4）数据使用监管部门在其职权范围内发现被授权人存在越权行为、其他违反本规定行为的，或者发现被授权人有越权行为、其他违反本规定行为但不制止、不纠正的，经核实后，给予通报批评，并根据相关管理制度予以处罚。

8.3.10 记录存档

数据正当使用监管部门在进行记录存档作业时，应注意以下事项。

- 数据正当使用监管部门完成用户权限的设置之后，必须对签署后的各类授权书进行存档备案管理。
- 应配置成熟的数据使用日志记录或审计产品，对数据正当使用操作进行记录和审计，以备责任识别和追责溯源之用。
- 数据正当使用监管部门需要监视数据的使用情况，一旦发现存在可疑授权、可疑使用等情况时，就要及时通报并修正。

8.3.11　使用技术工具

组织内部在使用数据时，除了在制度上需要按照国家相关法律法规和组织内部的规章制度进行正当的数据使用之外，还需要建立一套访问控制系统，对数据的访问和使用进行统一授权，对不同的权限划定对应的使用范围，确保正确的人使用正确的数据，并对所有的访问及使用记录进行审计，使数据的使用全流程可追溯。

数据正当使用的技术工具需要包含三个重要的组成部分：对使用者身份的认证、对身份相应权限的访问控制，以及对数据使用过程的记录。总的来说就是认证、授权和审计，这是确保数据正当使用的三大要素，数据正当使用监管部门需要基于这三大要素构建一个统一的身份及访问管理平台。

8.3.12　单点登录技术

SSO 全称为 Single Sign On，即单点登录，是指用户通过一次身份鉴别，在身份认证服务器上进行一次认证后，就可以访问所授权的与身份认证服务器相关联的系统和资源，而无需对不同的系统进行多次认证。SSO 是目前使用较为广泛的认证方式。SSO 提高了网络用户的效率，降低了网络操作的成本，增强了网络的安全性。

根据不同的登入应用类型，SSO 可以划分为三种类型：对桌面资源的统一访问管理、Web 单点登入、对 C/S 架构应用的统一访问管理。其中最为成熟的是 Web 单点登入，这是由于 Web 资源的统一访问相对于系统桌面和 C/S 架构应用来说更易于管理，单点登录可以轻松地与 Web 资源进行整合，实现完整的 Web SSO 解决方案。

SSO 系统的工作流程图如图 8-8 所示。

8.3.13　访问控制技术

顾名思义，访问控制技术就是控制谁可以访问什么，不可以访问什么的技术。官方的解释是“系统对用户身份及其所属的预先定义的策略组限制其使用数据资源能力的手段”，访问控制技术是网络安全体系的根本技术之一。访问控制一般包含三个要素：主体、客体和控制策略。主体是指发起访问请求的发起者；客体是指被访问的资源；控制策略是指主体访问客体的相关规则，包含了主体与客体之间的授权行为。

访问控制是数据安全的一个基本组成部分，它规定了哪些人可以访问和使用公司的信息

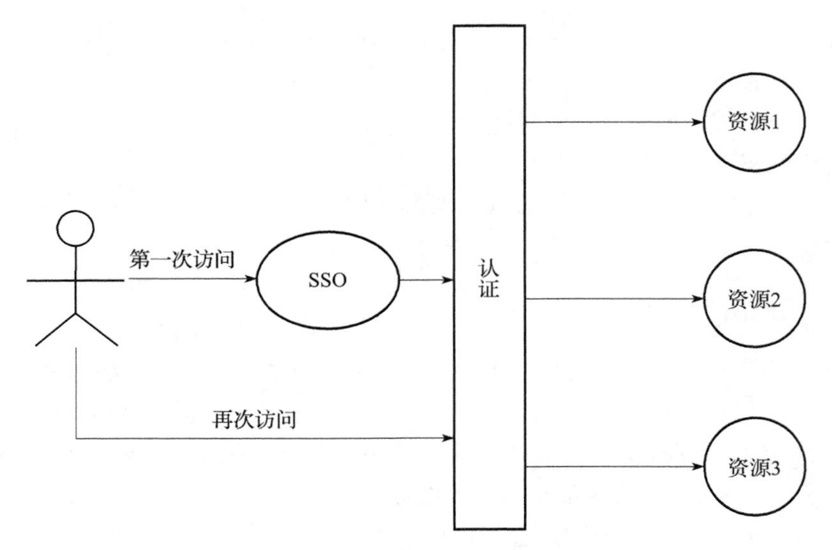

图 8-8 SSO 系统工作流程图

与资源。通过身份验证和授权，访问控制策略可以确保用户的真实身份，并且使其拥有访问公司数据的相应权限。访问控制还可用于限制对园区、建筑、房间和数据中心的物理访问。

访问控制可以保护组织的客户数据、个人可识别信息和知识产权等机密信息，避免其落入攻击者或内部无关人员手中。如果没有一个强有力的访问控制策略，组织机构就会面临数据从内部和外部泄露的风险。

访问控制可以通过验证多种登录凭据来识别用户身份，这些凭据包括用户名和密码、PIN（个人身份识别码）、生物识别扫描和安全令牌。许多访问控制系统还包括多因素身份验证，多因素身份验证是一种需要使用多种身份验证方法来验证用户身份的办法。用户身份通过验证后，访问控制就会授予其相应级别的访问权限，以及与该用户凭据和 IP 地址相关的受允许的操作。

访问控制技术的类型主要有：基于授权规则的、自主管理的自主访问控制技术（DAC）；基于安全级别的、集中管理的强制访问控制技术（MAC）；访问控制列表技术（ACL）；基于授权规则的、集中管理的、基于角色的访问控制技术（RBAC）；基于授权规则的、集中管理的、基于属性的访问控制技术（ABAC）；基于授权规则的、集中管理的、基于身份的访问控制技术（IBAC）。

1. ACL

ACL（Access Control List）即访问控制列表。ACL 是以文件为中心建立的访问权限表，其主要优点在于实现方式比较简单，对系统性能的影响较小。它是目前大多数操作系统（如 Windows、Linux 等）所采用的访问控制方式。同时，它也是信息安全管理系统中经常采用的访问控制方式。

2. DAC

DAC（Discretionary Access Control）即自主访问控制。DAC 突出的是自主的形式。采用自主访问控制（DAC）方式时，受保护的系统、数据或资源的所有者或管理员可以设置相关的策略，规定谁可以访问他们的数据。由客体的属主对自己的客体进行管理，由属主自主决定是否将自己的客体访问权或部分访问权授予其他主体，这种控制方式是自主的。也就是说，在自主访问控制方式中，用户可以按照自己的意愿，有选择地与其他用户共享自己的文件。自主访问控制是保护系统资源不被非法访问的一种有效手段。但是这种控制是自主的，即它是以保护用户个人资源的安全为目标，并以个人的意志为转移的。

自主访问控制是一种比较宽松的访问控制方式，一个主题的访问权限具有传递性。其强调的是自主性，即自己来决定访问策略，其安全风险也取决于自主的设定。DAC 的自主性为用户提供了灵活易用的数据访问方式，但同时也带来了安全性较低的问题。其较为致命的弱点是访问权限的授予是可以转移和传递的，而转移和传递出去的权限却是难以控制的。

3. MAC

强制访问控制（Mandatory Access Control，MAC）是一种多级访问控制策略。这种非自主模型会根据事先确定的安全策略，对用户的访问权限进行强制性的控制。也就是说，系统独立于用户行为强制执行访问控制，用户不能改变它们的安全级别或对象的安全属性。强制访问控制对客体的访问进行了很强的等级划分，根据客体的敏感级别和主体的许可级别来限制主体对客体的访问，数据安全管理部门需要根据不同的安全级别来管理用户的访问权限。

强制访问控制的主要特点是系统对访问主体和受控对象实行强制访问控制，系统事先会为访问主体和受控对象分配不同的安全属性级别，即在实施访问控制时，系统会对访问主体和受控对象的安全级别进行比较，然后根据比较结果决定访问主体能否访问该受控对象。强制访问控制策略在金融、政府和军事环境中非常常见。

4. RBAC

基于角色的访问控制（Role-Based Access Control，RBAC）是指根据定义的业务功能而非个人用户的身份来授予访问权限。这种方法的目标是为用户提供适当的访问权限，使其只能访问对其在组织内的角色而言有必要的数据。这种方法主要是基于角色分配、授权和权限的复杂组合，使用范围非常广泛。

5. ABAC

基于属性的访问控制（Attribute-Based Access Control，ABAC），是一种动态方法，不同于常见的将用户关联到权限的方式，ABAC 通过判断某一组属性是否满足授权条件来进行授权。一般来说，属性可以分为如下几类：用户属性如性别等、环境属性如当前操作系统类别等、操作属性如删除等、资源属性如资源属于什么类别等。理论上，基于属性的访问控制可以通过属性实现更灵活和更细粒度的权限控制。

6. IBAC

基于身份的访问控制（Identity-Based Access Control，IBAC）机制会过滤主体对数据或资源的访问，只有通过认证的主体才可能使用客体的资源。IBAC可以针对某一特定用户进行基于身份的访问控制，以该用户为中心建立一些策略，刻画该用户对某一特定资源的访问能力。同时，IBAC还可以针对一组用户进行控制，相应的策略将会作用在一组用户中。

等保2.0（信息安全等级保护2.0制度）标准中对计算环境的访问控制做了详细要求，在等保2.0的设计技术要求中，强制访问控制机制的系统结构如图8-9所示。

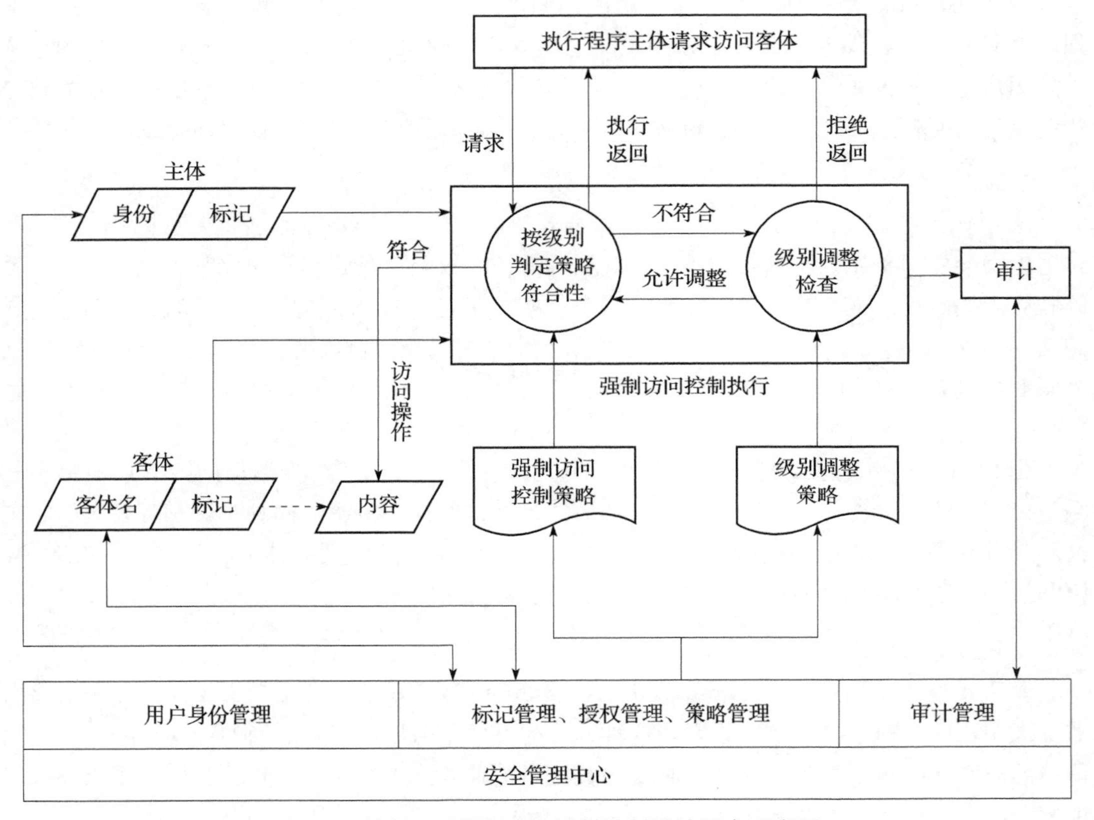

图8-9 等保2.0强制访问控制机制设计要求示意图

8.3.14 基于统一认证授权的IAM技术

IAM（Identity and Access Management）即身份识别与访问管理，具有单点登录、强大的认证管理、基于策略的集中式授权和审计、动态授权、企业可管理性等功能。IAM是一套全面地建立和维护数字身份，并提供有效的、安全的IT资源访问的业务流程和管理手段，从而实现组织信息资产统一的身份认证、授权和身份数据集中管理与审计。身份和访问管理是一套业务处理流程，同时也是一个用于创建、维护和使用数字身份的支持基础结构。IAM 也称为“大 4A”。4A 分别是指认证（Authentication)、授权（Authorization)、账号（Account）和审计（Audit)，是一种统一安全管理平台解决方案，融合了统一用户账号管理、统一认证管理、统一授权管理和统一安全审计四要素。其中，“4A”还涵盖了 SSO（单点登录）的功能。

- 统一账号管理（Account)：可以为组织用户提供统一集中的账号管理，管理的账号既可以是操作系统账号，也可以是 Web 应用账号、C/S 架构应用账号等。账号管理涵盖了账号的全生命周期：创建、授权、更新、停用和销毁。除了账号本身的管理之外，统一账号管理还提供了账号口令相关的管理，如账号有效期、口令强度和口令有效期等。
- 统一认证管理（Authentication)：主要是为组织用户提供可靠的认证方式，并为适应组织内的不同需求而提供不同的认证方式。认证方式除了默认的账号口令之外，还有更多不同强度的认证方式，如动态口令、数字证书、生物识别等。统一认证管理支持组织设置多种认证方式，双因子认证甚至多因子认证，从而保证组织用户的认证安全。组织采取集中式的统一认证管理方式，不仅能够轻松管理认证服务，还可以构建起组织内的统一认证系统，从而实现单点登录等功能。
- 统一权限管理（Authorization)：可以对用户的资源访问权限进行集中控制。它既可以实现对 B/S、C/S 应用系统资源的访问权限控制，也可以实现对数据库、主机及网络设备操作的权限控制，资源控制类型既包括 B/S 的 URL、C/S 的功能模块，也包括数据库的数据、记录及主机、网络设备的操作命令、IP 地址及端口。
- 统一审计管理（Audit)：负责管理组织内所有用户对所有系统的操作记录，可以对收集到的日志进行分析，从而不断地优化组织内部的安全管理，还保证了数据及其使用记录的可追溯性。

IAM 是一个面向多系统多用户的集中式系统，其管理着组织中网络安全的身份、认证、授权和审计四大基本要素，自身对于安全性和保密性的要求非常高。同时，IAM 对于组织内部的网络安全建设也有着巨大的意义。

IAM 系统架构示意图如图 8-10 所示。

8.3.15 技术工具的使用目标和工作流程

数据正当使用的技术工具应能实现以下目标。

- 统一账号管理：能够管理组织内不同系统的用户账号，如操作系统、Web 系统、C/S 架构应用等。
- 统一身份认证：保证数据正当使用的技术工具应当具备统一身份认证的模块，如 SSO（单点登录）。
- 多因素认证方式：能够提供多种认证方式，如静态认证、动态认证、生物识别等，组织机构能够根据需求灵活配置认证方式。

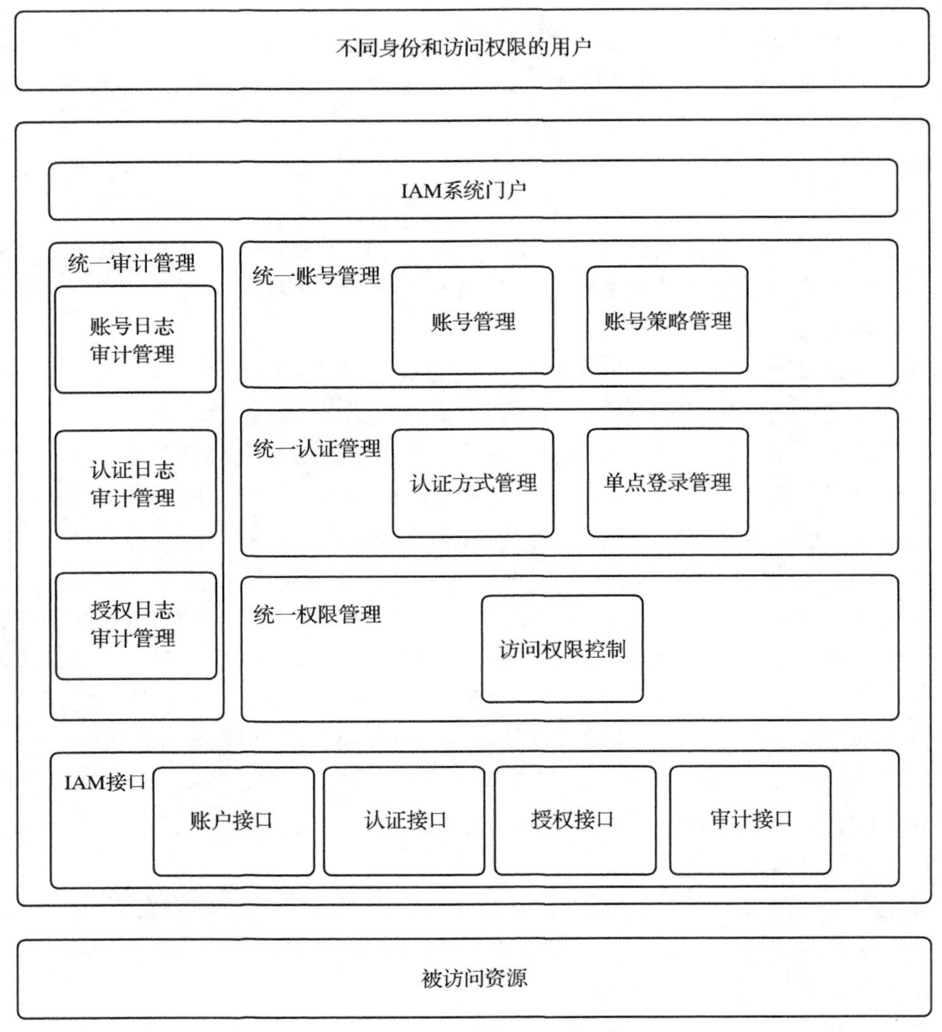

图 8-10 IAM 系统架构示意图

- 统一访问控制：数据脱敏系统可以针对自动发现的敏感数据，自动配置最合适的脱敏策略。
- 多种访问控制方式：工具应能够根据组织中的不同场景，自动选择合适的访问控制方式，以达到最优的访问控制效果。
- 统一日志审计：工具应能够统一管理系统中数据使用的所有审计日志，并能对日志进行分析和整理。

基于数据正当使用的技术工具进行作业的基本流程图如图 8-11 所示。

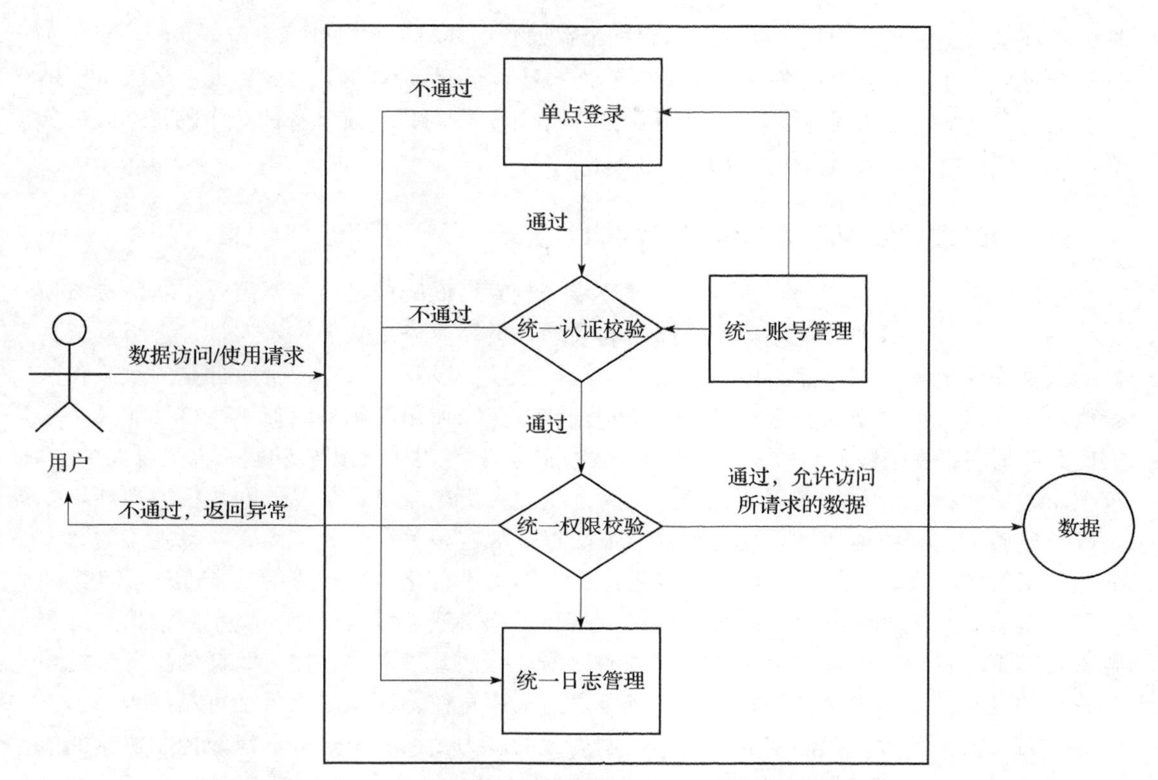

图 8-11 数据正当使用作业基本流程图

8.4 数据处理环境安全

紧承 8.3 节讲过的数据正当使用，数据处理环境安全是指对数据运行环境（如自然环境、人为环境等）进行管理与检测，以避免在数据正当使用过程中（包括录入、处理、使用和统计等），由于软硬件故障或人为故障所造成的数据损坏或丢失的情况。有效的数据处理环境安全管理需要从多个方面进行建设和提升，本节将基于 DSMM 充分定义级（3 级）视角，从组织建设、人员能力、制度流程和技术工具四个维度对数据处理环境安全的建设和提升提供实践建议。

8.4.1 建立负责数据处理环境安全的职能部门

为了避免出现由于数据运行环境有问题从而导致数据损坏的情况，在条件允许的情况下，组织机构应该设立数据处理环境安全管控部门并招募相关人员，负责为公司制定数据处理环境标准、建立数据处理环境安全保护机制、指定统一的数据计算和开发平台，提供对数据处理过程中的安全控制管理和技术支持，并推动相关要求切实可靠地执行。除此之外，数据处理环境安全管控部门还需要为公司识别出在大数据环境下数据处理系统 / 平台可能存在的安全风险，并且能够通过在相关的系统设计开发阶段进行合理的设计，以及在运维阶段进行有效的配置来规避相关风险。若组织机构条件有限，则可以指定业务团队中的技术人员负责以上工作，负责为公司提供上述必要的技术支持。

8.4.2 明确数据处理环境安全岗位的能力要求

组织机构在设立了专门负责数据处理环境安全管理的岗位之后，还需要招募负责该项工作的专项人员。数据处理环境安全部门的管理人员和业务团队的技术人员，必须具备良好的数据安全风险意识，熟悉国家网络安全法律法规，以及组织机构所属行业的政策和监管要求，在进行数据使用监督管理，以及制定数据正当使用原则的时候，严格按照《中华人民共和国网络安全法》《中华人民共和国数据安全法》《中华人民共和国个人信息保护法》等国家相关法律法规和行业规范执行。同时，相关人员还需要具备一定的数据处理环境安全管控经验，拥有能够通过合理的设计及强配置来规避相关风险的能力，熟悉主流的数据处理环境管控方案，了解常见的安全管理措施，熟悉平台化、分布式的安全处理环境搭建方案，熟悉分布式处理节点间的可信连接策略和规范，熟悉数据处理环境中的数据加密和解密处理策略及密钥管理规范，熟悉主流的数据计算和开发平台，拥有数据处理平台搭建和管理的经验，能够确保各分布式处理节点之间采用身份认证措施以保证可信接入，拥有针对分布式数据处理过程制定数据泄露控制规范的能力，拥有搭建数据泄露控制机制的能力，拥有对整个处理环境进行加解密管理、对所有操作行为进行审计记录、追踪溯源的能力。

8.4.3 数据处理环境安全岗位的建设及人员能力的评估方法

数据处理环境安全管理岗位的建设和对应人员实际执行能力的评估，可通过内部审计、外部审计等形式以调研访谈、问卷调查、流程观察、文件调阅、技术检测等多种方式实现。

1. 调研访谈

数据处理环境安全阶段的调研访谈，主要包含对公司数据处理环境安全部门管理人员和技术人员的访谈两部分，具体访谈内容如下。

数据处理环境安全部门管理人员和技术人员在制定数据处理环境安全标准上、在构建统一的安全管理措施和访问控制策略上、在规定标准的数据计算和开发平台上、对数据处理平台的风险评估上，对可能出现的安全风险通过强配置与设计进行风险规避上，是否符合相关的法律规范，是否具备足够的能力胜任该职业。同时，调研访谈还应该确认相关人员是否采取了严格的网络访问控制、账号和身份认证、授权、监控和审计来保证数据处理环境的安全；是否建立了分布式处理节点间的可信连接策略和规范；是否采用了节点认证来确保节点接入的真实性；是否建立了分布式处理节点和用户安全属性的周期性确认机制；是否确保了预定义安全策略的一致性；是否建立了分布式处理过程中数据文件鉴别和访问用户身份认证的策略和规范；是否确保了数据文件的可访问性；是否建立了分布式处理过程中不同数据副本节点的更新检测机制；是否确保了节点数据复制的完整性、一致性和真实性；是否建立了数据处理过程中防止数据泄露的控制规范和机制；是否有效地保护了数据处理过程中的调试信息、日志记录和个人敏感信息等。

2. 问卷调查

数据处理环境安全阶段的问卷调查通常是以纸面问卷的形式，向公司业务团队中的技术人员调研数据处理环境安全部门管理人员的工作情况。

数据处理环境安全部门管理人员是否制定了针对公司的、有效的数据处理环境安全标准；是否搭建了标准的数据处理平台；是否制定了针对数据处理平台的访问控制策略和安全管理措施；是否明确采用了相关的技术手段来保证数据处理的安全，包括但不限于访问控制、身份认证、授权管理等；是否可以识别出在不同的业务场景下数据处理平台可能面临的安全风险；是否可以通过管理手段在开发阶段就能有效地规避相关风险；是否可以对整个数据处理环境、数据处理平台进行加解密管理；是否设立了针对数据处理平台的审查机制，以确保所有的操作行为都可以被清楚正确地审计与记录，当出现异常数据行为时，能够根据日志记录对数据处理行为进行追查和溯源。

3. 流程观察

数据处理环境安全阶段的流程观察，主要是观察公司数据处理环境安全部门管理人员的工作流程，并从中寻找可能的问题点和改善点，具体观察内容如下。

以中立的视角观察公司数据处理环境安全部门管理人员的工作流程，包括在为公司制定整体的数据处理环境标准时，为公司建立统一的数据处理平台时，为数据处理平台制定数据处理过程中访问用户身份的认证规范时，是否可以识别出其中可能存在的安全风险，是否贴合组织机构的内部架构，方法流程是否符合标准；对数据平台进行严格规范地管控时，是否符合国家相关的法律法规要求和数据分类分级标准；在建立分布式数据处理节点间的可信性连接要求时，是否采用了节点认证来确保接入节点的可信任性；在为公司制定数据处理环境安全的数据加密和解密处理策略和密钥管理规范时，是否采取了合理的解决方案，如是否使用了 TLS 协议进行应用层通信加密、数据加解密是否采用了可靠的加密算法等。

4. 技术检测

数据处理环境安全阶段的技术检测，需要使用技术工具检测数据处理平台与数据权限管理平台的联动性，确保用户在使用数据处理平台之前就已经获得了授权；检测数据处理平台上日志管理模块是否正常，是否可以正确记录用户在数据平台上的处理操作，以便发生突发情况时可以追责溯源；检测分布式处理过程中的数据泄露控制机制是否正常，以确保在数据处理过程中，重要信息（比如，调试信息、日志记录、个人敏感信息等）不会不受控制地输出，从而导致出现信息泄露的问题。

8.4.4 明确数据处理环境安全管理的目的

数据处理环境安全是指如何有效地防止数据损坏、丢失或泄密等问题，比如，数据在录入、处理、统计或打印的过程中，由于硬件故障、断电、死机、人为的误操作、程序缺陷、病毒或黑客等造成的数据库损坏或数据丢失问题，以及某些敏感或保密的数据可能会被不具备资格的人员操作或读取，从而造成数据泄密的问题。有效的数据处理环境安全管理可以保护数据在处理过程中不被损坏、丢失或窃取，因此组织机构需要建立数据处理的环境保护机制，保障数据在处理过程中能有可靠的安全管理和技术支持。

组织机构应通过建立数据处理平台进行统一管理，采取严格的访问控制、监控审计和职责分离等措施来确保数据处理环境的安全。

8.4.5 分布式处理节点安全

数据处理环境安全管理部门在制定分布式处理节点安全方案时需要考虑以下内容。

- 建立数据分布式处理节点间的可信连接策略和规范，例如，采用Kerberos、可信模块等节点认证机制，确保数据分布式处理节点接入的可信性。
- 建立数据分布式处理每个计算节点和用户安全属性的周期性确认机制，确保分布式处理预定义安全策略的一致性。
- 建立分布式处理过程中数据文件鉴别和认证的策略和规范，确保分布式处理数据文件的可访问性。
- 建立分布式处理过程中不同数据副本节点的更新检测机制，确保这些节点数据复制的真实性。
- 建立分布式结算过程中防范数据泄露的控制规范和机制，防止数据处理过程中的调试信息、日志记录和不受控制的输出等泄露受保护的个人信息或重要数据。
- 建立分布式处理外部服务组件审核机制，防止外部服务组件泄露受保护的个人信息或重要数据。
- 建立数据分布式处理节点的自动维护策略和管控措施，提供虚假节点监测、故障用户节点确认和自动修复的技术机制，避免受到云环境或虚拟环境下潜在的安全攻击。

8.4.6 采取网络访问控制措施

网络访问控制措施通常包含网络隔离、部署堡垒机和远程运维管理等，下面具体介绍这三种管理措施。

1. 网络隔离

数据处理平台对生产数据网络与非生产数据网络进行安全隔离，由于从非生产数据网络不能直接访问生产数据网络中的任何服务器和网络设备，因此从非生产数据网络中不能对生产数据网络发起攻击。

2. 堡垒机

为了平衡效率和安全性，在运维入口部署堡垒机，只允许办公网的运维人员快速通过堡垒机进入数据处理平台进行运维管理。

运维人员登录堡垒机时，需要使用域账号密码加动态口令的方式进行双因素认证。堡垒机通常会使用高强度加密算法，以保障运维通道数据传输的机密性和完整性。

3. 远程运维

可以为不在公司的员工提供远程运维通道。运维人员需要预先向数据处理环境安全管控部门申请 VPN（虚拟专用网络）接入公司办公网之后访问堡垒机的权限。VPN 在接入公司办公网络的接入区时，需要使用域账号密码加动态口令的方式进行双因素认证，再从办公网接入区访问堡垒机。VPN 通常会使用高强度加密算法，以保障运维通道数据传输的机密性和完整性。

8.4.7　账号管理和身份认证制度要求

数据处理平台需要使用统一的账号管理和身份认证系统。每个员工都拥有一个唯一的账号。账号的唯一性保证了审计时可以定位到个人。账号管理和身份认证系统需要集中下发密码策略，强制要求设置符合密码长度和复杂度要求的密码，并定期修改密码。账号管理和身份认证系统的集中管理，使得其他信息系统不需要再管理身份信息，也不需要保存多余的账号密码，从而降低了应用的复杂性，提高了账号的安全性。账号管理与授权管理分离还可以防止私建账号越权操作的行为。

8.4.8　访问资源授权

数据处理环境安全管控部门需要基于员工工作岗位和角色，遵循最小权限和职责分离原则，为员工授予有限的资源访问权限。员工可根据工作需要向数据处理环境安全管控部门申请 VPN 访问权限、堡垒机访问权限、管控平台和生产系统访问权限，经相关部门审批后，进行授权。

8.4.9　制定加解密处理策略

数据处理环境安全管控部门应建立数据处理环境的数据加密和解密处理策略和密钥管理规范。在风险评估的基础上采用合理的加密技术，如对于应用层，可采取 SSL 证书形式加密，对于存储层，则可采取 AES 等对称加密算法。

8.4.10　数据处理监控

使用自动化监控系统，可以实现对数据处理平台网络设备、服务器、数据库、应用集群及核心业务的全面实时监控。监控系统不仅可以展示云平台关键运营指标，还可以配置告警阈值，当关键运营指标超过所设置的告警阈值时，其将自动通知数据处理环境安全管控部门。

数据处理环境安全管控部门应建立应急处理机制，以应对大数据处理集群资源耗尽时的宕机风险。

8.4.11 审计与溯源制度要求

员工对数据处理平台的所有运维操作，必须且只能通过堡垒机进行。所有操作过程应被完整记录下来，并实时传输到集中日志平台。对于 Linux 操作系统，堡垒机会记录所有命令行，对于 Windows 操作系统，堡垒机会录屏并记录键盘操作。

员工需要通过数据处理平台唯一的数据权限管理账号对数据进行处理、访问和使用，所有的操作及过程都会被完整地记录下来并实时传输到集中日志平台。

数据处理环境管控部门应制定数据处理溯源策略和溯源机制、溯源数据存储和使用的管理制度，并制定溯源数据的表达方式和格式规范，从而实现溯源数据的规范化组织、存储和管理。

数据处理环境管控部门应建立基于溯源数据的数据业务与法律法规合规性审计机制，并依据审计结果增强或改进数据服务相关的访问控制与合规性保障工作。

数据处理环境管控部门应采取校验码、加密、数字签名等技术手段，保证溯源数据的真实性和机密性，并采用必要的技术手段，确保溯源数据能够重现数据的处理过程，如追溯操作发起者及发起时间。

数据处理环境管控部门需要对关键溯源数据进行备份，并采取技术手段保护溯源数据的安全性。

8.4.12 使用技术工具

为保证数据处理环境的安全，首先要保证数据处理平台的使用者能够获得相应的授权，在获得授权之后，每个单独的使用者所涉及的数据、系统、会话、调度等均应相互独立，以实现逻辑隔离。同时，每个使用者在进行数据处理的过程中，均应做好操作日志的记录与审计，并对相关系统实时进行风险监控。

根据数据处理环境的安全控制要求，数据处理平台应主要实现以下功能。

- 对数据处理平台进行权限管控，确保用户在使用数据处理平台之前就已经获得相关授权。
- 对数据处理平台进行多租户管理，各租户之间进行逻辑隔离，以确保该租户在平台中的数据、系统功能、会话、调度和运营环境等资源是独立运行的。
- 在数据处理过程中进行日志管理，针对用户的数据处理操作进行记录和审计。
- 具有内控措施，以监测账号伪装、恶意篡改数据等恶意行为，从而保障各个工作环节的功能稳定性。

数据处理环境安全主要涉及账号管理和身份认证、网络访问控制、授权管理和监控与审计等技术方法，下面各节就来具体介绍这些方法。

8.4.13　账号管理和身份认证实现模式

身份认证主要有三种模式，分别为身份认证组件模式、统一认证模式和信任代理模式，具体说明如下。

1. 身份认证组件模式

身份认证组件模式，指的是在应用系统中独立设置一个用于身份认证的组件模块，为要集成的应用系统提供身份认证的模式。该模块为用户提供登录界面，接收用户输入的用户名和密码，但不做任何处理，而是直接将接收到的用户信息传递给统一身份认证系统进行验证，需要集成的应用系统本身不带有用户系统，因此输入的用户账号肯定是统一身份认证服务器中的用户账号。这种模式比较适合于新建应用系统的集成。

身份认证组件模式的具体操作流程如下，其流程图如图 8-12 所示。

1）用户访问应用系统 A 的登录界面，输入在统一认证服务器中注册的用户名和密码，提交登录信息。

2）应用系统 A 接收用户的登录信息，并将用户信息与自己的编号（应用系统 A 的标识）通过网络传送给统一认证服务器（Service），请求统一认证服务器对用户身份进行验证操作。

3）统一认证服务器接收应用系统 A 的请求，判断应用系统 A 是否已经注册，同时从用户注册数据库中检索用户信息，以验证由应用系统 A 转发过来的用户登录信息是否合法。

4）如果验证通过，那么统一认证服务就会对应用系统 A 做出响应，用户就可完成登录操作。

5）客户端的应用系统 A 会针对通过认证的用户创建一个系统会话（Session），并将用户在该应用系统 A 中拥有的权限以令牌（token）的形式返回给用户。

6）用户只要还在会话周期内，就可以一直使用该权限令牌访问应用系统 A，直至退出系统或是会话超时。

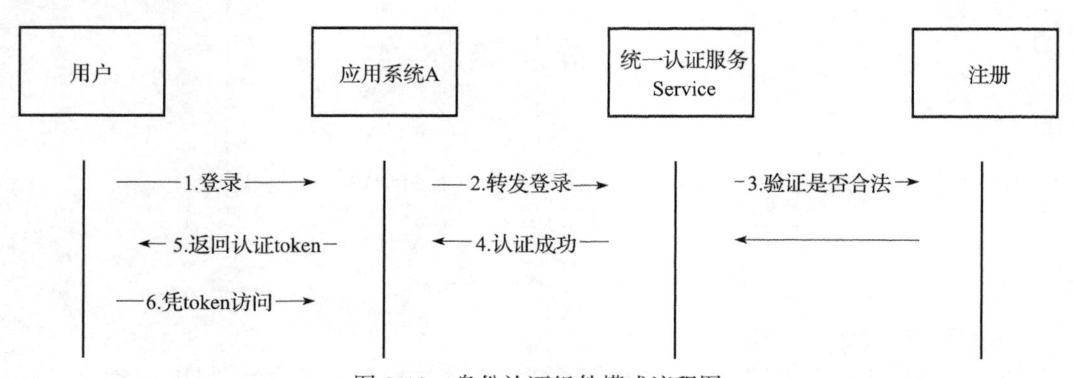

图 8-12　身份认证组件模式流程图

2. 统一认证模式

统一认证模式的核心是提供统一的身份认证服务。当用户需要获取应用系统的服务时，首先登录统一身份认证服务器进行身份验证，通过后即可访问与该用户关联的所有支持统一身份认证服务的应用系统。

统一认证模式的具体操作流程如下，其流程图如图 8-13 所示。

1）用户首先打开统一身份认证系统的登录页面，然后在页面的登录框中输入在统一认证服务器上注册的用户名和密码，提交登录信息。

2）统一认证服务器接收并验证用户登录信息的合法性，如果合法，则统一认证服务器会创建一个会话，并向客户端的用户返回一个认证令牌。

3）用户接收从统一认证服务器发送而来的认证令牌，并通过这个认证令牌访问某个已经集成在认证服务器上的应用系统。

4）该应用系统将用户提交的认证令牌传递给统一身份认证服务器，以检查和校验该认证令牌的有效性。

5）经过验证，统一身份认证服务器确认该认证令牌的有效性。

6）应用系统接收用户的访问，并返回访问结果。

在实际应用中，我们还可以通过向用户返回应用系统本身的认证令牌来提高用户的访问效率。

如果用户想让访问认证令牌失效，那么一般可以采用如下两种方式，一种方式是采取类似注销的操作，即对用户拥有的可访问的认证令牌主动声明无效。另一种方式是在一段时间内不使用该认证令牌，让它超过系统设定的有效时间自动失效。

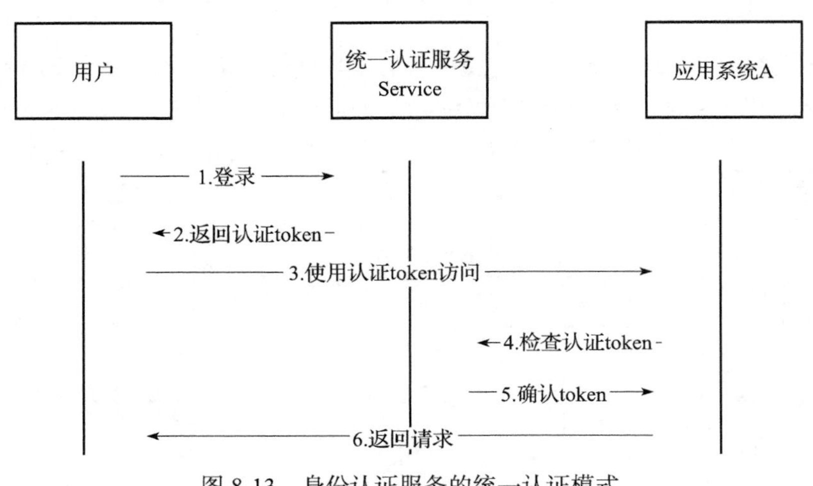

图 8-13　身份认证服务的统一认证模式

3. 信任代理模式

信任代理模式可以提供一种认证模式，它可以通过某个第三方组织或某个模块，为应用子系统提供一个统一的身份认证服务功能，同时，它还可以对应用系统的访问控制进行代理。

信任代理模式的具体操作流程如下。

1）首先，要求访问应用资源的用户需要使用在认证服务器中注册的用户名和密码登录到统一认证服务器。

2）然后，统一认证服务器为登录的每个用户建立一个会话，用户将从统一认证服务器中接收返回的访问令牌。

3）当用户需要获取应用系统的服务时，用户并不是向应用系统发送请求，而是将包含了用户请求的信息（信息中标识了最终要访问的应用系统）发送到统一认证服务器，由身份认证服务器先进行认证。

4）统一认证服务器接收用户请求信息，并查询存储在注册数据库中的相应的应用系统记录，从而得到要访问的应用系统的入口地址。同时，对这个应用系统是否能够支持统一的身份认证服务进行判别。

5）统一认证服务将请求信息发送给对应的应用系统，假如应用系统中使用的是自己的用户管理系统而不是统一认证服务器上的用户系统，则要求用户在请求时还应在请求消息中包含与该应用相关联的用户名和密码等信息。

8.4.14 网络访问控制

如8.4.6节所述，网络访问控制措施通常包含网络隔离、部署堡垒机和远程运维管理等措施。

1. 网络隔离

如图8-14所示，平台对生产数据网络（内部网络）与非生产数据网络（外部网络）进行了安全隔离。租户之间的网络及设备进行安全隔离后，内部就会无法直接访问租户间的服务器和网络设备。目前，网络隔离的技术线路主要有三种，即网络开关、实时交换和单向连接，具体说明如下。

- 网络开关：在一个系统里安装两套虚拟系统和一个数据系统，数据先被写到一个虚拟系统中，然后交换到数据系统，再交换到另一个虚拟系统。这种方式只适合于进行简单的文件交换且没有复杂应用的系统。
- 实时交换：相当于在两个系统之间，共用一个交换设备，交换设备连接到网络A得到数据，然后交换到网络B。这种方式比较适合于实时应用系统。
- 单向连接：即单向传输，是指数据只能从一个网络向另外一个网络单向传输数据，两个网络之间是完全断开的。单向连接实际上是通过硬件实现一条只读的单向传输通道来保证安全隔离。

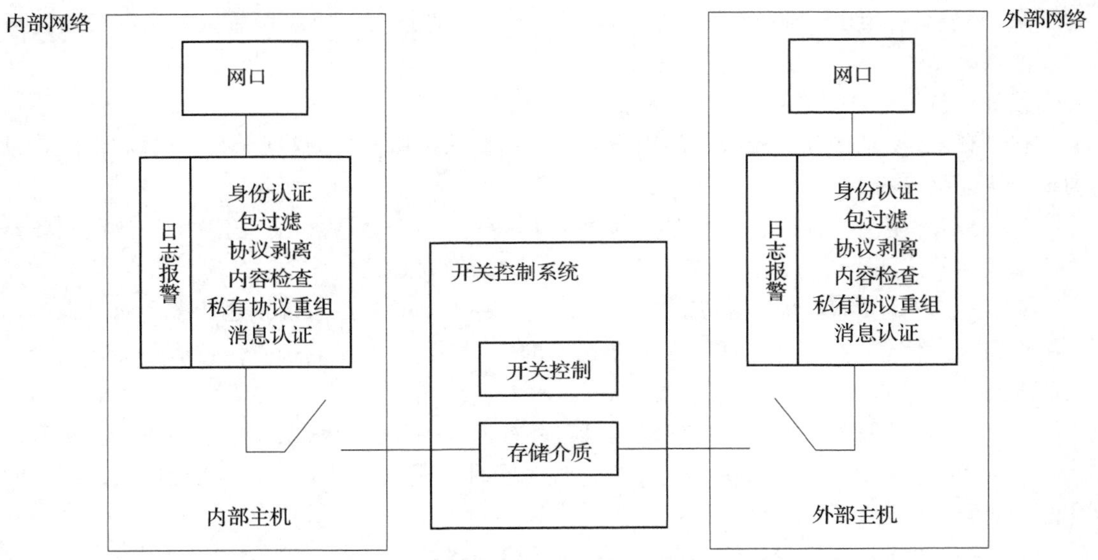

图 8-14 网络隔离体系结构图

2. 堡垒机

堡垒机的体系结构图如图 8-15 所示，在运维入口部署堡垒机，只有办公网的运维人员才能通过堡垒机对数据处理平台进行运维管理。

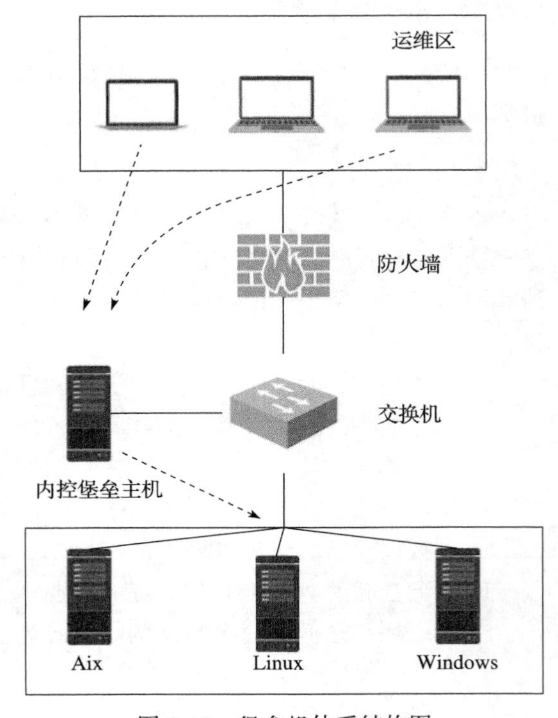

图 8-15 堡垒机体系结构图

3. 远程运维

远程运维可用于为不在公司的员工提供运维通道。运维人员需要预先申请 VPN 接入公司办公网之后访问堡垒机的权限。VPN 拨入公司办公网络的接入区时需要使用域账号密码加动态口令的方式进行双因素认证。再从办公网接入区访问堡垒机。VPN 通常使用高强度加密算法来保障运维通道数据传输的机密性和完整性。

8.4.15 授权管理

数据权限管理平台提供了统一的权限申请和授权管理系统。根据员工的岗位职级和工作职责，当该员工需要申请某些资源的访问权限时，需要通过数据权限管理平台，按照审批流程，经上级领导审核和同意后，才能获得访问该资源的最小权限。例如，员工可通过该权限管理平台申请 VPN 访问权限、堡垒机访问权限、管控平台和生产系统的权限等。

对运维和审计实施职责分离，由安全管理部门负责审计工作。数据库管理员和系统管理员应由不同的人担任。适当的职责分离能够有效防止权限滥用和审计失效的问题。

8.4.16　监控系统与审计系统

监控系统可以对数据处理环境涉及的设备（比如，服务器、数据库、应用等）进行实时监控，以及通过对监控系统配置策略来限定告警阈值。当数据处理环境中的指标超出预先设定的阈值时，则会进行告警，并通知相关维护人员。

审计系统将会对员工的所有操作进行记录。由于员工对数据处理平台的操作均是通过堡垒机来进行的，因此我们可以通过堡垒机记录所有操作的处理过程，对于 Linux 系统，是记录所有的命令行，对于 Windows 系统，则是操作录屏和记录键盘操作，最终记录下所有的操作和过程后，再统一、实时传输到集中日志平台进行审计。

8.4.17　技术工具的使用目标和工作流程

数据处理环境安全的技术工具应能实现以下目标。

- 账号管理和身份认证：能够识别出登录的账号是否为授权账号。
- 授权：对接权限管控平台，对登录后的账号进行权限控制，控制其只能访问到所需要的最小资源。
- 监控与审计：对用户登录数据处理平台后的所有操作进行日志记录，并对操作进行审计。
- 网络访问控制：对数据处理平台后端涉及的网络和系统等资源进行逻辑分离，以保证不同用户的数据处理操作彼此隔离，互不影响。

使用数据处理环境安全技术工具作业的基本流程图如图 8-16 所示。

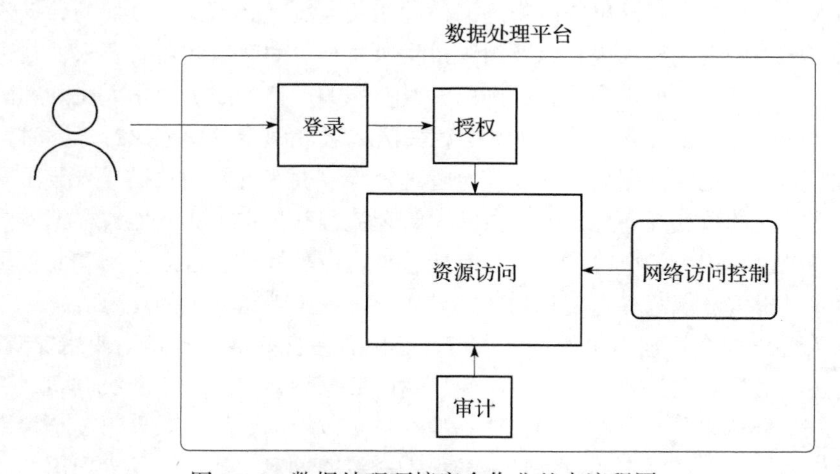

图 8-16　数据处理环境安全作业基本流程图

8.5 数据导入导出安全

数据导入导出是数据交换过程中的重要步骤，因为在数据交换的过程中存在着大量数据导入导出的场景及需求。而在此过程中，由于导入导出的数据量一般来说都比较大，因此数据导入导出过程更容易成为攻击者瞄准的目标。因为数据导入导出过程面临着十分严峻的数据泄露、数据篡改等安全风险，所以进行数据导入导出安全管理的建设是十分有必要的。有效的数据导入导出安全管理需要从多个方面进行建设和提升，本节将基于DSMM充分定义级（3级）视角，从组织建设、人员能力、制度流程和技术工具四个维度对数据导入导出安全的建设和提升提供实践建议。

8.5.1 建立负责数据导入导出安全的职能部门

为了避免在数据导入导出的过程中出现数据泄露等安全事件，同时也为了加强组织机构对数据交换安全的建设能力，在条件允许的情况下，组织机构应该设立数据导入导出安全管理部门，并招募相关的技术人员和管理人员，负责为公司提供必要的技术支持，负责导入导出数据的安全，负责为组织机构制定整体的数据导入导出制度，并推动相关要求在组织内部业务中切实可靠地执行。除此之外，数据导入导出安全管理部门还需要为业务团队提供对不同的数据导入导出业务场景的风险评估支持，针对不同的业务场景提供对应的数据导入导出解决方案（比如，访问控制、审核策略、处理机制等），对导入导出的数据采取必要的安全管控措施（比如，木马检测、加密传输、完整性校验等），以确保导入导出数据的安全性。

8.5.2 明确数据导入导出安全岗位的能力要求

组织机构在设立了专门负责数据导入导出安全管理的岗位之后，还需要招募负责该项工作的专项人员。数据导入导出安全管理岗位的相关人员，必须具备良好的数据安全风险意识，熟悉国家网络安全法律法规，以及组织机构所属行业的政策和监管要求，在进行数据使用监督管理，以及制定数据正当使用原则的时候，能够严格按照《中华人民共和国网络安全法》《中华人民共和国个人信息保护法》等相关法律法规和行业规范执行。同时，相关的管理人员还需要具备一定的数据导入导出安全管理经验，拥有良好的数据导入导出安全专业知识基础，熟悉主流的数据导入导出安全方案、管理流程和技术工具，能够根据不同的数据导入导出业务场景进行相应的风险评估，具有能够结合业界标准、合规准则和业务场景制定标准化数据导入导出安全规范和定制化的数据导入导出安全策略方案的能力。

数据导入导出安全管理岗位的技术人员，必须具备良好的数据正当使用安全风险意识，熟悉相关的法律法规和政策要求，熟悉主流厂商的数据导入导出安全解决方案，熟悉主流的数据导入导出安全检测工具及其使用方法，拥有一年以上的数据导入导出安全检测经验，充分理解并执行由管理人员制定的数据导入导出安全策略方案，能够对导入导出的数据采取必要的安全检测防护措施，能够对数据导入导出过程的日志记录进行审计和分析，拥有一定的应急响应与追踪溯源的能力。

8.5.3 数据导入导出安全岗位的建设及人员能力的评估方法

数据导入导出安全管理岗位的建设和对应人员实际执行能力的评估，可通过内部审计、外部审计等形式以调研访谈、问卷调查、流程观察、文件调阅、技术检测等多种方式实现。

1. 调研访谈

数据导入导出安全阶段的调研访谈，主要包含对数据导入导出安全部门管理人员和技术人员的访谈两部分，具体访谈内容如下。

- 对数据导入导出安全部门管理人员的访谈内容为：确认其在制定整体的数据导入导出安全规范上、在定义数据导入导出场景上、在定义数据导入导出标准流程上、在规定标准的数据导入导出安全检测工具上、在制定定制化安全策略、访问控制策略和处理策略上、在对数据导入导出的业务场景进行风险评估上，是否符合相关法律的规定，是否具备足够的能力胜任该职业。同时还应该确认管理团队人员是否明确定义了数据导入导出的范围、数据内容、格式、涉及的部门组织、数据用途等；以及是否制定了数据导入导出的安全审核策略。
- 对数据导入导出安全部门技术人员的访谈内容为：确认数据导入导出安全技术团队人员是否拥有一年以上的数据导入导出安全检测经验；是否能够对导入导出的数据采取必要的安全技术措施以保证数据的完整性和安全性；是否能够对导出数据的存储介质进行标识，对介质的命名规则和编号格式进行统一定义与标识；是否能够对数据导入导出的过程进行日志记录、监控和溯源；是否能够定期对数据导入导出的过程进行审计以发现可能存在的安全风险；是否能够对数据导入导出的操作人员采用必要的认证措施；是否能够对导入导出的数据进行机器和人工的双重校验。

2. 问卷调查

数据导入导出安全阶段的问卷调查通常是以纸面问卷的形式，向公司数据导入导出安全部门的技术人员调研该部门管理人员的工作情况，问卷调查内容具体如下。

数据导入导出安全部门的管理人员是否制定了针对公司的、有效的数据导入导出安全规范；是否制定了数据导入导出的安全审核策略；是否对不同的数据导入导出业务场景进行了风险评估；是否可以根据组织机构的数据导入导出策略制定出适合不同业务场景的安全策略方案；是否依据国家的相关法律法规对数据导入导出的操作进行了严格规范的管理；是否规定了统一的数据导入导出安全检测工具、日志审计产品及使用流程，以便出现异常数据导入导出操作时，能够根据日志记录对数据导入导出操作进行溯源和监控，以及对操作者进行追责。

3. 流程观察

数据导入导出安全阶段的流程观察，主要是公司观察数据导入导出安全部门管理团队和技术团队两方的工作流程，并从中寻找可能的问题点和改善点，具体观察内容如下。

- ❑ 以中立的视角观察公司数据导入导出安全部门管理团队人员的工作流程，包括在为公司制定整体的数据导入导出安全规范时、为公司建立数据导入导出安全审核策略时、为不同的业务场景提供安全风险评估时、为不同的业务场景制定安全策略方案时、为不同的数据导入导出场景定义导入导出的数据内容时，是否可以识别出其中可能存在的安全风险，是否贴合组织机构的内部架构，方法流程是否符合规范标准；是否能够基于国家相关法律法规的要求，对数据导入导出过程进行严格规范的管理。
- ❑ 以中立的视角观察公司数据导入导出安全部门技术团队人员的工作流程，包括在对导出的数据存储介质进行标识时，对导入导出的数据采取必要的安全技术措施时、对导入导出的过程进行日志记录时、对导入导出的人员采取必要的认证措施时、对导入导出的数据进行机器和人工双重校验时，是否可以识别出其中可能存在的安全风险，方法流程是否符合标准流程规范，是否符合国家法律法规的要求等。

4. 技术检测

数据导入导出安全阶段的技术检测，需要使用技术工具定期记录与审计组织内部的数据导入导出行为，确保没有出现任何超出授权的操作情况；使用技术工具检测导入导出的数据，以确保其保密性、完整性和可用性；检测数据导入导出后通道中缓存的数据是否已被彻底清除，以保证导入导出过程中涉及的数据不会被恶意恢复；检测数据导入导出的终端是否执行了有效的访问控制，以确保身份的真实性和合法性能够得到可靠保障。

8.5.4 明确数据导入导出安全管理的目的

数据导入导出操作广泛存在于数据交换过程中，通过该操作，数据能够进行批量化流转，从而加速数据应用价值的体现。如果没有安全保障措施，那么攻击人员可能会通过非法技术手段导出非授权数据，或者导入恶意数据等，从而造成数据篡改和数据泄露的重大安全事故，由于一般数据导入导出涉及的数据量都很大，因此相关的安全风险和安全危害也会被成倍放大。

对数据导入导出过程中数据的安全性进行管理，可以有效地防止在数据导入导出过程中对数据自身的可用性和完整性构成危害，以及降低可能存在的数据泄露风险。

8.5.5 数据导入导出安全管理的内容

组织机构应建立数据导入导出安全规范，以及相应的权限审批和授权流程，同时还需要建立导出的数据存储介质的安全技术标准，保障导出介质的合法合规使用。如图 8-17 所示，数据导入导出的流程一般包括明确导入导出的数据、提交数据导入导出的申请、评估数据导入导出的范围及内容、审批授权、数据导入导出、明确导出的数据存储介质安全要求、审计及溯源等步骤。接下来的几节将具体介绍数据导入导出安全流程的各个步骤。

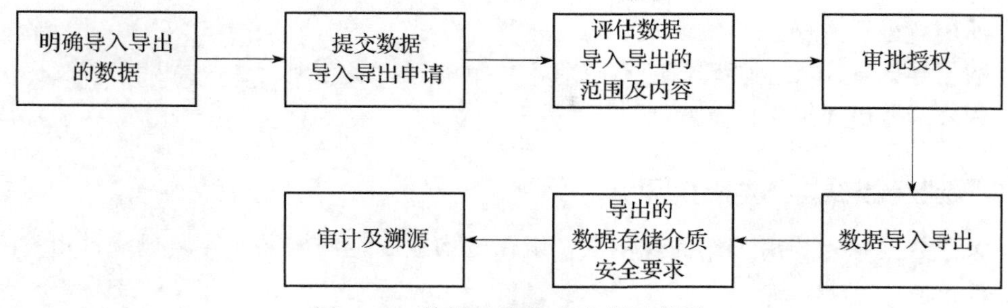

图8-17　数据导入导出流程示意图

8.5.6　明确导入导出的数据内容

在进行数据导入导出操作之前，操作人员需要明确数据导入导出的目的、范围、内容和格式等。并对需要导入导出的数据进行标识，包括数据的范围、内容和格式等，以便后续对数据的访问和导入导出操作进行跟踪和监督。在该过程中，数据导入导出安全管理部门需要注意以下事项。

- 数据的标识方法应该确保数据的标识信息能够随数据导入导出操作一起流动，并且不易于删除和篡改，从而可以对数据的导入导出记录进行有效跟踪，以确保数据的安全性和合规性。
- 数据的标识方法应支持静态数据和动态流数据的敏感标识。

8.5.7　提交数据导入导出的申请

用户在明确数据导入导出的目的之后，需要向数据导入导出安全管理部门提交《数据导入导出申请表》，表中的内容应包括申请人信息、所在部门、岗位、申请理由、申请内容等。

8.5.8　评估数据导入导出的范围及内容

数据导入导出安全管理部门在收到《数据导入导出申请表后》，需要对所申请的数据导入导出范围及内容进行风险评估及合规性审查等工作。

同时，数据导入导出安全管理部门需要对数据导入导出进行严格规范的管理。例如，当导出数据中的内容包含个人信息时，必须先征得个人信息主体的明示同意。

8.5.9　针对数据导入导出范围及内容的授权审批

为了保证数据导入导出范围及内容授权审批工作的规范性，组织机构应制定相关的授权审批规范，相关注意事项具体如下。

- 数据导入导出安全管理部门在授权过程中应采取“最小够用”原则，即为数据使用者提供完成业务处理活动所需的最小数据集。
- 数据导入导出安全管理部门对导入导出数据的范围和内容审查无误后，方可对数据使用者进行授权。

- 数据导入导出安全管理部门有权对不规范的授权事宜提出否决意见、对授权范围和内容的变更或终止提出意见。

8.5.10 制定数据导入导出规范

为保证数据导入导出工作的规范性，组织机构应制定数据导入导出规范，相关注意事项具体如下。

- 数据导入导出安全管理部门需要设置专门负责数据导入导出工作的专职人员，并对数据导入导出安全负责。
- 对数据导入导出的专职人员采取必要的认证措施，防止假冒。身份认证是数据安全防护的基础。
- 对导入导出的数据采取必要的安全技术措施，如木马检测、加密传输、加密存储、完整性校验等，以确保导入导出数据的安全性。
- 对导入导出的数据进行机器和人工双重校验，以保证数据的完整性和可用性。

8.5.11 明确导出数据存储介质的安全要求

组织机构应明确导出数据存储介质的相关安全要求，以保证导出数据的安全性。

- 对导出数据的存储介质进行标识，明确介质的命名规则，统一编号格式，定期对数据的完整性和可用性进行验证。
- 导出的数据存储介质的存放环境应有防火、防盗、防水、防尘、防震、防腐蚀及防静电等措施，防止其被盗、被毁、被未授权修改，以及其中所存信息的非法泄露。
- 如果导出的数据将不再使用，则需要删除和销毁，以避免数据泄露。

8.5.12 审计与溯源

在数据导入导出的各个阶段都需加入安全审计机制，严格、详细地记录数据导入导出过程中的相关信息，形成完整的数据导入导出记录，以用于后续问题的排查分析和安全事件的取证溯源。同时，数据导入导出安全管理部门需要设置专人定期对数据导入导出相关的日志记录进行安全审计，发布审计报告，并跟进审计中发现的异常问题。

8.5.13 使用技术工具

数据导入导出安全的技术工具应从两个方面来设计，一方面是数据导入安全，其作用是防止导入恶意数据，造成数据被篡改或破坏；另一方面是数据导出安全，其作用是防止导出未授权的数据，造成敏感信息泄露。完整的数据导入导出安全工具应该同时包含这两个方面。其次，由于导入导出作业的数据量一般都比较大，因此数据导入导出安全的技术工具还需要具备对导入导出的数据进行可用性和完整性校验的功能。

数据导入导出安全的全流程必须包含以下几个流程。

- 身份认证：只有通过身份认证的用户才可以使用数据导入导出管理平台 / 工具，进行后续的数据导入导出作业。身份认证应为多因素认证。
- 访问控制：不同的身份访问数据导入导出管理平台 / 工具，会获得不同的数据导入导出权限，权限分配应遵循“最小够用”原则。
- 作业审批：在访问控制流程中控制不同身份发起的数据导入导出作业，发起作业后，只有经过一级以上的人工审批，才能正式执行数据导入导出作业。
- 数据校验：在执行数据导入操作时，在进行最终的导入之前，需要对数据的格式、安全性和完整性等进行校验，只有通过校验的数据，才允许执行最终的导入动作；在执行数据导出操作时，需要对导出的数据先进行完整性校验，校验通过后才能结束导出作业。
- 日志审计：以上四个流程的全部操作都需要进行日志记录，日志审计需要覆盖数据导入导出的全生命周期。

在上述流程中，我们需要关注的技术点是多因素认证技术、访问控制技术和数据预处理技术。接下来的几节将具体介绍这几项技术。

8.5.14　多因素认证技术

多因素认证技术是一种计算机访问控制的方法，用户只有通过两种以上的认证机制，才能得到使用计算机资源的授权。例如，用户需要输入 PIN 码，插入银行卡，最后再经指纹比对，只有通过了这三种方式的认证，用户才能获得授权。这种认证方式可以提高安全性。常见的认证方式有静态认证（如账号口令）、动态认证（如动态一次性验证码）和生物识别（如指纹、人脸）等。

在实际场景中，多因素认证可以分为两种实施方式，一种是强制多因素认证。强制多因素认证方式是指用户每次认证都要经过两种以上的认证方式才能访问系统。这种方式的优点是安全性很高，缺点是用户体验较差，每次访问都需要进行多次认证，降低了效率。另外一种是动态多因素认证，在动态多因素认证方式中，认证系统会根据用户的访问环境，如 IP、机器码等来确定用户的访问环境是否可信，如果可信，则使用默认的单因素认证即可；如果不可信，则需要通过多因素认证之后才能访问系统。动态多因素认证方式在一定程度上可以平衡系统的安全性与效率。

动态多因素认证方式的工作流程图如图 8-18 所示。

8.5.15　访问控制技术

在数据导入导出的过程中，如果不同的身份具备相同的数据导入导出权限，则会导致严重的安全问题。比如，如果未认证的身份能够导出所有的数据，就会造成严重的数据泄露问题。所以，必须使用访问控制技术来限定哪些身份具备哪些数据导入导出的权限。

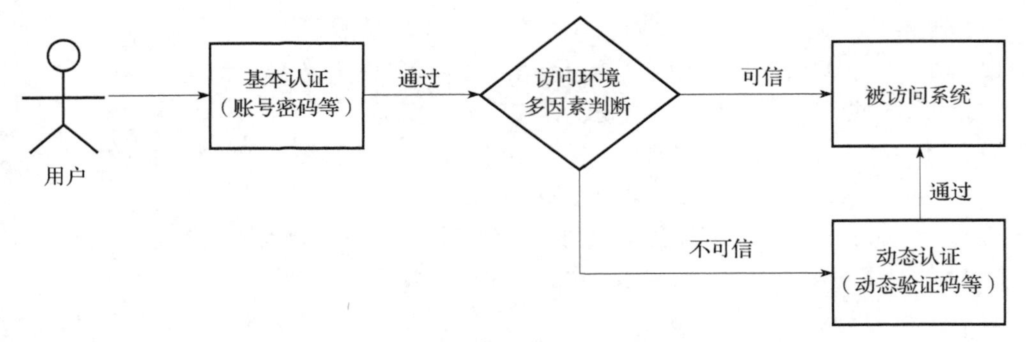

图 8-18 动态多因素认证方式示意图

访问控制技术的具体细节可回顾 8.3.13 节的相关内容。

8.5.16 数据预处理技术

对于数据导入导出安全来说，数据预处理是很关键的一步，预处理操作中包含了在进行最终的数据导入导出作业之前，对数据进行的所有事先处理和校验等工作。

由于数据导入作业是从外部将数据导入到内部系统中，所以数据导入的安全性校验尤为重要。数据导入作业的数据预处理操作一般是先对数据的格式进行校验，若数据格式不正确，或者与导入目标不兼容，则在预处理阶段就不会通过此次数据导入作业了；如果格式校验没有问题，则会进行数据的恶意代码检测，以防止攻击者在数据中夹带恶意代码；如果格式校验和安全性校验都没有问题，那么最后还要进行完整性校验，防止攻击者通过中间人攻击等方式篡改数据。

当格式、安全性和完整性校验全部通过之后，流程才会进行最后的数据导入操作。数据导入作业中的预处理流程如图 8-19 所示。

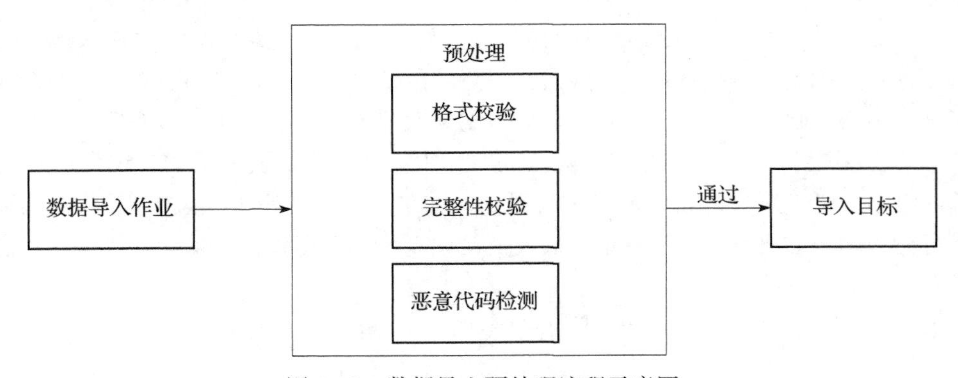

图 8-19 数据导入预处理流程示意图

相对于数据导入作业来说，数据导出作业的预处理要简单不少。因为在经过身份认证和访问控制之后，数据导出时要确保的就是导出的数据是可用的、完整的，所以数据导出作业的预处理操作通常只需要进行完整性校验即可。数据导出作业中的预处理流程如图 8-20 所示。

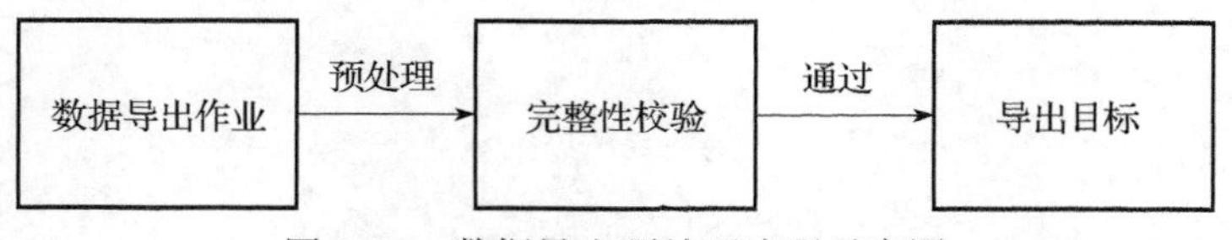

图 8-20　数据导出预处理流程示意图

8.5.17　技术工具的使用目标和工作流程

数据导入导出安全的技术工具应能实现以下目标。

- 数据导入导出身份认证：对于数据导入导出的操作人员进行多重身份鉴定，包括双因子认证等，确保操作人员身份的合法性。
- 数据导入导出权限管理：通过权限管理设置数据目录或数据资产的导入导出访问权限，包括但不限于访问范围、访问人员分组、访问时间、访问频次等。
- 数据导入导出审批人管理：支持设置数据访问权限的审核人和审批人，支持设置多级审批人。建立数据导入导出工作流机制，对数据导入导出操作进行审核和授权。数据操作人员需要通过工作流申请数据导入导出权限，通过审核和授权之后，只有遵循数据导入导出权限管理的数据才能执行导入导出操作。
- 数据导入导出完整性验证：为了防止数据在导入导出过程中被篡改，数据导入导出安全工具增加了完整性保护验证功能，在导入导出完成后需要进行完整性校验，以确保数据的合法性。
- 数据导入导出日志审计和风险控制：对于数据导入导出的所有操作和行为进行日志记录，并对高危行为进行风险识别。在安全事件发生后，能够通过安全日志快速进行回溯和分析。

图 8-21 所示的是基于数据导入导出安全的技术工具进行作业的基本流程图。

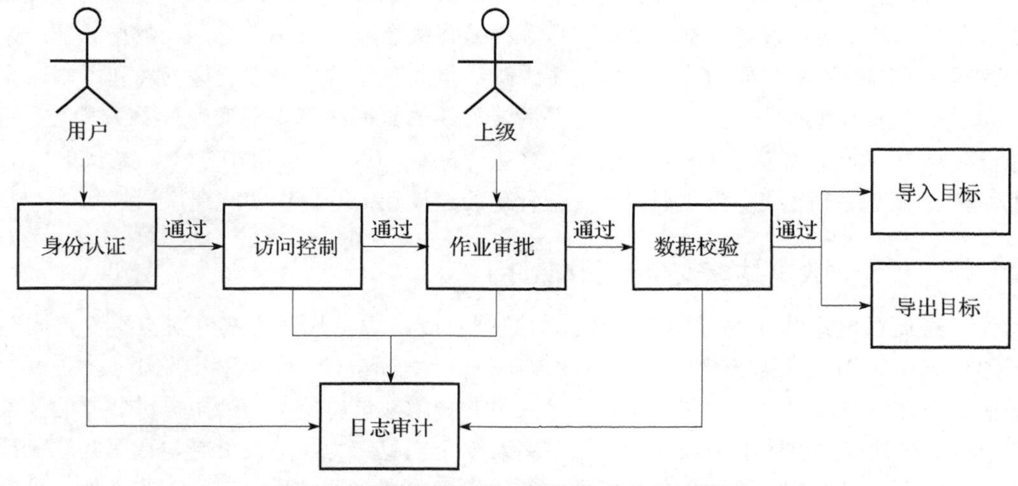

图 8-21　数据导入导出安全作业基本流程图

Chapter 9 第9章

数据交换安全实践

本章将基于DSMM数据安全治理思路和定义级（3级）视角，对数据交换安全阶段的3个过程域提供数据安全建设实践建议。这3个过程域分别为数据共享安全、数据发布安全和数据接口安全。

9.1 数据共享安全

为了挖掘数据的更多价值，组织机构通常会将数据共享给外部组织机构或第三方合作伙伴，然而数据在共享的过程中可能会面临巨大的安全风险。一方面数据本身可能具有敏感性，很多企业可能会将敏感数据共享给本应无权获得的企业；另一方面，在数据共享的过程中，数据有可能会被篡改或伪造，所以为了保护数据共享后的完整性、保密性和可用性，对数据共享安全进行管理是十分合理且有必要的。有效的数据共享安全管理需要从多个方面进行建设和提升，本节将基于DSMM充分定义级（3级）视角，从组织建设、人员能力、制度流程和技术工具四个维度为数据共享安全管理的建设和提升提供实践建议。

9.1.1 建立负责数据共享安全的职能部门

为了避免在数据共享的过程中出现类似数据篡改、敏感数据泄露等安全事件，同时也为了加强组织机构对数据交换安全的建设，在条件允许的情况下，组织机构应设立负责数据共享安全管理的部门，并招募相关的管理人员和技术人员，负责为公司提供必要的技术支持，为组织机构制定整体的数据共享安全策略及安全规范，为技术人员制定数据共享审计策略和审计日志管理规范，并推动相关要求在组织机构中切实可靠地执行。除此之外，数据共享安全管理部门还需要为业务团队提供对不同数据共享场景的风险评估支持，以及制定针对不同共享场景的对应的数据共享安全方案，为技术人员建立严格的数据共享审核流程，为数据提供者或数据使用者提供书面的安全责任说明，以明确双方的责任和义务。

9.1.2　明确数据共享安全岗位的能力要求

组织机构在设立了专门负责数据共享安全管理的岗位之后，还需要招募负责该项工作的专项人员。数据共享安全部门的管理人员必须具备良好的数据安全风险意识，熟悉国家网络安全法律法规，以及组织机构所属行业的政策和监管要求，在进行数据共享安全管理以及制定数据共享安全原则的时候，能够严格按照《中华人民共和国网络安全法》《中华人民共和国数据安全法》《中华人民共和国个人信息保护法》等相关法律法规和行业规范执行。同时，相关的管理人员还需要具备一定的数据共享安全管理经验，拥有良好的数据共享安全专业知识基础，熟悉主流的数据共享安全案例、管理流程和技术工具，能够根据不同的数据共享业务场景进行相应的风险评估，具备能够结合业界标准、合规准则、业务场景制定标准化数据共享安全规范和策略方案的能力。

同样，数据共享安全部门的技术人员必须具备良好的数据共享安全风险意识，熟悉相关的法律法规及政策要求，熟悉主流厂商的数据共享方案，熟悉主流的数据共享安全检测工具及其使用方法，拥有一年以上的数据共享安全审核经验，能够充分理解并执行由管理人员制定的数据共享安全策略方案，能够对数据共享交换过程中的重要数据、个人敏感数据采取必要的安全检测防护，能够对数据共享过程中的数据、日志等内容进行审计分析，并具备一定的应急响应与追踪溯源能力。

9.1.3　数据共享安全岗位的建设与人员能力的评估方法

数据共享安全岗位的建设和对应人员实际执行能力的评估，可通过内部审计、外部审计等形式以调研访谈、问卷调查、流程观察、文件调阅、技术检测等多种方式实现。

1. 调研访谈

数据共享安全阶段的调研访谈，主要包含对公司数据共享安全部门管理人员和技术人员的访谈两部分，具体访谈内容如下。

- 对数据共享安全部门管理人员的访谈内容为：确认其是否胜任该岗位，确认其是否明确定义并细化了数据共享场景、数据共享涉及范围、数据类型、数据内容和数据格式，如内部业务系统之间的数据共享、基于业务需求的对外数据共享等；是否明确告知数据提供者和数据使用者其所担负的安全责任，是否明确了双方的责任和义务，是否通过建立书面安全责任协议等方式提前说明了双方的责任和义务及相应的要求。
- 对数据共享安全部门技术人员的访谈内容为：确认其是否拥有一年以上的数据共享安全检测经验；是否能够对数据共享交换过程中的敏感数据采取必要的安全检测措

施，以保证数据的完整性和安全性；是否能够对涉及数据交换加工的第三方平台、组件、SDK、源代码等进行明确的安全评估，以确保其符合数据共享安全的要求；是否能够在数据共享审计日志管理上对所有的数据共享内容和过程进行记录并妥善保存，以便发生突发情况时能够进行及时的应急处置与追责溯源。

2. 问卷调查

数据共享安全阶段的问卷调查通常是以纸面问卷的形式，向公司数据共享安全部门的技术人员调研该部门管理人员的工作情况，具体调研内容如下。

数据共享安全部门的管理人员是否制定了针对公司的、有效的数据共享安全原则及管理规范；是否建立了包括但不限于共享的数据内容、涉及的部门组织、归档记录等数据共享的审核流程；是否可以对不同的数据共享业务场景进行风险评估；是否可以根据组织机构的数据共享安全原则制定出适合不同业务场景的定制化数据共享安全策略方案；是否能够依据国家的相关法律法规对数据共享的过程进行严格规范的管理；是否规定了统一的数据共享安全检测工具、日志审计产品，以及相关标准的使用规范，以便应对突发情况下的应急处置与追责溯源。

3. 流程观察

数据共享安全阶段的流程观察，主要是观察公司数据共享安全部门的管理人员和技术人员两方的工作流程，并从中寻找可能的问题点和改善点，具体观察内容如下。

- 以中立的视角观察公司数据共享安全部门管理人员的工作流程，包括在为公司制定整体的数据共享安全原则及管理规范时，为公司建立数据共享安全审计策略时，为不同的业务场景提供安全风险评估时，为不同的业务场景制定安全策略方案时，为不同的数据共享场景定义并细化数据共享涉及的数据范围、类型和内容时，是否可以识别出其中可能存在的数据共享安全风险，是否贴合组织机构的内部框架，是否满足不同业务场景的安全需求，方法流程是否符合标准；在对数据共享进行严格规范的管理时，是否遵守国家相关法律法规的要求。
- 以中立的视角观察公司数据共享安全部门技术人员的工作流程，包括在对共享的数据内容进行审核时、对数据共享的工作流程进行审核时、对数据共享的日志记录进行管理与审核时、对涉及第三方数据交换加工平台的场景制定明确的安全评估要求和流程时、对数据共享交换过程中的重要数据及敏感数据进行防护时，是否可以识别出其中可能存在的安全风险，方法流程是否符合标准的流程，是否遵守国家相关法律法规的要求。

4. 技术检测

数据共享安全阶段的技术检测，需要使用技术工具检测数据共享工作的流程是否符合安全规范与法律规定；检测数据共享过程中的数据内容和业务场景等指标，确保既没有出现任何超出共享业务场景的情况，也没有出现任何超出数据共享使用授权范围的情况；检测数据共享过程中的日志内容已被正确、有效地记录与保存，检测共享数据的格式规范，以确保其保密性、完整性和可用性。

9.1.4　明确数据共享安全管理的目的

在数据共享交换环节中，业务系统将数据共享给外部组织机构，或者以合作的方式与第三方合作伙伴交换数据，数据在共享后能够释放更大的价值，从而进一步支撑数据业务的深入开展。

数据在共享过程中可能会面临巨大的安全风险，除了数据本身就具有一定的敏感性之外，共享保护措施不当也将带来敏感数据和重要数据的泄露风险。因此，采取一定的安全保护措施，可以保障共享后数据的完整性、保密性和可用性，防范数据丢失、篡改、假冒和泄露等安全风险。

9.1.5　数据共享安全管理的内容

组织机构应明确数据共享的安全规范，从国家安全、组织机构的核心价值保护、个人信息保护等方面对数据共享的风险控制提出要求，同时还需要明确制定相应的权限审批和授权流程，并根据不同场景下的数据共享操作制定细化的规范要求，以降低数据共享场景下的安全风险。

如图 9-1 所示，数据共享的流程一般包括提交数据共享申请、评估数据共享的范围及内容、审批授权、数据共享、审计及溯源等步骤。接下来的几节将具体讲解数据共享安全流程的各个步骤。

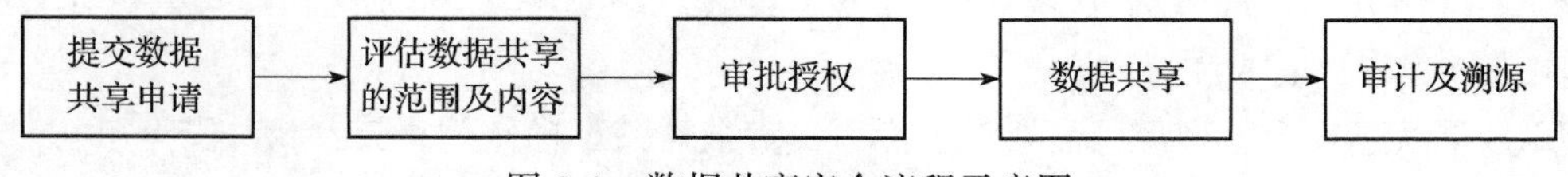

图 9-1　数据共享安全流程示意图

9.1.6　提交数据共享申请

数据使用者需要明确数据共享所涉及的数据范围、内容和格式等，并向数据共享安全管理部门提交《数据共享申请表》，其中的内容包括申请人信息、所在部门、岗位、申请理由、申请内容等。

9.1.7　评估数据共享的范围及内容

数据共享安全管理部门在收到《数据共享申请表》后，需要基于数据共享的场景，对所申请的共享数据进行风险评估。如基于内部业务系统之间的共享或基于业务需要的对外共享等，根据数据共享涉及的数据范围、数据类型、数据内容及数据格式等评估不同场景的数据共享风险。

同时，数据共享安全管理部门需要与数据共享的业务方、共享数据在组织机构内部的管理方，以及根据组织机构数据共享的规范要求所需参与具体风险判定的相关方，如法律团队、对外公关团队、财务数据对外管理团队等其他重要的与数据价值保护相关的团队，共同对共享数据的目录进行审核，确保没有超出数据服务提供者的数据所有权和授权使用范围。

9.1.8 针对数据共享范围及内容的授权审批

组织机构需要建立数据共享的审核流程，包括共享的数据内容、涉及的部门和组织、授权审批同意/否决、归档记录等。尤其是对于向外部提供的共享数据，一定要有严格的审核流程。数据共享的审核应由数据共享安全管理部门负责，在审核过程中，需要注意如下事项。

- 组织机构需要建立数据共享审核流程的在线平台，支持设置数据共享权限的审核人和审批人，支持设置多级审批人。同时，通过平台进行审核并详细记录归档，确保没有超出数据服务提供者的数据所有权和授权使用范围。
- 数据共享安全管理部门在授权过程中应采取“最小够用”原则，即为数据使用者提供完成业务处理活动所需的最小数据集。
- 数据共享安全管理部门审查无误后，方可对共享数据的范围和内容进行授权。同时，数据共享安全管理部门有权对不规范的授权事宜提出否决意见，对授权范围和内容的变更或终止提出意见。

9.1.9 实施数据共享

组织机构需要明确数据共享规范，以保证数据共享工作的规范性。相关人员在数据共享的实施过程中，需要注意以下事项。

- 数据共享安全管理部门需要设置专人负责数据共享操作的实施及相关安全事宜。
- 在实施数据共享操作之前，需要先明确数据提供者和数据使用者的安全责任，如建立书面的安全责任说明/协议，明确双方的责任和义务，对数据采取加密保护措施和完整性校验技术防护等，提前向双方说明各自的责任和义务，以及相应的要求。
- 在数据共享交换过程中，组织机构需要采取必要的措施对重要的数据和个人隐私敏感数据等进行防护，做到数据“可用不可见”，从而有效地保护敏感数据。即在用户不直接接触原始数据的情况下，依然可以使用共享数据进行计算和分析，以得到结果。
- 数据共享安全管理部门需要对数据共享过程进行监控，以确保共享的数据未超出授权范围，并对数据共享过程中的高危行为进行识别。

9.1.10 审计与溯源

组织机构需要在数据共享的各个阶段加入安全审计机制，严格、详细地记录并保存数据共享的所有操作和行为，为数据共享安全事件的处置、应急响应和事后调查提供帮助。同时，数据共享安全管理部门需要设置专人定期对数据共享相关的日志记录进行安全审计，发布审计报告，并跟进审计中发现的异常问题。

9.1.11 使用技术工具

在数据交换环节，由于业务需要，往往需要进行数据共享作业，而在数据共享过程中又可能会面临巨大的安全风险，一旦共享保护措施不当就会带来敏感数据和重要数据的泄露。因此，在数据共享过程中，需要采取安全保护措施以保障共享后数据的完整性、保密性和可用性，防止数据丢失、篡改、假冒和泄露。数据共享的过程包含了数据共享前的审批、脱敏，共享过程中的加密操作，以及对共享过程的日志记录和审计等。

数据共享安全主要包含以下三种方式。

- 在线服务浏览：主要是面向弱需求应用部门，通过浏览器直接访问平台门户网站，应用可以在线查看平台提供的各类数据资源服务，如各类地理信息和专题信息浏览、地名查找、地址定位、空间查询、地点标绘、数据选取等。
- 使用在线服务接口：主要是面向具有开发能力的应用部门。针对平台提供的在线服务接口，应用部门可以进行二次开发，建设自身的业务应用系统。服务接口包括数据服务接口和功能服务接口。通过数据服务接口，应用部门可以获得平台最新的数据成果，同时也可以获得其他节点上发布的专题共享信息数据。通过功能服务接口，应用部门可以获得各类服务功能，如统计功能。
- 离线服务：主要是面向不具备网络接入条件或省级平台在线服务方式不能满足需求的部分应用部门。离线服务模式是一种非在线服务模式，通过硬盘复制方式，数据提供者将数据提供给应用部门，应用部门再依托离线数据建设自身的业务系统。数据提供者需要定期更新离线数据，以确保数据的同步更新。

以上基本涵盖了目前主流的数据共享方式。为保证数据共享过程中的安全性，防止出现数据丢失、篡改和泄露等数据安全问题，数据共享安全管理部门需要建立一系列防护措施，最终建立数据共享安全管理平台，实现数据共享目录审核、数据共享记录审计、敏感数据脱敏等全系列处理流程。因此，数据共享安全管理平台应主要包含以下4个子平台。

- 用户认证平台：用于对数据共享的操作人进行身份认证，确保发起数据共享的人员已通过认证。
- 权限管理平台：用于建立数据共享目录，确认工作流，对共享数据的目录进行审核，确保没有超出数据服务提供者的数据所有权和授权使用范围。
- 流程审批平台：用于设置数据共享权限的审核人和审批人，支持设置多级审批人。
- 监控审计平台：组织机构内部对外共享的数据可通过平台进行审核并详细记录，同时对共享日志进行审计和风险控制，通过日志记录数据共享的所有操作和行为，并对高危行为进行风险识别。在安全事件发生之后，组织机构应能通过安全日志快速进行回溯分析。

除了以上主要功能之外，在数据共享过程中，如果共享数据中包含重要数据、个人隐私数据等敏感数据，则需要对共享数据进行加密和脱敏等处理，然后再进行共享操作，从而有效保护敏感数据的安全性。若担心影响数据的有效性而不能对数据进行匿名化处理，则需要对数据进行安全交换处理，使用户在不直接接触原始数据的情况下，依然可以使用共享数据进行计算和分析，以得到结果。数据加密的相关内容可参考 6.1 节，数据脱敏的相关内容可参考 8.1 节，数据共享安全主要涉及的技术点在于数据安全交换。主流的数据安全交换方法主要包含基于物理存储介质的摆渡交换技术、基于电路开关的交换技术、基于内容过滤的交换技术、基于协议隔离的交换技术、基于物理单向传输的交换技术和基于密码的交换技术等。接下来的几节将具体讲解这六种数据交换技术。

9.1.12 基于物理存储介质的摆渡交换技术

基于物理存储介质的摆渡交换技术是指借助光盘或 U 盘等物理存储介质，通过人工操作的方式实现交换数据的“摆渡”，从而实现不同信息系统之间的数据交换功能，该交换技术也称为人工交换。如图 9-2 所示，在不同信息系统之间进行数据交换的时候，先由指定人员将需要交换的数据刻录成光盘或复制到移动存储介质上，再复制到目标系统中，这种解决方案可以实现网络的安全隔离，安全性较高，但数据的交换是由人工操作来实现的，工作效率较低，两个系统之间的数据交换比较困难，安全性完全依赖于人为因素，可靠性无法保证。

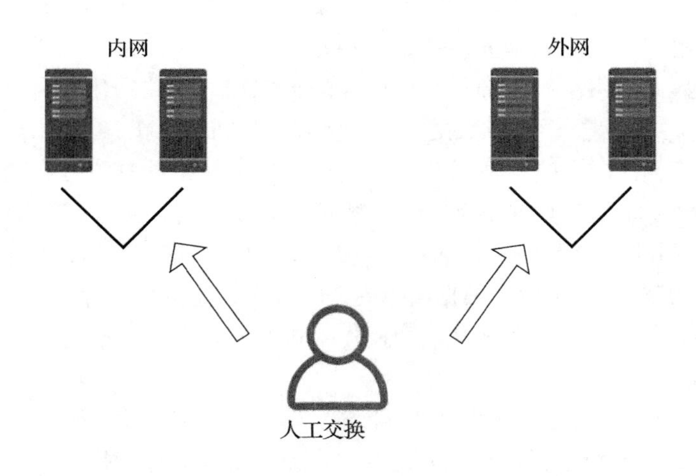

图 9-2 人工交换示意图

9.1.13 基于电路开关的交换技术

基于电路开关的交换技术是指利用单刀双掷开关使得内、外部网络分时访问临时缓存器来完成数据的交换，从而实现在空气缝隙隔离情况下的数据交换。传统网阀主要是基于该技术来实现内、外网的物理隔离和数据交换的。如图 9-3 所示，基于电路开关的交换设备通常由三部分组成：内网处理单元、外网处理单元和隔离交换单元。内网处理单元与内网口相连，外网处理单元与外网口相连。当发生数据交换时，单刀双掷开关分时与内、外网处理单元相连接，通过隔离交换单元来完成内网处理单元和外网处理单元之间的数据交换。隔离交换单元不仅要实现内、外网络处理单元的隔离，同时还要完成对数据的剥离，以及对物理连接的断开。

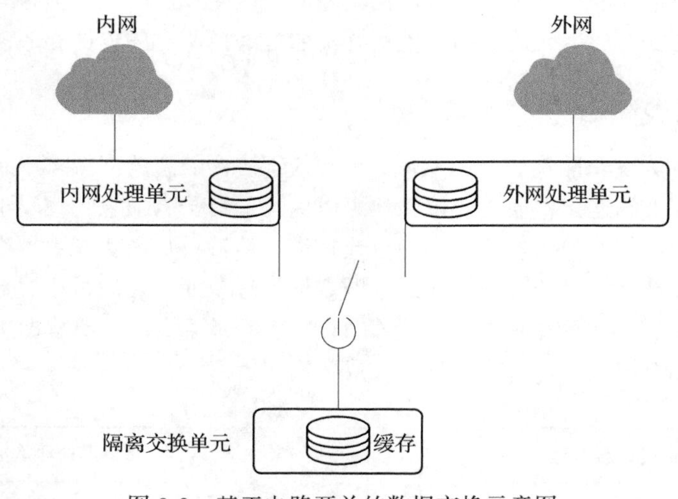

图 9-3 基于电路开关的数据交换示意图

基于电路开关的交换技术的主要特点是通过电路开关切换不同的网络，使得内网与外网永不连接，内网和外网在同一时间最多只有一个网络与隔离交换单元建立数据连接。每一次数据交换都要经历数据写入和数据读出两个过程。基于电路开关的交换技术其优势是构建方式比较简单，可以保证在任意时刻内网与外网间都不会存在链路层通路，从而实现网络的物理隔离。基于电路开关的交换技术能够在一定程度上解决数据交换和安全隔离的需求，但这种隔离方式仅仅是时间逻辑上的错觉，如果延长时间，压缩时间轴，那么我们所看到的信息交互量曲线与网线相连无异，因此如果交换数据中存在非法信息或敏感信息，那么当一端网络连接时，非法信息或敏感信息依然会扩散或泄露。除此之外，基于电路开关的交换技术其数据传输是非实时的，因此该方式不够便捷。

9.1.14 基于内容过滤的交换技术

基于内容过滤的交换技术是指通过对网络内网进行关键字（如基于 HTTP 的网页内容关键字，SMTP 和 POP3 协议的邮件主题、邮件内容关键字等）匹配和内容过滤来实现数据的交换。基于内容过滤的交换技术可以实现对网络内容的监控，对应用数据的提取与安全审查，可以保护网络中的各种敏感资源和数据，防止在交换过程中传输某些特定内容，从而达到杜绝基于协议层的攻击和增强应用安全的目的。基于内容过滤的交换技术可以通过软件方式或硬件方式来实现，其主要工作过程是首先进行网络数据包的捕获与解析，然后对数据包进行检测和文档提取，最后针对关键词（字）进行检索，按照匹配的原理，对传输的数据进行过滤和检查。

该技术的主要特点是可以抵抗来自传输层的攻击，如红色代码蠕虫病毒的攻击，其主要手段就是通过非法的 URL 请求对 Microsoft 的 IIS 服务器进行攻击。这种基于内容过滤的交换技术可以解决诸如非法参数、缓冲区溢出漏洞等网络攻击问题，但也只能降低被攻击的风险，依然会存在安全隐患，因为内容检测并不能过滤掉所有的攻击和病毒。

9.1.15 基于协议隔离的交换技术

协议隔离又称为逻辑隔离，如图 9-4 所示，基于协议隔离的交换技术是指处于不同安全域的网络具有物理上的连接，通过协议转换可以保证受保护的信息在逻辑上是隔离的，只有满足系统要求、允许传输的信息才可以通过连接进行传输，从而实现数据交换。进行数据交换时，内、外网应将待交换的数据发送到内网数据处理单元，之后再通过数据交换单元完成数据交换，在数据交换单元中剥离数据包的 TCP/IP 头部结构，对裸数据进行重新编码，并通过不可路由的私有协议进行传输，从而完成数据交换。

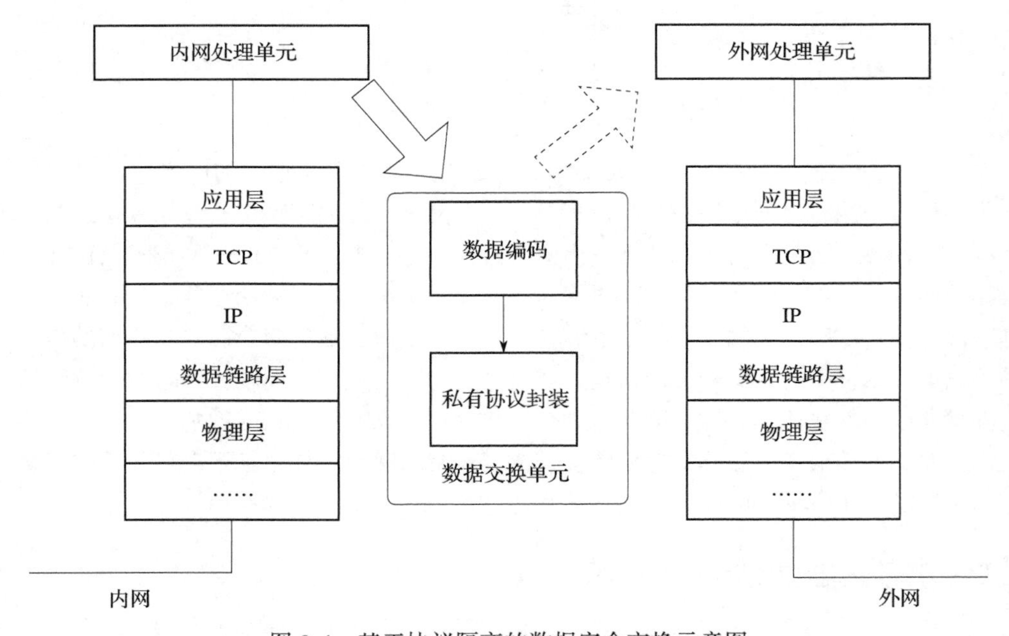

图 9-4 基于协议隔离的数据安全交换示意图

基于协议隔离的交换技术的主要特点是通过剥离数据包的 TCP/IP 头部结构，对裸数据重新编码，并通过私有协议传输的方式来切断内、外网络之间建立的 TCP/IP 连接，阻止了针对 TCP/IP 的所有攻击。但该技术的安全性依赖于私有化协议和应用设计的保密性。除此之外，虽然所交换的数据单元是用户所使用的原始数据（即数据文件），但是攻击者如果将非法的病毒和木马文件伪装成合法的文件，并设法将这些文件放在进行数据交换的服务器上，或者伪装成合法的服务器，依然也能将这些非法文件交换到内网中，导致无法实现数据的安全交换。

9.1.16　基于物理单向传输的交换技术

基于物理单向传输的交换技术是指数据传播在约定的时间范围内（通常是无限长），单方向上不存在任何介质形式的有效通路。如图 9-5 所示，内、外网处理单元分别与内、外网相连，内网处理单元与外网处理单元之间通过专用的光或电单向器件连通来进行单向数据传输，而不能反向传输数据，从而在物理隔离的两个网络之间真正实现安全的单向导通功能。

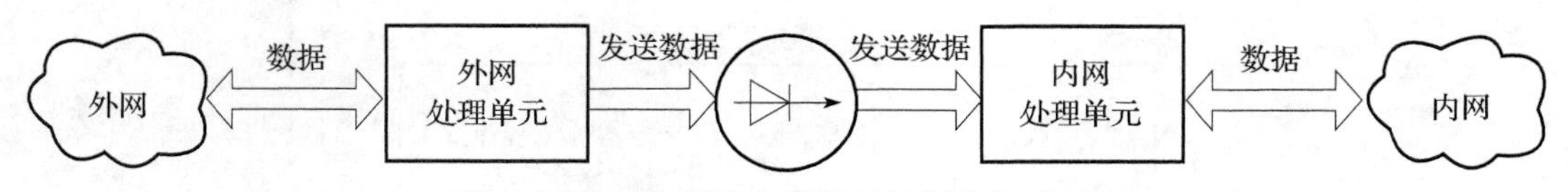

图 9-5　基于物理单向传输的数据交换示意图

基于物理单向传输的交换技术的主要特点是发生数据交换时，其通过硬件实现一条“只读”的单向传输通道来保证内、外网的安全隔离，严格限制数据传输流向，从而实现数据的安全交换。这种技术多用于解决工业控制系统与外网之间的单向数据交换，或者不同密级的网络之间的单向数据交换。

9.1.17　基于密码的交换技术

基于密码的交换技术是指使用专用密码通信协议来实现数据的安全交换。基于该技术实现数据安全交换的主要过程是：采用两台不同的设备，通过通用的网络接口，分别与内网和外网的网络接口相连，而这两台设备之间需要使用专用密码通信协议的专用接口卡进行互联，通常情况下内、外网之间是断开的，只有在进行数据交换时，内、外网才会通过这两台设备及专用密码通信协议进行连通。

在密码技术的支持下，该技术采用专用安全通信协议来实现不同网络之间的隔离与交互。其主要优势是对那些程序性穿透攻击设置了一道不可逾越的障碍，使得破坏者无法通过攻击程序来盗取内网的信息。不过，由于专用通信协议往往需要专用硬件设备的支持，因此基于密码的交换技术往往成本比较高、设备的费用通常比较昂贵。

9.1.18　技术工具的使用目标和工作流程

数据安全共享管理平台应能实现以下目标。

- ❑ 用户认证：对进行数据共享操作的人员进行多因素认证，确保共享用户的合法性。
- ❑ 用户权限管理：对数据共享操作的用户进行权限管理，配置不同用户组及用户可操作数据的目录，确保被共享的数据在操作用户的权限范围之内。
- ❑ 流程审批管理：用户进行数据共享操作的申请需要通过上一级管理人员的审批。当共享数据超出操作人员的权限范围时，需要通过审批流程进行授权管理。
- ❑ 监控审计：对所有用户的认证、权限、共享等操作进行日志记录并定期审计，以确保所有操作合理、合法、合规。
- ❑ 数据安全交换：根据实际情况，选择合适的数据交换模型，保护被共享数据的完整性、安全性和保密性。

图 9-6 所示的是基于数据共享安全技术工具的数据交换安全作业基本流程图。

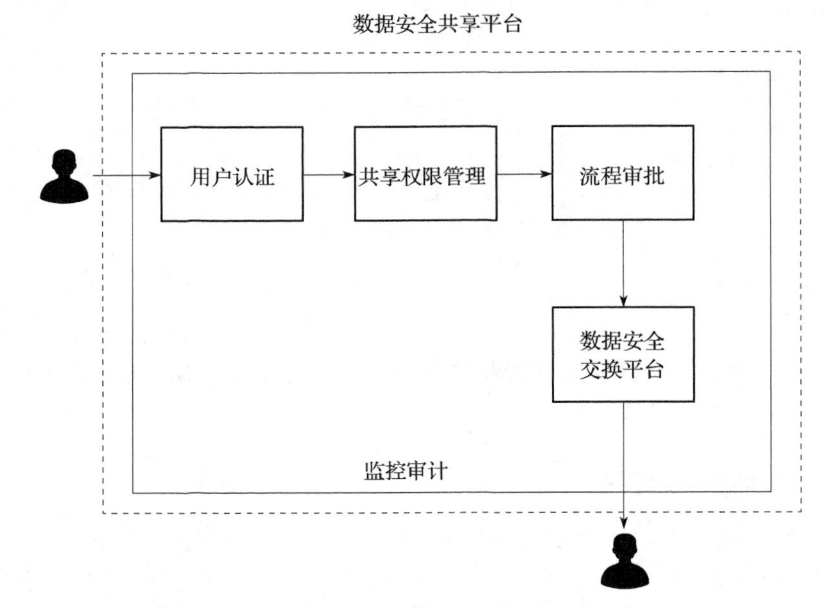

图 9-6 数据交换安全作业基本流程图

9.2 数据发布安全

数据发布是企业间进行数据交换最频繁的一个阶段，数据发布通常是指企业利用各种途径对外公开组织内部数据的一个过程，如企业对外宣发、网站发布、社交媒体发布，等等。由于在数据发布的过程中经常会出现敏感信息泄露的问题，所以组织机构需要尽快对数据发布过程进行管理与规范。有效的数据发布安全管理需要从多个方面进行建设和提升，本节将基于 DSMM 充分定义级（3 级）视角，从组织建设、人员能力、制度流程和技术工具四个维度对数据发布安全管理的建设和提升提供实践建议。

9.2.1　建立负责数据发布安全的职能部门

为了避免在数据发布过程中出现敏感信息泄露的问题，在条件允许的情况下，组织机构应该设立数据发布安全管理部门，并招募相关的管理人员和技术人员，负责为公司提供必要的技术支持，为组织机构公开发布信息，以及制定整体的数据发布安全原则及管理规范，并推动相关要求在组织机构中切实可靠地执行。除此之外，数据发布安全管理部门还需要为业务团队提供对不同数据发布场景的风险评估支持，以及制定针对不同数据发布场景的对应的数据发布方案，为数据发布人员进行专门的安全意识培训，为技术人员建立严格的数据发布审核流程及审查制度，并建立数据资源公开的数据库等。

9.2.2　明确数据发布安全岗位的能力要求

组织机构在设立了专门负责数据发布安全管理的岗位之后，还需要招募负责该项工作的专项人员，数据发布安全部门的管理人员必须具备良好的数据安全风险意识，熟悉国家网络安全法律法规，以及组织机构所属行业的政策和监管要求，在进行数据发布安全管理以及制定数据发布安全原则的时候，能够严格按照《中华人民共和国网络安全法》《中华人民共和国数据安全法》《中华人民共和国个人信息保护法》等相关法律法规和行业规范执行。同时，相关的管理人员还需要具备一定的数据发布安全管理经验，拥有良好的数据发布安全专业知识基础，且通过了岗位能力测试，熟悉主流的数据发布安全解决方案、管理流程和技术工具，能够根据不同的数据发布业务场景进行相应的风险评估，具备能够结合业界标准、合规准则、业务场景制定标准化数据发布安全规范和定制化的数据发布安全策略方案的能力。

数据发布安全部门的技术人员同样也必须具备良好的数据发布安全风险意识，熟悉相关的法律法规及政策要求，熟悉主流厂商的数据发布方案，熟悉主流的数据发布安全检测工具及其使用方法，拥有一年以上的数据发布安全审核经验，充分理解并执行由管理人员制定的数据发布安全策略方案，具备能够正确使用数据资源公开数据库的能力，具备符合相关操作流程对数据发布系统进行标准化操作的能力，具备审计和分析数据发布过程中的数据和日志等内容的能力，具备能够对突发的数据资源事件进行应急处理的能力。

9.2.3　数据发布安全岗位的建设及人员能力的评估方法

数据发布安全管理岗位的建设和对应人员实际执行能力的评估，可通过内部审计、外部审计等形式以调研访谈、问卷调查、流程观察、文件调阅、技术检测等多种方式实现。

1. 调研访谈

数据发布安全阶段的调研访谈，主要包含对公司数据发布安全部门的管理人员和技术人员的访谈两部分，具体访谈内容如下。

- 对数据发布安全部门管理人员的访谈内容为：确认其是否胜任该岗位，是否明确定义了待发布的数据内容、涉及的组织和部门、审核的批准情况、数据应急处理的流程等，确认管理人员是否建立了定期或非定期的数据发布审核检查制度，以确保技术人员可以及时对已发布的数据及数据的有效性进行监控。

- 对数据发布安全部门的技术人员的访谈内容为：确认其是否具有一年以上的数据发布安全检测经验；是否能够对数据发布过程中的敏感数据采取必要的安全检测措施，以确保发布的内容符合数据发布安全管理规定；是否能够对数据资源公开数据库进行符合管理标准的操作；是否能够准确地实施由管理人员制定的定制化数据发布安全策略；是否能够正确地使用数据发布系统来发布公共数据；是否能够在数据发布系统上对数据资源事件进行记录与保存，以便在发生突发情况时能够及时进行应急处置与追责溯源。

2. 问卷调查

数据发布安全阶段的调研访谈通常是以纸面问卷的形式，向公司数据发布安全部门的技术人员调研该部门管理人员的工作情况，具体调研内容如下。

数据发布安全部门的管理人员是否制定了针对公司的、有效的数据发布安全原则及管理规范；是否建立了包括但不限于待发布的数据内容、涉及的部门组织、审批情况等数据发布的审核流程；是否可以对不同的数据发布安全业务场景进行风险评估；是否可以根据组织机构的数据发布安全原则制定出适合不同业务场景的定制化数据发布安全策略方案；是否能够依据国家的相关法律法规对数据发布的过程进行严格规范的管理；是否规定了统一的数据发布安全审核工具、数据发布系统及相关的标准使用规范，以便应对突发情况下的应急处置与追责溯源。

3. 流程观察

数据发布安全阶段的流程观察，主要是观察数据发布安全部门的管理人员和技术人员两方的工作流程，并从中寻找可能的问题点和改善点，具体观察内容如下。

- 以中立的视角观察公司数据发布安全部门管理人员的工作流程，包括在为公司制定整体的数据发布安全原则及管理规范时，为公司建立数据发布安全审计策略时，为不同的数据发布业务场景提供安全风险评估时，为不同的业务场景制定定制化安全策略方案时，为不同的数据发布安全场景定义发布的数据使用范围、数据类型和数据内容时，是否可以识别出其中可能存在的数据发布风险，是否贴合组织机构的内部框架，是否能够满足不同业务场景的安全需求，方法流程是否符合标准；在对数据发布进行严格规范的管理时，是否遵守国家相关法律法规的要求。
- 以中立的视角观察公司数据发布安全部门技术人员的工作流程，包括审核待发布的数据内容时、审核数据发布的工作流程时、管理与审核数据发布的日志记录时、使用数据资源公开的数据库时、使用与管理数据发布系统时、防护数据发布过程中的重要数据及敏感数据时，是否可以识别出其中可能存在的安全风险，方法流程是否符合标准的流程，是否遵守国家相关法律法规的要求。

4. 技术检测

数据发布安全阶段的技术检测，需要使用技术工具检测数据发布工作的流程是否符合安全规范与法律规定；检测数据发布过程中的数据内容和业务场景等指标，确保既没有出现任何超出数据发布业务场景的情况，也没有出现超出数据发布使用授权范围的情况；检测数据发布过程中的日志内容是否得到正确、有效的记录与保存，检测发布的数据格式是否规范，其保密性、完整性和可用性是否能够得到保障；检测数据资源公开数据库及数据发布系统是否能够正常平稳地运行，确保技术人员在出现突发情况时能够快速地进行应急处置。

9.2.4　明确数据发布安全管理的目的

数据发布是指组织内部的数据通过各种途径向外部组织公开的过程，如数据开放、企业宣传、网站内容发布、社交媒体发布、PPT 资料对外宣讲等。数据发布安全管理的目的是避免由于违规对外披露而对组织机构造成名誉损害和资产损失等不良影响。数据发布安全管理可用于保障发布内容的真实性、正确性、时效性和准确性。

9.2.5　数据发布安全管理的内容

组织机构需要在数据分类分级的基础上，建立数据发布管理制度，针对可对外公开和发布的数据进行发布前、发布中和发布后安全管理，具体包括发布前对数据内容和发布范围等进行审核，发布中进行定期审查，以及发布后对可能出现的不良影响采取应急处理机制。

9.2.6　制定数据发布审核制度

组织机构需要制定数据发布审核制度，包括数据待发布内容、涉及的部门和组织、审核批准或否决、数据发布应急处理流程等，以确保所发布的内容可以安全公开且符合法律法规要求。数据发布的审核工作由数据发布安全管理部门负责，管理部门需要严格审核和管理发布的数据，确保已发布数据的合法性、真实性和准确性。在数据发布审核的过程中，数据发布安全管理人员需要注意以下事项。

- 数据发布安全管理部门负责完成对发布信息的审核，签署并及时反馈审核意见；对于不能确定是否可以公开的数据，应当依照国家法律法规及行业有关规定，上报给相关主管部门或同级保密工作部门确定。
- 数据发布安全管理部门不得公开涉及国家秘密、商业秘密和个人隐私的数据。但是，经权利人同意公开，或者数据发布安全管理部门认为不公开可能会对公共利益造成重大影响的、涉及商业秘密或个人隐私的数据，可以予以公开。
- 任何人都不得利用数据发布平台从事危害国家安全、泄露国家秘密的活动，不得侵犯国家、社会、集体的利益和其他公民的合法权益。

- ❑ 对于经过审核后确认同意发布的数据，负责数据发布的人员应及时在数据发布平台上将其发布，以确保发布数据的及时性和准确性。发布后，数据发布人员应及时保存原数据文档，并在数据发布平台上完成对信息内容的检查和校对，确定数据无误，同时上传和登记数据发布人员、发布时间等信息。
- ❑ 凡有关信息采集、审核、发布和上传登记的信息，都应该形成档案资料妥善保存，档案内容主要包括所有人员签名、审核意见、发布过程等内容；发布的文件、数据、文字及图像等资料均由数据发布安全管理部门统一管理。

9.2.7 明确数据发布监管要求

组织机构需要明确数据发布的监管要求，主要包含如下内容。

- ❑ 所发布的数据内容应明确适用范围、发布者和使用者的权利和义务。如所有权已有归属，则未经归属者同意，禁止转载，或者将其用于商业用途等。
- ❑ 数据发布安全管理部门需要建立定期审核检查制度，对已发布的数据进行监控，确定其符合数据发布安全管理规定，同时对已发布数据的有效性进行监控，及时检查其在现有情况下是否依然有效。

9.2.8 制定数据发布事件应急处理流程

凡事都应做到未雨绸缪，同样，数据发布也要贯彻“预防为主，防治结合”的原则。要把灾害和危机预防作为数据发布安全管理部门的中心环节和主要任务，强化安全管理，建立预警机制，提高应急处置能力，最大限度地减少突发事件对发布数据造成的危害。

数据发布安全管理部门需要通过对数据发布平台的资产、面临的威胁、存在的脆弱性、采用的安全控制措施等进行分析，从技术和管理两个层面综合判断数据发布平台面临的风险，并结合数据分类分级的结果确定预警及预警的响应级别。当发生突发事件时，数据发布安全管理平台必须依据所确定的突发事件和预警级别及时提出预警建议，并报告上级相关部门批准，报告内容应包括突发事件的预警级别、起始时间、可能造成的影响范围、警示事项、应采取的措施等。发布预警信息后，对于预警级别较高的突发事件，数据发布安全管理部门应快速有序地启动应急响应机制，尽最大努力把突发事件的危害性降到最低；对于预警级别较低的突发事件以及数据发布安全管理部门通过日常监测和维护就可以解决的事件，则不需要启动应急响应机制，由数据发布安全管理部门直接负责处理即可。以下为数据发布在不同场景下的应急处理措施。

（1）数据发布出现非法言论时的应急处理措施

1）数据发布安全管理团队人员应在接到预警通知后立刻赶到现场，做好必要的记录，清理非法信息，强化安全防范措施，并将数据发布平台重新投入使用。

2）数据发布安全管理部门应妥善保存相关记录及日志或审计记录。

（2）黑客攻击时的应急处理措施

1）当数据发布平台的内容被篡改，或者通过入侵检测系统发现有黑客正在对服务器进行攻击时，数据发布安全部门的管理人员应立刻赶到现场，首先应将被攻击的服务器等设备从网络中隔离出来，保护现场，同时向上级领导部门通报攻击情况；若情况比较严重，则应及时报告给上级机关并向公安部门报警。

2）数据发布平台的恢复与重建由数据发布安全管理部门及相关技术人员负责，同时还要协同有关部门共同追查非法信息来源。

（3）病毒安全应急处理措施

1）一旦发现计算机感染病毒，数据发布安全管理部门的相关人员应立即将该主机从网络上隔离出来，并启用反病毒软件对数据发布平台进行杀毒处理，同时使用病毒检测软件对其他机器进行病毒扫描和清除工作。

2）数据发布安全管理部门需要定期对数据发布平台进行数据备份。

9.2.9　使用技术工具

在对外进行信息共享、信息公开的数据发布时，往往会发生信息泄露的数据安全问题。在传统的信息发布流程中，数据发布执行者的信息安全意识与规范程度很大程度上决定了数据发布的数据安全性。而数据发布安全技术工具的意义就在于弱化数据发布安全对于人的依赖，在数据发布过程中对发布数据进行处理，攻击者即使得到了发布的数据，也无法获取原数据中的敏感信息。同时，数据发布安全技术工具还要对发布过程进行控制和记录。

9.2.10　隐私保护数据发布

一套完整的数据发布安全管理工具应该包含三个模块：数据发布平台、数据发布数据库和数据发布事件处理平台。

- 数据发布平台：是对发布数据进行处理、控制和记录发布过程的统一安全管理平台，是保证数据安全发布的“核心大脑”。
- 数据发布数据库：是专门为数据发布平台和数据发布事件处理平台的数据搭建的数据库，包括所发布的数据、发布的用户、流程记录、事件记录等。
- 数据发布事件处理平台：用于处理在数据发布后所发生的数据安全事件。

其中，对发布数据进行安全处理的技术是数据发布安全工具的基础和核心。处理的目标在于发布数据的“可验证性”和“抗联系攻击性”，一个比较典型的例子就是投票数据的公布，“可验证性”就是投票者可以验证自己的参与是否被正确计票，“抗联系攻击性”就是从已公布的投票数据中并不能推导出投票者的选择。

数据发布是数据交换和数据共享中很重要的环节。在现实生活中，很多组织机构需要定期对外发布数据，例如，上文中提到的投票数据发布，政府机关定期发布的政府工作报告，上市公司定期对外发布的财务经营报表，等等。近年来，随着信息化技术、网络技术和存储性能等技术的不断成熟，大量数据的发布变得越来越方便和容易。技术的成熟，加上外部环境和业务的需要，组织机构内部会公开发布大量的数据，但也因此给个人隐私和组织机密带来了隐私保护方面的安全问题。如何解决数据发布过程中可能存在的隐私泄露问题，已经成为当前数据交换共享领域的一个研究热点，并由此催生出了一个新的研究领域——数据发布中的隐私保护（PPDP，Privacy Preserving in Data Publishing）。PPDP 的主要任务是解决隐私保护和数据发布后的数据可用性之间矛盾的平衡问题，与之对应的主要目标是在保证发布数据可用性的前提下，适当损失原始数据所包含的信息，以提高发布数据的安全性，从而达到隐私保护与信息可用性之间的平衡。

自从 PPDP 诞生以来，围绕着数据发布的隐私保护领域出现了几种具有代表性的技术方法，接下来的几节将具体讲解这几种技术方法。

9.2.11 基于匿名的隐私保护数据发布技术

基于匿名的隐私保护数据发布技术，也称为基于限制的发布技术，主要是采用数据匿名算法对所发布的数据进行处理，一般包括抑制（即不发布该数据项）和泛化（即对数据进行更概括、抽象的描述）等操作。

基于限制的发布技术，是指为了实现对数据隐私的保护，根据情况有选择地发布原始数据和较低精度的敏感数据，或者不发布数据。“数据匿名化”是当前基于限制的发布技术的主要方法和研究热点，是对敏感数据进行选择性发布，以达到数据隐私保护和数据可用性的平衡。除了设定好能够平衡数据隐私保护和可用性的匿名化原则之外，数据匿名化研究还要针对特定的匿名化原则设计有效的匿名化算法，并将其应用在现实的数据发布中。

抑制和泛化是数据匿名化采用的两种基本操作。数据抑制是指抑制特定数据项的发布，如部分发布或者不发布，数据抑制可以很好地避免特定记录的隐私泄露。数据泛化是指使用更概括、更抽象的信息代替原始数据，这样就可以在不泄露数据的精确信息的前提下保留数据的统计特征和相关信息。例如，在发布个人的年龄信息时，可以用婴幼儿、少年、青年、中老年、老年等概念性描述来代替具体的年龄。数据匿名化技术研究时常用的技术有“K－匿名”策略和“L－多样性”策略。

“K－匿名”是在数据发布环境下实现隐私保护的一项重要技术，是由 Samarati P 和 Sweeney L 于 1998 年提出的，随后受到了数据安全领域的重视，并在之后的十几年间快速发展。“K－匿名”是指通过匿名化技术（如泛化等），对原始数据集中的某些属性值进行匿名化操作，形成满足一定匿名要求的数据集，用来进行数据发布。对于任何一个投影到这些属性上的属性值，必须同时存在至少 $k-1$ 条其他记录属性值与该属性值完全相同。

为了解决同质性攻击和背景知识攻击所带来的隐私泄露问题，Machanavajjhala 等人在“K－匿名”模型的基础上提出了“L－多样性”（L-diversity）模型的概念。“L－多样性”是指在公开的数据中，每个等价类里的敏感属性必须具有多样性，即“L－多样性”保证在每个等价类里，敏感属性至少有 L 个不同的取值，“L－多样性”使得攻击者最多只能以 $1/L$ 的概率确认某个个体的敏感信息，从而保证用户的隐私信息不能通过背景知识或同质知识等方法推断出来。

9.2.12　基于加密的隐私保护数据发布技术

在某些场景中，如分布式隐私保护场景，数据在发布或传输的过程中，首先要解决的是通信的安全性问题。基于数据加密的隐私保护技术的原理是使用加密技术，在数据通信过程中对数据进行加密，从而隐藏敏感信息。基于数据加密的隐私保护技术多用在分布式应用中，如分布式数据挖掘、分布式安全查询、几何计算、科学计算等应用。由于数据加密技术多适用于分布式应用和数据值的加密隐藏，因此在面向聚类的隐私保护数据发布场景中，该技术没有得到广泛应用。

9.2.13　基于失真的隐私保护数据发布技术

在面向聚类应用的隐私保护数据发布研究中，最常用的是基于数据失真的隐私保护技术。数据失真技术通过扰动修改原始数据来实现隐私保护和信息隐藏，扰动修改后的数据应同时满足以下两个要求。第一个要求是攻击者无法找到真正的原始数据，即攻击者通过扰动后的数据不能恢复或重构真实和完全的原始数据。第二个要求是扰动后的数据其聚类可用性保持不变，即从原始数据中和从发布后的数据中得到的聚类信息是相同的。

在基于数据失真的隐私保护技术中，数据扰动是目前比较常用的一种方法，其主要思想是通过对原始数据的修改实现对微数据隐私的保护，这种扰动很容易造成数据个体差异的改变，数据扰动在使敏感数据失真的同时，能够维持某些数据或某些数据的属性保持不变，但也可能会带来一定程度的信息丢失。面向聚类应用的数据扰动研究，主要采用几何变换、数据交换及数据替换等扰动方法对数据实施隐私保护。

9.2.14　技术工具的使用目标和工作流程

数据发布安全技术工具应能实现以下目标。

- 数据发布记录：技术工具可以对数据发布的全流程信息进行记录，包括发布的信息、发布的时间、发布的用户、事件记录、变更记录等，为数据发布提供可追溯的条件。
- 数据发布控制：技术工具应能对数据发布进行安全控制和处理，利用隐私保护技术和算法对需要发布的数据进行处理，保证发布的数据不会泄露个人隐私和组织秘密。
- 数据发布事件处理：技术工具应具备发现、收集和处理数据发布过程中的异常和安全事件的能力，能够及时告警并处理发生的数据发布异常和安全事件，从而对各类事件进行有效处理。

图 9-7 所示的是数据发布安全作业的基本流程图。

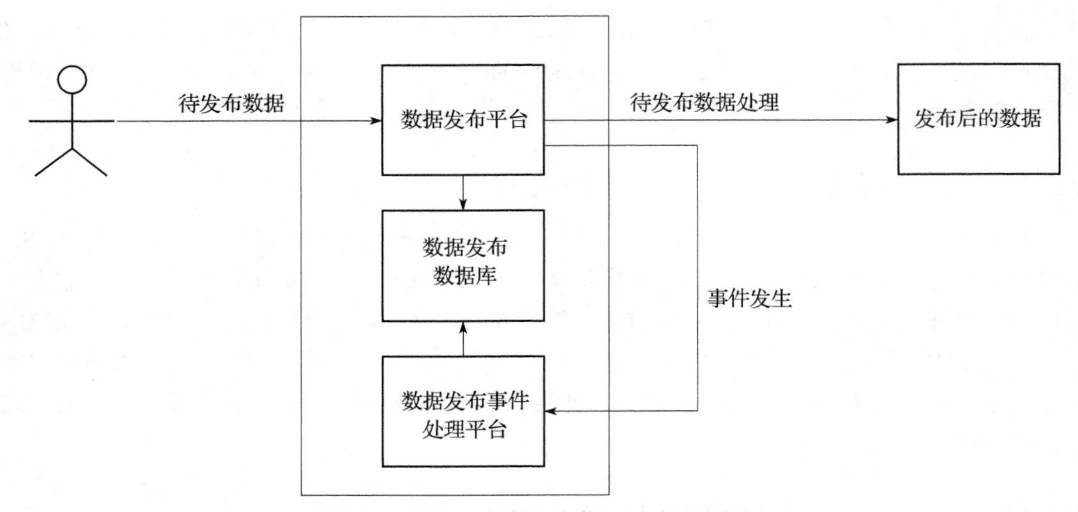

图 9-7 数据发布安全作业基本流程图

9.3 数据接口安全

在数据交换过程中，企业间用来获取数据最常见的方式是使用数据接口，所以数据接口也成为了攻击者重点关注的对象，因为一旦数据接口出现问题，就会导致数据在通过数据接口时发生数据泄露等风险。为了规范组织机构的数据接口调用行为，对数据接口进行安全管理是十分有必要的。有效的数据接口安全管理需要从多个方面进行建设和提升，本节将基于 DSMM 充分定义级（3 级）视角，从组织建设、人员能力、制度流程和技术工具四个维度对数据接口安全管理的建设和提升提供实践建议。

9.3.1 建立负责数据接口安全的职能部门

在数据交换过程中，为了避免数据接口问题导致的数据泄露事件，在条件允许的情况下，组织机构应该设立数据接口安全管理部门，并招募相关的管理人员和技术人员，负责为公司提供必要的技术支持，负责为组织机构制定整体的数据接口安全控制策略，负责为数据使用者制定统一的、标准的数据接口开发规范，并推动相关要求在组织机构中切实可靠地执行。除此之外，数据接口安全管理部门还需要为业务团队提供不同的数据接口场景的风险评估支持，制定明确的数据接口使用安全指南，向数据接口调用者明确其使用目的、使用方式、数据安全责任归属等问题。

9.3.2 明确数据接口安全岗位的能力要求

组织机构在设立了专门负责数据接口安全管理的岗位之后，还需要招募负责该项工作的专项人员。数据接口安全管理岗位的相关人员必须具备良好的数据安全风险意识，熟悉国家网络安全法律法规以及组织机构所属行业的政策和监管要求，在进行数据接口安全管理以及制定数据接口安全控制策略的时候，严格按照《中华人民共和国网络安全法》《中华人民共和国数据安全法》《中华人民共和国个人信息保护法》等国家相关法律法规和行业规范执行。同时，相关的管理人员还需要具备一定的数据接口安全管理经验，熟悉数据接口调用安全专业知识且通过了岗位能力测试，熟悉主流的数据接口安全案列、管理流程、技术工具，能够根据不同的数据接口业务场景进行相应的风险评估，具备能够结合业界标准、合规准则、业务场景制定标准化数据接口使用安全规范和数据接口开发规范的能力。

数据接口安全管理部门的技术人员必须具备良好的数据接口安全风险意识，熟悉相关的法律法规及政策要求，熟悉主流厂商的数据接口解决方案，熟悉主流的数据接口安全检测工具及其使用方法，拥有一年以上的数据接口安全审核经验，充分理解数据接口调用业务的使用场景，充分理解并执行由管理人员制定的数据接口安全策略方案，具备能够对数据接口进行大量安全测试的能力，具备能够对数据接口的调用日志进行审计和分析的能力，具备能够对突发的数据违规调用事件进行应急处理的能力。

9.3.3 数据接口安全岗位的建设及人员能力的评估方法

数据接口安全管理岗位的建设和对应人员实际执行能力的评估，可通过内部审计、外部审计等形式以调研访谈、问卷调查、流程观察、文件调阅、技术检测等多种方式实现。

1. 调研访谈

数据接口安全阶段的调研访谈，主要包含对数据接口安全部门管理人员和技术人员的访谈两部分，具体访谈内容如下。

- 对数据接口安全部门管理人员的访谈内容为：确认其有能力制定整体的数据接口安全原则及控制策略，了解数据接口正当使用规范、数据提供者与数据调用者的数据安全责任归属、数据接口安全日志审计流程和管理规范、数据接口安全检测工具，确认其有能力对数据接口调用的业务场景进行风险评估，确认其能胜任该岗位。同时，调研访谈还应该确认管理人员是否明确定义并规范了所涉及的接口类型、编码格式、变量名称、变量类型、长度、大小等内容；管理人员是否建立了定期或非定期的数据接口审核检查制度，以确保技术人员可以及时对数据接口调用的数据进行审计和监控；管理人员是否建立了统一的数据接口管理平台，以实现对数据接口的管理。
- 对数据接口安全部门技术人员的访谈内容为：确认其是否具有一年以上的数据接口安全检测经验；是否能够准确地实施由管理人员制定的定制化数据接口安全策略；是否能够对数据接口进行大量的安全测试，包括但不限于非授权登录、重放攻击、数据篡改、假冒伪装等测试操作以确保接口安全；是否能够对数据接口的调用日志（包括日期、时间、调用人、IP 地址、状态、返回内容等）进行审计与记录、对数据接口的异常事件进行告警和通知，以备后期进行追踪溯源。

2. 问卷调查

数据接口安全阶段的问卷调查通常是以纸面问卷的形式，向公司数据接口安全部门的技术人员调研该部门管理人员的工作情况，具体调研内容如下。

数据接口安全部门的管理人员是否制定了针对公司的、有效的数据接口安全原则及控制规范，包括但不限于接口身份鉴别令牌、访问控制权限、签名防抵赖、时间戳、安全传输协议 HTTPS 等；是否可以对不同的数据接口调用业务场景进行风险评估；是否可以根据组织机构的数据接口安全原则制定出适合不同业务场景的定制化数据接口使用方案；是否能够依据国家的相关法律法规对数据接口的调用或开发过程进行严格规范的管理；是否制定了接口开发标准规范；是否与数据接口的调用者签订了安全责任声明书，包括双方的权利和义务、数据的使用目的、调用频次和责任归属等；是否建立了统一的数据接口管理平台，以实现对数据接口的管理和审核，从而保证开放的数据接口符合安全规定要求。

3. 流程观察

数据接口安全阶段的流程观察，主要是观察数据接口安全部门管理人员和技术人员两方的工作流程，并从中寻找可能的问题点和改善点，具体观察内容如下。

- 以中立的视角观察公司数据接口安全部门管理人员的工作流程，包括在为公司制定整体的数据接口安全原则及控制规范时、为公司建立数据接口日志安全审计策略时、为不同的数据接口调用业务场景提供安全风险评估时、为不同的业务场景制定定制化数据接口安全使用规范时、为技术人员或数据接口开发人员制定接口开发规范时，是否可以识别出其中可能存在的数据安全风险，是否贴合组织机构的内部框架，是否满足不同业务场景的安全需求，方法流程是否符合标准；在对数据接口进行严格规范的管理时，是否遵守国家相关法律法规的要求。
- 以中立的视角观察公司数据接口安全部门技术人员的工作流程，包括在对数据接口调用的工作流程进行审核时、对数据接口调用的数据内容进行审核时、对数据接口调用的日志记录进行管理与审核时、对数据接口进行大量的安全测试时、对数据接口管理员的权限进行管理与分配时，是否可以识别出其中可能存在的安全风险，方法流程是否符合标准的流程规范，是否遵守国家相关法律法规的要求。

4. 技术检测

数据接口安全阶段的技术检测，需要使用技术工具对数据接口的调用进行身份鉴别和访问控制，以确保所有人对数据接口的访问与调用都是合法的、符合标准的；对数据接口的不安全输入参数进行限制与过滤，为数据接口提供异常处理的能力；对数据接口访问的审计能力进行检测，为大数据安全审计提供可配置的数据服务接口；对数据接口调用过程中的日志内容能否被正确有效地记录与保存进行检测；对数据接口管理平台能否正常平稳地运行进行检测，并确保在出现突发情况时能够快速地进行应急处置。

9.3.4　明确数据接口安全管理的目的

在数据共享交换过程中，通过数据接口获取数据是一种很常见的方式。如果对数据接口进行攻击，则将导致数据通过数据接口泄露的安全问题。组织机构通过建立对外数据接口的安全管理机制，可以有效防范在数据接口调用过程中发生的安全风险。

9.3.5　制定数据接口开发规范

数据接口安全管理部门需要制定接口开发规范，对涉及的接口类型、编码格式、变量名称、变量类型、长度、大小等内容进行规范定义。同时，采用不安全参数限制、时间戳超时机制、令牌授权机制、签名机制、安全传输协议等安全措施，降低数据在接口调用过程中的安全风险。

9.3.6　针对数据接口的管理和审核

组织机构应建立数据接口管理平台，实现对数据接口的管理和审核，保障对外开放的接口符合安全规定要求。

使用外部数据接口的流程，需要管理和审核的内容具体如下。

- 组织机构因内部系统建设或功能完善需要申请或变更数据接口的，应由组织内部信息化专员登录数据接口管理平台，并提出相应的申请与变更需求，经上级领导审批同意后，提报数据接口安全管理部门审批。
- 数据接口安全管理部门收到数据接口申请与变更后，应与各相关组织及技术人员召开需求评审会议，评审数据接口实施的可行性及实施期限，对于不可行的数据接口申请与变更，评审会议应否决实施，并由数据接口安全管理部门在数据接口管理平台进行否决需求操作；对于评审可行的数据接口申请与变更，数据接口安全管理部门应在数据接口管理平台录入实施期限并确认需求审核。
- 对于通过评审的数据接口申请与变更需求，数据接口安全管理部门应与各相关组织进行数据接口谈判，确定数据接口文档，并组织相关技术人员及其他实施人员对数据接口内容的实施与安全测试进行议定，包括非授权登录、重放攻击、数据篡改、假冒伪装等操作，以确保数据接口安全。
- 对于实施完成后经双方测试确认的数据接口，数据接口安全管理部门需要组织相关技术人员与其他实施人员共同制定数据接口上线组织方案，并组织数据接口的上线工作，对于数据接口上线未成功的，应由数据接口安全管理部门和相关技术人员与其他实施人员重新制定方案组织上线。
- 对于已经完成上线的数据接口申请与变更需求，数据接口安全管理部门的技术人员需要制定或变更数据接口文档，该文档应由数据接口安全管理部门进行收集与归档。

使用内部现有数据接口的流程，需要管理和审核的内容具体如下。

- 组织机构因内部系统建设或功能完善需要申请或变更现有数据接口的，应由组织内部信息化专员登录数据接口管理平台提出相应的申请与变更需求，经上级领导审批同意后，提报数据接口安全管理部门审批。
- 数据接口安全管理部门收到数据接口申请与变更后，应与数据接口安全管理技术人员进行数据接口实施的可行性及实施期限的评审，否决不可行的现有数据接口变更的申请，应由数据接口安全管理部门在数据接口管理平台进行否决需求的操作；对于评审可行的现有数据接口的申请与变更，数据接口安全管理部门需要在数据接口管理平台录入实施期限并确认需求审核。同时，数据接口安全管理技术人员应制定数据接口的测试与实施方案，并进行实施与安全测试，以确保数据接口的安全。实施完成后，再由数据接口安全管理技术人员完成数据接口的上线工作。对于已经完成上线操作的数据接口申请与变更需求，数据接口安全管理技术人员需要制定或变更数据接口文档，该文档应由数据接口安全管理部门进行收集与归档。

向外部单位提供数据接口的流程，需要管理和审核的内容具体如下。

组织机构接到外部单位提交的数据接口使用申请时，应由数据接口安全管理部门在数据接口管理平台上进行提报与登记，登记内容包括数据接口调用者的使用目的和使用方式等，并组织数据接口安全管理技术人员与数据接口调用者共同评审数据接口的实施可行性，制定实施与测试方案。在实施之前，组织机构需要与接口调用者签订安全责任声明书，包括双方的权利和义务、数据的使用目的、调用频次、责任归属等。

9.3.7 审计与溯源

数据接口调用的各个阶段都需要加入安全审计机制，严格、详细地记录接口调用过程中的相关信息，包括日期、时间、调用人、IP 地址、状态和返回内容等，以方便后续问题的排查分析和安全事件的取证溯源。同时，数据接口安全管理部门需要设置专人定期对接口调用相关的日志记录进行安全审计，发布审计报告，并跟进审计中发现的异常。

9.3.8 使用技术工具

通过数据接口进行数据共享是一种比较常见的方式，一旦数据接口被攻击者恶意利用，就有可能会造成敏感数据的泄露。由于伪装攻击、篡改攻击、重放攻击、数据信息监听等攻击方式均有可能造成数据的泄露，因此数据接口安全技术工具需要防范组织数据在接口调用过程中产生的安全风险。

一套完整的数据接口安全技术工具应具备安全访问、安全传输和安全审计的功能，具体说明如下。

- 安全访问：所谓安全访问是指通过认证及授权的身份以合法的方式对接口数据进行请求。为实现安全访问，首先需要进行身份认证，可以通过公私钥签名或加密机制提供细粒度的身份认证和访问、权限控制，以满足数据防篡改和数据防泄露的要求。

对接口不安全数据参数应进行限制或过滤，为接口提供异常处理能力，防止由于接口特殊参数注入而引发的安全问题。在访问过程中，对用户身份认证信息采用时间戳超时机制，过期失效，以满足接口防重放要求。

- 安全传输：所谓安全传输是指通过接口进行的请求及数据返回都需要通过安全的通道进行传输。如通过 HTTPS 构建的可进行加密传输和身份认证的网络协议，以解决信任主机通信过程中的数据泄密和数据篡改的问题。
- 安全审计：在用户访问过程中或访问结束之后，数据接口安全技术工具应具备数据接口访问的审计能力，并能为数据安全审计提供可配置的数据服务接口，同时还可以通过接口调用日志的收集处理和分析操作，从接口画像、IP 画像、用户画像等维度对接口的调用行为进行分析，并且通过告警机制对产出的异常事件进行实时通知。

相较于其他安全域，这个阶段需要关注如何对数据接口进行安全访问的控制，主要涉及的技术手段有不安全数据参数的限制、时间戳超时机制等。安全传输可参考 6.1 节的相关内容。

9.3.9　不安全参数限制机制

不信任所有用户的输入是构建安全世界观的重要概念。绝大部分黑客攻击都会通过人为地构造一些奇特的参数值进行攻击探测，因此数据接口安全管理团队需要对用户的输入进行检测，以确定其是否遵守系统定义的标准。限制机制可能只是简单的一个参数类型的验证，也可能是复杂的使用正则表达式或业务逻辑去验证输入。目前主流的验证输入的方式共有两种：白名单验证和黑名单验证。

- 白名单验证：是指只接受已知的不存在威胁的用户数据，即在接受输入之前首先验证输入是否满足期望的类型、长度或大小、数值范围及其他格式标准。常用的实现内容验证的方式是使用正则表达式。
- 黑名单验证：是指只拒绝已知的存在威胁的用户输入，即拒绝已知的存在威胁的字符、字符串和模式。这种方法没有白名单验证的效率高，原因在于潜在的、存在威胁的字符数量庞大，因此存在威胁的输入清单也很庞大，扫描过程较慢，并且难以得到及时更新。常见的实现黑名单验证的方法也是使用正则表达式。

9.3.10　时间戳超时机制

时间戳超时机制是指用户每次请求都带上当前时间的时间戳（timestamp）。服务端接收到时间戳后，会与当前时间进行比对，如果时间差大于一定的时间（如 5 分钟），则认为该请求失效。时间戳超时机制可以有效防止请求重放攻击、DoS 攻击等。

9.3.11　令牌授权机制

用户使用身份认证信息通过数据接口服务器认证之后，服务器会向客户端返回一个令牌（token，通常是 UUID），并将 token-userid 以键值对的形式存放在缓存服务器中。服务端接收到请求后进行令牌验证，如果令牌不存在，则说明请求无效。令牌是客户端访问服务端的凭证。

9.3.12 签名机制

将令牌和时间戳加上其他请求参数，再用 MD5 或 SHA-1 算法（可根据情况加盐）进行加密，加密后的数据就是本次请求的签名（sign）。服务端接收到请求后，将以同样的算法得到签名，并将其与当前的签名进行比对，如果不一样，则说明参数已被更改过，将会直接返回错误标示。签名机制可以保证数据不会被篡改。

9.3.13 技术工具的使用目标和工作流程

数据接口安全技术工具应能实现以下目标。

- 安全访问：防止数据接口重放、未授权访问导致的数据泄露、恶意参数注入等引起的安全问题。
- 安全传输：数据在传输过程中需要在安全通道内对传输中的数据进行加密等。
- 安全审计：对用户请求的行为进行日志记录并审计，以发现相关的安全隐患。

数据接口安全基本作业流程如图 9-8 所示。

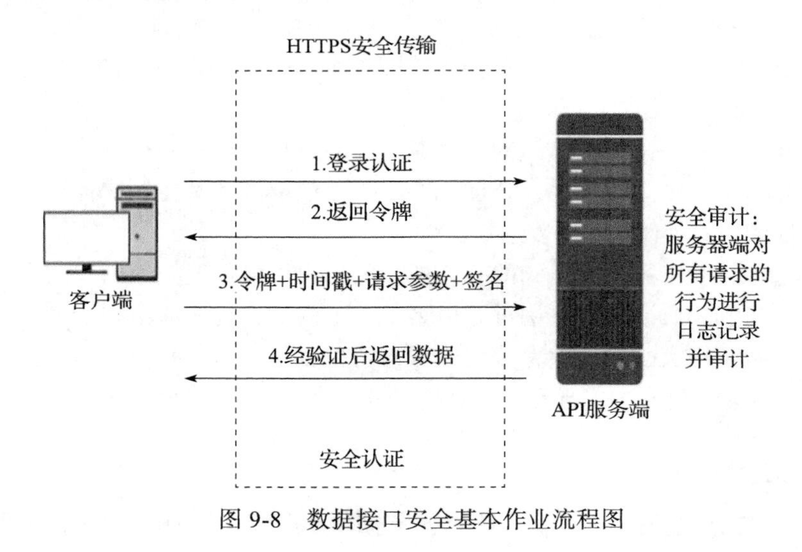

图 9-8 数据接口安全基本作业流程图

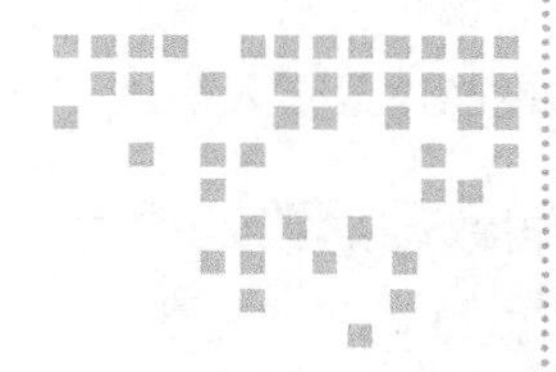

第 10 章 Chapter 10

数据销毁安全实践

本章将基于 DSMM 数据安全治理思路和充分定义级（3 级）视角，对数据销毁安全阶段的两个过程域提供数据安全建设实践建议，这两个过程域分别为数据销毁处理和介质销毁处理。

10.1 数据销毁处理

为了满足合规要求及组织机构本身的业务发展需求，组织机构需要对数据进行销毁处理。因为数据销毁处理要求针对数据的内容进行清除和净化，以确保攻击者无法通过存储介质中的数据内容进行恶意恢复，从而造成严重的敏感信息泄露问题，所以针对数据销毁过程的管理是十分必要且相当紧迫的。有效的数据销毁处理需要从多个方面进行建设和提升，本节将基于 DSMM 充分定义级（3 级）视角，从组织建设、人员能力、制度流程和技术工具这四个维度对数据销毁处理的建设和提升提供实践建议。

10.1.1 建立负责数据销毁处理的职能部门

为了避免攻击者可能通过恶意恢复被销毁的数据，从而造成敏感数据泄露事件的发生，在条件允许的情况下，组织机构应该设立数据销毁安全管理部门，并招募相关的管理人员和技术人员，负责为公司的数据销毁处理提供必要的技术支持，为组织机构制定整体的数据销毁处置策略和管理制度，为技术人员建立规范的数据销毁流程和审批机制，并推动相关要求在组织机构中切实可靠地执行。除此之外，数据销毁安全管理部门还需要为业务团队提供技术支持，以对不同数据销毁场景的风险进行评估，并制定针对数据销毁进行审批和监督的流程，为数据销毁审批人员（技术人员）进行专门的安全意识培训，确保其可以按照国家的相关法律法规和标准销毁个人信息、重要数据等敏感信息。

10.1.2 明确数据销毁处理岗位的能力要求

组织机构在设立了专门负责数据销毁处理的岗位之后，还需要招募负责该项工作的专项人员。数据销毁处理安全管理团队成员必须具备良好的数据安全风险意识，熟悉国家网络安全法律法规及组织机构所属行业的政策和监管要求，在进行数据销毁安全管理及制定数据销毁处置策略和管理制度的时候，严格按照《中华人民共和国网络安全法》《中华人民共和国数据安全法》《中华人民共和国个人信息保护法》等国家相关法律法规和行业规范执行。同时，相关的管理人员还需要具备一定的数据销毁安全管理经验，拥有良好的数据销毁安全专业知识基础且通过了岗位能力测试，熟悉主流的数据销毁安全策略、管理流程和技术工具，能够根据不同的数据销毁业务场景进行相应的风险评估，能够主动根据政策变化和技术发展更新相关的知识和技能，具备结合业界标准、合规准则和业务场景制定标准化数据销毁安全审批和监督流程的能力。

数据销毁处理安全部门技术人员必须具备良好的数据销毁安全风险意识，熟悉相关的法律法规及政策要求，熟悉主流厂商的数据销毁方案，熟悉主流的数据销毁安全检测工具或检测平台及其使用方法，拥有一年以上的数据销毁安全审核经验，能够充分理解并执行由管理人员制定的数据销毁安全策略方案，具备监督操作过程、对审批和销毁数据的过程进行记录和控制的能力，能够主动根据政策变化和技术发展更新自身的相关知识和技能，具备对突发的数据销毁事件进行应急处理的能力。

10.1.3 数据销毁处理岗位的建设及人员能力的评估方法

数据销毁安全管理的建设和对应人员实际执行能力的评估，可通过内部和外部审计等形式并以调研访谈、问卷调查、流程观察、文件调阅、技术检测等多种方式实现。

1. 调研访谈

数据销毁处理阶段的调研访谈，主要包含对数据销毁安全部门管理人员和技术人员的访谈两部分，具体访谈内容如下。

- 对数据销毁安全部门管理人员的访谈内容为：确认其在制定整体的数据销毁处置策略和管理制度上、在定义数据销毁场景上、在根据数据分类分级结果选取不同的数据销毁方法上、在制定数据销毁的审批和监督流程上、在对重要数据的销毁进行合理性和必要性的评估评审上、在规定标准的数据销毁安全检测工具上、在建立数据销毁审计日志的管理规范上、在制定定制化的数据销毁安全监督和审计流程上、在对数据销毁的业务场景进行风险评估上，是否符合相关的法律规定，是否能胜任该岗位。同时，调研访谈还应该确认管理人员是否明确定义了数据销毁的对象、方式和要求等；管理人员是否设置了数据销毁相关的监督角色，以监督操作过程，并对审批和销毁过程进行记录和控制。

- 对数据销毁安全部门技术人员的访谈内容为：确认其是否具有一年以上的数据销毁安全审批经验；是否熟悉数据销毁安全的相关合规要求；是否能够按照国家相关法律法规和管理人员制定的数据销毁处置规范对个人重要数据和敏感信息进行销毁；是否能够准确地实施由管理人员制定的定制化数据销毁监管流程；是否能够清楚地记录与保存每一次的数据销毁事件，以便发生突发情况时能够进行及时的应急处置与追责溯源。

2. 问卷调查

数据销毁处理阶段的问卷调查通常是以纸面问卷的形式向公司数据销毁安全部门的技术人员调研该部门管理人员的工作情况，具体调研内容如下。

数据销毁安全部门管理人员是否制定了针对公司有效的数据销毁处置原则与管理规范；是否依据数据分类分级标准建立了数据销毁策略和管理制度；是否明确定义了数据销毁的场景对象、方式和相关要求；是否可以对不同的数据销毁安全业务场景进行风险评估；是否可以根据不同的数据销毁业务场景的安全需求制定出能够适应对应场景的定制化数据销毁监管流程标准；是否依据国家的相关法律法规对数据销毁的过程进行了严格规范的监管；是否规定了统一的数据销毁安全审查工具或监管系统及相关的使用标准，以用于应对突发情况，并追责溯源。

3. 流程观察

数据销毁处理阶段的流程观察，主要是观察公司数据销毁安全部门管理人员和技术人员的工作流程，并从中寻找可能的问题点和改善点，具体观察内容如下。

- 以中立的视角观察公司数据销毁安全部门管理人员的工作流程，包括在为公司制定整体的数据销毁处置原则及管理规范时，为公司建立数据销毁流程和审批机制时，为不同的数据销毁业务场景提供安全风险评估时，为不同的业务场景制定定制化数据销毁安全监管流程方案时，为不同的数据销毁安全场景定义数据销毁的场景、对象、方法和需求时，是否可以识别出此中可能存在的数据销毁安全风险，工作流程是否贴合组织机构的内部框架，能否满足不同业务场景的安全需求，是否符合国家相关法律法规的要求，方法流程是否符合标准。
- 以中立的视角观察公司数据销毁安全部门技术人员的工作流程，包括在审核待销毁的数据内容时，审核数据销毁的工作流程时，管理与审核数据销毁的日志记录时，使用覆写法、消磁法、删除法和格式化等数据销毁方法时，对重要的需要被销毁的数据进行合理性评估时，是否可以识别出其中可能存在的安全风险，方法流程是否符合标准，是否符合国家相关法律法规的要求。

4. 技术检测

数据销毁处理阶段的技术检测，需要使用技术工具检测数据销毁的工作流程是否符合安全规范与法律规定；检测数据销毁过程中的数据内容和业务场景等指标，以确保既没有出现任何不符合数据分类分级标准的情况，也没有出现超出数据销毁授权范围的情况；检测数据销毁过程中的日志内容已被正确有效地记录与保存，确保当出现突发情况时能够快速进行应急处置；检测数据销毁的方式是否符合标准，以及数据销毁的要求是否能够得到满足。

10.1.4 明确数据销毁安全管理的目的

数据销毁有两个目的，一个是合规要求，即国家法律法规要求的重要数据不得泄露；另外一个就是组织本身的业务发展或管理需要。在日常工作过程中，用户往往会采取删除、硬盘格式化、文件粉碎等方法销毁数据，但这些做法大都非常不安全。建立针对数据内容的清除和净化机制，可以实现对数据的有效销毁，防止因对存储介质中的数据内容进行恶意恢复而导致的数据泄露问题。

10.1.5 数据销毁安全管理的内容

组织机构内的数据销毁安全部门管理人员必须严格遵守组织制定的数据销毁安全管理制度，定期整理自己所保管的数据资料，对于日常需要归档的数据应妥善保管，对于不需要归档且已过期作废的数据、日常办公作废的数据（包括一般文件、重要文件、机密文件），不得随便丢弃、不得倒入垃圾桶内，不得交予保洁人员，以防止泄密事件的发生。同时，组织需要制定数据销毁审批流程及数据销毁监督流程。

10.1.6 明确数据销毁审批流程

组织人员对筛选后需要销毁的数据资料进行整理和分类：对于在工作中形成的个人临时性草稿及文字废纸，应由组织人员通过碎纸机进行破碎销毁；对于工作过程中形成的日常办公作废文件（指一般性文件和重要文件），需要由上级领导部门鉴定确已无保存价值，待上级部门审核通过后，再由数据销毁安全管理部门现场监督相关人员使用碎纸机进行破碎销毁；对于日常办公过程中形成的作废数据（指机密数据），则需要遵循如下销毁审批流程。

1）组织人员根据实际情况，结合业务和数据的重要性，明确需要销毁的数据，并在数据销毁平台上提出相应的数据销毁申请，此申请需要填写的内容包括申请人、销毁内容，涉及部门、销毁原因等。经上级领导审批后，提报数据销毁安全管理部门审批。

2）数据销毁安全管理部门接到数据销毁申请后，组织相关人员开展数据销毁评审会议，对所申请的数据进行合理性和必要性评估，并根据数据分类分级的结果，评审数据销毁的手段和方法，其中包括物理销毁和逻辑销毁等，比如覆写法、消磁法、捣碎法 / 剪碎法、焚毁法，或者配置必要的数据销毁工具等，确保能以不可逆的方式销毁数据内容。对于已通过评审的数据销毁申请，数据销毁安全管理部门需要在数据销毁管理平台上录入数据销毁实施期限并确认销毁申请审核。若评审结果为否决销毁，则由数据销毁安全管理部门在数据销毁管理平台进行否决需求操作。

3）为防止机密数据泄露给未经授权的人员，各部门人员应将需要销毁的数据送到数据销毁安全管理部门，由存储介质安全管理部门按照评审通过的销毁方法统一进行安全销毁。注意，未经审核和评审的机密数据，组织人员不得擅自销毁。

10.1.7　制定数据销毁监督流程

组织机构应制定数据销毁监督流程。在销毁数据时，组织机构需要设置负责数据销毁的相关监督人员，让他们监督数据的销毁过程，确保数据销毁操作符合要求，并对审批和销毁过程进行记录和控制。

10.1.8　使用技术工具

这里提到的对数据进行销毁的技术工具主要包含两个层面的内容，一个是逻辑层面的数据软销毁技术，另一个是物理层面的硬销毁技术。数据是看不见摸不着的东西，其存储在媒体介质中才有了实质感，数据一般存储在常规的存储介质中，如闪存、光盘、硬盘、磁带等。对于组织来说，数据要么是存储在本地介质中，要么就是存储在网络上，如云环境、网络存储中。不管数据存储在何处，组织机构都需要依靠一套统一的数据销毁工具来对需要销毁的数据进行安全销毁。本节主要是基于逻辑层面的数据软销毁来讨论相关的技术工具，关于数据的硬销毁将在 10.2 节中进行讨论。

10.1.9　本地数据销毁技术

删除和格式化操作是计算机用户最常用的两种清除数据的方式，但其实它们并不是真正意义上的数据销毁方法。以 Windows 系统为例，硬盘数据以簇为基本单位存储，且存储位置以一种链式指针结构分布在整个磁盘中。删除操作就是在文件系统上新创建一个空的文件头簇，然后将删除文件占用的其他簇都变为“空”，从而让文件系统“误以为”该文件已经被清除了。

数据存储在不同的存储介质中，因此数据销毁的技术各不相同。这是由于不同的介质写入数据的原理不同，而在介质中，数据销毁的基本方法就是写入数据的相同操作或逆操作。

磁盘写数据的原理是在磁盘扇区空间中规则地写入数据，销毁磁盘数据的思想就是向需要销毁的数据所在的磁盘扇区中反复写入无意义的随机数据，比如“0”“1”比特，覆盖并替换原有数据，达到数据不可读的目的，从而实现销毁数据的目的。《信息安全技术　数据销毁软件产品安全技术要求》（GA T 1143—2014）中也对磁盘数据销毁技术进行了阐述。

- 数据覆写：将非敏感数据写入以前存有敏感数据的存储位置，以达到清除数据的目的。
- 3 次数据销毁方法：对指定的目标磁盘以数据覆写的方式进行擦写，磁头经过各区段覆写 3 次，第 1 次通过固定字符覆写，第二次通过固定字符的补码覆写，第 3 次通过随机字符进行覆写。

- 7 次数据销毁方法：对指定的目标磁盘以数据覆写的方式进行擦写，磁头经过各区段覆写 7 次，第 1 次和第 2 次通过固定字符及其补码覆写，接下来分别用单字符、随机字符覆写，然后再分别用固定字符及其补码覆写，最后使用随机字符进行覆写。

除了上述国内相关标准之外，国外也有许多具有影响力的数据销毁技术标准。美军的数据销毁标准 DOD-5200.22M 便是使用了多达 7 次的重写覆盖来达到销毁效果的方法，除此之外，目前主流的重写算法还有 DOD-5200.22M 简单标准、RCMP TSSIT OPS-Ⅱ 标准，以及 Gutmann 数据 35 次重写算法等。对于不同安全级别的需求，可采用不同强度的重写算法。

光盘的写数据原理是在光盘表面刻录深浅不一的凹槽，从而以光反射不同的平面带来的差异来存储数据，所以销毁光盘中数据的原理就是再次进行刻录，破坏掉原本的凹槽，即可达到销毁数据的目的。

对于内存、ROM 这样的半导体存储器来说，写入数据的原理是根据半导体导电的可控性来表示“0”和“1”，进而记录数据，所以可以对半导体完全断电来销毁其中记录的数据。

对于常规的存储介质（如光盘、ROM、磁盘等），数据销毁技术已经在 7.1 节中详细阐述过，在此就不再赘述了。总体而言，本地数据的销毁方法如图 10-1 所示。

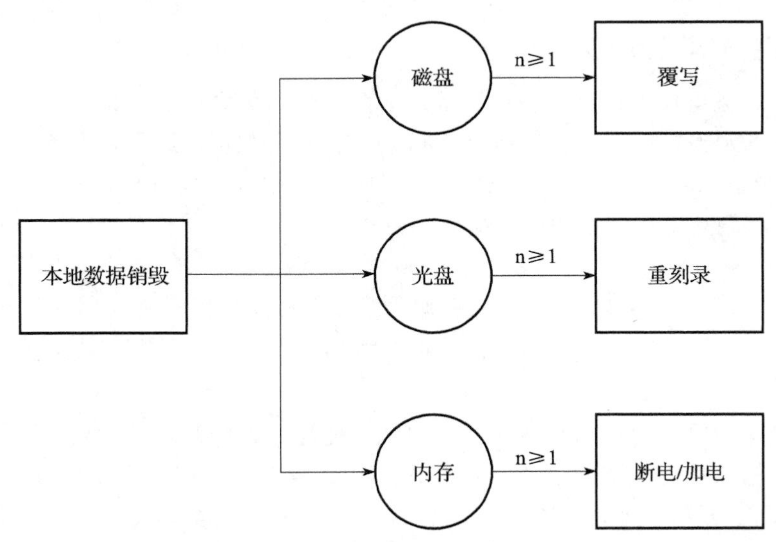

图 10-1 本地数据销毁技术示意图

10.1.10 网络数据销毁技术

在网络存储、私有云、公有云等技术日益成熟的情况下，越来越多的组织机构选择不在本地存储设备中存储数据，而是将数据存储在网络上（或者说云上）。网络（云）存储中数据的销毁技术与本地存储中数据的销毁技术有很大区别，在本地存储环境中，组织机构作为存储介质及数据的完全控制属主，可以利用多种技术实现数据销毁，并且可以确认数据是否已被真正销毁。对于网络（云）存储环境来说，组织机构则失去了对存储介质和存储数据的完全控制权，而且即使完成了数据销毁的相关操作，也无法确认数据是否已被真正销毁。

针对像网络数据这种人工不可控的数据销毁需求，目前常用的有两种较为有效的数据销毁方式，一种是基于密钥销毁的数据不可用销毁方式，另外一种是基于时间过期机制的数据自销毁方式。

基于密钥销毁的数据不可用销毁方式不会销毁数据本身，它销毁的是加密数据的密钥，进而实现数据不可访问的目的。将数据销毁问题转移至密钥销毁问题，这种方案起初是为了提升数据销毁的性能。在云计算时代，基于密钥销毁的数据不可用销毁方式也恰恰解决了数据销毁无法被确认的问题。基于这种销毁方式，组织机构可以将密钥存储在本地，当需要进行数据销毁操作时，首先对被销毁的数据使用密钥进行加密，然后进行数据销毁操作，最后再将本地存储的密钥进行销毁。这样，即使无法确认网络存储中的数据是否已被真正销毁，也会由于销毁前已经进行过数据加密操作，攻击者即使进行数据恢复，或者以其他途径得到了数据，也无法解密使用。同时，本地存储的密钥也会在数据销毁结束后被销毁，从而进一步确保了网络数据销毁的安全性。对于加密后的网络数据销毁，使用网络存储提供的一般销毁方式即可，如删除或格式化等。销毁流程如图 10-2 所述。

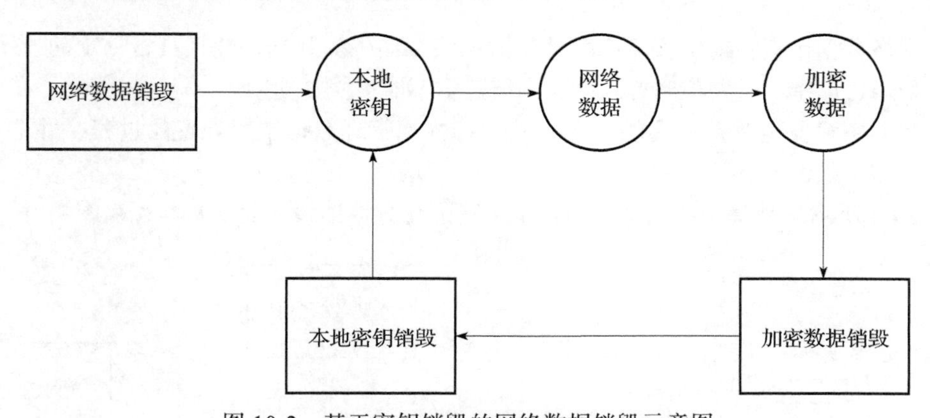

图 10-2 基于密钥销毁的网络数据销毁示意图

基于时间过期机制的数据自销毁方式是云存储环境下的另外一种安全的数据销毁方式，其思想也是通过数据不可用来实现数据销毁的目的。在网络存储中，或者与其连接的其他环境中，安装一个数据自销毁程序，在数据销毁前对数据打上一个过期时间标记，然后对网络数据进行删除销毁操作。当攻击者通过数据恢复或其他途径访问已销毁的数据时，一旦数据自销毁程序根据时间标记信息监测到其为过期数据的访问，就会立即启动数据重写、覆写、再次删除等销毁操作，这时，攻击者便无法正常访问已被销毁的数据，从而确保了网络数据销毁的安全性。销毁流程如图 10-3 所示。

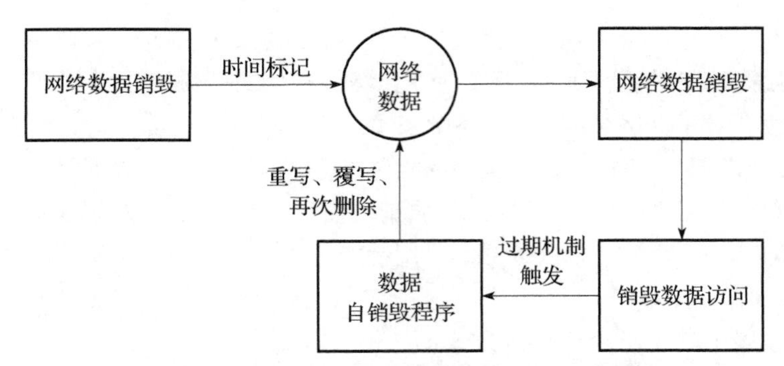

图 10-3 基于时间过期机制销毁的网络数据销毁示意图

以上两种网络存储（云存储）环境下的数据销毁方式，聚焦点都是将数据的有效性转移到数据的不可用状态当中，比较适合于网络存储环境下的不可控条件。在实际场景中时，两种方式既可以单独使用，也可以根据实际情况结合使用，从而进一步提升网络数据销毁的安全性。

10.1.11 技术工具的使用目标和工作流程

数据销毁处置技术工具应能实现如下的目标。

- 本地数据销毁：能够安全有效地销毁常见的本地存储介质中的数据如光盘、磁盘、内存等。
- 网络数据销毁：能够安全有效地销毁网络存储中的数据，并且具备一定的技术措施，如通过加密、过期机制等来确保网络数据不能被恢复使用。
- 数据销毁安全管理：能够安全有效地控制和管理数据销毁处置的过程，并记录全过程信息以供追责溯源。

图 10-4 所示的是基于数据销毁的技术工具进行数据销毁作业的基本流程图。

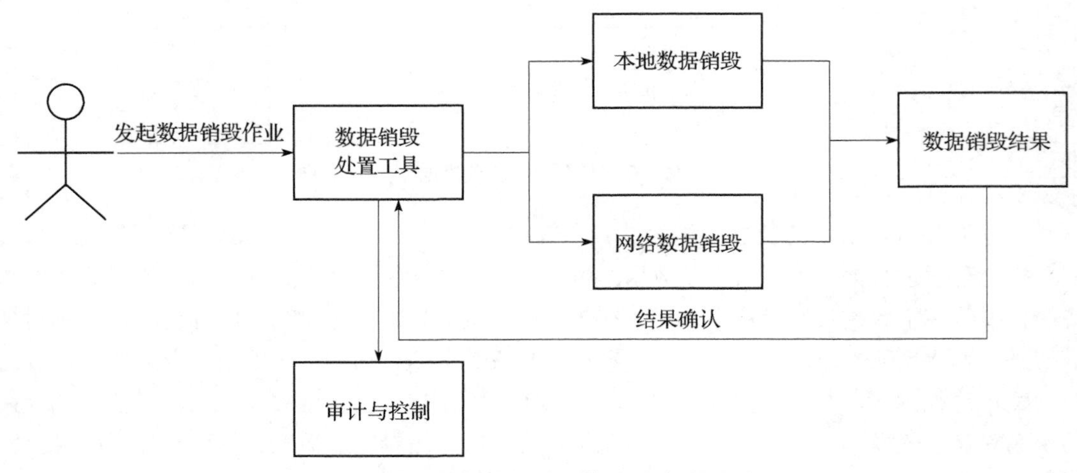

图 10-4 数据销毁处置作业基本流程图

10.2　介质销毁处理

在数据销毁过程中，为了防止攻击者通过对存储介质进行数据恢复操作，从而造成数据泄露的安全问题。组织机构需要对被替换或淘汰的存储介质进行物理销毁，然而，不同的存储介质会使用不同的销毁方法。有效的介质销毁处理需要从多个方面进行建设和提升，本节将基于 DSMM 充分定义级（3 级）视角，从组织建设、人员能力、制度流程和技术工具这四个维度对介质销毁处理的建设和提升提供实践建议。

10.2.1　建立负责介质销毁处理的职能部门

为了保证能够彻底销毁掉已经替换掉的存储介质，在条件允许的情况下，组织机构应该设立介质销毁安全管理部门，并招募相关的管理人员和技术人员，让其负责为公司提供必要的技术支持，为组织机构制定整体的介质销毁处置策略和管理制度，为技术人员建立规范的介质销毁监督流程和审批机制，并推动相关要求在组织机构中切实可靠地执行。除此之外，介质销毁安全管理部门还需要为业务团队提供相应的支持，以评估不同介质销毁场景中的风险，制定针对性介质销毁监控机制，为介质销毁审批人员（技术人员）进行专门的安全意识培训，确保其可以按照国家相关法律法规和标准销毁存储介质，以及加强对介质销毁人员的监管。

10.2.2　明确介质销毁处理岗位的能力要求

组织机构在设立了专门负责介质销毁处理的岗位之后，还需要招募负责该项工作的专项人员。介质销毁安全管理团队人员必须具备良好的数据安全风险意识，熟悉国家网络安全法律法规，以及组织机构所属行业的政策和监管要求，在进行介质销毁安全管理及制定介质销毁处置策略和管理制度的时候，能够严格按照《中华人民共和国网络安全法》《中华人民共和国数据安全法》《中华人民共和国个人信息保护法》等国家相关法律法规和行业规范执行。同时，相关的管理人员还需要具备一定的介质销毁安全管理经验，拥有良好的介质销毁安全专业知识基础，并且通过了岗位能力测试，熟悉主流的介质销毁安全策略、管理流程和技术工具，能够根据不同的介质销毁场景进行相应的风险评估，能够根据介质销毁的整体需求明确应使用的介质销毁工具，能够主动根据行业及政策变化更新相关的知识和技能，具备结合业界标准、合规准则和业务场景制定标准化介质销毁安全审批和监督流程的能力。

介质销毁安全管理部门的技术人员必须具备良好的介质销毁安全风险意识，熟悉相关的法律法规及政策要求，熟悉主流厂商的介质销毁方案，熟悉主流的介质销毁安全检测工具或检测平台及其使用方法，拥有一年以上的介质销毁安全审核经验，充分理解并执行由管理人员制定的介质销毁安全策略方案，具备监控销毁介质的登记、审批、交接等介质销毁过程的能力，具备主动根据政策变化和技术发展更新自身相关知识和技能的能力，具备硬销毁和软销毁的技术能力，具备对突发的介质销毁事件进行应急处理的能力。

10.2.3 介质销毁处理岗位的建设及人员能力的评估方法

介质销毁安全管理岗位的建设和对应人员实际执行能力的评估，可通过内部和外部审计等形式以调研访谈、问卷调查、流程观察、文件调阅、技术检测等多种方式实现。

1. 调研访谈

介质销毁处理阶段的调研访谈，主要包含对介质销毁安全部门管理人员和技术人员的访谈这两部分，具体访谈内容如下。

- 对介质销毁安全部门管理人员的访谈内容为：确认其在制定整体的介质销毁处置策略和管理制度上、在定义介质销毁的场景上、在明确销毁的对象和流程上、在根据介质存储内容的重要性选取不同的介质销毁方法和机制上、在建立对存储介质销毁的监控机制上、在规定标准的介质销毁安全检测工具上、在建立介质销毁审计日志管理规范上、在制定定制化的介质销毁安全监督和审计流程上、在对介质销毁的业务场景进行风险评估上符合相关的法律规定，且能胜任该职位。同时，调研访谈还应该确认管理人员是否依据明确定义的介质销毁场景，以及实际的数据保密要求，采用了不同的介质销毁方法，比如捣碎法、剪碎法、焚毁法等；管理人员是否设置了介质销毁相关的监督角色，以监督操作过程，并对审批和销毁过程进行了记录和控制。
- 对介质销毁安全部门技术人员的访谈内容为：确认其是否具有一年以上的介质销毁安全审批经验；是否熟悉介质销毁安全的相关合规要求；是否能够按照国家相关法律法规和管理人员制定的介质销毁处置规范对不同等级的存储介质进行销毁；是否能够准确地实施由管理人员制定的定制化介质销毁监管流程；是否能够确保对销毁介质的登记、审批、交接等介质销毁过程进行监控；是否能够对突发情况进行及时的应急处置，并追责溯源。

2. 问卷调查

介质销毁处理阶段的问卷调查通常是以纸面问卷的形式向公司介质销毁安全部门技术人员调研该部门管理人员的工作情况，具体调研内容如下。

介质销毁安全部门管理人员是否制定了针对公司的有效的介质销毁处置原则及管理规范；是否明确定义了销毁对象和销毁流程；是否能够依据介质存储内容的重要性，明确不同类型的存储介质的销毁方法和销毁机制；是否建立了对存储介质销毁的监控机制；是否可以对不同的介质销毁安全业务场景进行风险评估；是否可以根据不同的介质销毁业务场景的安全需求制定出定制化的介质销毁监管流程标准；是否能够依据国家的相关法律法规对介质销毁的过程进行严格规范的监管；是否规定了在不同场景下应使用的介质销毁工具；是否指定了统一的介质销毁安全审查工具及其相关的使用标准，以用于应对突发情况，并追责溯源。

3. 流程观察

介质销毁处理阶段的流程观察，主要是观察介质销毁安全部门管理人员和技术人员的工作流程，并从中寻找可能的问题点和改善点，具体观察内容如下。

- 以中立的视角观察公司介质销毁安全部门管理人员的工作流程，包括在为公司制定整体的介质销毁处置原则及管理规范时，为公司建立介质销毁流程和审批机制时，为不同的介质销毁业务场景提供安全风险评估时，为不同的业务场景制定定制化介质销毁安全监管流程方案时，在定义介质销毁的场景、对象和机制流程时，在监控销毁介质的登记、审批等销毁过程时，是否可以识别出其中可能存在的介质销毁安全风险，是否具有贴合组织机构的内部框架，是否满足不同业务场景的安全需求，是否符合国家相关法律法规的要求。
- 以中立的视角观察公司介质销毁安全部门技术人员的工作流程，包括在审核待销毁的存储介质内容时，审核介质销毁的工作流程时，销毁不同类型的存储介质（如磁介质、光介质、半导体介质等）时，按照管理团队人员建立的存储介质销毁监控机制工作时，是否可以识别出其中可能存在的安全风险，方法流程是否符合标准的流程，是否符合国家相关法律法规的要求。

4. 技术检测

介质销毁处理阶段的技术检测，需要使用技术工具检测介质销毁的工作流程是否符合安全规范与法律规定；检测介质销毁过程中的存储内容和销毁方法等指标，以确保没有出现任何超出介质销毁授权范围的情况；检测介质销毁监管机制是否正常，销毁过程和操作日志等重要信息是否已被正确、有效地记录与保存，确保当出现突发情况时相关人员能够快速地进行应急处置；检测介质销毁的方式是否符合标准，以及介质销毁的安全需求是否得到满足。

10.2.4　明确介质销毁安全管理的目的

存储介质在被替换或淘汰不用时，需要对介质进行彻底地物理销毁，以保证数据无法复原，以免造成信息泄露，尤其是国家涉密数据。建立存储介质的安全销毁管理制度，可以防止因存储介质丢失、被窃或未授权的访问而导致存储介质中有数据泄露的安全风险。

10.2.5　明确介质销毁审批流程

组织机构内的人员必须严格遵守组织所制定的介质销毁安全管理制度，且能根据实际情况，明确需要销毁的介质。对于以下情形之一的存储介质可以提出介质销毁申请。

- 备份数据的实际保存时间已经超过部门的制度要求，且部门的上级领导已经确认该数据再无保留价值。
- 存储介质因过频使用或自然老化而无法使用。
- 因水灾、火灾等其他事故造成的存储介质损坏而无法使用。
- 因特殊原因或工作需要销毁存储介质。

组织人员明确需要销毁的存储介质后，应在介质销毁平台上提出相应的介质销毁申请，该申请需要填写的内容包括申请人、销毁介质清单、介质类型、销毁原因等。经上级领导审批后，提报介质销毁安全管理部门审批。

介质销毁安全管理部门接到介质销毁申请后，应组织相关人员开展介质销毁评审会议，对所申请的介质进行合理性和必要性评估，并根据实际的数据保密性要求，评审介质销毁的手段和方法，比如消磁法、捣碎法、焚毁法等，以确保能以不可逆的方式销毁存储介质内容。对于评审通过的介质销毁申请，介质销毁安全管理部门应在介质销毁管理平台上录入介质销毁实施期限并确认销毁申请审核。若评审结果为否决销毁，则由介质销毁安全管理部门在介质销毁管理平台进行否决需求操作。

为防止机密数据被泄露给未经授权的人员，各部门人员应将需要销毁的介质送到介质销毁安全管理部门，由介质安全管理部门按照评审通过的销毁方法统一实施安全销毁操作。未经审核和评审的存储介质，组织人员不得擅自销毁。

10.2.6 制定介质销毁监督流程

组织机构应制定介质销毁监督流程，需要设置介质销毁相关的监督人员来监督介质的销毁过程，确保介质销毁操作符合要求，并对审批和销毁过程进行记录和控制。

10.2.7 使用技术工具

在存储介质需要被替换掉或淘汰掉时，如果仅仅是删除存储介质中的文件，则攻击者仍然有可能通过技术手段对相关的数据进行恢复，因此需要对存储介质进行彻底的物理销毁，以保证数据无法复原，从而避免造成信息泄露，尤其是国家涉密数据，应防止因存储介质丢失、被窃或未授权的访问而导致存储介质中有数据泄露的安全风险。

介质销毁处理技术工具应实现的目标为：对存储介质如闪存盘、硬盘、磁带、光盘等进行物理销毁，确保数据无法复原。目前主要是通过物理、化学的方式直接销毁存储介质。物理销毁可分为消磁、捣碎、焚毁等方法。化学销毁方法主要是滴盐酸法。

10.2.8 物理销毁

- 捣碎法 / 剪碎法：是指借助外力将介质的存储部件损坏，使数据无法恢复。粉碎后残渣的颗粒度需要符合国家 BMB21-2007 中规定的销毁标准：长度≤ 3mm，面积≤ 9mm，凹进上表面 0.2mm，破坏同心度使偏差达 10%。捣碎法 / 剪碎法一般适用于光盘、U 盘、IC 卡的销毁，不适用于硬盘销毁。
- 焚毁法：是指利用微波加热或其他方法在炉内产生高温使存储介质焚烧，以达到彻底销毁数据的目的。一般情况下，光盘、软盘、磁带将在 150 ～ 300℃融化裂解；硬盘中最不易融化的铝制材料将在 700℃左右开始裂解。由于高温销毁炉会产生较高的热量排放，因此不宜放置在普通办公室内，需放置在空气流通良好的专业销毁场地使用。

- 消磁法：消磁是磁介质被擦除的过程。硬盘盘面上的磁性颗粒沿磁道方向排列，不同的 N/S 极连接方向分别代表数据 0 或 1。对硬盘瞬间加强磁场，磁性颗粒就会沿磁场强的方向一致排列，变成清一色的 0 或 1，于是硬盘就失去了数据记录的功能。

10.2.9　化学销毁

化学销毁即利用酸性试剂对存储介质的盘面进行腐蚀，通过破坏盘面的方式来避免数据还原，常见的化学销毁方法有滴盐酸法等。这种方式在过去比较奏效，但随着电子技术的迅猛发展，生产厂家为了提高介质盘片的耐磨性，会在盘面镀合金薄膜，使盘片具有抗腐蚀性，这导致化学腐蚀法的效果越来越差。

10.2.10　技术工具的使用目标和工作流程

介质销毁处理工具应能保证存储介质被销毁且其上的数据无法被复原。

介质销毁处理的基本作业流程图如图 10-5 所示。

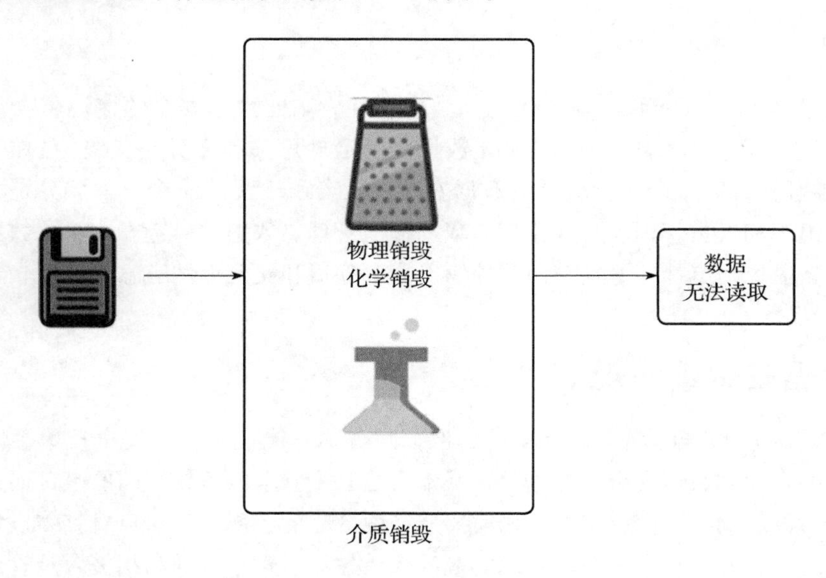

图 10-5　介质销毁处理基本作业流程图

Chapter 11 第 11 章

通用安全实践

数据安全本身不可能脱离安全体系而独立存在，因此数据安全的建设将会借助大量通用安全技术的辅助。本章将基于 DSMM 数据安全治理思路和充分定义级（3 级）视角，对通用安全过程阶段的 11 个过程域提供数据安全建设实践建议，11 个过程域分别为数据安全策略规划、组织和人员管理、合规管理、数据资产管理、数据供应链安全、元数据管理、终端数据安全、监控与审计、鉴别与访问控制、需求分析和安全事件应急。

11.1 数据安全策略规划

数据安全建设与传统网络安全建设类似，两者均不能仅依赖于安全技术手段，以及相关人员都需要意识到数据安全与数据保护并不只是某个安全或科技部门的事，而是组织机构管理层及所有部门的事，因此组织机构需要从制度流程的层面，针对自身整体设计对应的数据安全策略规划，并根据实际需求辅以对应的人员建设、管理规划和相关合规管理，这便是 DSMM 通用安全过程中的数据安全策略规划、组织和人员管理、合规管理三个过程域所涉及的内容，11.1 节至 11.3 节将分别介绍上述三个过程域建设实践的相关内容。

11.1.1 建立负责数据安全策略规划的职能部门

组织机构需要设置专职人员负责组织内部数据安全的制度流程和战略规划的建设。实际工作中，由于数据安全策略往往会与数据安全生命周期强耦合，绝大部分数据安全策略实际上已经包含在了数据安全生命周期的各项制度流程中，因此数据安全策略岗位的专职人员其工作重点是对整体流程进行管控，以确保数据安全生命周期各阶段的制度流程符合组织整体的预期目标，遵循组织数据战略规划的数据安全总体策略，明确组织数据安全方针、目标和原则。数据安全策略岗位的工作人员既可以是独立的专职管理人员，也可以是上述其他环节流程的制度负责人，通过相应的制度声明来承担该专职工作，一般而言，由制度负责人对该环节进行把控将更有益于工作的开展。

11.1.2　明确数据安全策略规划岗位的能力要求

数据安全策略岗位的执业人员，需要具备以下 3 项核心能力。

- 了解组织的业务，能够将组织的商业目标和业务技术发展方向等整合起来，并基于自身经验深入理解组织数据安全策略规划，并在此基础上定制与组织目标深度结合的数据安全总体策略和对应的中长期策略规划，以及更具针对性和可执行性的数据安全策略规划。
- 具有一定的安全管理背景和制度撰写能力，能够针对数据安全策略规划，将数据安全总体策略和对应的中长期战略战术与组织目标有机结合，并基于管理视角确定其可行性和持续性，因此数据安全策略岗位的执业人员需要具备一定的安全管理专业知识，诸如 ISACA 的 CRISC 和 CISA 等相关认证所介绍的方法论就对此类安全管理和规划输出具备一定的借鉴参考作用。同时，数据安全策略岗位的执业人员还需要具备一定的文档输出和制度撰写能力，以便制度文件可以无偏差、无歧义地落实和执行。
- 了解各部门员工的工作重点，具备较强的沟通表达能力，能够根据制度宣贯受众差异，有针对性地进行制度解读，能够根据各受众的日常工作职责和关注重点，以易于其理解且便于实施的方式宣贯制度流程，能够通过培训等形式以较强的沟通表达能力，完成制度策略的宣传和贯彻执行。

11.1.3　数据安全策略规划岗位的建设及人员能力的评估方法

数据安全策略规划管理岗位的建设和对应人员实际执行能力的评估，可通过内部审计、外部审计等形式以调研访谈、问卷调查、流程观察、文件调阅、技术检测等多种方式实现。

1. 调研访谈

数据安全策略规划阶段的调研访谈，主要包含对数据安全策略规划部门管理人员和业务人员的访谈两部分，具体访谈内容如下。

- 对数据安全策略规划部门管理人员的访谈内容为：确认其是否了解组织的业务发展目标，是否能够将数据安全工作的目标和业务发展的目标进行有机结合，是否具备足够的能力胜任该职业，确认公司是否能够为其工作提供足够的资源支持，确认其所制定的数据安全策略和方案是否能够有效地落实与执行。

- 对数据安全策略规划部门业务人员的访谈内容为：确认其在真实的业务场景下是否能够定制出更有针对性和可执行性的数据安全策略规划，以及该策略是否能够得到切实有效地执行。

2. 问卷调查

数据安全策略规划阶段的问卷调查通常是以纸面问卷的形式，调研数据安全策略规划部门管理人员在制定数据安全策略规划业务上的合理性，是否能够以员工和利益相关方易于理解的方式，有效传达数据安全管理的方针、策略和制度等相关内容。

3. 流程观察

数据安全策略规划阶段的流程观察，主要是观察数据安全策略规划团队的工作流程，并从中寻找可能的问题点和改善点，具体观察内容如下。

以中立的视角观察公司数据安全策略规划团队人员的工作执行情况，包括为公司制定的各类数据安全策略，各业务部门在实际运作中是否能够真正贯彻和使用，是否存在跳过或规避流程等问题，从而了解数据安全策略规划人员实际的工作效果。

4. 技术检测

数据安全策略规划阶段的技术检测，需要使用技术工具确认实际业务数据的处理是否符合制度规范的要求，是否存在数据错误或伪造等情况，制度规范的实际执行覆盖范围是否全面，是否存在因业务人员自行更改规范而导致其失效的情况等。

11.1.4 明确数据安全策略规划的目的

基于业务发展的需要，组织机构应对当前所面临的数据安全风险现状进行梳理，并制定整体的业务发展规划，各部门的高管均应参与讨论和制定。如前所述，数据安全工作并不只是某个业务或部门单方面的事情，而是需要整个组织机构内所有的部门都参与进来，要平衡数据安全工作与业务发展的冲突，自上而下地推动，才能保证安全工作落到实处并产生效果。

11.1.5 制定数据安全方针政策与管理目标

数据安全方针政策，是对组织级数据安全进行管理的基本原则和实施方法，可以结合数据安全总纲从目标、原则、监管合规、数据安全生命周期、数据资产和分类分级定义，以及相关违规处罚等方面进行描述。

数据安全管理策略是顶层的策略，需要从组织级层面通盘考虑，所以需要各部门高管参与进来共同制定。因为策略的制定既不能对当前业务的发展产生严重影响，也要考虑到业务长远发展的需要，所以需要组织高层共同讨论商定以达到合理的平衡性。

11.1.6 确立数据安全的基本原则

常规而言，数据安全应遵循如下 8 大基本原则。

原则 1：职责明确原则。

1）基于数据的规模、重要性和组织的规模等方面的因素，组织机构应成立安全管理团队，负责组织数据的使用安全。

2）组织机构应明确组织内部不同角色的数据安全管理职责。

3）组织机构应明确大数据安全生命周期各阶段活动的实施主体及安全责任。

原则 2：意图合规原则。

对数据的收集和使用需要基于法律依据来进行。组织机构应制定相关的流程，以确保数据的收集和使用方式没有违反任何具有法律意义的规定，包括法律法规、合同条款等。组织机构应确保履行需要承担的内部和外部责任，包括但不限于如下要求。

1）确保所有数据集和数据流的安全。

2）能够正确处理个人信息和重要信息。

3）实施了合理的跨组织数据保留的策略和实践。

4）理解数据相关的法律义务，并确保组织履行了这些义务。

原则 3：质量保障原则。

为保障数据的质量，组织机构应满足如下要求。

1）实施适当的措施，以确保数据的准确性、相关性、完整性和时效性。

2）建立控制机制，定期检查收集和存储的数据的质量。

原则 4：数据最小化原则。

组织应采取适当的措施，使大数据安全生命周期内各活动所涉及的数据遵循“最小够用”原则。

原则 5：责任不随数据转移原则。

1）当前控制数据的组织应对数据负责，当数据需要转移给其他组织时，责任不能随数据转移而转移。

2）组织在进行数据转移之前，需要对数据进行风险评估，只有在确保能够承受数据转移带来的风险后，才可以转移数据，并对数据转移给其他组织所造成的数据安全事件承担安全责任。

3）组织在进行数据转移之前，需要确保通过合同或其他诸如强制的内部策略等法律手段来明确界定接收方接收的数据范围和数据保护要求，确保接受方能够提供同等或更高的数据保护能力。

原则 6：最小授权原则。

1）在保证业务功能完整实现的基础上，组织机构应赋予数据活动中各角色最小的操作权限，确保将非法用户或异常操作所造成的损失降到最小。

2）所有角色只能使用所授权范围内的数据，非授权范围内的数据使用必须通过授权审批。

原则 7：数据保护原则。

1）组织机构需要对数据进行分类分级操作，对不同安全级别的数据应实施合理的安全保护措施。

2）组织机构应确保大数据处理平台及应用的安全控制措施和策略有效，保护数据的完整性、保密性和可用性，确保数据在整个生命周期里，免遭诸如未授权访问、破坏、篡改、泄露或丢失等风险的威胁。

3）组织机构应解决风险评估和安全检查中所发现的风险和脆弱性问题，并对数据安全防护措施不当所造成的安全事件承担责任。

原则 8：可审计原则

对数据进行修改、查询、导出、删除等操作时，组织机构需要记录相应的操作，记录应保证可追溯、可审查。

11.1.7 监管合规：数据源合规

针对数据源合规方面的要求，组织机构应注意以下几个方面的问题。

1）识别企业数据的来源渠道，判断数据的来源属于以下哪种情况：主动收集、用户主动提供、第三方采购，或者通过数据爬虫技术抓取等方式从公开渠道获取等。

2）识别数据类型，判断其中是否包括个人信息、重要数据及其他受监管的特定行业的数据。

3）根据不同的数据来源渠道与数据类型识别合规风险，调整相应的业务模式及授权条款，以保障数据来源的合法性，从而降低合规风险。

- 需要直接收集个人信息的情况，应当在收集之前明示个人信息收集使用的具体规则、获取个人信息主体的授权同意、按照法律法规及与用户之间的约定收集和存储个人信息，涉及个人信息的数据，应当落实安全评估及申报工作等。
- 从第三方采购数据的情况，应审核引入的数据类型及数据量的必要性，在数据采购协议中要求数据供应商作出数据来源合法合规的承诺与保证，同时在企业内部落实《供应商数据保护合规管理制度》。坚守不得非法获取公民个人信息的法律红线。
- 通过爬虫技术收集数据的情况，应遵守网站的 Robots 协议及适用的技术协议，遵守“用户授权平台 + 平台授权采集方 + 用户授权采集方”的“三重授权原则”。同时建议明确数据爬取前的内部审核机制及爬取后的数据处理机制，避免侵犯公民个人信息或非法获取计算机信息系统数据，或者侵犯第三方权益或构成不正当竞争等问题。

11.1.8 监管合规：数据使用合规

针对数据使用合规方面的要求，组织机构应注意以下几个方面的问题。

- 应当对数据采取合理的分类分级管理制度，并根据相应的管理制度留存数据处理记录。
- 遵循合法、正当、必要的原则，使用个人信息的目的、方式和范围不得超出个人信息主体授权同意的范围。
- 对于需要进行数据融合的需求，融合后的使用目的不应超出原有授权范围，否则应重新获得用户或数据上游合作企业的授权同意，以避免被认定为超授权范围违法使用个人信息，或者引发潜在的违约责任。

- 对于要将个人信息用于个性推送或精准营销的情况，应获得接收方的明示同意，避免采取“一揽子授权”的概括授权获取方式，同时提供退订渠道。
- 对照《信息安全技术　个人信息安全规范》等行业规范完善各产品线的个人信息使用规则，涉及使用和处理儿童个人信息的，还应当遵循《儿童个人信息网络保护规定》《教育部等八部门关于引导规范教育移动互联网应用有序健康发展的意见》等相关法律法规对应落实特定类别的数据合规策略。

11.1.9　监管合规：数据共享合规

大数据时代，可谓是“得数据者得天下”，因而数据共享合规成为了组织监管合规的一项重点要素。针对数据共享合规方面的要求，组织机构应注意以下几个方面的问题。

- 对于共享个人信息的业务场景，未经个人信息主体同意，原则上不得向他人提供用户个人信息，经处理无法识别特定个人信息且不能复原的除外。
- 对照《信息安全技术　个人信息安全规范》等行业规范，在共享个人信息之前事先开展个人信息安全影响评估；向个人信息主体告知共享个人信息的目的、数据接收方的类型，并征得个人信息主体的授权同意；准确记录和保存个人信息的共享情况；帮助个人信息主体了解数据接收方对个人信息的保存和使用等情况，以及个人信息主体的权利。
- 共享除个人信息之外的其他类型数据时，应当同时识别该共享行为所产生的风险，同时对于数据下游合作企业的数据安全能力采取一定的审核和管控措施。
- 对于数据融合的场景，应审核拟融合数据源的合法合规性，明确授权使用的范围，并评估融合的必要性及关联性。同时，企业还应当明确其在数据融合过程中的控制者或处理者角色，通过明确具体的合同条款、安全风险评估及定期审计等方式降低合规的风险。

11.1.10　第三方委托处理合规

在组织数据的流动过程中，第三方委托处理一直是数据安全的一大隐患。当组织数据在共享或业务流动过程中流向第三方委托处理时，往往意味着数据管控力的减弱，因而就会出现各类第三方数据滥用所导致的数据安全问题，如 Facebook 与第三方分析公司剑桥分析之间轰轰烈烈的“脸书数据门”事件就是一个比较典型的第三方委托处理违规事件。

为避免因第三方委托处理而导致的违规行为，组织机构在第三方委托处理合规方面，应注意以下内容。

- 委托第三方进行个人信息处理的，应遵守《中华人民共和国网络安全法》第四十一条规定的基本原则，确保第三方委托处理行为未超过个人信息主体授权同意的范围。

- ❑ 对照《信息安全技术 个人信息安全规范》开展个人信息安全影响评估，确保处理者具备足够的数据安全处理能力。
- ❑ 与处理者订立数据处理协议，以厘清双方在数据保护及合规处理方面的责任和义务。
- ❑ 针对企业重点业务，对第三方采取一定的管控措施，落实合作前的数据安全能力调研和安全风险评估工作，合作中进行定期核查，合作终妥善处理数据删除或匿名化等后续工作。

除上述要求之外，组织机构还应持续关注我国数据安全保护领域的立法动向和标准制定情况，例如，《中华人民共和国个人信息保护法》《中华人民共和国数据安全法》等法律法规的制定，以及《信息安全技术 个人信息告知同意指南》等国家标准的制定。

业务涉及数据跨境传输或跨境处理的，组织机构还应关注适用境外法律的合规情形，例如，欧盟的《通用数据保护条例》（General Data Protection Regulation，“GDPR”）、英国的《数据保护法案》(Data Protection Act)、美国的《儿童在线隐私保护法》(Children's Online Privacy Protection Act，“COPPA”)《加州消费者隐私法案》(“CCPA”）的合规要求。组织机构应持续关注国内外立法与执法动向，并合理评估及管理日益加强的数据合规监管对业务产生的影响。

11.1.11 数据资产管理

对于数据资产的定义，目前普遍接受的概念是指由企业拥有或控制的，未来能够为组织带来经济利益的，以物理或电子的方式记录的数据资源，如文件资料和电子数据等。在组织中，并非所有的数据都能构成数据资产，数据资产是指能够为企业产生价值的数据资源。数据安全制度流程中应明确划分数据资产的范畴，并根据该范畴规划数据资产的管理。

因此，如果从技术的角度来分析数据资产的管理，那么它应该包含如下步骤。

- ❑ 数据资产发现：根据数据资产的定义，组织机构首先需要对数据进行归类，识别出其中经济价值符合数字资产概念的相关数据资料，并将其归类为数据资产。
- ❑ 数据资产分类分级：根据已识别的数据资产，依据组织数据分类分级标准，对数据资产进行分类分级划分。
- ❑ 数据资产的分类管理和保护：依据相关数据资产被定义的等级和分类，根据数据生命周期各环节的对应要求，对相关的数据资产按级别和分类进行相关的保护和管理。

若是从制度流程的角度来分析数据资产的管理，则需要注意的事项具体如下。

- ❑ 组织机构应按照数据安全生命周期制定整体的数据资产管理规章制度，并提供相关的审计和考核能力支持，以确认制度流程的实际执行情况。
- ❑ 完善数据安全治理相关的制度要求，明确数据资产的定义及管理细则，确保组织内有明确的可参照规定，可以用于指导数据资产的管理。

数据资产部分 DSMM 有专门定义的通用过程域数据资产管理的介绍，11.4 节也将详细讲解数据资产管理的相关内容。

11.1.12　数据分类分级和数据安全违规处分

数据分类分级的原则和方法已在 5.1 节详细介绍过，DSMM 部分过程域中也有相关的介绍，此处不再赘述。

组织机构内部应根据数据分类分级结果及上述制度政策，针对员工访问设置分级授权规则，同时还应当设置相应的员工奖惩制度，通过奖惩制度落实行为遵从，确保员工能够很好地遵从数据安全的制度和政策。

11.1.13　使用技术工具

数据安全策略规划相关技术工具的主要目标是向组织机构内全体员工发布策略规划的解读材料，以支持策略规划的落实和推进。基于该需求，目前常用的宣传渠道包含 OA 系统、企业内部门户、企业邮箱、企业内部群组等。当然，组织机构也可以根据自身需求，在此基础上单独建设数据安全策略规划专有站点，但根据实践，专有站点的受关注度和员工参与度远低于上述方式。

11.1.14　办公自动化系统

办公自动化（OA）系统是企业用来处理与管理除了生产控制之外一切信息集合的系统。办公自动化系统会对不同的使用对象提供不同的功能，具体说明如下。对于企业高层领导来说，办公自动化系统是决策支持系统（DSS），它能够运用科学的数学模型，结合企业内部或外部的信息，为企业领导的决策提供参考和依据；对于企业中层管理者来说，办公自动化系统是信息管理系统（IMS），它能够利用业务各环节提供的基础“数据”，提炼出有用的管理“信息”，把握业务进程，降低经营风险，提高经营效率；对于企业普通员工来说，办公自动化系统是事务和业务处理系统。办公自动化系统能够为企业各级人员提供良好的办公手段和环境，使之准确、高效、愉快地工作。

在传统的办公管理中，每一份文件都要经过严密的分析和解读，以纸质的形式不断进行各种修改，这样不仅降低了工作的效率，也增加了员工的工作量，同时还很容易出现修改失误或文件信息丢失的问题，致使文件中的信息存在漏洞。而办公自动化系统能够实现自动化地管理各类文件，并利用计算机网络技术对文件进行分类和统一传输，在保留好原文件的前提下，提出一些可行性较强的建议。同时，企业还需要对办公自动化系统进行严格的管理，并规定只有通过了身份验证的工作人员才能够登录系统，查看所需要的文件资料，从而有效地保证企业内部文件的严密性。

办公自动化系统中的公用文档、公共信息和通知公告等功能模块是各部门共享信息资源的平台，员工可通过办公自动化系统及时了解全员的最新信息，以有利于部门之间的沟通与合作。办公自动化系统强大的条件检索功能为员工快速查找文件资料提供了极大的便利，解决了过去花费大量时间翻查纸质文件的问题，从而提高了文件资料的搜集效率。

借助办公自动化系统的通知公告功能，组织机构可以方便地向全体员工发布策略规划的解读材料，并保证信息传递的覆盖率。

11.1.15 企业内部门户

业界认为企业门户就是一个连接企业内部和外部信息的网站，它可以为企业提供一个单一的访问企业各种信息资源的入口，企业的员工、客户、合作伙伴和供应商等都可以通过这个门户获得个性化的信息和服务。企业门户可以无缝地集成企业的内容、商务和社区：首先，通过企业门户，企业能够动态地发布存储在企业内部和外部的各种信息；其次，企业门户可以完成网上的交易；最后，企业门户还可以支持建立网上的虚拟社区，网站的用户可以在虚拟社区中相互讨论和交换信息。

如图 11-1 所示，门户技术是一门整合了企业信息内容、应用程序和生产力创作的协同工作场所的新兴技术。信息门户技术提供了个性化的信息集成平台和可扩展的框架，能够根据需要进行全方位的信息资源整合，使应用系统、数据内容、工作人员和业务流程实现互动。在办公自动化系统中，门户网站和门户系统是两种常见的表现形式，例如，根据企业需求建立的企业门户系统，运用不同技术建立的基于门户技术的电子办公系统，以及根据不同需要建立的门户网站等。

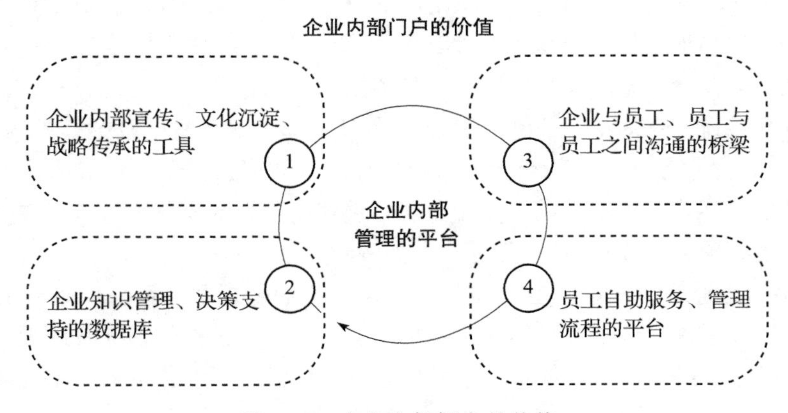

图 11-1 企业内部门户的价值

企业内部门户是专门基于企业内部信息共享、渠道互通所设计的内部门户网站或系统，其通过基于身份的访问控制技术将访问权限控制为仅企业内部员工可访问。企业内部门户可用于实现与 OA 系统类似的信息分发功能，可以实现向组织全体员工发布策略规划的解读材料，并保证信息传递的覆盖范围达到组织的要求。

11.1.16 企业邮箱

企业邮箱（Enterprise Mailbox）是指以企业组织的域名作为后缀的电子邮件地址。一个企业通常会有多个员工要使用电子邮件，企业电子邮局管理员可以任意开设不同名字的邮箱，并根据不同的需求设定邮箱的空间，而且可以随时关闭或删除这些邮箱。

按照企业自有域名开通的邮箱格式为：username@ 企业域名。相较于个人邮箱，其功能更多，空间容量更大，能够大大提高企业邮箱的稳定性和高效性，反垃圾、反病毒的性能更强，邮件收发的速度更快。企业邮箱工具可以为组织机构内的员工设置电子邮箱，还可以根据需要设置不同的管理权限，以及支持部门成员之间或公司全体员工之间的群发功能，等等。

除了通过一般的终端邮件程序方式（如 outlook）收发电子邮件之外，企业邮箱还可以通过 Web 方式来收发和管理邮件，相较于一般的终端邮件程序方式提供的电子邮箱和虚拟主机提供的信箱，企业邮箱更为方便。

同时，目前各组织机构为方便工作沟通与交流，统一管理集团公司的各种信息，提高信息安全度，提升企业品牌形象，往往会将企业邮箱作为统一信息宣发和实时沟通的渠道之一，因此通过企业邮箱向全体员工统一发送邮件，组织机构可以实现向全体员工发布策略规划的解读材料，并保证达到企业要求的信息传递覆盖范围。

11.1.17 企业内部群组

产业互联网大潮已至，人口红利消失，社会经济增长放缓，企业用工成本逐渐上升，在这样的大趋势背景下，传统运营管理模式已经难以跟上企业的发展步伐，数字化升级转型已成为企业的核心战略。在此背景下，钉钉、企业微信等一众企业群组应用应运而生。

对于中小型企业，企业群组应用所包含的第三方应用（如此类应用中的会议、报告、社区、关怀、投票、年会等），不仅加强了员工间的沟通与协同，还提升了企业文化建设、公告通知、知识管理等各方面的能力。

而借助于企业内部群组的公告通知等功能，组织机构亦可实现对数据安全策略的全员分发学习需求，向组织机构内全体员工发布策略规划的解读材料，并保证达到所要求的信息传递覆盖范围。

11.2 组织和人员管理

组织和人员管理强调的是在数据安全场景下的组织架构改进及人员协作，组织架构改进从上至下包含策略层、管理层和执行层，同时包含监督层，对各流程实例的执行情况和数据操作行为进行审计和监督，本节将主要介绍组织数据安全架构改进与人员能力管理评价方面的知识。

11.2.1 建立负责组织和人员管理的职能部门

基于数据安全的组织和人员管理需求，组织机构需要对当前架构中的策略层、管理层及执行层全维度架构进行自上而下的优化改进，落实数据安全与数据保护的组织整体性原则，并基于此实现相关制度管理。

基于上述思路，组织和人员管理所要做的主要改进和设置具体如下。

（1）策略层

应建立组织层面的数据安全领导小组，指定组织机构的最高管理者或授权代表担任小组组长，并明确组长的责任和权力。策略层负责制定组织机构内部数据安全管理的总体目标、方针和策略等，从全局角度把控数据安全风险，就重大数据安全事件或方案进行决策。策略层的实际呈现形式可以是数据安全小组或数据安全委员会，建议由主管数据安全工作的副总裁或同级别领导担任组长，小组成员至少包括网络安全管理、数据安全管理、财务、法务、人力资源及相关业务部门的经理或负责人。人力资源部门担任数据安全小组成员的相关人员应与数据安全小组的其他人员进行有效配合，协助数据安全小组指定大数据系统的安全规划、安全建设、安全运营和系统维护工作的责任部门，并协助确定或招聘组织层面负责人员数据安全培训管理职责的岗位人员，并由该人员负责推进数据安全培训需求的分析及落实方案的制定。

（2）管理层

管理层负责按照策略层确定的管理目标、方针和策略制定组织机构内部数据安全管理制度规范并执行，负责数据安全防护技术措施的规划建设和落实，指导协助相关业务部门建立数据安全管理的组织体系并执行管理制度规范。建议成立或指定数据安全管理部门，负责上述管理层工作职责。同时，建议成立由数据安全管理部门、相关业务部门负责人组成的虚拟数据安全管理团队，负责落实相关业务部门的数据安全管理责任，执行数据安全管理制度规范。管理层应在部门层面负责实施数据安全的管理规范和策略等。建议相关业务部门明确数据安全责任人（一般由部门经理或负责人担任）和数据安全管理员，负责数据访问权限审批和异常行为告警处置等数据安全日常运营工作。

（3）执行层

执行层应由网络安全管理、数据安全管理、财务、法务、人力资源及相关业务部门的员工组成，并按照数据安全管理制度规范开展日常工作。

11.2.2 明确组织和人员管理岗位的能力要求

根据上述的组织架构改进思路，策略层、管理层和执行层应分别具备以下能力。

- 策略层：明确组织机构的数据安全工作目标，遴选能够充分理解人力资源管理流程并能够识别出流程中可能存在的数据安全风险，且有能力对相关风险进行把控的组织人员管理者及相关协同成员。
- 管理层：根据组织机构的数据安全工作目标，制定组织机构内部的数据安全管理制度规范并执行。

- 执行层：贯彻执行组织机构内部的数据安全管理制度规范，同时组织并开展针对员工入职过程中的数据安全教育，通过培训和考试等手段提升其整体的数据安全意识水平。

11.2.3　组织和人员管理岗位的建设及人员能力的评估方法

组织和人员管理岗位的建设和对应人员实际执行能力的评估，可通过内部审核或外部审计等形式以调研访谈、问卷调查、流程观察、文件调阅、技术检测等多种方式实现。

1. 调研访谈

组织和人员管理阶段的调研访谈，需要针对策略层、管理层、执行层各层级人员分别进行，具体访谈内容如下。

访谈策略层、管理层、执行层各层级人员，确认组织机构策略层的数据安全工作目标是否明确；管理层人员对组织数据安全工作目标的理解是否到位，对应组织机构内部的数据安全管理制度规范与组织的数据安全工作目标是否相符；执行层是否理解组织机构内部的数据安全管理制度规范并能在日常工作中规范执行，是否有定期组织和开展针对员工入职过程中的数据安全教育，通过培训和考试等手段提升其整体的数据安全意识水平等，如果有条件还可以通过一对一（One-One）的沟通手段抽查部分员工是否具备足够的数据安全意识等。

2. 问卷调查

组织和人员管理能力阶段的问卷调查通常是以安全意识类问卷的形式，调研并确认组织机构整体的数据安全意识水平，从而反向推测组织数据安全工作目标的落实情况。

3. 流程观察

组织和人员管理阶段的流程观察，主要是观察执行层人员的工作流程，并从中寻找可能的问题点和改善点，具体观察内容如下。

以中立的视角观察组织执行层日常数据安全相关工作的流程，并通过调阅组织内部的数据安全管理制度规范确认两者的相符度，同时观察并确认当前组织内部的数据安全管理制度规范是否符合组织数据的操作需求，反推策略层的数据安全工作目标是否明确并符合组织现状。

4. 技术检测

组织和人员管理阶段的技术检测，需要使用技术工具确认实际业务数据的处理是否符合制度规范要求，是否存在数据错误或伪造等情况，制度规范的实际执行覆盖范围是否全面，是否存在因业务人员自行更改规范而导致其失效的情况等。

11.2.4　明确组织和人员流程管理的目的

组织机构的数据安全策略、制度流程和技术工具等的落实和推进离不开工作人员的执行。由于组织机构内不同部门、不同层级及不同来源的员工，其工作难免需要在不同场景下直接或间接地接触数据资产，因此数据安全风险始终离不开工作人员本身，组织和人员管理部门需要联合人力资源部门在员工的招聘 / 引进、入职、转岗 / 调岗、离职等各个环节设置相应的风险控制措施，以降低个人本身问题所导致的数据安全风险。

因此，数据安全的组织和人员管理部分，其制度流程应主要包含如下两部分的内容。

- 在职人员的工作职责与权限管控。
- 人力资源全流程制度规范。

接下来的两节将具体讲解这两项内容。

11.2.5 明确在职人员的工作职责与权限管控

在职人员可包含数据安全管理团队，以及与数据安全管理相关的各职能团队，数据安全管理角色包括组织内部的安全管理团队和职能部门。安全管理团队对组织的数据安全全面负责。职能部门是根据业务需求对数据进行收集、分析或使用的具体部门，主要负责数据收集、分析或使用等技术的实现。职能部门对本部门收集或使用的数据安全负责，细化数据在收集、分析或使用等阶段的安全要求，并推动落实。

1. 数据安全管理团队的职责

数据安全管理团队的具体职责包含如下内容。

- 应确定各种数据的分类分级初始值，制定数据分类分级指南。
- 应综合考虑相关的法律法规、政策、标准、数据分析技术的当前水平、组织所处行业的特殊性等，综合评估数据安全分析技术，制定数据安全基本要求。
- 建立相应的数据安全管理监督机制，确保数据安全管理机制的有效性。
- 负责组织机构的数据安全管理过程，并对外部相关方（比如，国家安全主管部门、数据主体等）负责。
- 对于组织的数据使用，数据安全管理团队具有相应的权力、职责和管理责任。

2. 职能部门的职责

职能部门在履行其职能时会生成和收集不同的数据，持久保存数据并进行分析。职能部门可能会涉及一个或多个数据的主要阶段，并根据涉及的阶段履行相应的安全职责。职能部门需要配合安全管理团队的工作来保障数据安全，职能部门的主要职责包含以下内容。

- 确定本部门数据的最终分级。
- 根据本部门涉及的数据安全生命周期中的主要阶段，明确和细化本部门数据在收集、存储和使用等过程中的具体安全要求，并保证这些要求能够得到有效实施。
- 配合安全管理团队处置安全事件。
- 根据组织规定的要求安全使用数据。

3. 权限管控

数据安全中的权限管理是访问控制的重要部分，其最重要的作用是根据组织业务和数据安全的需求，确保各业务相关方均是在获得相应的授权之后才能够进行对应资源的访问操作。

权限管理需要遵循以下几个重要原则。

（1）权限最小化原则

权限最小化原则，也称最小授权原则，或者最小特权原则，要求确保主体仅被授予执行任务和完成工作所必需的最小权限。权限最小化原则需要充分考虑主体的角色定义和岗位职责，结合业务场景分析主体在系统内的访问内容、方式、权限级别、时间限制等约束条件，并根据安全策略释放最契合业务需求又不多余的权限。

（2）权限多人负责原则

权限多人负责原则，指的是重要的权限和业务不要只安排给一个人单独管理，而应实行两人或多人相互制约的机制，一方面可以通过多级授权来监督权限的使用，另一方面可以通过双人复核来保障权限的严格控制和流程的准确无误。

（3）职责分离原则

职责分离原则是相对于不相容的权限来说的，其要求不相容的权限要形成相互制约的关系。一般至少要求区分为系统管理员（管理用户和系统配置）、业务操作员（进行业务操作和业务配置）和审计员三类权限职责，以形成相互监督、相互制约的关系。

11.2.6 制定人力资源全流程制度规范

人力资源全流程制度规范包含人员招聘、入职、在职、转岗、离职等全方位环节，具体说明如下。

1. 招聘：背景调查

人力资源应负责对员工候选人的背景进行调查，从法律法规、行业道德准则要求等方面进行调查；同时，若涉及数据安全岗位候选人，则还应增加胜任能力方面的调查。

背景调查是指通过从外部求职者提供的证明人或以前工作的单位那里搜集资料，来核实求职者个人资料的真实性，是一种能够直接证明求职者实际情况的有效方法。背景考察既可以在深入面试之前也可在其后进行，虽然需要花费一定的时间和财力，但付出的代价往往是值得的。

通过背景调查，组织机构可以证实求职者的教育和工作经历、个人品质、交往能力、工作能力等信息。简而言之，背景调查就是用人单位通过第三者对应聘者展示的入职条件和工作能力等相关信息进行核实验证的方法。这里的第三者主要是指应聘者原来的雇主、同事，以及其他了解该应聘者的人员，或者是能够验证应聘者提供资料准确性的机构和个人。

完成一次背景调查，组织机构共有三种选择：一种是自主调查，即由组织机构的人力资源部门凭借个人的渠道与网络核实应聘者提供的工作信息；另一种则是委托猎头公司调查；除此以外，还有一种方法，即与专业的第三方雇前调查机构合作，聘用专业的调查团队进行入职背景调查。

以下岗位应重点关注背景调查结果。

- 数据安全等安全技术岗位。对组织而言，安全人员往往掌握着大量权限，其工作也会大量接触公司的核心业务，因此安全人员需要对组织拥有更高的忠诚度，以免出现由于人员问题而导致的各类安全事件。
- 与资金安全有关的专业岗位，如会计、出纳、投资等岗位。出于对资金安全的考虑，企业会对这类岗位的工作人员进行背景调查，以了解这些准员工的工作能力和诚信状况，以及是否有犯罪记录。
- 能够接触核心技术的职位，如技术总监和研发团队成员。企业招聘这类人员时通常会非常谨慎，花费一定的人力财力对拟录用者进行犯罪记录、诚信状况等的背景调查是很有必要的。
- 中高层管理岗位。那些涉及企业运营战略，以及需要把握核心客户资源的职位，如销售总监、客户主管或运营总监，他们对于企业的日常运营，甚至未来发展顺利与否都有举足轻重的影响，大多数企业都会对中高层岗位聘用者做背景调查。

2. 入职：培训 + 考核

针对新入职的员工，人力资源应根据其岗位特性及工作内容的敏感程度提供不同级别和内容的数据安全培训及制度宣贯，并在试用期内搭配对应考核的学习要求，通过考核确认该人员对制度的掌握情况和工作执行能力，从而降低因人员而导致的数据安全违规风险，同时提升人岗匹配性。

培训可通过新员工集中培训、视频直播培训和录播学习培训等多种方式来完成，并通过办公自动化等内部系统确保人员通知和参与到位。

对于不同层级和岗位的数据安全要求，考核的内容应具备不同的难度，涉及不同的方案，考核一般是通过在线系统来完成的，组织机构可基于考核结果或考评要求确认人员的掌握能力。

3. 在职：定期培训宣贯 + 考核

员工在职期间，人力资源部门应协同数据安全管理部门定期开展数据安全意识培训、数据安全制度培训等培训宣贯工作，并辅以对应的考核内容，可按季度、半年度或年度的方式安排定期培训宣贯和考核认证，持续确保在职人员的数据安全意识及制度理解能力，将安全意识宣贯常态化，从而持续确保组织人员对数据安全制度的遵从性。

4. 转岗：工作交接 + 权限回收

对于工作人员转岗的情况，人力资源部门应协助相关人员进行在职期间转岗的工作交接，并于交接完成后立即回收该工作人员的权限，以及对已落到办公终端本地的数据进行清理，以确保该工作人员已不再具备原有岗位职责的任何权限和遗留数据，并在确认此结果之后，根据相关人员的新岗位职责，重新赋予对应的权限，即在职人员在转岗过程中，对应权

限应经过清空 – 评估 – 授予的过程，以确保对应人员的权限仅符合后向职责，从而避免人员多次转岗过程中的权限累加所造成的权限蔓延问题。

5. 离职：数据交接、防泄露与权限回收

针对离职人员，人力资源应关注其提出离职到正式离职期间的工作交接情况，并确认数据交接是否完整，以及对应人员有无数据外传和复制等疑似数据泄露的行为；同时在确认交接完成后，立即进行权限回收、账号冻结和对已落到办公终端本地的数据进行清理等工作，从而保证其权限和账号均已不可用，同时可根据离职人员工作岗位的特殊性和敏感性等，与部分高敏感人员协商和签署离职后的竞业协议等具有法律效力的文件。

6. 奖惩措施

将员工在职期间在数据安全方面的义务和职责纳入人力资源激励和惩罚的范畴，激励或处罚的具体方式和额度可基于组织现有行政管理制度规范进行扩展。

11.2.7　使用技术工具

组织和人员管理可通过工具实现如下功能。

- 技术工具自动化实现了数据安全相关的人力资源管理流程：使用人力资源管理系统。
- 员工入职、在职、转岗、离职的权限控制：使用访问控制技术。
- 以公开信息口可查询的形式，面向组织全员公布数据安全职能部门的组织架构：使用办公自动化系统和企业内部门户网站。

11.2.8　人力资源系统

人力资源管理系统可在招聘、入职、转岗 / 调岗、离职，以及培训考试和绩效考核等子系统或环节中，植入数据安全的控制要求，作为必须的审批或确认步骤。

人力资源系统通常包含的模块及说明具体如下。

（1）组织管理模块

主要用于实现对公司组织结构及其变更的管理；对职位信息及职位间工作关系的管理，即根据空缺的职位配备相应的工作人员；按照组织结构进行人力规划，并对人事成本进行计算和管理，支持生成机构编制表和组织结构图等。

（2）人事信息管理模块

主要用于实现对员工从试用、转正直至解聘或退休整个过程中各类信息的管理，以及人员信息变动的管理，通过多种形式和多种角度提供查询和统计分析手段。

（3）招聘管理模块

主要用于实现计划招聘岗位、发布招聘信息、采集应聘者简历的管理，并按岗位任职资格遴选人员，管理从初次面试开始到通知试用的全过程。

（4）劳动合同模块

主要用于提供对员工劳动合同的签订、变更、解除、续订、劳动争议和经济补偿的管理。劳动合同模块可根据需要设定试用期或合同到期的自动提示。

（5）培训管理模块

主要用于根据岗位要求及绩效考核结果，确定必要的培训需求；为员工的职业生涯发展制定培训计划；对培训的目标、课程内容、授课讲师、时间、地点、设备、预算等进行管理，对培训人员、培训结果和培训费用进行管理。

（6）考勤管理模块

主要用于管理员工的出勤情况，帮助企业完善作业制度。考勤模块具体包括各种假期、班别和相关考勤项目的设置，以及调班、加班、公出、请假的管理、迟到早退的统计、出勤情况的统计等。同时，该模块还提供了与各类考勤机系统的接口，以及为薪资管理系统提供相关数据。

（7）绩效管理模块

绩效考核可用于评价人员配置和培训的效果、对员工进行奖惩激励、为人事决策提供依据。根据不同职位在知识、技能、能力、业绩等方面的要求，系统需要提供多种考核方法和标准，允许自由设置考核项目，对员工的特征、行为和工作结果等进行定性和定量的考评。

（8）福利管理模块

福利管理系统主要用于为员工提供各项福利基金的提取和管理功能。福利管理模块主要包括定义基金类型、设置基金提取的条件，对基金进行日常管理，并提供相应的统计分析报告，基金的日常管理主要包括基金定期提取、补缴、转入转出等。此外，福利管理系统还需要提供向有关管理机关报送相关报表的功能。

（9）工资管理模块

工资管理系统适用于各类企业、行政、事业及科研单位，直接集成考勤、绩效考核等数据，主要提供工资核算、工资发放、经费计提、统计分析等功能。工资管理模块提供的功能包含：支持工资的多次或分次发放；支持代扣税或代缴税；工资发放支持银行代发，提供代发数据的输出功能，同时也支持现金发放，提供分钱清单功能。工资管理系统可以自定义设置经费计提的内容和比率。

11.2.9 人员访问控制技术

访问控制是数据安全的一个基本组成部分，它规定了哪些人可以访问和使用公司的信息与资源。通过身份验证和授权，访问控制策略可以确保用户的真实身份，并且为其分配访问公司数据的相应权限。访问控制还适用于限制对园区、建筑、房间和数据中心的物理访问。

访问控制可用于保护组织的客户数据、个人可识别信息和知识产权等机密信息，避免重要数据落入攻击者或内部无关人员手中。如果没有一个强有力的访问控制策略，组织机构就会面临数据从内部和外部泄露的风险。

访问控制通过验证多种登录凭据来识别用户身份，这些凭据包括用户名和密码、PIN码、生物识别扫描和安全令牌。许多访问控制系统还包括多因素身份验证，多因素身份验证是一种需要使用多种身份验证方法来验证用户身份的方式。用户身份验证通过后，访问控制就会授予其相应级别的访问权限，以及与该用户凭证和 IP 地址相关的允许进行的操作。

访问控制主要包含四种模型。组织机构通常会根据其独特的安全性和合规性要求，选择行之有效的方法。这四种访问控制模型分别是：自主访问控制（DAC）、强制访问控制（MAC）、基于角色的访问控制（RBAC）和基于属性的访问控制（ABAC）。关于上述访问控制技术的相关内容，8.3 节已进行过详细描述，此处不再赘述。

11.2.10 办公自动化系统和企业内部门户网站

办公自动化系统和企业内部门户网站均可以公开信息口可查询的形式，面向组织全员公布数据安全职能部门的组织架构。关于办公自动化系统和企业内部门户等技术的相关内容，11.1 节已进行过详细描述，此处不再赘述。

11.3 合规管理

组织机构需要建立数据安全合规文化和有效的合规风险预防、预警及监督机制，从而避免组织因违反相关的国内外法律、行业监管指引、制度、规范等而导致的风险，是组织机构能够长久稳定运营的基础。本节将主要介绍组织数据安全合规管理的相关注意事项和实践方法。

11.3.1 建立负责合规管理的职能部门

如前所述，在数据安全合规管理的建设上，组织层面首先应设立专职岗位，分别负责个人信息保护、重要数据保护、跨境数据传输等方面的安全合规工作，并基于各岗位职责，分别明确组织机构在个人信息保护、重要数据保护、跨境数据传输等方面的安全合规需求，并由各岗位的专职人员负责为其职责领域制定基于合规需求的数据安全规范要求和解决方案，并推进相关规范要求和解决方案在组织整体范围内的执行和落实。

11.3.2 明确合规管理岗位的能力要求

组织机构应基于上述规划设立相关岗位，对应的岗位将配备个人信息保护、重要数据保护、跨境数据传输等方面的专职人员，专职人员的工作能力应满足如下要求。

- ❑ 了解对应岗位相关数据保护的法律法规。
- ❑ 对于上述法律法规，具备解读、自我分析理解和组织需求匹配的能力，并能确定组织合规需求的覆盖范围。
- ❑ 能够根据法律法规要求和组织合规需求覆盖范围，有针对性地输出基于合规需求的数据安全合规规范要求和解决方案，并具备一定的安全运营能力，可将对应规范要求和解决方案以符合组织内部流程及人员可接受的传达方式落实并执行。

11.3.3 合规管理岗位的建设及人员能力的评估方法

组织数据安全合规管理岗位的建设和对应人员实际执行能力的评估，可通过内部审计或外部审计等形式以调研访谈、问卷调查、流程观察、文件调阅、技术检测等多种方式实现。

1. 调研访谈

合规管理阶段的调研访谈，需要针对策略层、管理层、执行层各层级人员分别进行，具体访谈内容如下。

访谈策略层、管理层、执行层各层级人员，确认组织机构是否已经设立了专职负责个人信息保护、重要数据保护、跨境数据传输等方面的安全合规岗位；访谈上述岗位人员，确认是否已经明确了组织机构在个人信息保护、重要数据保护、跨境数据传输等方面的安全合规需求，是否已经制定了基于合规需求的数据安全规范要求和解决方案；访谈执行层及业务基层人员，确认上述规范要求及解决方案是否落实，以及落实相关方案后，组织业务运作是否正常等。

2. 问卷调查

在数据安全合规管理阶段，组织机构通过查阅已制定的基于合规需求的数据安全规范要求和解决方案，以问卷调查的形式，确认组织整体对上述规范和解决方案的了解情况，从而反向推测组织数据安全合规的实际执行情况。

3. 流程观察

数据安全合规管理阶段的流程观察，主要是观察执行层团队的工作流程，并从中寻找可能的问题点和改善点，具体观察内容如下。

以中立的视角观察组织执行层日常数据安全合规相关的工作流程，并通过调阅组织内部的数据安全合规管理制度规范确认两者的相符度，同时观察当前组织内部的数据安全合规管理制度规范是否符合组织数据的操作需求，从而反推组织制定的基于合规需求的数据安全规范要求和解决方案是否明确并符合组织现状。

4. 技术检测

合规管理阶段的技术检测，需要使用技术工具确认实际业务数据的处理是否符合制度规范要求，是否存在数据错误或伪造等情况，制度规范的实际执行覆盖范围是否全面，是否存在因业务人员自行更改规范而导致其失效的情况等。

11.3.4 明确合规管理的目的

合规管理是组织数据安全最基础的能力层面要求底线，也是组织维持长期稳定运营的先决条件。数据安全合规管理需要依据法律法规及相关标准对重要数据的保护要求，为组织建立统一的符合安全性的管理规范，包括但不限于个人信息保护、重要数据保护、跨境数据传输等方面的安全合规需求，以确保组织数据安全的合规性，并对相关方宣贯合规要求的内容，以保证组织整体合规意识的提升。

11.3.5 明确合规覆盖范围

要进行合规管理，组织机构应首先确认其合规覆盖范围，即组织所涉及的数据安全保护合规范围总和。

根据现有分类，数据安全合规要求包含个人信息保护、重要数据保护、数据跨境传输管理、互联网信息内容管理、区块链信息服务管理、商业数据保护、行业数据监管等。

组织的数据安全合规管理人员首先应明确与组织相关的合规覆盖范围，以及组织应遵守的数据安全保护合规范围，然后基于上述范围总和明确组织所有的外部合规要求，并形成检查清单。

11.3.6 构建检查清单

明确组织合规覆盖范围之后，合规管理部门应建立一份当前组织需要遵照的外部合规要求清单，并实时跟踪外部合规要求的发布和预研，保持清单的持续更新。

金杜律师事务所《2020 年网络安全与数据合规：合规创造价值》从法律合规层面为数据安全合规的遵从来源提供了参考依据，如图 11-2 所示，组织在构建合规检查清单时应关注大量相关法律法规和国家标准等法律文件。以个人信息保护为例，其涉及的合规要求如图 11-2 所示，包含法律法规、部门规章、司法解释、其他规范性文件和国家 / 行业标准等。

同时，像 2021 年 9 月 1 日正式实施的《中华人民共和国数据安全法》和 2021 年 11 月 1 日正式实施的《中华人民共和国个人信息保护法》等近期新实施或新颁布即将实施的法律法规，都需要作为组织机构在更新当年合规检查清单时应重点关注的内容。

组织机构在构建合规管理检查清单时，相关负责人员应充分理解并分析转化该合规分类下的全部合规要求，从而构建真实有效、检查有据的合规检查清单，以确保组织的合规安全性。

类似的还有重要数据保护，组织机构应充分理解自身行业对“重要数据”的定义和划分，并基于其要求进行数据分类分级和安全控制的操作。

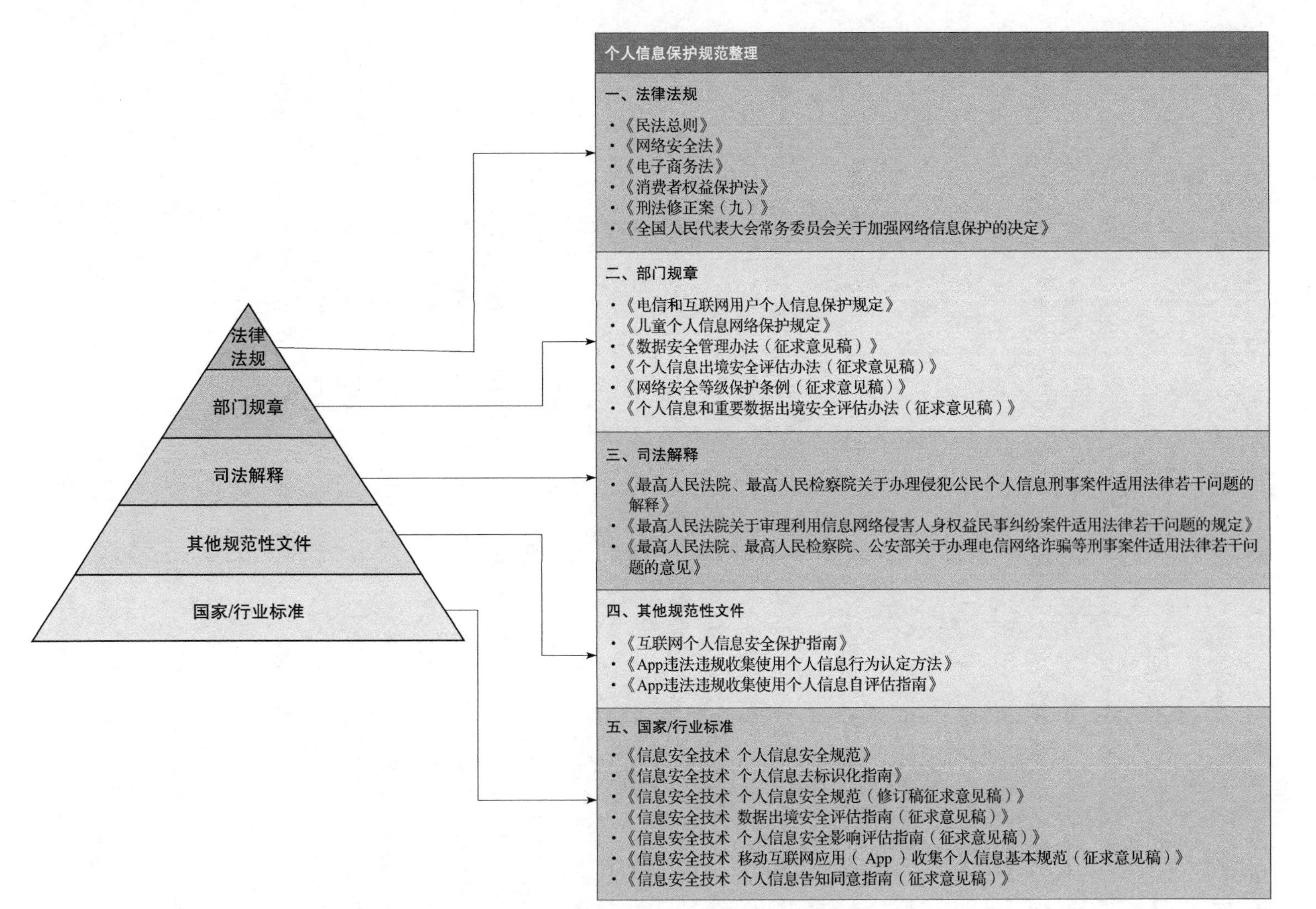

图 11-2 组织外部合规检查清单示意图

（图片来源：https://www.chinalawinsight.com/2020/02/articles/cyber-security/2020 年网络安全与数据合规：合规创造价值 /）

11.3.7 定期评估与变更控制管理

在确定外部合规检查清单条目内容后，组织数据安全合规管理相关人员应基于该检查清单对组织内部合规要求进行定期检查，对重要数据安全策略、规范、制度和管控措施定期进行风险评估，并及时响应，从而确保组织数据安全合规的常态性。

制定全年检查计划，以常规检查、专项检查、事件驱动检查相结合的方式，100% 覆盖数据安全风险检查标准库；专项检查应围绕数据安全域（包括数据采集安全、数据传输安全、数据处理安全、数据交换安全）和通用安全域进行展开。

同时，组织数据安全合规管理相关人员还应定期更新外部检查清单，并关注组织内部数据的相关变更，针对组织内部因业务架构、组织职能变更而引发的重要数据流向变化建立有效的变更管控机制，以控制重要数据流向发生变化时可能引发的合规风险。

为达成该目标，组织机构应成立变更控制管理虚拟团队，变更控制管理虚拟团队一般至少应包含各数据流动相关业务技术负责人、业务项目经理或产品经理、管理层 CTO，以及上述各数据安全合规管理专职人员，该虚拟团队将定期评估业务变更对合规管理的影响，当涉及数据流动的业务出现需求变更，并且更改流向将影响原有合规范围或要求时，该虚拟团队就要通过评审确定变更范围和影响因素，以及变更后的合规控制建议，从而实现合规检查与实际业务变动的及时更新。

11.3.8 跨境数据安全管控

跨境数据流动已经成为推动国际贸易中货物、服务、人、资金流动不可或缺的部分。随着数字经济的深入发展和数据作用的日益凸显，各国对数据跨境流动的含义和影响的认识也日益深入，数据跨境流动的相关立法和国际规则的制定也呈现出新的趋势和特点，具体说明如下。

简单来说，跨境数据流动是指数据跨越边境，在不同国家的计算机服务器间转移和流动。跨境数据流动包括出境和入境两个方向，本文将主要探讨数据出境政策。而对数据跨境流动管理采取的则是广义的理解，其中包含了自由流动、本地化副本保留、有条件出境、本地化存储和处理等从完全开放到完全禁止的各种限制程度的跨境数据流动管理措施。

当前，越来越多的国家已经或正在制定适合本国国情的数据跨境流动政策，但在出台目的（例如国家安全、执法需要、个人数据保护和国内数字经济产业保护）、适用范围（例如个人数据、行业数据、其他重要数据）、严格程度（例如要求本地存储和处理、本地存有副本或有条件出境）等方面存在着较大的差异，下面就来对欧盟、巴西、印度各地区对数据安全的相关要求进行简要说明。

2018 年 5 月，欧盟《通用数据保护条例》（“GDPR”）正式实施，允许采用如下三种方式对个人数据进行有条件的跨境转移。

- 欧委会认定一国、一个区域、一个或多个特定行业或一个国际组织具备充分保护能力即为“充分性认定”，获得充分性认定的国家、地区或行业在将欧盟的数据转移到境外时不再需要进行具体的授权。

- 欧盟批准的标准合同条款、约束性公司规则、行为规范和认证机制，这些方式主要适用于组织和企业。
- 获得数据主体的明确同意等特定减损情形。

巴西在 2018 年 8 月也通过了《通用数据保护法》，其对个人数据跨境转移的条款很大程度上借鉴了欧盟“GDPR”的规定。

印度于 2019 年 12 月推出了《个人数据保护法案（2019 年版）》（即“The Personal Data Protection Bill，2019”），同时相关的更新法案（暂定称为《2021 年数据保护法案》，即“Data Protection Bill of 2021”），正在制定当中（截至 2021 年 10 月），现行法案中的跨境数据转移要求比“GDPR”更为严格，个人数据将被要求在印度境内存有副本，并且在满足充分性认定的条件下才允许出境，关键个人数据必须仅在印度境内存储。

因此若组织数据流动涉及数据跨境的情况，则应有针对性地确认跨境方所采取的法律法规，并依据相关要求进行跨境数据安全管控管理规范和解决方案的输出、宣贯与落实执行。

11.3.9 明确考核规范

流程的落实、制度的遵守永远离不开对相关业务人员的指标确定及相关考核，因而组织机构在数据安全合规管理过程中，需要建立一套适用的整改和考核规范，用于指导检查发现和整改情况的跟踪、报告管理和问题管理等一系列工作。

11.3.10 使用技术工具

组织数据安全合规管理的技术实现具体如下。

- 建立数据安全合规资料库，相关人员可以通过该资料库查询合规要求：使用知识库系统。
- 采取必要的技术手段和控制措施实现个人信息安全保护，例如，在个人信息处理过程中进行匿名化、去标识化操作：使用数据脱敏技术。
- 建立重要数据的监控机制，防范重要数据安全事件：使用制度检查流程跟踪系统。

接下来的几节将具体介绍数据安全合规管理的技术实现。

11.3.11 知识库系统

知识库系统，全称知识库管理系统（Knowledge Base Management System，KBMS），主要用于管理我们常用的一些知识文档、图纸、视频和音频等信息内容。

知识库管理系统通常包含如下四个部分。

- 关系型数据库用于存放知识，包括事实与规则。

- 搜索模块用于实现知识库和推理机之间的知识搜索与传递。
- 查询模块用于实现推理机对知识库的知识查询。
- 一致性、完整性检查模块用于在知识库中的知识发生变动时对知识库中的知识进行一致性和完整性检查。

在此基础上，知识库一般包含以下功能。

（1）知识的操纵

知识的操纵包括对知识库中知识的插入、删除及修改操作，其中，知识的删除是指删除知识库中的某些知识，知识的插入是指在知识库中添加一些知识，知识的插入则涉及添加的知识与数据库中已有知识的相容性和冗余性等。所谓相容性是指添加的知识与知识库中的知识是否相互矛盾。所谓冗余性是指所添加的知识是多余的，它可以从原有知识库中经演绎而推出，而没有添加这些知识的必要。知识的修改涉及删除与插入两个部分，因此也存在与知识库的相容性与冗余性等问题。

（2）知识的查询

知识的查询在这里包含两层含义：一层是从知识库中提取知识，另一层是由知识库中的知识推算出一些新的知识。

（3）知识的控制

知识的控制包括知识的一致性和完整性控制、知识共享、知识安全、并发控制、故障恢复等。

（4）知识库中的知识表示模型

知识库中的知识通常可以用一种或几种方法来表示。知识表示的方法决定了知识库的结构，因此，建立知识库的关键在于如何表达知识。当前知识的表示方法共有以下几种：产生式规则（Productionrules）、语义网络（Semanticnets）、谓词演算（Predicate Calculus）、框架（Frames），等等。

（5）基于逻辑的知识表示

基于逻辑的知识表示是指用数理逻辑（命题逻辑和谓词逻辑）来表示知识，这种知识表示方法是一种最早的知识表示模式，它简单、自然、灵活、模块化程度高、理论严谨、表达能力强，与关系数据库一样具有坚实的数学理论基础。为了克服上述逻辑语言表示能力有限的问题，近年来，基于逻辑的知识表示在所谓的非经典逻辑研究方面取得了重要进展，如模态逻辑、时序逻辑和非单调逻辑等。

（6）语义网络知识表示

语义网络知识表示是指一种用带有标记的有向图来表示知识的形式。作为人类联想记忆的显式心理学模型，语义网络用结点和有向弧组成的网络来描述知识。结点表示各种事物、概念、对象、实体、事件等，带标记的有向弧表示所连接的结点之间的特定关系。通常，一种关系对应于一种推理模式。语义网是一种很强的显式知识表示方法，它直观清晰，但不适用于不确定性推理。

（7）框架知识表示

框架知识表示是指把对象的所有知识存储在一起构成的复杂数据结构。它反映了人类通过一般性知识去认识个别事物的特点。一个框架由若干个槽组成，每个槽可用于描述框架所描述的对象在某一方面的特性。槽由槽名和槽值组成，同一个槽可能会有多种类型的槽值，每种类型的槽值称为槽的一个侧面。其中，槽值为附加的过程性知识，称为附加过程。槽值还可以取缺省值。当框架具有时间性质时，就会构成时序框架。框架知识表示对实现知识库系统的非精确推理具有重要作用。

（8）面向对象的知识表示

面向对象的知识表示是指采用基于信息隐蔽和抽象数据类型概念的面向对象的方法来表示知识，它把所有的实体都描述成对象。每个对象都包括其静态结构和一组操作。对象按“类”“子类”“超类”构成偏序关系。上一层对象的属性可以有条件地被下一层对象继承，对象之间除了互递消息之外再没有其他的联系。用户要完成的任务也是通过发送消息来实现的。面向对象的知识表示方法具有很多优点，如封装性好、层次性强、模块化程度高，有很强的表达能力，更适用于解决不确定问题等。

（9）基于本体的知识表示

基于本体的知识表示方法是近年来的研究热点之一。这种观点认为：任何复杂的知识都是由最基本的概念构成的，这些最基本的概念称为本体；本体是基本概念的详细说明。本体的重要性体现在它对知识的可重用性和共享性发挥了重要作用。

（10）基于规则的知识表示

基于产生式的规则是由 E.Post 于 1943 年提出的。他运用这种规则对符号串作替换运算，运算中的每一条规则称为一个产生式。当产生式方法用于专家系统中之后，无论是在理论上还是在应用方面，产生式方法都有了较大的改进。美国斯坦福大学早在 1965 年就采用这种方法开发了世界上第一个专家系统 DENDRAL，用于帮助有机化学家确定化合物的内部结构。由于 DENDRAL 的成功开发，用规则来表示专家知识的方法因此得到了广泛应用。基于规则的知识表示使用 IFCondition，THENaction 形成的产生式规则表示知识，它具有良好的模块性，是目前应用最广泛的知识表示方法之一。

（11）知识的搜索

建立知识库的重要目的之一是有效地运用知识求解复杂的问题，问题求解的过程本质上就是知识的匹配和搜索过程。在搜索过程中，知识库中的知识通常可以看成是具有层次关系的树状式和网状式结构，即从某一结点出发的有向图。搜索就是从该结点出发对有向图进行遍历，即沿着有向弧按特定次序访问有向图中的每一个结点：搜索的目地是寻找满足一定条件的结点的集合，搜索方法基本上可以分为“盲目搜索”和“启发式搜索”两大类。

1）盲目搜索

盲目搜索是一种“穷尽”式搜索方法，它不需要有关求解问题的先验信息，效率较低，并不适合应用于具有复杂搜索空间的场合。盲目搜索法包括深度优先搜索法和宽度优先搜索法，具体说明如下。

深度优先搜索法是指从根结点出发，顺着某个指定的分枝向下一层搜索，直至到达树叶结点为止：如果当前结点的所有子结点均被搜索过，则再回溯到上一层结点，并选择一条新的分枝重复上述过程，直至所有结点全部访问到为止。

宽度优先搜索法是指从根结点出发，按搜索树的深度逐层进行搜索，直至所有结点全部访问到为止。

2）启发式搜索

启发式搜索是指利用以往的经验指导搜索过程，这些经验包括事实，简化的评价推理和规则等。常用的方法有爬山算法和最佳优先搜索法。爬山法直接源于我们的爬山的经验，在爬山过程中，我们总是选择坡度最大的方向作为前进的方向，但是采用爬山法我们有可能到达的只是局部最高点，而不是全局最高点，即选择的不是最优解。最佳优先搜索法是爬山法的改进方法，解决了爬山法的缺陷。设想有一群登山者，从同一点出发，沿着不同的方向爬山，登山者通过通信工具相互联系直至最后到达全局的最高点。由于知识库的容量通常非常大，所以当涉及较大空间时可采用一些技术来缩小搜索空间，如消去法。消去法是指尽可能早地剪去搜索树中非解（或可能性很小）的分枝。消去法就是通过这种剪枝的方法来缩小搜索空间。

（12）知识的推理方法

所谓推理，是指从已有的知识中推导出所蕴涵的某种未知知识，或者发现新的知识。知识推理技术是指如何从给定的前提或假设中推导出某种理论，或者在要求达到某种结论的情况下，去寻找什么样的前提才能推导出给定的结论。知识推理是专家系统的核心任务之一，是设计实用专家系统的关键技术。知识推理技术多种多样，有演绎和归纳、单调和非单调、确定的和不确定的等。其中，对于确定性知识的处理和演绎推理是知识推理的核心内容。推理的方向有正向和逆向两种，不同的推理方向所使用的往往是不同的控制策略。在专家系统中，我们要寻求的是那些功能强大，且能描述和解决一大类有用问题的通用方法。目前，有关确定的、以演绎推理为基础的有效推理技术主要包括：归结反演技术、规则演绎技术、启发式技术和黑板技术等。对于不确定性知识的处理，目前我们已经提出了许多新方法，这些方法大致可以分为两大类：一类是采用基于概率论和模糊集合论的数值方法，另一类是采用非数值的符号方法。

目前常用的开源知识库管理系统有 dokuwiki、Alfresco、WCP 开源版等，商业知识库管理系统也非常多，组织机构可根据自身人员数量、预算规划和预期用途进行评估和选择。

11.3.12　数据脱敏技术

数据脱敏技术是指通过将敏感数据进行数据变形操作，为用户提供虚假数据而非真实数据，以实现对敏感隐私数据的有效保护。这样就可以在开发、测试和其他非生产环境及外包环境中安全地使用脱敏后的真实数据集，既保护了组织的敏感信息不被泄露，又达到了挖掘数据价值的目的。

关于数据脱敏技术的相关知识，8.1 节在介绍数据脱敏的技术工具部分时已进行过详细描述，此处不再赘述。

11.3.13 制度检查流程跟踪系统

制度检查流程跟踪系统，旨在建立一套检查跟踪系统，实现检查计划制定、检查实施、报告管理、问题跟踪等全过程的电子化管理，并将检查发现和整改情况纳入问题管理流程。具体实现方式可以基于组织现有的办公自动化系统制定一套新的审批流程，将数据安全合规管理相关的计划制定、检查实施、报告管理、问题跟踪等全过程管控点进行细分，并设计到各环节的流程交付物中，仅在该环节流程交付物完整时才可进行下一环节的审批操作，从而实现制度流程全周期材料的规范化留存，并且可以在该过程中随时掌握当前检查的问题改进和管理进度，以便实时介入可能存在的潜在风险造成的延期或误判等。

11.4 数据资产管理

有效的数据资产管理是组织实现数据运营与数据资产变现的基础，数据资产管理强调的是组织内生的力量，需要依赖于组织高效的人员管理架构、明确清晰的制度流程，以及可靠且可用的管理技术能力与工具。本节将主要介绍组织数据资产管理的相关注意事项与实践方法。

11.4.1 建立负责数据资产管理的职能部门

数据资产管理对组织建设的要求是设立数据资产管理的专项岗位或团队，明确划分数据资产范畴，并根据划分的范畴进行数据资产管理规范输出，推进相关规范的实施，从而实现对组织数据资产的统一管理。一般而言，数据资产的管理需要一个专项团队，由团队中的不同人员负责不同维度的组织业务部门的数据资产管理。

数据资产管理岗位规划的总体目标是设置数据资产管理组织，按照统一的规章制度管理企业的数据资源，同时各业务团队配置具体人员负责本级业务范围内的数据资产管理工作。

11.4.2 明确数据资产管理岗位的能力要求

根据上述组织建设思路，对应的数据资产管理团队人员至少应具备以下两方面的能力。

- 划分数据资产范畴，明确管理需求。如前所述，并非所有的数据都能构成数据资产，数据资产是指能够为企业产生价值的数据资源。在数据安全制度流程中，数据资产管理团队人员应能明确划分数据资产范畴，并根据该范畴规划数据资产管理。因此相关人员需要具备对数据资产的识别和划分能力，从而明确组织对数据资产的内部管理需求。

- 根据实际业务需求建立管理制度，相关人员需要能够根据业务数据资产划分、业务范围界定，以及组织对数据资产的管理需求，建立适用于组织业务实际情况的管理制度，并推进相关制度的实际落实和执行，同时在此期间，持续保证管理制度、数据资产的划分能够及时跟进组织业务的变化。

11.4.3　数据资产管理岗位的建设及人员能力的评估方法

数据资产管理岗位的建设和对应人员实际执行能力的评估，可通过内部审计或外部审计等形式以调研访谈、问卷调查、流程观察、文件调阅、技术检测等多种方式实现。

1. 调研访谈

数据资产管理阶段的调研访谈，需要针对策略层、管理层、执行层各层级人员分别进行，具体访谈内容如下。

访谈策略层、管理层、执行层各层级人员，确认组织机构是否已经设立了数据资产管理的专项岗位或团队；访谈上述岗位人员，确认其是否能够明确划分数据资产范畴，并根据范畴进行数据资产管理规范的输出，以及推进相关规范的落实与执行；访谈执行层及业务基层人员，确认上述规范要求及解决方案是否落实，以及组织业务运作是否正常等。

2. 问卷调查

在数据资产管理阶段，组织机构通过查阅已制定的数据资产管理规范以问卷调查的形式，确认组织整体对上述规范和解决方案的了解情况，从而反向推测组织数据资产管理的实际执行情况。

3. 流程观察

数据资产管理阶段的流程观察，主要是观察执行层团队的工作流程，并从中寻找可能的问题点和改善点，具体观察内容如下。

以中立的视角观察组织执行层日常数据资产管理相关的工作流程，并通过调阅组织内部数据资产管理规范确认两者的相符度，同时观察当前组织内部数据资产管理制度规范是否符合组织数据业务的操作需求，从而反推组织中已制定的数据资产管理规范是否明确，是否符合组织现状。

4. 技术检测

数据资产管理阶段的技术检测，需要使用技术工具确认实际业务数据资产范围是否符合制度规范的资产划分表述，是否存在数据错误或伪造等情况，制度规范的实际执行覆盖率是否达到要求，是否存在因业务人员自行更改规范而导致其失效的情况等。

11.4.4　制定数据资产管理制度

数据资产管理的相关制度流程主要包含数据资产管理制度、数据资产登记机制及数据资产变更审批。从这节开始，将具体讲解数据资产管理制度流程所包含的各项内容。下面先来看看如何制定数据资产管理制度。

如图 11-3 所示，数据资产管理制度框架包括组织战略、管理目标、管理域和价值实现。组织战略应参考企业内外部的环境而制定，包括业务、技术和数据等方面。管理目标应依据组织战略而制定，需要覆盖数据资产管理域的关键活动。管理域明确了管理的范围和对象，并在制度、技术和资源等方面的管理措施保障下，通过一系列的管理过程活动实现管理目标。价值实现是实现数据资产保值增值的最终目标，从而挖掘并发挥数据资产的经济价值和社会价值等。

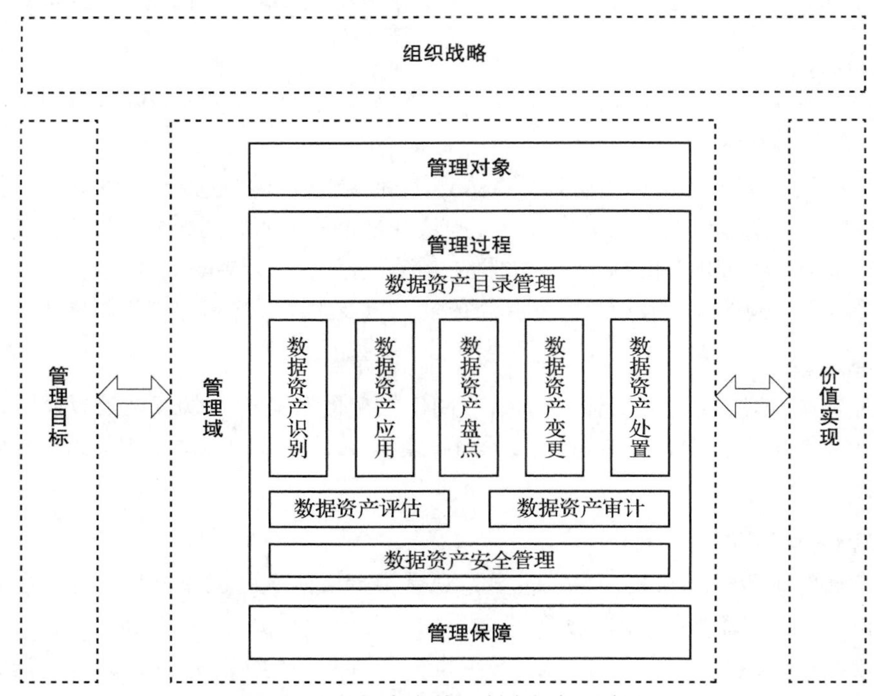

图 11-3 数据资产管理制度框架示意图

其中，管理域主要包括如下内容。

- 管理对象：包括数据资产特征和数据资产管理要素。
- 管理过程：定义了组织实施数据资产管理的一系列关键活动，包括数据资产目录管理，数据资产生命周期的识别、应用、盘点、变更和处置等过程，以及与风控和价值相关的数据资产安全、评估和审计等过程。
- 管理保障：明确了数据资产管理活动的资源条件保障，包括制度、技术和资源等方面的保障。

11.4.5 实施数据资产登记机制

数据资产登记机制，旨在明确数据资产管理的范围和属性，确保组织内部重要的数据资产已有明确的管理者或责任部门负责管理。

一般而言，数据资产应具备以下特征属性。

- 可增值属性：数据资产的价值易发生变化，随着应用场景、用户数量和使用频率的增加，其经济价值和社会价值也会持续增长。
- 可共享属性：在权限可控的前提下，数据资产可被组织内 / 外部多个主体共享和应用。
- 可控制属性：为满足风险可控、运营合规的要求，数据资产需要具备权限可控制和行为可追溯的属性。
- 可量化属性：数据资产的质量、成本和价值等具备可计量、可评估的特征。

具备上述特征属性的资产，可登记为数据资产，在此基础之上，借助数据资产的如下特征要素，组织机构可以进一步确认其责任归属，将其划分给对应的管理者或责任部门。

- 基本信息：描述数据资产的基本属性信息，如数据来源、数据类型、数据结构、数据规模、数据标准和数据质量等。
- 业务信息：描述数据资产的业务指代信息，如业务描述、业务指标、业务规则和关联关系等。
- 管理信息：描述数据资产的管理相关信息，如数据权属、敏感性信息、安全信息、分类分级、数据溯源、职责权限和应用情况等。
- 价值信息：描述数据资产的价值评估信息，如市场信息、领域信息、属地信息、使用价值和金融属性等。

11.4.6　明确数据资产变更审批流程

当数据资产管理活动或业务需求触发数据资产变化时，应通过变更管理流程确保变更活动有序实施，并及时更新数据资产目录，确保数据资产目录信息与实际情况的一致性。

数据资产变更的具体实施建议如下。

- 应建立数据资产变更申请机制，明确数据资产变更申请的触发条件，并有效管控变更申请过程。
- 应对提交的数据资产变更进行评审，包括信息的完整性、业务的必要性、需求的符合度、影响范围和权属关系等。
- 应对数据资产变更影响进行分析，并发布变更影响通知。
- 应依据数据资产变更评审结果实施变更操作，并更新数据资产目录。
- 应对变更过程进行记录，并建立数据资产变更的持续跟踪、回顾和改进机制。

11.4.7　使用技术工具

数据资产管理部分的技术实现主要涉及对数据资产进行梳理登记的自动化梳理技术、登记后对数据资产进行持续管理的管理技术，以及在此过程中涉及各类密钥使用的密钥管理系统（KMS）。接下来的几节将具体讲解上述三项数据资产管理技术。

11.4.8 数据资产自动化梳理技术

数据资产梳理是数据库安全治理的基础，对数据资产进行梳理，可以确定敏感性数据在系统内部的分布、如何访问敏感数据，以及当前的账号和授权的状况。

目前，数据资产自动化梳理技术主要包含静态梳理技术和动态梳理技术，具体说明如下。

1. 静态梳理技术

静态梳理技术主要用于完成对敏感数据的存储分布状况的摸底，从而帮助安全管理人员掌握系统的数据资产分布情况。

静态梳理技术可以分为结构化数据梳理和非结构化数据梳理两大类。

对于结构化数据的梳理，静态扫描技术可用于获得数据的以下基本信息。

- 通过端口扫描和特征发现，可以得到系统网段内存在的数据库列表及其所分布的 IP 地址，从而获得数据库资产清单。
- 根据所定义的企业内不同敏感数据的特征，以及预先定义的这些数据的类别和级别，通过对表中的数据进行采样匹配，可以获得不同的列、表和库中的数据所对应的级别和类别。

非结构化数据的梳理可以采用磁盘扫描技术，根据预先定义的数据特征，对 CSV、HTML、XML、PDF、Word、Excel 和 PPT 等文档中的内容进行扫描，可以获得这些文件中信息的类别和级别。

无论是结构化数据还是非结构化数据的梳理，都要建立对应的敏感数据资产清单。

2. 动态梳理技术

动态梳理技术主要基于对网络流量的扫描，对系统中敏感数据的访问状况进行梳理，具体包括敏感数据的存储分布、系统访问状况、批量访问状况和访问风险等内容。

动态梳理技术可用于获得数据的以下基本信息。

- 哪些 IP（数据库主机的）是数据的来源。
- 哪些 IP（业务系统或运维工具的）是数据的主要访问者。
- 业务系统是如何访问敏感数据的（时间、流量、操作类型、语句）。
- 运维人员是如何访问敏感数据的（IP、用户、操作）。

动态梳理技术同样也可分为对结构化数据访问网络流量的扫描，以及对非结构化数据访问网络流量的扫描。结构化数据的网络流量，主要是对各种 RDBMS、NoSQL、MPP 数据库的通信协议的流量监控；非结构化数据则主要是对 Mail 协议、HTTP、FTP 等协议的监控和解析。

11.4.9 数据资产管理技术

目前，数据资产管理技术主要包括数据标准管理、数据质量核查、数据模型设计与管理、元数据管理、主数据管理、数据资产分析和非结构化数据管理等技术，具体说明如下。

（1）数据标准管理

数据标准化是指研究、制定和推广应用统一的数据分类分级、记录格式及转换、编码等技术标准的过程。从上述定义可以看出，数据标准指的是针对数据所定义的各种规则或约束，如数据的类别、口径、安全级别、格式、取值范围和类型等。数据标准可以看作是一种特定类型的元数据，数据标准管理是指管理所有数据相关的标准和规范，除了提供一般的查询展示、修改发布管理功能之外，还要能建立数据标准与数据间的关系。同时，数据标准就是数据的业务或技术规则，数据标准管理工具应该能够支持数据标准到数据质量规则的自动同步，数据质量核查工具应能够用于核对数据是否符合数据标准的定义。

（2）数据质量核查

数据资产管理战略的一个重要目标是保证数据的准确性、一致性和完整性。数据质量核查工具的目的在于通过制定的数据质量规则，实现软件工具支撑下的数据合法性校验、数据质量问题监控、数据质量分析报告等功能，以实现企业数据质量的改进和提升。数据质量核查工具的核心是能够快速高效地校验数据问题，一旦出现数据问题就要及时通知管理人员给予重视和治理。

（3）数据模型设计与管理

针对企业在不同业务发展阶段建设的一个个竖井式系统，数据资产管理所面临的最大挑战莫过于系统集成过程中数据模型不一致的问题，解决这个问题的唯一方法就是从全局入手，设计标准化数据模型，构建统一的数据模型管控体系，在这个过程中，针对数据模型的管理、比对、分析和展示都离不开工具的支撑，对企业数据模型的管理将直接影响企业数据资产一致性的程度。其中，数据模型设计工具不仅要具备对于新建系统的正向建模能力，还应具备对原有系统的逆向工程能力，对数据模型进行标准化设计，可以使数据模型与整个企业架构保持一致，从源头上提高企业数据的一致性。

（4）元数据管理

元数据管理的作用是统一管理企业所有的元数据，包括业务元数据、技术元数据、流程元数据和数据管理制度元数据，另外还应包括非结构化数据的元数据。元数据的数据地图可以图形化展示各信息系统之间数据的流转情况，利用血缘分析和影响分析帮助企业快速定位问题数据的源头及系统改造的影响范围。

（5）主数据管理

主数据管理可以通过数据整合工具（如 ETL）、数据清洗工具、作为主数据总线的操作型数据存储（ODS），或者专门的主数据管理工具来实施主数据的管理，目标是通过跨数据源的整合，为企业提供“黄金数据”——主数据的最佳版本，并保证这些主数据在各个信息系统之间的准确性、一致性和完整性。

（6）数据资产分析

数据资产分析可以帮助数据管理人员快速、可视化地发现数据问题，同时增强企业数据资产的易用性和对外服务能力，一般需要集成开源或商业的数据统计分析工具和分析评估模型。

（7）非结构化数据管理

越来越多的企业开始重视非结构化数据（如文档、图像、音频、视频等）的管理，需要结合企业自身发展长远考虑，选取对自身发展最有利的支撑手段并加以使用。

基于上述技术，数据资产管理涉及的领域众多，目前主要有两种形式的数据资产管理工具产品：一是基于传统数据管理方法，在某个业务领域精耕细作形成的完善产品，比如，独立的主数据管理工具、元数据管理工具、数据建模工具、数据质量管理工具等；二是将几个相关数据管理工具的功能整合到一起，打通数据连接，形成互相之间有接口的工具平台，比如，由元数据、数据标准、数据质量集成起来形成的数据资产管理平台。目前以后者（即整合性的数据资产管理平台）更为常见。

数据资产管理平台通过资产发现系统，对多类型数据的资产进行识别和分析，并采集到资源库。支持数据表技术字段、业务类型、字段业务类型识别，以标准数据格式存储，通过后端服务实现对目录和资源的数据管理，内置流程引擎可以支持目录和资源的审批流程，在自定义结点之后进行审批流转。服务内部保存有资源缓存数据，可用于保证资源能够进行快速检索。

数据资产管理平台产品架构示意图如图 11-4 所示。

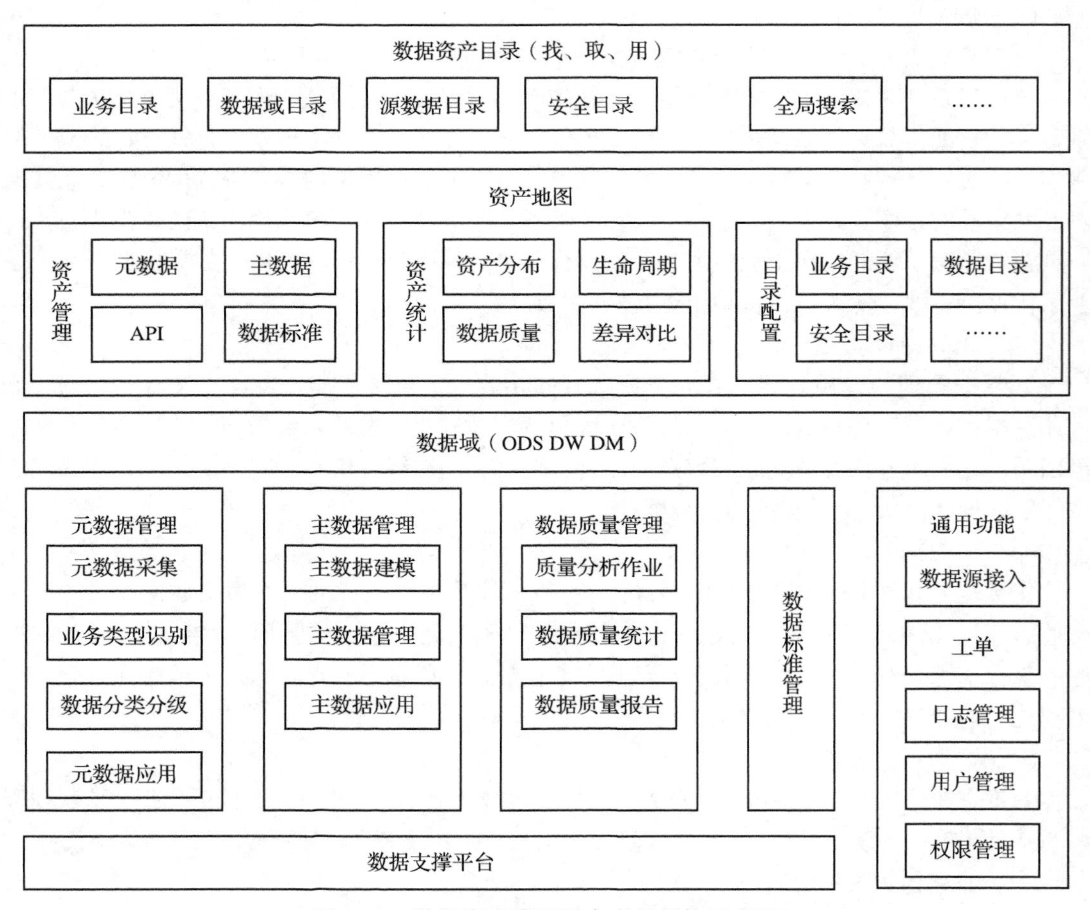

图 11-4 数据资产管理平台产品架构示意图

对应的数据资产管理平台技术架构示意图如图 11-5 所示。

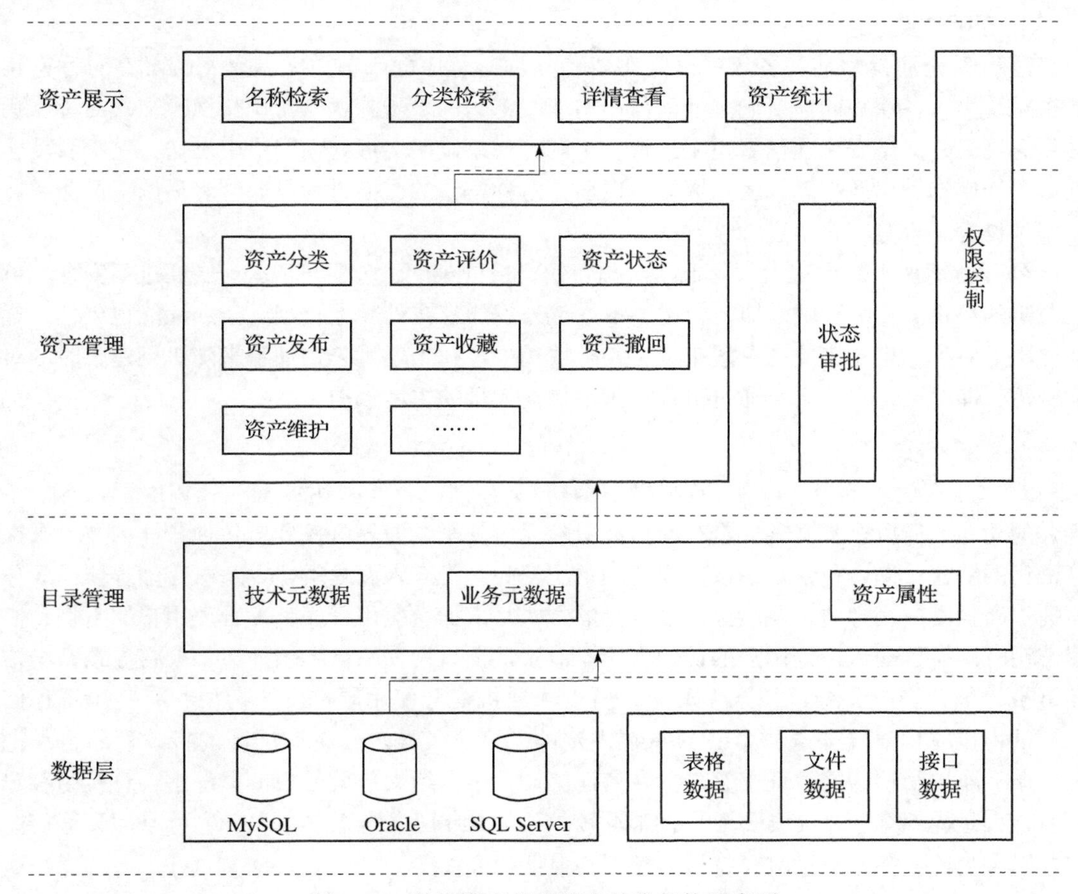

图 11-5　数据资产管理平台技术架构示意图

11.4.10　密钥管理系统

关于密钥管理系统（KMS），6.1 节已进行过简单描述，此处在 6.1 节的基础上进行一些补充。

密钥管理系统（Key Management System，KMS）也称密码学密钥管理系统（Crytographic Key Management System，CKMS），是用于生成、分发和管理设备和应用程序密钥的一种集成手段。与术语密钥管理相比，密钥管理系统针对特定用例进行了定制，如安全软件更新、机器对机器通信等。整体来说，密钥管理系统涵盖了安全性的所有方面——从通过密钥安全交换生成密钥，到客户端安全密钥的处理和存储。因此，一个密钥管理系统包含了用于密钥生成、分发和替换的后端功能，以及用于注入密钥、存储和管理设备上的密钥等客户端功能。随着物联网的发展，密钥管理系统已成为决定互联设备安全性的关键部分。

密钥管理一般包含三个步骤：交换、存储和使用。下面就来具体讲解这三个步骤。

1. 密钥交换

进行安全通信之前，各用户之间需要确立加密程序的细节，尤其是密钥。在对称密钥加密系统中，各用户间需要确立共同使用的单一密钥，该步骤就是密钥交换。交换对称密钥必须通过另外一条安全通信管道来进行；否则，如果以明文形式在网络中发送，窃听者就会立即得知密钥，以及据其加密的数据。以前，对称密钥的交换过程是非常麻烦的，可能需要使用到物理邮寄等安全渠道。

公开密钥加密的出现大大降低了对称密钥交换的难度，公钥可以公开（通过不安全、可被窃听的渠道）发送，用以加密明文。不过，公钥加密在计算上相当复杂，性能也欠佳，远远比不上对称加密；因此，一般来说，实际情况中往往是通过公钥加密来随机创建临时的对称密钥，即对话键，然后再通过对称加密来传输大量的主体数据。

2. 密钥存储

对称加密使用的单一密钥会被收发双方分别存储，公开密钥加密的私钥由于含有数字签名的功能，所以全都必须安全存储，以保障通信安全。业界已发展出各种各样的技术来保障密钥的妥善存储，包括定期或不定期的系统检测是否有入侵之虞，以及对存储媒体或服务器提供高强度的物理防护及监控。最常见的方式是由加密应用程序负责管理用户的密钥，使用密钥时则需要输入识别用户的访问密码。对于认证机构，一旦私钥外泄，就将导致整个信任链被摧毁，影响将会波及众多客户，所以认证机构会使用硬件安全模块，有些用于存储私钥的电脑平时甚至不会连线，只有在固定的调度下，经过一系列严谨的行政程序重重把关，才会取出私钥为客户证书签名。在信任链设计中，绝大部分的根证书都不会直接为客户签名，而是先签名一个（或多个）中继证书，再由中继证书为客户签名，这可以加强管控能力，以及当签名私钥被泄时，将损失控制到最低程度。

3. 密钥使用

密钥的有效期限是一个重要的问题，一个密钥应该在产生后多久被淘汰替换掉呢？密钥被淘汰替换掉之后，旧有的密钥就会无法再解密新产生的密文，从而丧失对窃听者的价值，这会增加攻击者需要投入的精力，所以密钥应该经常替换。同时，万一信息被破解了，这样做也可以降低泄密对企业造成的损失；因为窃听者可能会在破解密钥之前一直存储截取到的加密消息，等待成功破解密钥的那一刻；所以密钥更换得越频繁，窃听者可解读的消息就会越少。在过去，如果可靠的密钥交换程序非常困难，或者仅仅是间歇可行，那么对称密钥就会被长期使用。在理想情况下，对称密钥应该在每次交换消息或会话时进行转换，从而使得如果某一密钥被泄（例如，被盗窃，密码分析或社会工程化）时，只有单一消息或会话能被解读出来。基于公开密钥加密的特性，一对公钥和私钥的有效期一般会长于对称加密所使用的单一密钥，尤其是需要认证机构签核的电子证书，当中涉及行政及部署成本，所以可能是三个月至一两年不等，考虑的因素包括：配合加密算法的密钥长度、存储私钥的强度、一旦外泄可能引致的风险、更换程序对运行中的服务的影响，以及运行成本。

基于上述情况，目前的密钥管理系统在提供加密密钥对的同时，往往会提供对这些密钥对的备份、归档、恢复、更新等相关服务，密钥管理系统产品架构示意图如图 11-6 所示。

图 11-6　密钥管理系统（KMS）产品架构示意图

目前，常见的开源密钥管理系统包括 Barbican、KeyBox、EPKS 等，商业产品则非常多，组织机构可根据自身需求进行技术选型。

11.5　数据供应链安全

放眼全球各产业界，分工越来越细化，各企业在专注于核心竞争力的同时，也将工作重点聚焦于全球供应链之上。在质量、成本、速度、效率等业绩指标的压力下，安全方面的投入只能被一再挤压，天平开始失衡。

一个组织，不管规模有多大，业务有多综合繁杂，都将不可避免地与第三方进行直接或间接的业务合作，以及进行对应的数据流动，而相关的数据在该过程中如何保持“应有的安全”，则是组织需要解决的新问题。本节将主要介绍组织数据供应链安全管理的相关注意事项与实践方法。

11.5.1　建立负责数据供应链安全的职能部门

数据供应链是指围绕数据主体，制定统一的数据标准、管理数据的质量、保障数据全生命周期安全，从对供应部门的数据采集开始，到数据的存储、治理、共享交换、挖掘计算、开放，最后向需求部门提供数据进行相应的数据应用，将组织内外部的数据生产方、采集方、治理方、运营方、平台方、开发方和消费方等连成一个整体的功能网状结构，以实现数据资源资产化、数据资产服务化、数据服务价值化的目的。

基于上述目标，为实现数据供应链安全管理，组织需要针对数据供应链进行专岗专人安全管理，主要是负责制定组织整体的数据供应链管理要求和解决方案，因此该岗位需要明确组织现有的数据整体供应流程、介入各方及对应职责和应用需求等内容，并基于此实现相关方案的制定、输出和落实。

11.5.2 明确数据供应链安全岗位的能力要求

根据上述组织建设思路，对应的数据供应链安全管理团队人员，应至少具备以下 3 个方面能力。

- 了解组织数据供应链整体架构，如数据供应链安全建设思路所述，该岗位人员需要负责制定组织整体的数据供应链管理要求和解决方案，因此该岗位人员需要明确组织现有数据的整体供应流程、介入各方及对应职责和应用需求等，并能够清楚理解组织数据供应链的整体架构，以便于进行后续分析和方案制定。
- 了解数据供应链安全相关的标准法规，在了解组织数据供应链整体架构的基础上，为明确方案需求，相关人员需要能够从法律合规层面了解所需进行的方案构建内容，因此相关人员需要对数据供应链相关安全标准和法律法规有较为深刻的理解。
- 方案的输出与推进落实，需要相关人员根据上述内容输出对应组织整体的数据供应链管理要求和解决方案，并有能力将其推进落实。

11.5.3 数据供应链安全岗位的建设及人员能力的评估方法

数据供应链安全管理岗位的建设和对应人员实际执行能力的评估，可通过内部审计、外部审计等形式以调研访谈、问卷调查、流程观察、文件调阅、技术检测等多种方式实现。

1. 调研访谈

数据供应链安全阶段的调研访谈，需要针对策略层、管理层、执行层各层级人员分别进行，具体访谈内容如下。

访谈策略层、管理层、执行层各层级人员，确认组织机构是否已经设立了数据供应链安全管理的专项岗位或团队；访谈上述岗位人员，确认其是否了解组织数据供应链整体架构，并能根据架构输出对应组织整体的数据供应链管理要求和解决方案，以及推进相关方案的实施；访谈执行层及业务基层人员，确认上述规范要求及解决方案是否落实，以及组织业务运作是否正常等。

2. 问卷调查

在数据供应链安全管理阶段，组织机构通过查阅已制定的数据供应链安全解决方案，以问卷调查的方式，确认组织整体对上述规范和解决方案的掌握情况，从而反向推测组织数据供应链安全管理的实际执行情况。

3. 流程观察

数据供应链安全阶段的流程观察，主要是观察执行层团队的工作流程，并从中寻找可能的问题点和改善点，具体观察内容如下。

以中立的视角观察组织执行层日常数据供应链安全管理相关的工作流程，并通过调阅组织内部已制定的数据供应链安全解决方案，确认两者的相符度，同时观察当前组织内部已制定的数据供应链安全解决方案是否符合组织数据业务的操作需求，从而反推组织中已制定的数据供应链安全解决方案是否明确，并符合组织现状。

4. 技术检测

数据供应链安全阶段的技术检测，需要使用技术工具确认实际组织数据供应链架构是否符合已制定的数据供应链安全解决方案的资产划分表述，是否存在数据错误或伪造等情况，制度规范的实际执行覆盖范围是否全面，是否存在因业务人员或外部供应商自行更改规范而导致其失效的情况等。

11.5.4　明确数据供应链安全管理的内容

数据供应链安全管理的相关制度流程，主要包含数据供应链框架、数据供应链外部供应商合作规范与能力评估规范。

1. 数据供应链框架

如图 11-7 所示，对于组织而言，数据供应链主要包括上游机构向当前组织的数据流入，以及当前组织向下游机构的数据流出，因此数据供应链安全意味着对上游流入数据的合法性、安全性管控，以及对向下游流出数据的敏感性、合规性控制。

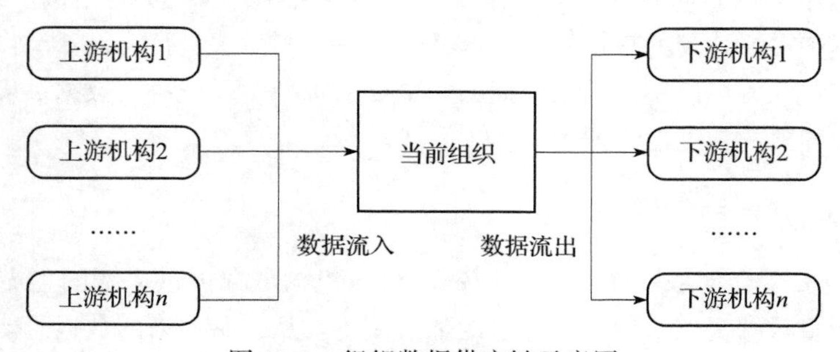

图 11-7　组织数据供应链示意图

首先介绍上游流入数据的合法性、安全性管控。合法性主要是针对上游机构而言的，具体来说就是确认当前数据流入的上游机构具备对应流入数据的获取、保存和共享资质，相关机构具有合法身份，相关数据使用已获得数据所有者同意，并已授权于对应机构供我方组织使用。安全性则是在确认上游机构合法的前提下，具备对所流入的数据进行实时安全检查的制度和技术能力。该部分旨在确保上游机构合法的前提下，不会出现由于数据流入通道被不可信第三方滥用而导致的不必要恶意数据攻击，并防止因上游机构受到网络攻击而导致其自身被攻破时我方组织也遭受相关侵害。

对向下游流出数据的敏感性、合规性控制则需要针对当前组织和下游机构分别进行判定。针对流出数据的敏感性，当前组织需要针对下游机构的不同需求和属性，确定当前组织向对应机构流出数据的内容敏感程度是否符合组织预期，是否满足组织原有数据脱敏、数据分类分级的规定，是否存在未预期的敏感数据外流或敏感数据脱敏不到位的情况。合规性控制则要从如下两个方面进行衡量，一方面是根据数据外流的内容和属性，确认当前组织自身具备的相关数据共享资质，个人数据需要获得相关数据所有者的授权之后才允许相关外流，从而确保外流数据合法合规；另一方面则需要判定下游机构是否具有获得相关数据的合规证明，确认下游机构具备相关数据的获取、保存、处理、使用及进一步共享等资质，确保数据不会被无资质、少资质的下游机构获取和滥用，此处还可参考数据交换安全章节相关注意事项，进一步完善相关约束。

2. 制定数据供应链外部供应商合作规范

针对与外部供应商的数据合作相关事宜，组织机构应通过合作协议的方式明确数据链中数据的使用目的、供应方式、保密约定、安全责任和义务等，并通过合作协议等书面文件形式确保供应商数据使用目的无未授权扩散，且供应方式可靠，并能严格遵守数据流动保密要求，明确列举双方安全责任义务与违约处置等。

3. 明确数据供应链外部供应商能力评估规范

针对与外部供应商的数据流动合作事宜，组织机构同样应基于数据安全能力成熟度指南标准，根据组织自身已达到的标准，对外部供应商的对应能力进行评估，确认其在数据安全生命周期过程中可达到的数据安全能力成熟度，并判定其等级是否不低于组织已达到的、或数据流动过程中需要达到的最低等级要求，若未达到则无法进行合作。对供应商进行数据安全能力成熟度评估，可以实现对供应商的安全要求选型，降低由于数据供应链中供应商的数据安全隐患而导致的数据泄露或损失。

11.5.5 使用技术工具

数据的流向关系会形成一个数据供应链。组织机构从数据供应链的上游获取数据进行使用，同时也会将数据提供给数据供应链的下游使用。从上游而来的数据可能会有恶意数据夹带安全风险问题，提供给下游使用的数据可能会有数据泄露的风险。所以，组织机构为了保证数据供应链上下游的安全，必须建立数据供应链相关的技术工具，对从上游下来的数据进行审查记录，对分发到下游的数据进行控制记录，并建立独立的供应链数据库以便于管理。

11.5.6　元数据管理技术

元数据描述的是数据的背景、内容、数据结构及其生命周期管理。简而言之，元数据是“数据的背景”。通俗地理解就是，数据模型就是元数据。元数据管理是数据供应链管理的基础，数据供应链的安全离不开元数据的有效管理。如图 11-8 所示，在数据供应链中，元数据包括但不限于数据供应链授权信息、流转对账信息、场景使用信息、供应链节点信息、数据鉴别标志信息等。对元数据进行管理可以实时监测和查询数据供应链路的整体情况，更好地掌握数据情况。而且，对数据供应链的元数据进行鉴别可以从元数据层面对异常数据、恶意数据等进行检测、清洗和拦截。

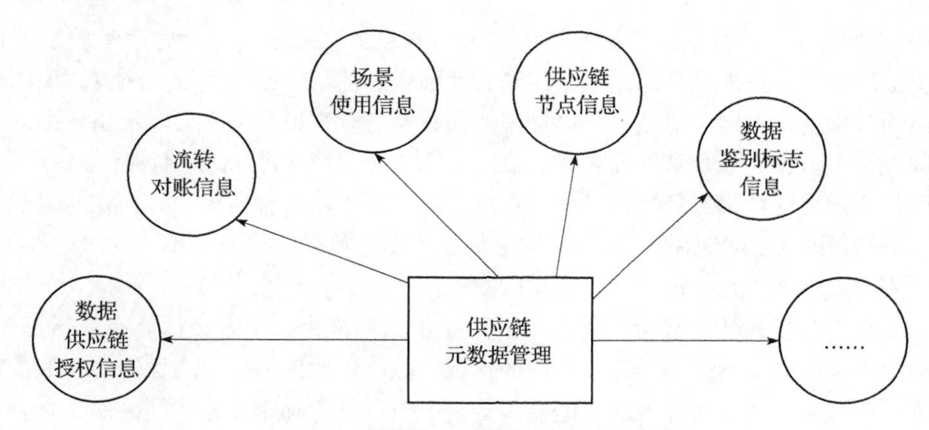

图 11-8　数据供应链元数据类型示意图

11.5.7　数据流入流出控制技术

在数据供应链中，组织必定存在于数据供应链的某个节点上，组织从这个节点的直接上游获得数据。从上游获得的数据不一定是安全的，有可能已经遭到攻击者恶意篡改，所以组织在使用数据供应链上游提供的数据之前，必须先通过数据鉴别技术进行严格的审查。数据审查包括来源审查、完整性检查、恶意数据检测等。如图 11-9 所示，数据流入安全控制可以采用的技术包括加密技术、数字签名技术、数字证书技术、恶意代码检测技术等。加密技术可用于确保数据供应链中传递的数据都已经过加密，同时还可以在加密数据中加入数字签名、数字证书等。当组织接收到来自上游的数据时，首先会利用对应的密钥解密数据，然后使用数字签名和数字证书校验数据的完整性，最后利用恶意代码检测工具检查数据是否安全，从而保证流入组织的数据是可用的、完整的、未被篡改的、安全的。

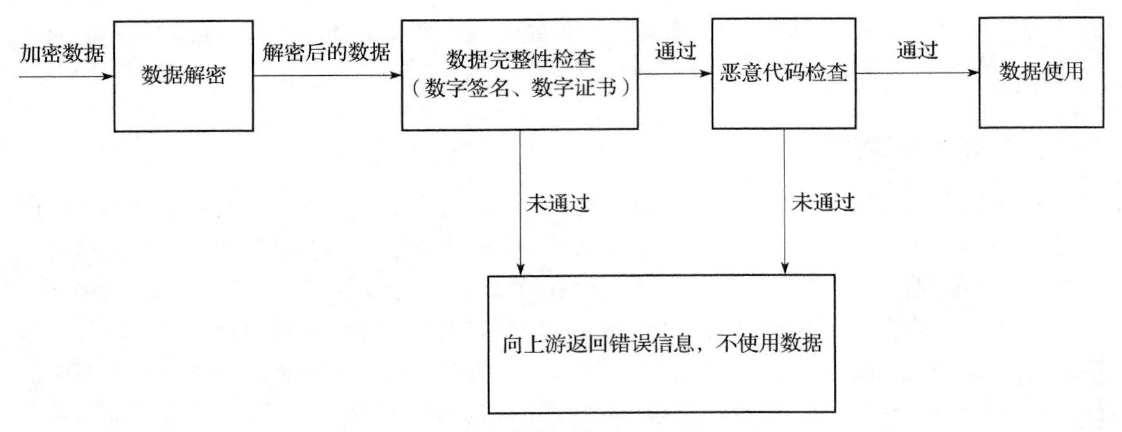

图 11-9　数据流入控制技术流程示意图

在数据供应链中，组织除了会从供应链上游获取数据之外，也会将组织的数据传递给数据供应链的下游。数据从组织内流出往往会伴随敏感信息泄露的问题，所以，使用相关技术对流出的数据进行控制，对数据供应链整体的数据安全来说至关重要。流出数据的敏感信息泄露问题，一方面是指组织内部不希望流出的数据在未知的情况下流向数据供应链下游，另一方面是指流出的数据遭到攻击者恶意拦截窃取。对于第一种情形，数据在从组织内流出之前需要进行严格的授权审批，多级审批全部通过之后数据才可以流出。同时，如图 11-10 所示，使用数据打标工具提前对授权流出的数据打上标签，在流出时进行检测，一旦检测到有未标记数据流出的行为，就会立即阻断并停止数据的流出，告警提示流出数据存在异常。针对流出数据可能会遭到攻击者恶意获取的情况，数据供应链需要事先建立统一的传输数据加密标准，按照统一的加密标准对数据供应链内的数据进行加密传输，同时使用安全可信的数据传输链路，如 SSL 等。

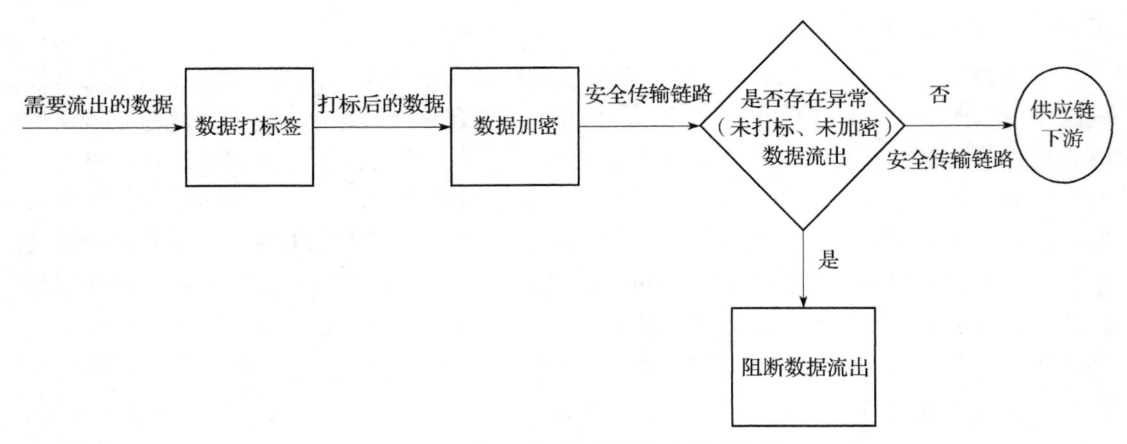

图 11-10　数据流出控制技术流程示意图

11.5.8 技术工具的使用目标和工作流程

数据供应链安全技术工具应能实现以下目标。

- 元数据管理及鉴别：能够管理数据供应链的相关元数据信息，并支持在数据供应链内不同的节点之间传递数据时对数据供应链元数据进行鉴别。
- 流入数据审查：能够对从数据供应链上游节点流入组织内的数据进行审查，包括完整性、恶意代码等检查，保证组织内使用的数据是安全可用的。
- 流出数据控制：能够对组织内流向数据供应链下游节点的数据进行控制，防止未授权数据在未知情况下流出。
- 供应链日志审计：工具需要能够对数据供应链内各阶段的操作、数据、鉴别信息、控制记录等进行审计，以便追溯数据供应链上下游数据使用安全情况。

图 11-11 所示的是基于数据供应链安全的技术工具进行作业的基本流程图。

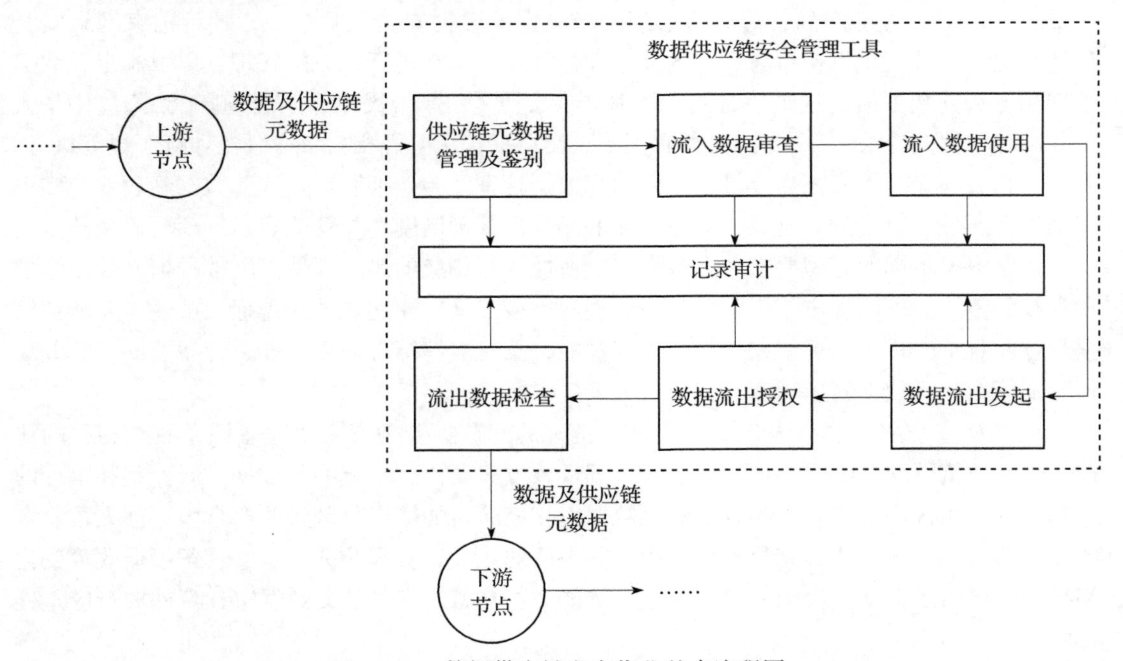

图 11-11 数据供应链安全作业基本流程图

11.6 元数据管理

元数据是组织机构最重要的数据类型之一，也是价值最高的数据之一。对元数据进行管理不仅可以提升组织内部数据的使用效率，还可以帮助企业建立数据上下游关系。有效的元数据管理需要从多个方面进行建设和提升，本节将基于 DSMM 充分定义级（3 级）视角，从组织建设、人员能力、制度流程和技术工具四个维度对元数据管理的建设和提升提供实践建议。

11.6.1 建立负责元数据管理的职能部门

为了提高企业内部对元数据的使用和管理效率，在条件允许的情况下，组织机构应该设立元数据管理部门并招募相关的管理人员和技术人员，负责为公司提供必要的技术支持，为组织机构内部制定整体的元数据管理制度、元数据语义规则等，对组织机构内部的元数据场景进行风险评估，为技术人员建立规范的元数据访问控制策略和审计机制，以确保任何人对元数据的操作都可以追踪溯源。除此之外，元数据管理部门还需要为元数据审核人员（技术人员）进行专门的安全意识培训，并推动以上相关要求在组织机构中切实可靠地执行。

11.6.2 明确元数据管理岗位的能力要求

组织机构在设立了专门负责元数据管理的岗位之后，还需要招募负责该项工作的专项人员。元数据管理部门的管理人员必须具备良好的数据安全风险意识，熟悉国家网络安全法律法规，以及组织机构所属行业的政策和监管要求，在进行元数据管理，以及制定元数据管理制度和元数据语义规则的时候，能够严格按照《中华人民共和国网络安全法》《中华人民共和国数据安全法》《中华人民共和国个人信息保护法》等相关法律法规和行业规范执行。同时，相关的管理人员还需要具备一定的元数据管理经验，拥有良好的元数据管理专业知识基础，且通过了岗位能力测试，熟悉主流的元数据管理制度、管理流程、管理要求和技术工具，能够根据不同的管理要求和元数据安全属性进行相应的风险评估，能够根据元数据管理和审核的整体需求明确应使用的元数据管理和审核工具。除此之外，管理人员还需要能够根据行业及政策变化主动更新相关的知识和技能，具备能够结合业界标准、合规准则、业务场景制定标准化元数据管理制度的能力。

元数据管理部门的技术人员必须具备良好的元数据管理安全风险意识，熟悉相关的法律法规及政策要求，熟悉主流厂商的元数据审核方案，熟悉主流的元数据访问控制和审计的工具及其使用方法，拥有一年以上的元数据审核经验，能够充分理解并执行由管理人员制定的元数据管理方案，能够充分理解组织机构内部的元数据管理业务需求，具备根据政策变化和技术发展主动更新自身相关知识和技能的能力，具备对突发的元数据审计事件进行应急处理的能力。

11.6.3 元数据管理岗位的建设及人员能力的评估方法

元数据管理岗位的建设及对应人员实际执行能力的评估，可通过内部审计、外部审计等形式以调研访谈、问卷调查、流程观察、文件调阅、技术检测等多种方式实现。

1. 调研访谈

元数据管理阶段的调研访谈，主要包含对元数据管理团队和技术团队人员的访谈两部分，具体访谈内容如下。

对元数据管理团队人员的访谈内容为：确认其在制定整体的元数据管理制度上、在制定统一的元数据语义规则和语义格式上、在明确元数据管理场景和管理流程上、在对元数据管理场景进行风险评估上、在明确数据安全元数据管理要求上、在建立元数据访问控制策略上、在建立元数据的审计机制上、在规定标准的元数据审计工具上，是否符合相关的法律规定，是否具备足够的能力胜任该职业。同时，调研访谈还应该确认管理人员是否明确了数据服务元数据语义的统一格式和管理规则，如数据格式、数据域、字段类型、表结构、逻辑存储和物理存储结构及管理方式；管理人员是否明确定义了数据安全元数据的管理要求，如口令策略、权限列表、授权策略等。

对元数据管理部门技术人员的访谈内容为：确认其是否具有一年以上的元数据安全审批经验；是否熟悉元数据管理的相关合规要求；是否能够按照国家相关法律法规和管理人员制定的元数据管理制度和审核制度对不同属性的元数据进行审查；是否能够准确理解组织机构内部的元数据管理业务需求；是否能够准确地实施由管理人员制定的元数据管理流程；是否能够对突发情况进行及时的应急处置与追踪溯源。

2. 问卷调查

元数据管理阶段的问卷调查通常是以纸面问卷的形式，向公司元数据管理部门的技术人员调研元数据管理人员的工作情况，具体调研内容如下。

元数据管理人员是否制定了针对组织机构内部的、有效的元数据管理制度及管理流程；是否明确定义了元数据管理的场景和要求；是否制定了数据服务元数据语义统一格式和管理规则；是否建立了对元数据的访问控制策略和审计机制；是否可以对不同的元数据管理场景进行风险评估；是否能够依据国家的相关法律法规对元数据管理的过程进行严格规范的监管；是否规定了在不同场景下应使用的元数据管理工具；是否制定了统一的元数据审查工具及相关的使用标准，以用于应对突发情况下的应急处置与追责溯源。

3. 流程观察

元数据管理阶段的流程观察，主要是观察元数据管理部门的管理人员和技术人员两方的工作流程，并从中寻找可能的问题点和改善点，具体观察内容如下。

- 以中立的视角观察公司元数据管理人员的工作流程，包括在为公司制定整体的元数据管理制度及管理要求时，为公司建立统一的元数据语义格式和语义规则时，为不同的元数据管理场景提供安全风险评估时，为技术人员建立元数据访问控制策略和审计机制时，为技术人员指定统一的元数据管理工具并制定相应的标准操作流程时，是否可以识别出此中可能存在的元数据安全风险，是否贴合组织结构的内部框架，是否满足不同业务场景的安全需求，是否符合国家相关法律法规的要求。
- 以中立的视角观察公司元数据技术人员的工作流程，包括审核待管理的元数据时、记录元数据管理的工作流程时、审查和管理不同安全属性的元数据时，是否可以识别出其中可能存在的安全风险，方法流程是否符合标准的流程，是否符合国家相关法律法规的要求等。

4. 技术检测

元数据管理阶段的技术检测，需要使用技术工具检测元数据管理的工作流程是否符合安全规范与法律规定；检测在元数据管理和审核的过程中，是否有出现任何超出元数据管理授权范围的情况；检测元数据访问控制和审计机制是否正常，确保当出现突发情况时组织机构能够快速进行应急处置；检测元数据管理的方式是否符合标准，以及元数据管理的安全需求是否能够得到满足。

11.6.4 明确元数据管理的目的和内容

元数据是用于描述数据或其他信息资源等对象属性的数据。同时，元数据本身也是数据，因此可以用类似数据的方法在数据库中进行存储和获取。元数据管理的目的具体如下：识别和评价数据资源，追踪数据资源在使用过程中的变化；实现简单高效地管理大量网络化数据；实现信息资源的有效发现、查找、一体化组织，以及对使用资源的有效管理。如果没有元数据，那么组织 IT 系统中收集和存储的所有数据都会失去意义，从而也就失去了业务价值。

元数据管理人员应熟悉国家网络安全法律法规，以及组织机构所属行业的政策和监管要求，结合实际情况建立元数据管理制度，明确元数据的编写要求（如数据格式、数据域、字段类型、表结构、逻辑存储和物理存储结构及管理方式等）、元数据访问控制要求，元数据变更管理流程，元数据变更和访问操作日志记录和审计要求等，防止组织内部合法人员利用违规或违法手段取得的权限进行不正当的操作，并通过建立元数据管理平台进行统一管理，采取严格的访问控制、监控审计和职责分离来确保元数据管理的安全性。

11.6.5 明确元数据访问控制要求

组织机构需要明确元数据的访问控制要求，具体说明如下。

- 元数据管理部门需要按照“角色”对用户进行划分，并制定元数据管理平台的访问规则，管理用户对元数据库的访问，如元数据库中数据的访问控制、元数据分析的访问控制、元数据维护的权限等。使用元数据的所有用户都必须按规定执行，以确保元数据的安全。
- 元数据管理部门必须确保用户权限被限定在许可范围之内，同时还要能够访问到有权访问的信息。
- 元数据管理部门需要对元数据管理平台进行设置，保证用户在进入系统平台之前必须执行登录操作，并且记录用户登录成功与失败的日志。
- 访问控制的规则和权限应符合实际情况，并记录在案。

11.6.6　制定元数据变更管理流程

为保证元数据变更过程中的安全性和规范性，元数据管理部门应制定元数据变更相关的安全规范。元数据的变更管理流程可参考图 11-12。

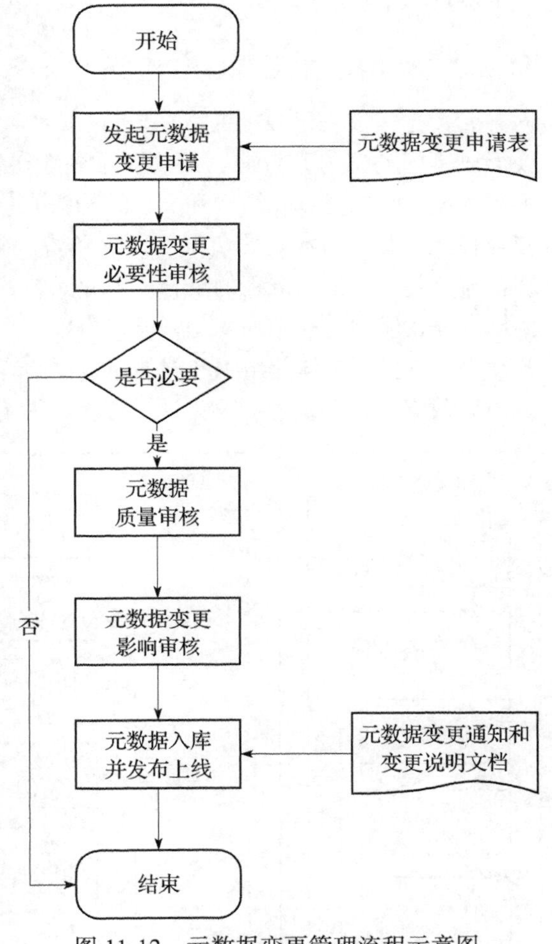

图 11-12　元数据变更管理流程示意图

元数据管理相关人员应根据实际情况，结合业务需求，明确需要变更的元数据，并在元数据管理平台上发起元数据变更申请，需要填写的内容包括申请人、元数据变更内容和变更原因等。

提交数据变更申请后，元数据管理平台会启用自动审核功能，对变更的元数据进行初步的有效性审核，主要以过滤数据结构性错误为主，如缺少字段类型错误、编码缺失或字符编码不可识别等错误。如果管理平台在自动检查过程中发现错误，则会将错误数据放入问题数据栏，以便数据管理员进行人工审核。变更申请在元数据管理平台自动审核通过后，将提报元数据管理部门进行审批。

元数据管理部门接收到元数据变更申请后，组织的相关人员会开展元数据变更评审会议，对所申请的元数据的变更进行合理性和必要性的评估，并对元数据的质量及变更所造成的影响进行评估。对于通过评审的元数据变更申请，元数据管理部门会在元数据管理平台上录入元数据变更实施期限，并确认元数据变更申请审核。若评审结果为否决变更，则由元数据管理部门在元数据管理平台进行否决变更需求的操作。

如果元数据变更申请已通过元数据管理部门审核，则元数据将自动进入待发布流程。经元数据管理部门作最后确认后，元数据平台会将需要变更的元数据正式入库并发布上线，同时发布元数据变更通知和变更说明文档。

11.6.7　元数据变更和访问操作审计记录

为了安全起见，在元数据变更和维护的各个阶段都需要加入安全审计机制，严格、详细地记录元数据变更和维护过程中的相关信息，以方便后续问题排查分析和安全事件取证溯源。同时，元数据管理部门还需要设置专人对元数据变更和维护相关的日志记录定期进行安全审计，发布审计报告，并跟进审计中发现的异常。

11.6.8 使用技术工具

元数据是“关于数据的数据”，也就是对数据进行描述的信息。对数据不同方面的描述会形成不同类型的元数据。元数据通常可分为业务元数据（如业务术语和业务规则等）、技术元数据（如数据库表结构和文件结构等）、操作元数据（如数据的更新时间和更新频率等）和管理元数据（如数据的负责部门和负责人等）。元数据管理是关于元数据的创建、存储、整合与控制等一整套流程的集合。因此元数据管理工具应能实现识别和评价数据资源，追踪数据资源在使用过程中的变化；能够简单、高效地管理大量网络化数据；实现信息资源的有效发现、查找、一体化组织和对使用资源的有效管理。

元数据管理系统的主要设计流程图如图 11-13 所示。

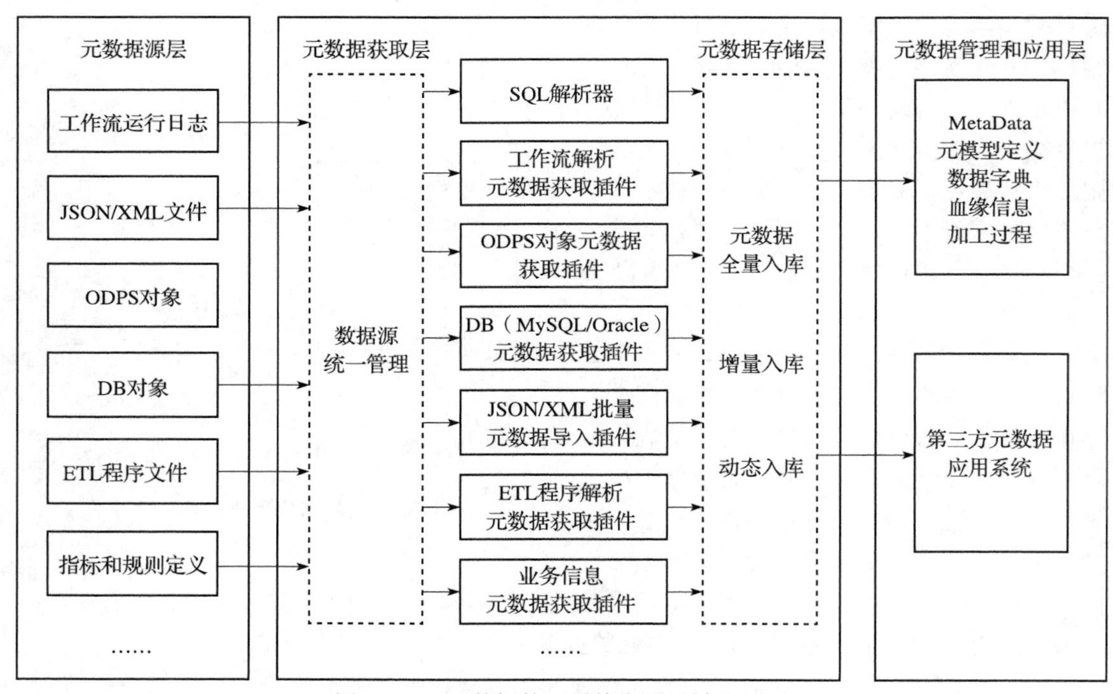

图 11-13 元数据管理系统主要设计流程图

元数据管理系统的功能框架包括数据源层、元数据获取层、元数据存储层、元数据服务接口层、元数据管理层和元数据应用层，具体说明如下。

- 元数据源层：其中包括数据仓库设计的数据仓库产品、数据挖掘工具、建立数据仓库过程中所需的数据信息等。
- 元数据获取层：用于实现元数据源中各个系统的元数据抽取功能。元数据桥接器通过符合双方约定规范的接口或各个产品提供的特定接口来实现元数据的抽取，并把抽取出的元数据存入元数据存储层的元数据库中。

- 元数据存储层：用于实现元数据的存储，存储的元数据包括业务元数据和技术元数据，元数据将按模型主题进行组织。存储库的逻辑模型设计必须兼顾效率和模型的可拓展性及灵活性。
- 元数据管理层：由元数据管理和系统管理 2 个部分构成。元数据管理用于实现元数据的更新管理、同步管理、版本管理等功能。系统管理则用于实现用户管理、权限管理、日志管理、备份与恢复等功能。有些元数据管理部分的功能需要通过人工或半人工操作实现。
- 元数据服务接口层：用于提供元数据对外的访问接口，包括 ETL、DQM、OA 系统或其他系统的服务接口，这些系统可通过元数据服务接口访问元数据存储部分中的元数据。该部分为其他用户或系统使用元数据提供了扩展方式，通过数据访问接口返回元数据中的数据内容，并生成其他数据系统需要的数据字典或提供其他应用的访问接口，提供与 ETL 系统、数据质量管理系统的数据交换机制。
- 元数据应用层：用于为元数据管理人员、技术人员和业务用户提供访问服务功能。该部分实现了元数据查询、元数据浏览、元数据分析等基本功能模块。

上述主要架构各项功能的实现需要用到元数据自动获取技术和元数据访问接口技术等技术方法。下面就来具体介绍这两种技术方法。

11.6.9 元数据自动获取技术

如图 11-14 所示，元数据自动获取技术可以通过 SQL 元数据自动解析工具实现，主要过程分为输入、SQL 解析、输出三个环节。SQL 解析器由 SQL 词法分析器、SQL 语法分析器和元数据生成器三个功能模块组成，此外还需要符号表管理模块和错误检查处理模块来辅助词法分析器、语法分析器和元数据生成器来完成 SQL 语句的自动解析。SQL 解析器的构造如图 11-14 所示。SQL 解析器首先将 SQL 语句解析成抽象语法树，然后再将抽象语法树按照规定的元模型生成元数据。

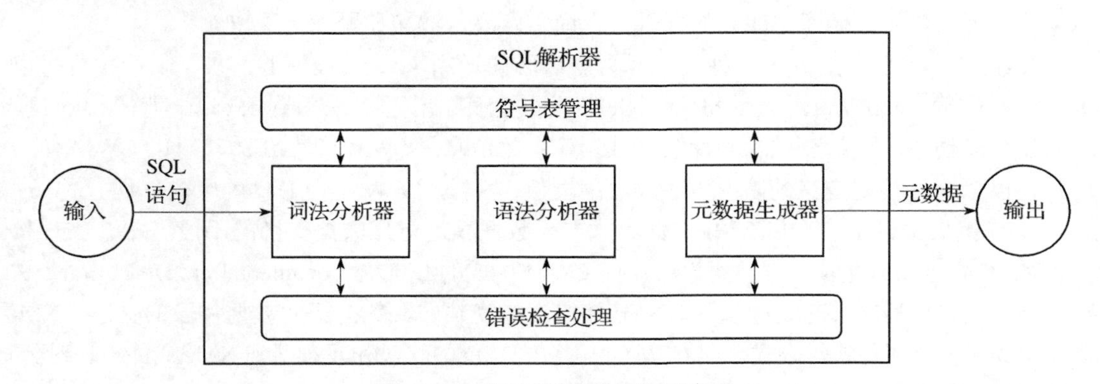

图 11-14 SQL 解析器构造示意图

SQL 解析过程如图 11-15 所示。SQL 语句以字符流的形式输入；经过词法分析形成层次化的语法树；对语法树进行整理，去除多余的节点，形成抽象语法树；遍历抽象语法树进行语义分析；根据语义分析的结果构造元数据。对于少数无法通过标准接口或特定元数据访问接口提取元数据的情况，元数据管理人员需要采用辅助方法（如人工手动整理法、程序添加元标注法、ETL MAPPING 设计法等）对元数据进行整理，并将其导入元数据库中。

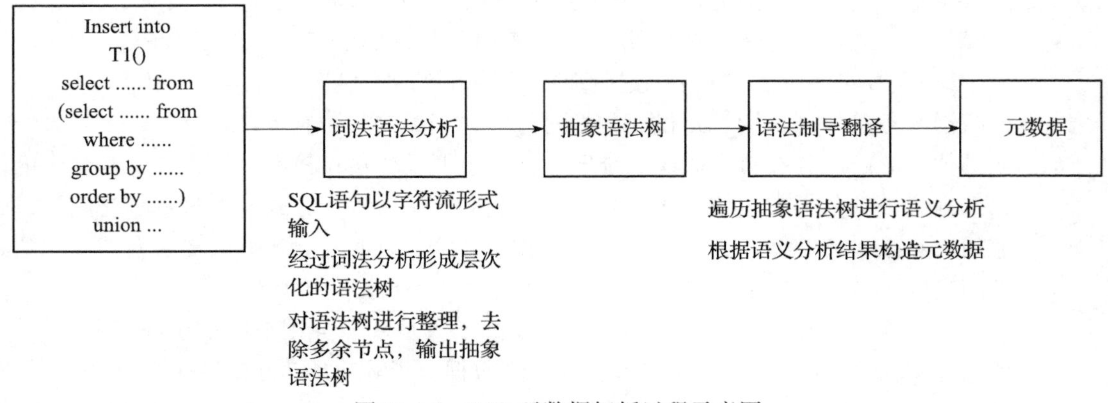

图 11-15　SQL 元数据解析过程示意图

11.6.10　元数据访问接口技术

元数据管理必须提供一系列可以访问其内部元数据的接口，支持业务人员和外部系统（或模块）进行信息查询与交互。元数据访问接口主要通过三种接口类型进行实现：Web Service 接口、JMI（Java Metadata Interface，Java 元数据接口）和 XMI（XML Metadata Interchange，XML 元数据交换）接口。

Web Service 是基于 HTTP、XML、SOAP、WSDL 等协议之上的一种统一、开放的标准，是一种与语言、平台无关的技术，具备跨平台的可互操作性。因此，Web Service 为元数据管理平台提供了一种用于元数据访问的通用编程模型。通过访问 Web Service 接口，其他系统也可以对元数据库中的元数据进行查询、修改、增加和删除等操作。

JMI 为 Java 平台提供了一种用于元数据访问的通用 Java 编程模型，易于使用，且可以把 CWM（Common Warehouse Metamodel，公共仓库元模型）映射到 Java 语言中。Java 应用程序可以创建、更新、删除和检索元数据库中的信息。CWM 到 JMI 的映射以 CWM 作为输入，根据 JMI 规范定义的映射方法和映射模板，完成由 CWM 到 JMI 的生成过程。

XMI 接口提供了一种以 XMI 文件方式与元数据库进行元数据交换的手段。XMI 文件按照 XML 的标准格式生成，并且可以使用由 CWM 生成的 DTD（Document Type Definition，文档类型定义）对其进行有效性验证。XMI 接口支持完整的元数据或元数据片段的交换。XMI 接口的实现涉及两种映射方式，即 CWM 到 XML DTD 的映射和元数据到 XMI 文件的映射。

元数据访问接口的整体实现示意图如图 11-16 所示。

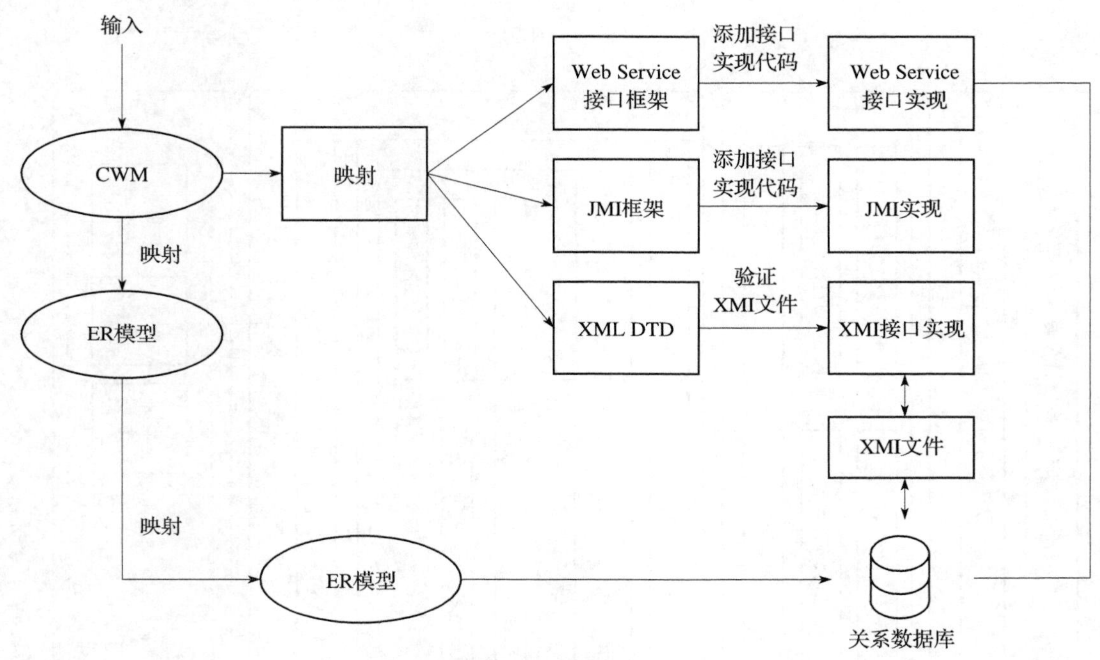

图 11-16　元数据访问接口实现示意图

元数据访问接口实现具体包含以下内容。

- 根据对象到关系的映射规则，实现从 CWM 到 ER 模型的转换。
- 根据 ER 模型到关系模型的映射规则，实现 ER 模型到关系模型的转换。
- 根据 CWM 自动或手动生成相应的 Web Service 接口、JMI 和 XMI 接口。
- 为 Web Service 接口和 JMI 添加实现代码。
- 通过 Web Service 接口和 JMI 访问元数据库。
- 生成与该 CWM 对应的 XMI 文件，实现通过 XMI 接口的元数据导出；还可以从外部输入 XMI 文件，使用 DTD 进行验证，实现通过 XMI 接口的元数据导入。

11.6.11　技术工具的使用目标和工作流程

元数据管理系统应能实现以下目标。

- 元数据管理工具应支持数据表的导航和搜索：集中展现数据仓库系统各模块的元数据，保持数据在各模块中描述的一致性。全面实现系统各模块的资源共享，以及元数据的快速访问。提供数据表（Table）之间的血缘关系：能够通过血缘路径（指数据的来源、处理过程，以及与其他数据之间的关系）查找问题的原因并加以解决，同时提供字段信息、使用说明、其他关联信息，以方便用户使用数据表。
- 应建立元数据访问控制策略和审计机制，以确保元数据操作的可追溯性。

元数据工作流程及框架示意图如图 11-17 所示。

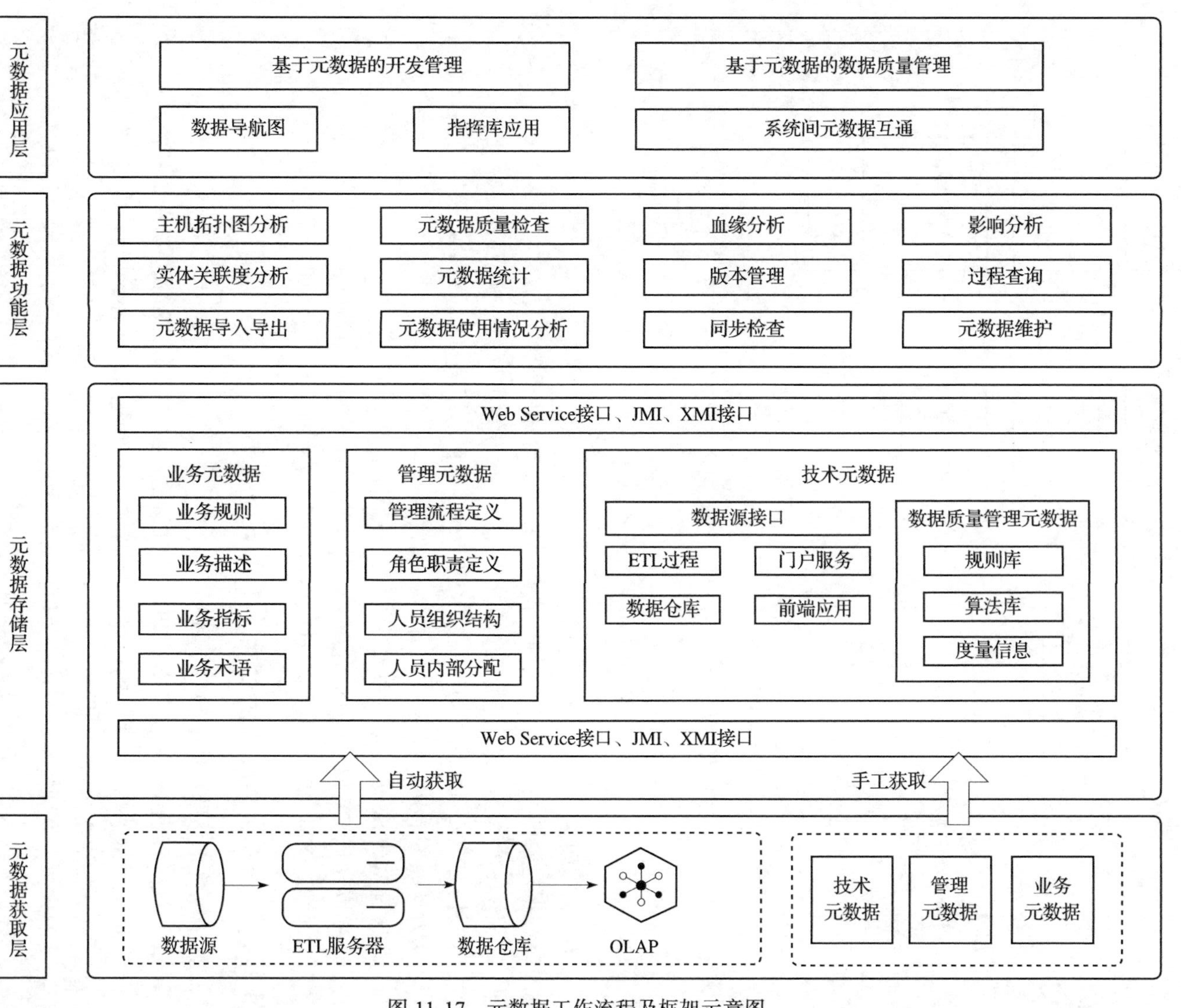

图 11-17 元数据工作流程及框架示意图

元数据管理系统通过元数据获取层从元数据存储层获取元数据，并结合实际需求实现元数据相关的应用和功能。如图 11-18 所示，在实际访问过程中，添加用户认证和授权管理，可用于控制相关功能模块的使用。

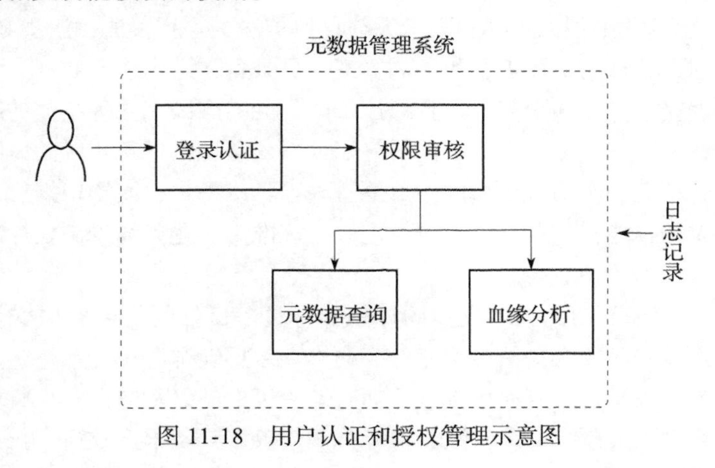

图 11-18　用户认证和授权管理示意图

11.7　终端数据安全

随着网络规模的不断扩大，企业的不断发展，对于现代企业来说，终端已然成为每个公司不可缺少的重要设备之一，其本身具备两个特性：高价值性和低安全性，因此终端极易成为被攻击者攻破的对象。进行终端数据安全管理，可以有效预防 IT 资产管理失控、勒索 / 挖矿病毒入侵、数据资源对外泄露等问题。有效的终端数据安全管理需要从多个方面进行建设提升，本节将基于 DSMM 充分定义级（3 级）视角，从组织建设、人员能力、制度流程和技术工具四个维度为终端数据安全的建设和提升提供实践建议。

11.7.1　建立负责终端数据安全的职能部门

为了避免在终端上出现勒索 / 挖矿病毒入侵或敏感数据泄露之类的终端数据安全问题，在条件允许的情况下，组织机构应该设立终端数据安全管理部门，并招募相关的管理人员和技术人员，负责为公司提供必要的技术支持，为组织机构内部制定整体的终端设备的数据安全管理规范和安全配置管理策略。除此之外，终端数据安全管理部门还需要为业务团队提供对不同终端数据安全管理场景的风险评估支持，有针对性地制定终端数据安全方案，为执行终端数据安全管理的人员（技术人员）进行专门的安全意识培训，加强对技术人员的监管，确保其可以按照国家相关法律法规和标准来管理终端的数据安全问题。

11.7.2　明确终端数据安全岗位的能力要求

组织机构在设立了专门负责终端数据安全管理的岗位之后，还需要招募负责该项工作的专项人员。终端数据安全管理人员必须具备良好的数据安全风险意识，熟悉国家网络安全法律法规，以及组织机构所属行业的政策和监管要求，在进行终端数据安全管理，以及制定终端设备的数据安全管理规范时，能够严格按照《中华人民共和国网络安全法》《中华人民共和国数据安全法》《中华人民共和国个人信息保护法》等相关法律法规和行业规范执行。同时，终端数据安全管理人员还需要相关的管理人员具备一定的终端数据安全管理经验，拥有良好的终端数据安全专业知识基础，且通过了岗位能力测试，熟悉主流的终端数据安全策略、管理流程和技术工具，能够根据不同的终端数据安全场景进行相应的风险评估，能够根据终端数据安全管理需求明确应该使用的数据管理工具或平台，能够根据行业及政策变化主动更新相关的知识和技能，具备结合业界标准、合规准则、业务场景制定标准化终端数据安全管理的能力。

终端数据安全管理部门的技术人员同样也必须具备良好的终端数据安全风险意识，熟悉相关的法律法规及政策要求，熟悉主流厂商的终端数据安全管理方案，熟悉主流的终端数据安全管理工具或管理平台及其使用方法，拥有一年以上的终端数据安全管理执行经验，充分理解并执行由管理人员制定的终端数据安全管理规范，具备根据政策变化和技术发展主动更新自身相关知识和技能的能力，具备按照统一的部署标准在终端设备系统上安装各类防控软件的能力。

11.7.3 终端数据安全岗位的建设及人员能力的评估方法

终端数据安全管理岗位的建设和对应人员实际执行能力的评估，可通过内部审计、外部审计等形式以调研访谈、问卷调查、流程观察、文件调阅、技术检测等多种方式实现。

1. 调研访谈

终端数据安全阶段的调研访谈，主要包含对终端数据安全部门的管理人员和技术人员的访谈两部分，具体访谈内容如下。

- 对终端数据安全管理人员的访谈内容为：确认其在制定整体的终端设备的数据安全管理规范上、在明确终端设备的安全配置管理上、在制定终端数据的注意事项和数据防泄露管理要求上、在有针对性地制定整体的终端数据安全解决方案上、在规定标准的终端数据安全管理工具上、在对终端数据管理的业务场景进行风险评估上，是否符合国家相关法律法规的规定，是否具备足够的能力胜任该职业。同时，调研访谈还应该确认终端数据安全管理人员是否充分了解终端设备的数据出入口，以及相应的数据安全风险。
- 对终端数据安全技术人员的访谈内容为：确认其是否具有一年以上的终端数据安全管理执行经验；是否熟悉终端数据安全的相关合规要求；是否能够按照国家相关法律法规和管理人员制定的终端设备的数据安全管理规范对不同的终端设备进行数据安全管理；是否能够准确地实施由管理人员制定的定制化终端安全解决方案；是否能够实现终端设备与组织内部员工的有效绑定；是否能够按照统一的部署标准在终

端设备系统上安装各类防控软件；是否能够按照管理人员制定的终端数据防泄露方案对终端设备上的数据及数据操作进行风险监控；是否能够对突发情况进行及时的应急处置与追踪溯源。

2. 问卷调查

终端数据安全阶段的问卷调查通常是以纸面问卷的形式，向公司终端数据安全管理部门的技术人员调研该部门管理人员的工作情况，具体调研内容如下。

终端数据安全管理人员是否制定了针对公司内部的、有效的终端设备数据安全管理规范；是否明确定义了终端设备的安全配置管理；是否明确定义了终端数据的注意事项和数据防泄露管理要求；是否明确定义了终端数据安全管理的场景及管理方法；是否建立了对终端数据操作的监控机制；是否可以对不同的终端数据安全管理场景进行风险评估；是否可以根据不同的终端数据安全管理场景的安全需求提供定制化的终端安全解决方案；是否能够依据国家相关法律法规对终端设备上的数据操作进行严格规范的日志记录；是否规定了在不同场景下应使用的终端设备数据安全管理工具；是否制定了统一的终端数据安全管理工具及相关的使用标准，以用于应对突发情况的应急处置与追责溯源。

3. 流程观察

终端数据安全阶段的流程观察，主要是观察公司终端数据安全部门的管理人员和技术人员两方的工作流程，并从中寻找可能的问题点和改善点，具体观察内容如下。

- 以中立的视角观察公司终端数据安全管理人员的工作流程，包括在为公司制定整体的终端数据安全管理规范时、为技术人员制定终端设备的安全配置标准时、为技术人员制定终端数据的注意事项和数据防泄露管理要求时、为不同的终端数据安全管理场景提供安全风险评估时、为不同的业务场景提供定制化的终端安全解决方案时，是否可以识别出其中可能存在的终端数据安全风险，是否贴合组织机构的内部框架，是否能够满足不同业务场景的安全需求，是否符合国家相关法律法规的要求。
- 以中立的视角观察公司终端数据安全技术人员的工作流程，包括在对终端设备上的数据进行管理时、对终端设备上的数据操作进行日志记录和监控时、执行终端数据安全管理人员制定的终端数据安全解决方案时、按照统一的部署标准在终端设备上部署安装各类防控软件时，是否可以识别出其中可能存在的安全风险，方法流程是否符合标准，是否符合国家相关法律法规的要求。

4. 技术检测

终端数据安全阶段的技术检测，需要使用技术工具检测终端数据安全管理的工作流程是否符合安全规范与法律规定，确保没有出现任何超出终端数据安全管理授权范围的情况；检测终端数据防泄露方案的执行效果，是否可以做到对终端设备上的数据操作进行准确的风险监控与日志记录，确保当出现突发情况时组织机构能够快速进行应急处置；检测终端设备上的各类防控软件的安装情况，确保其可以正常有效地运作，可以定时进行正常更新；检测终端数据安全管理的方式是否符合标准，以及数据管理的安全需求是否能够得到满足。

11.7.4 明确终端数据安全管理的目的和内容

终端是组织机构存储、处理和交换大量敏感数据的环境，一方面复杂、多变的终端环境及不同的使用体验等都对终端数据安全管控的实践带来了更多挑战，另一方面不同的人员角色、复杂的使用场景，以及跨越国家、组织和系统的数据流动等，都对组织数据安全带来了更多威胁。建立管理和技术相关的终端保护措施，可以保证数据可用性和安全性的平衡。

组织机构需要设定终端数据安全管理部门，负责终端数据管控、员工终端行为管理、防数据泄露平台管理，以及终端数据的日常维护与应急工作，以确保终端数据的安全性。

11.7.5 建立终端安全管控规范

终端数据安全管理部门需要建立终端安全管控规范，通过覆盖网络准入、补丁管理、安全基线、入侵防御、防病毒、数据防泄露、软件管理、行为审计等多维度的管控，保证终端数据的安全性，具体说明如下。

- 终端防护对象需要根据组织机构的实际资产情况进行展开，包括但不限于各类办公终端、业务终端和移动终端等。
- 桌面管理系统可用于实现终端网络的准入控制，具体来说就是实现终端使用者身份验证、终端设备安全合规检查、使用者访问权限控制等。
- 桌面管理系统可用于实现终端安全运维管理及审计，包括但不限于终端软/硬件信息搜集、设备拓扑发现、设备定位、本地安全管理、终端流量控制、补丁管理、软件分发、远程协助、非法外联、移动介质管理和操作审计等。
- 主机入侵防御系统可用于实时监控系统异常操作行为，第一时间发现和阻断入侵行为。
- 统一管理的杀毒软件系统可用于实现覆盖全网的、可快速应急的防病毒体系。
- 桌面虚拟化环境可用于对驻场的开发、测试、业务等外包场景进行集中管理和统一配置，杜绝私自进行数据交换，以规避数据外泄的风险。

11.7.6 制定员工终端行为管理规范

终端数据安全管理部门需要建立员工终端行为管理规范，对用户在终端上的数据访问、处理、存储和交换行为进行明确要求、检测和管控，并明确员工的责任和义务，具体说明如下。

- 终端应使用固定 IP 地址，员工不得自行变更。
- 员工在接收来自外部的软件或资料时，应首先进行病毒检测和病毒清除工作。
- 任何人不得制造或传播各种计算机病毒或恶意软件。一旦发现病毒，员工应及时对病毒进行清理，并采取必要的措施，隔离已感染病毒的计算机终端，防止病毒的进一步传播。

- 员工的个人账号和密码未得到其本人授权的，任何人不得私自使用或破解。
- 禁止在没有采用安全保护机制的终端上存储重要数据，用于存储重要数据的终端至少应该设有开机口令、登录口令、数据库口令、屏幕保护等防护措施。
- 员工不得私自设立 WWW、FTP、TELNET、BBS、NEWS 等应用服务；不得设立网上游戏服务，不得设立拨号接入服务等。

11.7.7　部署数据防泄露平台

部署数据防泄露平台，需要以统一策略为基础，以敏感数据为保护对象，根据数据内容进行主动防护，对所有敏感数据的输入和输出通道（如邮件、U 盘复制、打印、共享等多个渠道）进行监管，根据策略管控要求进行预警、提示、拦截、阻断、管控及告警等，并通过强化敏感数据审核与管控机制以降低敏感数据外泄的发生几率及提升操作的可追溯性。

11.7.8　终端数据安全监督与检查

终端数据安全管理部门应定期或不定期地对各个部门的计算机终端使用情况进行审计。对于违反管理规定的情况要通报批评并及时指正，同时给予违反本规定的直接责任人相应的处罚；对于严重违反规定，可能会或已经造成重大损失的情况，应立即向上级领导汇报，并根据相关法律法规进行处理，同时追究其直接上级领导的相应责任。

11.7.9　建立审计机制与应急处置流程

终端数据安全管理部门需要建立应急预案与处置流程，强化安全管理，最大限度地减少突发事件对终端数据的危害。在终端数据访问和使用的各个阶段都加入安全审计机制，严格、详细地记录终端数据访问和使用过程中的相关信息，形成完整的终端数据审计记录，以用于后续问题的排查分析和安全事件的取证溯源。同时，终端数据安全管理部门需要设置专人定期对终端数据相关的日志记录进行安全审计，发布审计报告，并跟进审计中发现的异常。

11.7.10　使用技术工具

在组织内，需要进行数据安全保护的终端不仅是指笔记本电脑、台式电脑、平板电脑、手机等，同时还应该包括所有产生和使用组织数据的终端设备，包括但不限于打印机、投影仪、工控设备，等等。所以相关的技术工具需要能够覆盖到所有的联网数据终端设备。对于终端安全技术工具来说，最主要的技术工具应该是准入、访问控制、防病毒及数据防泄露的工具技术。组织机构应整体考虑终端安全的解决方案，包括终端环境的安全性和数据流动的安全管控等。

11.7.11 终端安全管理技术

市面上的终端安全管理工具，一般都会包含准入控制、桌面管理、行为管控和安全审计四大功能，具体说明如下。

- 准入控制：主要用于识别和确认终端用户的身份信息，完成对终端用户的身份鉴别，确保只有合法的终端用户才能使用终端计算机；同时结合事先制定的安全策略，强制将不符合安全策略的终端计算机跳转到访客隔离区，使其完成终端安全管理软件的下载和安装，在符合既定安全策略要求后才准许接入内部网络，避免非授权用户和非安全终端随意接入网络而引起的安全风险问题。
- 桌面管理：主要用于终端资产管理、终端使用管理和终端安全性检查等，实现操作系统和应用软件的补丁下发，防病毒软件检测等终端加固措施，并能够通过提供软硬件资源登记、终端设备变化报警、软件进程保护、终端流量监测和非法外联监控等功能，防止因其他途径而造成的安全隐患，从而保证终端系统的安全稳定运行。
- 行为管控：对用户浏览网页、使用游戏软件、即时通信软件等各种应用软件的网络行为进行管理和控制，从而解决网络访问控制不规范、网络带宽资源滥用等问题。
- 安全审计：对终端用户的主机操作、网络访问、数据库访问、网站浏览、邮件外发，以及文件的输出和打印等行为进行统一监控和综合审计。

终端的准入控制通常是通过NAC（Network Admission Control）技术来实现的。NAC中文术语为网络准入控制，是一项由思科发起、多家厂商参与的计划，其宗旨是防止病毒和蠕虫等新兴黑客技术对企业安全造成危害。借助NAC技术，组织机构可以只允许合法的、值得信任的终端设备（例如，PC、服务器、PDA等）接入网络，而不允许其他设备接入。NAC技术的工作原理是当终端接入网络时，首先由终端设备和网络接入设备（如交换机、无线AP、VPN等）进行交互通信。然后，网络接入设备将终端信息发给策略/AAA服务器对接入终端及终端使用者进行检查。如果终端及使用者符合策略/AAA服务器上定义的策略，则策略/AAA服务器会通知网络接入设备，对终端进行授权和访问控制。

防病毒及安全补丁的安装是终端安全管理的另一个重点。在终端安全管理系统中，终端的安全补丁和病毒库是统一下发的。一般包含两种部署模式，公有云部署和私有云部署。

图11-19所示的是公有云部署模式下发补丁及病毒库示意图，公有云部署适合于终端安全管理控制中心可以连接互联网网络环境的情况。公有云部署模式下，终端安全管理控制中心可以直接从互联网补丁/病毒库中获取更新，然后统一下发给安装了管控客户端的终端。

图11-20所示的是私有云部署模式下发补丁及病毒库示意图，私有云部署适用于终端安全管理控制中心无法访问互联网的网络环境。私有云部署模式下，需要事先使用专用互联网终端从互联网补丁/病毒库中下载更新，然后复制/上传到终端安全管理控制中心服务器，由服务器统一上传至私有云的补丁/病毒库，再从私有云补丁/病毒库中统一下发给安装了管控客户端的终端。

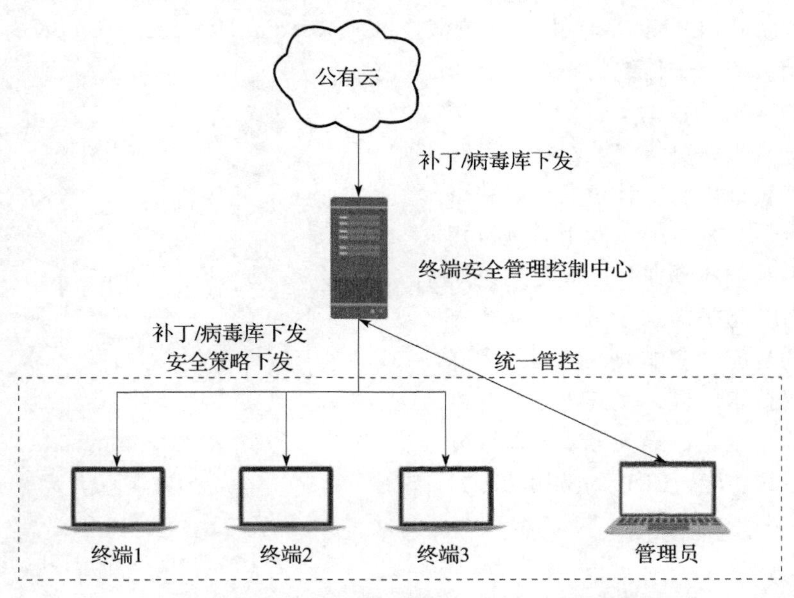

图 11-19 公有云部署模式下发补丁及病毒库示意图

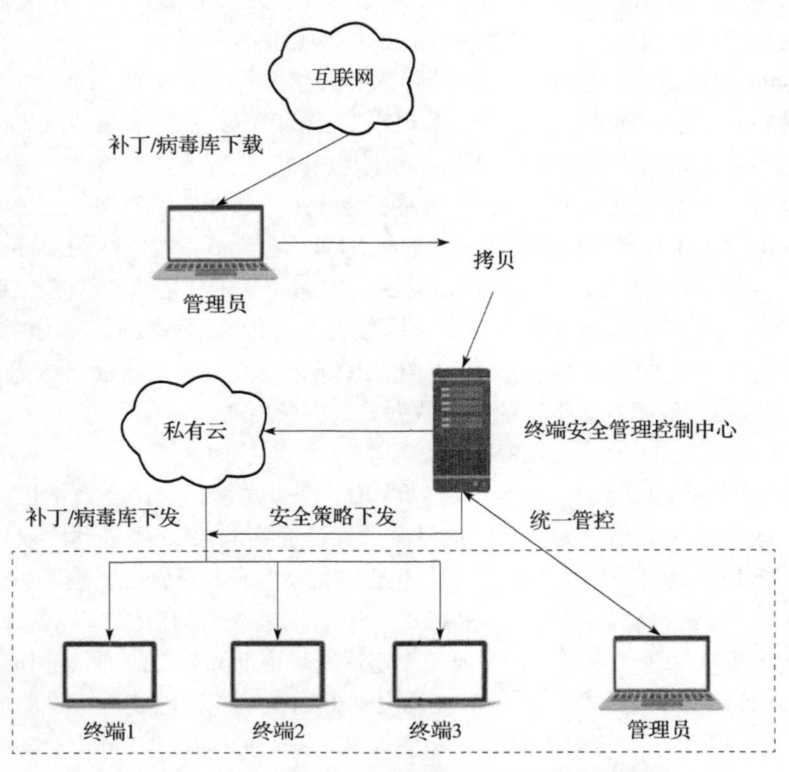

图 11-20 私有云部署模式下发补丁及病毒库示意图

在高级威胁防护方面，端点检测与响应技术（Endpoint Detection Response，EDR）发挥了强大的作用。相比于传统的终端安全防护手段，EDR 一方面借助于云计算和人工智能的威胁分析来解决传统杀毒技术无法解决的高级持续性威胁，针对高级威胁事件，在其发生前、发生中和发生后进行相应的安全检测和响应动作，以满足用户对高级威胁的持续防护需求；另一方面重点加强自动化的智能响应能力，从而大大降低应急响应的技术门槛，使其依赖系统可以自动实现攻击阻止、隔离修复、取证分析和追踪溯源的功能，EDR 的常用功能如图 11-21 所示。

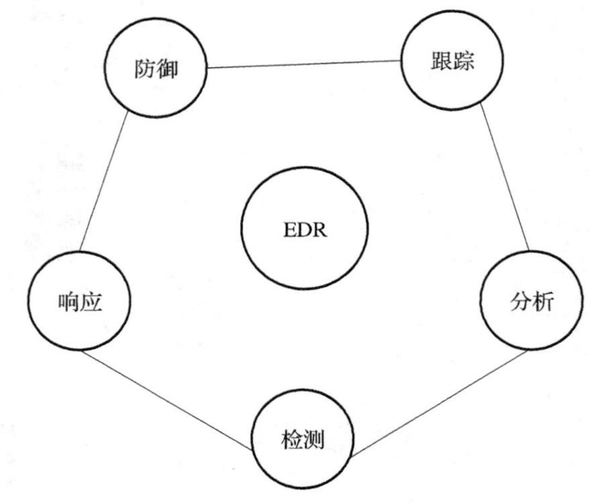

图 11-21　EDR 常用功能示意图

11.7.12　数据防泄露技术

终端会使用和产生数据，比如，办公电脑会产生文档，打印机会打印文档数据等，所以使用数据防泄露技术来保护终端产生和使用的数据是很有必要的。

DLP（Data Leakage Prevention，数据泄露防护，也称为数据丢失防护）是一种策略，其通过一定的技术手段，防止组织的指定数据或信息资产以违反安全策略规定的形式流出企业。传统的敏感数据防泄露保护手段使用的往往是加密、授权等控制方式，进行加密和授权的是一整个文件，而不是根据文件内容的敏感程度来进行数据防泄露保护。加密、授权的措施虽然能在很大程度上保护组织数据的安全性，但是其会降低数据在组织内部生产、使用和传输的灵活性，而 DLP 技术则解决了这一问题。DLP 技术的核心在于内容识别，其通过正则表达式、数据内容特征指纹等技术识别敏感数据并进行防泄露控制。DLP 是一个综合性的数据防泄露技术，数据防泄露保护措施贯穿从敏感数据发现、敏感数据标记（加密和水印等）、敏感数据管控到敏感数据审计的整个数据安全生命周期。

依据数据防护工作特性，DLP 可以细分为三大类，即网络 DLP、存储 DLP 和终端 DLP。网络 DLP 主要关注网络出口点的工作状态，用于加强针对流经网络出口点的数据分析，并借此发现违反企业信息安全策略的敏感信息。而存储 DLP 则是利用软件的手段检查是否存在某一类别的数据存放在了安全程度不足的地方，或者存放在了能够被权限不够的人员访问到的地方，或者被非法持有。终端 DLP 则主要关注于网络中诸多信息终端与数据节点之间通信状况的数据防泄露机制，主要用于定位网络内部和外部的通信过程是否合法。

在 DLP 系统的实现技术中，比较常规的内容识别技术有正则表达式检测、关键字检测和文档属性检测等技术。对于较为明确的敏感信息，我们可以使用正则表达式检测和关键字检测技术实现数据防泄露保护。文档属性检测主要是针对文档的属性（如文档类型、文档名称、文档大小、文档创建者等）进行检测，常规的文档属性检测技术在常见的数据类型中可以发挥很大的作用。而针对类型更多、更复杂的数据，DLP 系统中也引入了更高级的技术，如精确数据比对（EDM）、指纹文档比对（IDM）、向量分类比对（SVM）等技术。

内容识别是 DLP 系统最基本及核心部分，除此之外，一个成熟的 DLP 数据防泄露系统还具有以下功能。

- 透明加密：对终端生成的文档进行自动加密，加密文档在内部授权环境内可以正常使用，未经授权解密而私自带到外部，或者未经授权的内部环境均无法打开。
- 端口管控：对终端的数据传输端口（如蓝牙、USB、打印机等）进行管控，可以从硬件端口层面防止数据泄露。
- 数据防护：对复制粘贴、邮件发送、社交软件发送等各种能够外发数据的渠道进行防护。
- 日志审计：对数据的终端生产、使用和传输的生命周期进行日志记录。可对泄密事件进行分类审计和对比分析，并对所展现的趋势进行统计分析。

DLP 系统进行数据防泄露防护的过程如图 11-22 所示。

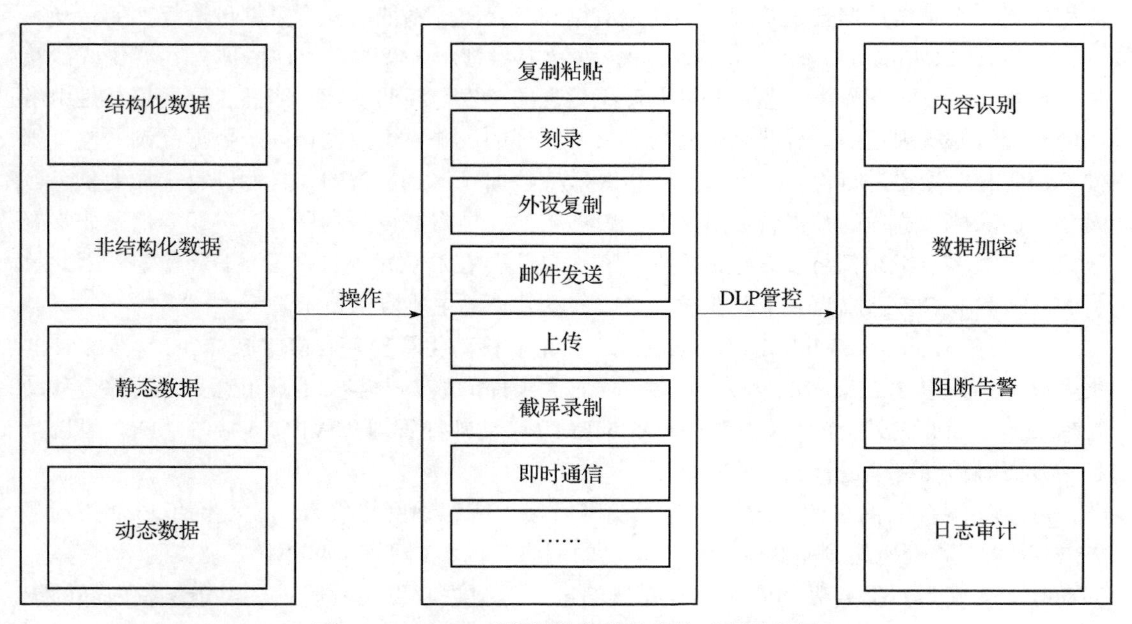

图 11-22　DLP 系统数据防泄露防护过程示意图

11.7.13　移动安全管理技术

相对于固定终端（如台式电脑、打印机等）来说，移动终端的安全管理难度更大。这是由于移动终端无论是从地理位置还是网络位置来说，其都是可“移动”的，即不固定的，因此其无法使用组织内部统一的访问控制进行管控。目前使用最多的移动终端有手机、PAD

和笔记本电脑，它们都具备接入无线网络和移动网络的功能。所以，移动终端的安全管理包括网络和终端本身的安全管理，网络安全管理又可分为移动网络接入安全管理和无线网络接入安全管理，终端的安全管理则需要从硬件、软件和数据三个层面来进行安全管控。同时使用相应的移动终端安全管理平台进行数据全生命周期的安全管理。

MDM（Mobile Device Management，移动设备管理）可用于提供从设备注册、激活、使用到淘汰各个环节的完整的移动设备全生命周期管理。移动设备管理能够实现用户及设备管理、配置管理、安全管理、资产管理等功能。移动设备管理还能够提供全方位的安全体系防护，同时还能在移动设备、移动 APP 和移动文档等三个方面进行管理和防护。移动设备管理可分为两大部分，一部分是安装在移动终端上的 MDM 客户端，另一部分是 MDM 统一管理平台。

MAM（Mobile Application Management，移动应用管理）是一种针对员工移动设备应用的安全保护、分发、访问、配置、更新和删除等的策略和流程。其通过企业应用商店控制和推送应用，能够集中监控应用的使用情况，对应用设置相应的策略以满足企业的规范要求。MAM 是 MDM（Mobile Device Management）向移动应用的延伸，可以帮助企业将 IT 策略从设备级延伸到应用级，从而具备对于企业应用 APP 的更高控制能力，能够实现自动化的应用配置，应用内数据安全管理及移动端应用到后台服务系统的安全数据传输等功能。

MCM（Mobile Content Management，移动内容管理）借助于一种俗称为容器化或沙箱化的技术，可以实现隔离、监控和控制敏感信息的分发与访问功能，当然，这些信息是由组织的安全策略所规定的。容器是加密的和集中管理的，并且由数据访问、数据复制、电子邮件管控等相关策略进行保护。在 MCM 中，敏感数据一定是加密的，且能够有选择地从一台设备上擦除掉。这样的数据管控机制对于设备丢失、被盗或设备的所有者离职等情况非常有效。由于大多数组织都将安全性放在第一位，特别是在 BYOD（自带设备）环境中，因此目前 MAM 和 MCM 已成为一个企业成功进行移动管理的主要应用技术。

EMM（Enterprise Mobility Management，企业移动化管理）是 MDM、MAM、MCM 的集大成者，其包含了 MDM、MAM、MCM 三大组件的核心内容，是真正意义上的综合移动管理平台。除此之外，EMM 一般还具备 MEM（移动邮件管理）、VPN 连接等功能，可以从各个方面对移动终端进行安全管控。

移动终端接入网络的方式一般为无线网络接入或移动网络接入，无线网络通常指的是 Wi-Fi 网络，移动网络则是移动运营商提供的网络，如 3G 网络、4G 网络、5G 网络，等等。移动终端入网后，需要做的安全管控是网络准入及数据收发控制管理。对于组织内部的无线网络来说，只需要通过上网 portal 认证、终端 MAC 地址绑定等技术，在设备入网后接入 EMM 等管控平台即可。当移动终端连接外部无线网络时，在不连接组织 VPN 网络的情况下，EMM 客户端会保护组织相关的应用与数据，使组织相关的应用与数据不可用。只有连接了 VPN（虚拟专用网络），才可以使用相关的应用与数据，同时接入 EMM 的管控。

当移动终端使用的是移动运营商网络时，除了使用 VPN 的方式进行移动安全管理之外，移动终端还可以与移动运营商合作建立专有 APN（Access Point Name），即网络接入点。专有 APN 可以采用多种安全措施保证移动设备的安全：通过一条 2Mbit/s 专线接入运营商 GPRS（General Packet Radio Service，一种移动数据业务）网络，双方互联路由器之间采用私有 IP 地址进行广域连接，在 GGSN（Gateway GPRS Support Node，网关 GPRS 支持节点）与移动公司互联路由器之间采用 GRE（General Routing Encapsulation，通用路由封装协议）隧道；为用户分配专用的 APN，普通用户不得申请该 APN。用于 GPRS 专网的 SIM（Subscriber Identity Module，用户身份识别模块）卡仅开通该专用 APN，从而限制使用其他 APN；用户可自建一套 RADIUS（Remote Authentication Dial In User Service，远程用户拨号认证系统）服务器和 DHCP（Dynamic Host Configuration Protocol，动态主机配置协议）服务器，GGSN 向 RADIUS 服务器提供用户主叫号码，采用的是主叫号码与用户账号相结合的认证方式；用户通过认证后将由 DHCP 服务器分配企业内部的静态 IP 地址；移动终端和服务器平台之间采用端到端加密的方式，以避免信息在整个传输过程中可能发生的数据泄露问题；双方采用防火墙进行隔离，并在防火墙上进行 IP 地址和端口过滤。

移动安全管理的综合技术解决方案架构图如图 11-23 所示。

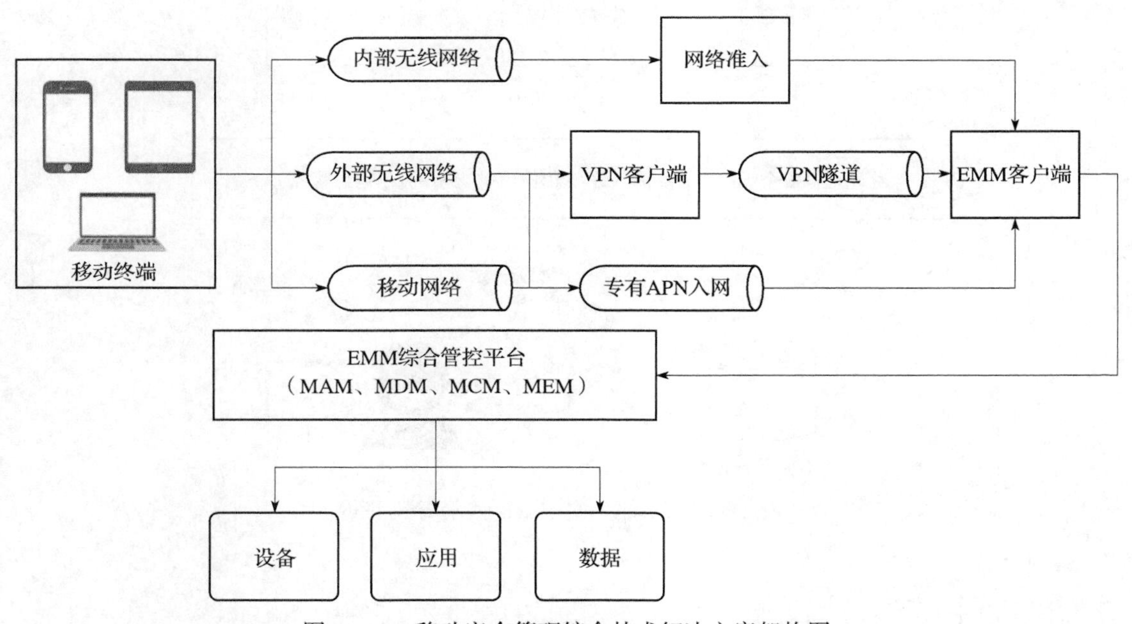

图 11-23　移动安全管理综合技术解决方案架构图

11.7.14　技术工具的使用目标和工作流程

终端数据安全技术工具应能实现以下目标。

- 终端安全管理：具备终端管理功能，能够实现终端准入、资产管理、补丁管理、安全基线、入侵检测、防病毒、行为审计等方面的管控。
- 数据防泄露：具备数据防泄露（DLP）功能，可以根据组织业务场景需要构建基于加密或边界管控的思路来实现，辅助以水印、标记、协议管控、打印管控等手段，实现一个从发现、加密、边界管控到审计的数据泄露防护闭环体系。

- 移动安全管理：具备移动安全管理功能，对移动端的数据存储、数据传输、数据分发和数据访问等行为进行管控。

图 11-24 所示的是使用终端数据安全的技术工具进行作业的基本流程图。

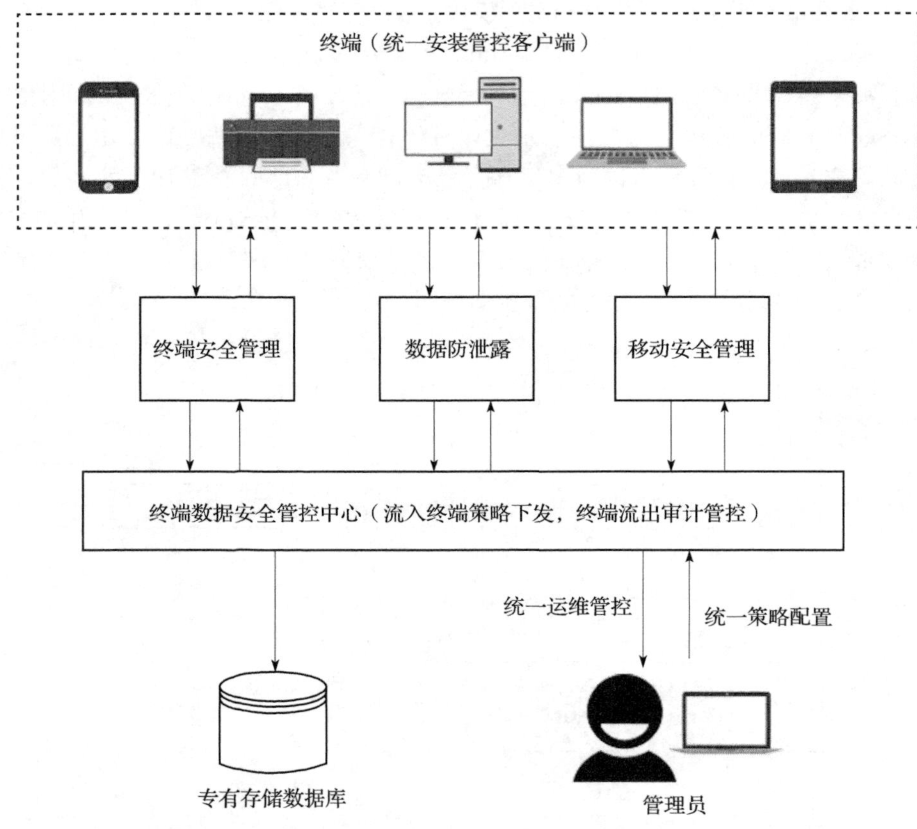

图 11-24　终端数据安全作业基本流程图

11.8　监控与审计

监控与审计是对访问控制的必要补充，是访问控制的一个重要内容。该阶段会记录与监控用户使用的数据信息资源、使用的时间，以及使用的过程（即执行了何种操作）。审计和监控是实现数据安全的最后一道防线，处于数据安全治理的最高层。审计与监控能够再现原有的数据操作问题，这一点对于责任追查和数据恢复非常重要。本节将基于 DSMM 充分定义级（3 级）视角，从组织建设、人员能力、制度流程和技术工具四个维度为数据安全监控与审计的建设和提升提供实践建议。

11.8.1　建立负责监控与审计的职能部门

为实现上述目标，组织机构应设立专门负责数据安全监控和审计的岗位，并招募相关的工作人员负责数据生命周期各阶段的数据访问和操作的安全。该岗位工作人员的工作重点一般偏向于安全管理和 IT 审计，并且往往还会同时担任组织数据安全风险管理架构中相关的对应职责，其在组织风险管理架构内的职能通常包含以下内容。

- 定期分析所处的内外部风险环境，并对组织整体所面临的重大数据安全风险进行评估。
- 对各部门报送的数据安全风险信息进行统一的筛选、提炼和规范管理，提供专业的分析和判断，并追加必要的扩展审计操作，对组织层面的重大数据安全风险进行提示和告警。
- 对组织层面的重大数据安全风险进行持续监控和报告，持续关注组织新出现的数据安全风险或原有数据安全风险的重大变化、既定数据安全风险应对方案的执行情况及执行效果，以及关键数据安全风险指标的变化情况等。
- 对数据安全风险监控结果进行审计及分析评价，包括风险变化的原因、潜在影响、变化趋势，以及对跨部门风险应对方案提供调整建议等。
- 监督和检查组织风险管理体系的建设和运转情况，定期开展组织层面风险管理工作的自我评价，对风险管理职责分工的合理性、风险管理流程的完备性、风险信息沟通的效率和效果等体系要素进行分析和总结，提出改进方案和改进计划，并在组织年度风险报告中向管理层汇报。
- 定期进行内部审计，并于每年年底拟定《年度风险报告》，经审计委员会审批后，按要求报送相关机构，并定期接受相关机构的外部审计。

根据组织不同的实际情况，上述职能设置可能会存在差异，数据安全监控和审计岗位及工作人员应根据自身组织风险管理架构的实际职能分配情况，遵循对应风险管理整体的职能设置。

11.8.2　明确数据安全监控与审计岗位的能力要求

根据上述组织建设思路，对应的数据安全监控与审计岗位相关人员，应至少具备以下两方面能力。

- 操作监控、日志记录技术实践能力：能够根据组织在数据生命周期各阶段（即数据采集、数据传输、数据存储、数据处理、数据交换和数据销毁）设置的实际技术工具实现要求，理解对应应进行操作监控的监控点和对应日志记录应包含的元数据字段集合，从而确保组织对数据操作监控的可靠性，以及日志记录能够满足审计需求。
- IT 审计能力：该岗位需要相关人员能够根据日志记录信息，进行相关的人工审计操作，并且具备对数据安全风险的判断能力。

11.8.3 监控与审计岗位的建设及人员能力的评估方法

数据安全监控与审计岗位的建设和对应人员实际执行能力的评估，可通过外部审计的形式，以调研访谈、问卷调查、流程观察、文件调阅、技术检测等多种方式实现。

1. 调研访谈

监控与审计阶段的调研访谈，需要针对策略层、管理层、执行层各层级人员分别进行，具体访谈内容如下。

访谈策略层、管理层、执行层各层级人员，确认组织机构是否已经设立了监控和审计的岗位，负责管理数据安全生命周期各阶段数据访问和操作的安全；访谈上述岗位人员，确认其是否具备组织机构所要求的操作监控、日志记录技术的实践能力，并了解IT审计的常规操作手段等。

2. 问卷调查

数据安全监控与审计阶段的问卷调查，通常采用如下两种方式来进行。

- 对数据安全生命周期各阶段的数据访问和操作的安全风险进行监控和审计的工作人员进行问卷调查，调查内容主要是确认相关人员是否具备一定的操作监控和日志记录技术实践能力，并了解IT审计的常规操作手段，对调研访谈进行问卷化处理，通过问卷式调查确认工作人员现有的监控与审计能力是否与组织预期的目标一致。
- 向各部门的领导层和基层员工进行问卷调查，调查内容主要包含日常数据操作监控设置及日志设置相关的实际情况，并与数据安全生命周期各阶段的数据访问和操作的安全风险进行监控和审计的实际要求进行比对，确认数据安全监控和审计的要求是否能够得到真正的落实，从而确认其在组织数据安全监控与审计能力操作中的实际执行情况。

3. 流程观察

监控与审计阶段的流程观察，主要是观察执行层团队的工作流程，并从中寻找可能的问题点和改善点，具体观察内容如下。

以中立的视角观察组织执行层日常数据操作相关的技术监控和日志记录流程，并调阅组织内部已制定的对数据安全生命周期各阶段的数据访问和操作的安全风险进行监控和审计的实际要求，确认两者的相符度，以及组织制定的实际要求是否符合组织数据业务监控和审计的需求，从而反推组织相关人员的实际执行能力。

4. 技术检测

监控与审计阶段的技术检测，需要使用技术工具确认组织数据安全生命周期各阶段的数据访问和操作的安全风险是否切实有效地进行了相关的监控和审计记录，是否存在错误或伪造等情况，制度规范的实际执行覆盖范围是否全面，是否存在因业务或外部供应商自行更改规范而导致其失效的情况等。

11.8.4 明确监控与审计管理的内容

数据安全保护的一个前提是了解数据在组织内的安全状态，由于数据风险通过数据流动，贯穿于多个系统和阶段，形成了一个难以分割的风险整体，因此组织机构需要在数据安全生命周期的各个阶段都开展数据安全监控和审计操作，以实现对数据安全风险的防控。

11.8.5 明确安全监控要求

组织机构应明确要求对数据操作进行安全监控，并根据组织在数据生命周期各个阶段所设置的实际技术工具实现，明确对应应进行操作监控的监控点，确保数据操作安全监控能够覆盖数据全生命周期，且能够满足相关监控项目对应数据操作的需求。

11.8.6 明确日志记录要求

在安全监控的基础上，组织机构需要明确各监控点所需记录日志数据的具体字段内容。在理想情况下，日志应该记录每一个可能的事件，以便分析所发生的所有事件，并能够追溯任何时刻的历史情况。然而，这样做显然是不现实的，因为要记录每一个数据包、每一条命令和每一次存取操作，所需要的存储量将远远超出业务系统的能力范围，并且还会严重影响系统的性能。因此，日志中记录的内容应该是有选择地进行记录。一般情况下，日志记录的内容应该满足以下原则。

- 日志应该记录任何必要的事件，以检测已知的攻击模式。
- 日志应该记录任何必要的事件，以检测异常的攻击模式。
- 日志应该记录关于记录系统连续可靠工作的信息。

在这些原则的指导下，日志系统可根据安全要求的强度选择记录下列事件的部分或全部信息。

- 审计功能的启动和关闭。
- 使用身份鉴别机制。
- 将客体引入主体的地址空间。
- 删除客体。
- 管理员、安全员、审计员和一般操作人员的操作。
- 其他专门定义的可审计事件。

通常，对于一个事件而言，日志应该包括事件发生的日期和时间、引发事件的用户（地址)、事件、原位置和目的位置、事件类型、事件成败结果等。

对于日志文件的处理，通常的处理方法可以遵循如下几种情况。

- 将日志放进文件中。
- 通过网络传输将日志记录到另一台计算机上。

- ❑ 将日志写入系统控制台。
- ❑ 将日志发给具有特定身份或职责的用户。

11.8.7 明确安全审计要求

组织机构需要有明确的审计要求，审计内容包含对上述日志文件的审计、网络行为审计、主机审计、应用系统审计和合规性审计等，下面就来分别说明这几种审计的要求。

1. 日志审计

基于日志的安全审计技术是通过 SNMP（简单网络管理协议）、SYSLOG（系统日志）或其他的日志接口从网络设备、主机服务器、用户终端、数据库、应用系统和网络安全设备中收集日志，对收集的日志进行格式标准化、统一分析和安全风险报警，并形成多种格式和类型的审计报表，主要内容如下。

- ❑ 潜在侵害分析：日志分析应该能利用一些规则去监控审计事件，并根据规则发现潜在的入侵和不安全的数据操作。这种规则可以是已定义的可审计事件的子集所指示的潜在安全攻击的积累或组合，或者其他规则。
- ❑ 基于异常检测的区间边界：日志分析应能够确定用户正常行为的区间边界，即用户正常行为的操作集合，当日志中的事件违反正常访问行为的区间边界，或者超出正常区间边界的限定时，日志分析系统要能指出将要发生的威胁，目前基于共识的日志分析技术便是基于此类原理而实现的。
- ❑ 简单攻击探测：日志分析应对重大威胁事件的特征进行明确的描述，当这类攻击现象出现时，能够及时指出和告警。
- ❑ 复杂攻击探测：要求较高的日志分析系统还应该能够检测到多步入侵序列，当攻击序列出现时，能够预测其发生的步骤。

2. 网络行为审计

基于网络技术的安全审计是指通过旁路和串接的方式捕获网络数据包，继而对协议进行分析和还原，以达到审计服务器、用户终端、数据库和应用系统等的安全漏洞，以及合法、非法或入侵等操作的目的，从而更好地监控用户的上网行为和内容，以及用户的非工作行为等。网络行为审计更偏重于网络行为，优点是部署比较简单。

网络行为审计的部署方式可分为旁路式和串联式。旁路式网络行为审计是通过在交换机端口镜像取得原始数据包，记录所有用户在该链路上的网络行为，并还原会话连接，恢复相应的通信协议，进而重现通过该链路所进行的网络行为。旁路式网络行为审计一般是在网络的主要通道上（如核心交换机和重点监控区域），对网络行为安全进行记录。

串联式网络行为审计的工作原理是指在网络链路上识别流经它的各种网络协议，将协议数据严格按照会话进行重组并且记录下来，然后对会话协议的回放和报表记录进行审计。串联式网络行为审计一般是部署在需要审计的网络链路中（如核心交换机的前段和重要网段上），对网络行为进行审计。

3. 主机审计

主机安全审计主要是通过在主机服务器、用户终端、数据库或其他审计对象中安装客户端的方式来进行审计，可达到审计安全漏洞、审计各种合法、非法或入侵操作、监控上网的行为和内容、监控向外复制文件的行为、监控用户的非法行为等目的。主机审计包括主机的漏洞扫描产品、主机防火墙和主机 IDS / IPS（入侵检测系统 / 入侵防御系统）的安全审计功能，以及主机上网和上机的行为监控、终端管理等。

目前，主机安全审计可以与认证系统，如令牌、PKI / CA（公钥基础设施 / 电子认证服务）、RADIUS（远程认证拨号用户服务）等结合部署，以实现用户访问控制和登录审计的效果。

4. 应用系统审计

应用系统安全审计是指通过内部截取和跟踪等相关方式对用户在业务应用过程中的登录、操作和退出等一切行为进行监控和详细记录，并对这些记录按时间段、地址段、用户、操作命令和操作内容等分别进行审计。

目前，市场上并没有成熟的独立应用系统安全审计的产品。针对应用系统安全审计的特点，网络行为审计和一般的主机审计很难实现业务应用层面的相关要求，而日志审计则需要应用系统自身将相关操作形成日志。最好的方法是通过开发应用系统自身，对用户在系统中的操作和修改行为进行记录和取证，同时为了减少应用系统因审计而产生的性能降低的负面影响，可以配合第三方登录审计功能和日志审计来完成审计工作。

5. 合规性审计

为了有效控制 IT 风险，尤其是操作风险，对业务进行安全运营至关重要，因此，合规性审计已成为备受行业推崇的有效方法。安全合规性审计是一种检测方法，可用于检测建设与运行 IT 系统的过程是否符合相关的法律、标准、规范、文件精神的要求。其作为风险控制的主要内容之一，是检查安全策略落实情况的一种手段。

一般来说，信息安全审计的主要依据是信息安全管理相关的标准，例如，IS0 / IEC27000、C0SO、COBIT、ITIL、NISTSP800 系列、国家等级保护相关标准、企业内控规范等，数据安全依据的标准通常为欧盟 GDPR、ISO/IEC27701 等。这些标准和规范实际上是从不同的角度提出的控制体系，这些控制体系可以有效地控制信息安全风险，从而提高系统的安全性。根据相关标准和法规进行合规性安全审计，可以实现标识事件、分析事件和收集相关证据的作用，从而为策略的调整和优化提供依据。合规性审计的范围至少应该包括：安全策略的一致性检查，人工操作的记录与分析，程序行为的记录与分析等。

合规性审计只有与信息安全策略的制订和落实紧密结合在一起，才能有效地控制安全风险。目前，市场上根据相关标准形成了较多合规性审计产品，如基线扫描和针对性的 COBIT 审计系统等。

6. 审计过程访问控制与审计结果保存

审计操作对原始数据的查阅应该受到严格限制，不得篡改日志等原始数据。审计系统提供了以下不同的查阅层次来保证查阅操作的安全性。

- 审计查阅：审计系统以可理解的方式为授权用户提供查阅日志和分析结果的功能。
- 有限审计查阅：审计系统只能提供对内容的读权限，因此收到具有读以外权限的用户访问的请求时，审计系统应拒绝。
- 可选审计查阅：在有限审计查阅的基础上限制查阅的范围。

同时，审计事件的存储也应满足相应的安全要求，具体包括如下几种情况。

- 受保护的审计踪迹存储：即要求存储系统对日志事件具有保护功能，防止未授权的修改和删除，并且具有检测修改删除的能力。
- 审计数据的可用性保证：在审计存储系统遭受意外时，能够防止或检测审计记录的修改，当存储介质存满或存储失败时，能够确保存储记录不被破坏。
- 防止审计数据丢失：当审计踪迹超过预定的限制时，应采取相应的措施防止数据丢失。这种措施可以是忽略可审计事件、只允许记录有特殊权限的事件、覆盖以前的记录或停止工作等。

11.8.8 使用技术工具

数据安全监控与审计要求组织机构建立相关的措施对非法采集、未授权访问、数据滥用、数据泄露等问题进行监控和审计。数据分析将用于支持有效的安全合规决策，从而降低数据的安全风险。

组织机构需要建立数据安全监控审计平台，对组织内所有的网络、系统、应用、数据平台等核心资产中的数据流动进行监控和审计，并进行风险识别与预警，以实现数据全生命周期各阶段的安全风险防控。数据安全监控审计平台主要包含数据采集、数据整合、数据分析、平台运营、风险大图等几大类功能，具体说明如下。

- 数据采集：数据来源包括了员工的基础数据、网络数据、终端数据、系统和应用数据等；日志数据的获取方式支持 JDBC、文本文件、Syslog、SNMP、API、Agent、Windows 事件日志、Netflow 等，日志内容支持文本、XML、JSON 等格式，可针对特殊采集场景进行定制化。
- 数据整合：通过关联业务数据对采集的信息进行补全和数据的标准化定义，按照 5W1H 的方法进行数据统一的操作，并根据行为定性，抽象出归一化的数据流动和行为主题域。
- 数据分析：以敏感数据为中心，建立多维度行为基线，利用机器学习算法和预定义规则找出严重偏离基线的异常行为，及时发现内部用户或合作伙伴窃取数据等违规行为。
- 平台运营：建立发现、审计、处置和反馈的运营循环机制。

- 风险大图：提供可视化、可感知的功能使得风险能够进行统一监控、告警、处置和恢复。

数据安全监控与审计主要涉及的技术方法有数据采集、数据整合和数据分析，接下来的几节将具体讲解这三个技术方法。

11.8.9　数据采集

数据采集技术主要分为主动采集和被动采集两种模式。主动采集方式是指直接从物理存储空间（比如，员工基础数据、日志文件、数据库等）获取数据。该方式可以实现对日志文件的采集和基础数据元数据的获取。被动采集方式是指需要通过协议接收产生的日志，然后再从物理空间获取，通过 Syslog、SNMP 和 OPSEC 等协议来实现日志的采集。由于数据安全监控审计平台涉及多种数据，因此需要结合多种方式进行采集。

- 主动采集技术：是一种基于文件读取的采集技术，该技术针对日志或内容，以文件或数据库的形式存储在一个固定位置的情况，可以直接对文件进行读取以获取需要采集的数据。
- 被动采集技术：通过协议实现对日志数据的收集，主要包括 Syslog 协议、SNMP 协议和 OPSEC 协议。
- 基于 Syslog 协议的日志采集技术：Syslog 提供了一种传输方式，使机器能够通过 IP 网络将事件通知消息发送到 Syslog 服务器，即通过配置网络设备，将日志数据以 Syslog 协议的方式发送到指定的 Syslog 服务器，日志数据也将以 Syslog 的形式存在。
- 基于 SNMP 协议的日志采集技术：SNMP 提供了一种从网络设备中收集网络管理信息的方法，即对支持 SNMP 协议的网络设备进行配置，在设备中侦听 UDP 端口（161 和 162），取得特定的日志数据，然后将日志数据传送到日志服务器中。
- 基于 OPSEC 协议的日志采集技术：OPSEC Software Develeopment Kit（软件开发工具包，SDK）是由 OPSEC LEA 提供的，它定义了采集日志的接口，并且将所有网络通信的具体实现全部封装了起来。该技术可以利用 SDK 采集支持 OPSEC 协议的防火墙和 VPN 设备中的日志数据。

11.8.10　数据整合

由于采集获得的数据具有异构性，因此当通过数据采集获得对重要数据的监控日志后，数据整合的第一步是对日志进行识别和信息提取，对于数据库等具有标准格式的数据，可以直接获取数据字段，对于文本数据，则需要采用正则表达式进行字段的识别和抽取操作。

正则表达式是一种基于模式匹配和替换的强有力的字符串分析工具，它能够提供功能强大、灵活而又高效的方法来处理文本，它能够通过全面模式匹配的方式快速分析大量的文本以找到特定的模式，再根据特定模式匹配从文本中提取特定字符串。采用正则表达式来实现日志格式解析，可以降低日志内容的识别难度，减少程序中可能存在的错误；另外，采用正则表达式还可以提高程序的灵活性和通用性。

直接获取或通过正则表达式整合数据的方法，可以按照5W1H的方法进行数据统一。所谓5W1H，即对象（What）、场所（Where）、时间（When）、人员（Who）、原因（Why）和方式（How）。获取到的所有监控数据都可以通过该方式进行统一，从而得到被监控数据的整体流动图。

11.8.11 数据分析

在完成数据的采集及整合之后，采用自动审计和人工审计相结合的方式或手段对数据的高风险操作进行监控，可以实现对数据异常访问和操作的告警功能。数据分析可以通过预定义的规则，对数据操作等日志进行匹配，若存在未授权或越权等数据操作的情况，则可以采取告警等相应措施。

11.8.12 技术工具的使用目标和工作流程

数据安全监控审计平台应能实现以下目标。

- 应采用自动或人工审计相结合的方法或手段对数据的高风险操作进行监控。
- 应建立针对数据访问和操作的日志监控技术工具，实现对数据异常访问和操作的告警功能，高敏感及特权账户对数据的访问和操作都将纳入重点监控范围。
- 应部署必要的数据防泄露实时监控技术手段，监控及报告个人信息和重要数据等的外发行为。
- 应采用技术工具对数据交换服务流量数据进行安全监控和分析。

数据安全监控审计作业基本流程图如图11-25所示。

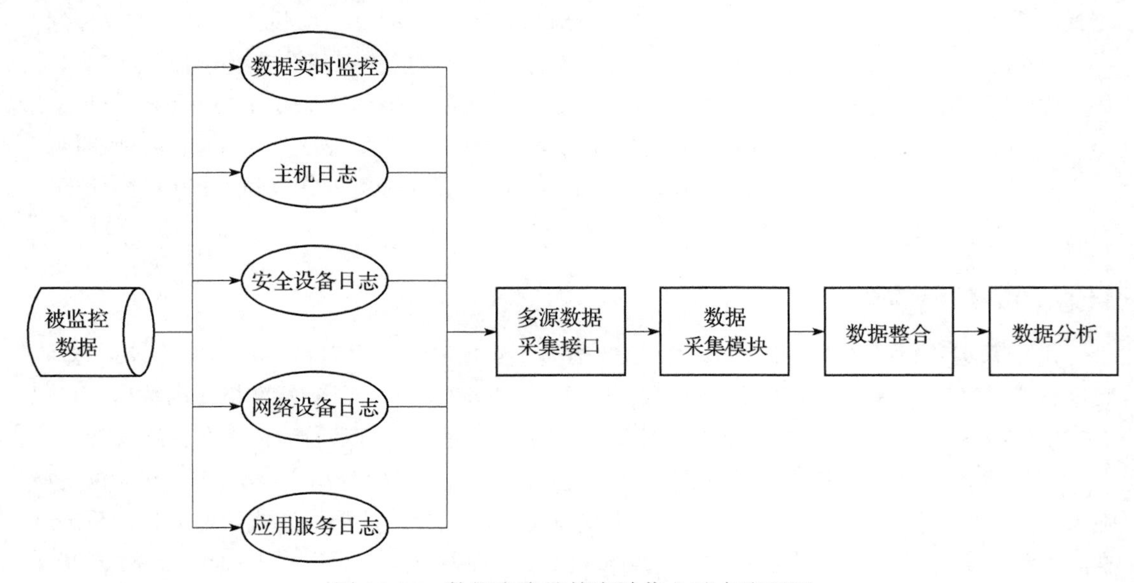

图11-25 数据安全监控审计作业基本流程图

11.9　鉴别与访问控制

随着企业业务的不断发展，满足组织内部的数据安全合规性需求正变得越来越迫切和重要。建立合适的身份鉴别与访问控制机制，可以有效消除组织机构内部的核心敏感数据被未授权访问的风险。有效的鉴别与访问控制需要从多个方面进行建设和提升，本节将基于 DSMM 充分定义级（3 级）视角，从组织建设、人员能力、制度流程和技术工具四个维度对鉴别与访问控制的建设和提升提供实践建议。

11.9.1　建立负责鉴别与访问控制的职能部门

为了避免组织内部出现敏感数据被未授权访问的安全事件，同时也为了进一步满足数据安全合规性需求，在条件允许的情况下，组织机构应该设立负责鉴别与访问控制管理的岗位，并招募相关的管理人员和技术人员，负责为公司提供必要的技术能力支持和统一管理，负责为组织机构制定整体的针对用户身份鉴别、访问控制和权限管理的策略，负责对组织机构内部的身份鉴别场景、访问控制场景、权限管理场景等进行风险评估，负责为技术人员建立数据权限授权审批流程，负责为技术人员建立规范统一的身份鉴别管理系统、访问控制管理系统、权限管理系统，确保任何人的身份鉴别、访问控制、权限管理的操作都可以追踪溯源。除此之外，鉴别与访问控制部门还需要为技术人员进行专门的安全意识培训，并推动以上相关要求在组织机构中切实可靠地执行。

11.9.2　明确鉴别与访问控制岗位的能力要求

组织机构在设立了专门负责鉴别与访问控制管理的岗位之后，还需要招募负责该项工作的专项人员。鉴别与访问控制部门的管理人员必须具备良好的数据安全风险意识，熟悉国家网络安全法律法规，以及组织机构所属行业的政策和监管要求，在进行身份鉴别、访问控制、权限管理和制定相应的管理策略时，能够严格按照《中华人民共和国网络安全法》《中华人民共和国数据安全法》《中华人民共和国个人信息保护法》等相关法律法规和行业规范执行。同时，相关的管理人员还需要具备一定的鉴别与访问控制管理经验，拥有良好的鉴别与访问控制管理专业知识基础，且通过了岗位能力测试，熟悉主流的身份鉴别、访问控制、权限管理制度、管理流程、管理要求和技术工具，能够根据不同的管理要求对鉴别与访问控制场景进行相应的风险评估，能够根据鉴别与访问控制管理和审核的整体需求明确应使用的鉴别与访问控制管理工具。除此之外，管理人员还需要能够主动根据行业及政策变化更新相关的知识和技能，以及能够结合业界标准、合规准则和业务场景制定标准化鉴别与访问控制的管理制度。

鉴别与访问控制管理部门的技术人员必须具备良好的鉴别与访问控制管理安全风险意识，熟悉相关的法律法规和政策要求，熟悉主流厂商的身份鉴别、访问控制、权限管理案例，熟悉主流的鉴别与访问控制管理工具及其使用方法，熟悉相关的数据访问控制的技术知识，拥有一年以上的鉴别与访问控制执行经验，能够充分理解并执行由管理人员制定的鉴别与访问控制管理策略，能够根据组织数据安全管理制度对数据权限进行审批管理，能够充分理解鉴别与访问控制场景下的业务需求，能够主动根据政策变化和技术发展更新自身的相关知识和技能，具备对突发的鉴别与访问控制事件进行应急处理的能力。

11.9.3 鉴别与访问控制岗位的建设及人员能力的评估方法

鉴别与访问控制管理岗位的建设及对应人员实际执行能力的评估，可通过内部审计、外部审计等形式以调研访谈、问卷调查、流程观察、文件调阅、技术检测等多种方式实现。

1. 调研访谈

鉴别与访问控制阶段的调研访谈，主要包含对公司鉴别与访问控制部门的管理人员和技术人员的访谈两部分，具体访谈内容如下。

- 对鉴别与访问控制部门管理人员的访谈内容为：确认其在制定整体的鉴别与访问控制管理策略上，在明确对身份标识与鉴别、访问控制及权限的分配、变更、撤销等权限管理的要求上，在建立组织机构统一的身份鉴别管理系统、访问控制管理系统、权限管理系统上，在明确数据权限授权审批流程和对数据权限进行定期审核上，在明确鉴别与访问控制的管理场景和管理流程上，在对鉴别与访问控制管理场景进行风险评估上，在明确鉴别与访问控制的管理要求上，在规定统一标准的鉴别与访问控制管理工具上，是否符合相关的法律规定，是否具备足够的能力胜任该职业。同时，调研访谈还应该确认鉴别与访问控制管理人员是否熟悉相关的鉴别与访问控制管理的技术知识。
- 对鉴别与访问控制部门技术人员的访谈内容为：确认其是否具有一年以上的鉴别与访问控制执行经验；是否熟悉鉴别与访问控制管理的相关合规要求；是否能够按照国家相关法律法规和管理人员制定的鉴别与访问控制管理策略进行统一管理；是否能够准确理解组织机构内部的身份鉴别、访问控制、权限管理的业务需求；是否能够准确地实施由鉴别与访问控制管理人员建立的数据权限授权审批流程；是否能够对突发情况进行及时的应急处置与追踪溯源。

2. 问卷调查

鉴别与访问控制阶段的问卷调查通常是以纸面问卷的形式，向公司鉴别与访问控制管理部门的技术人员调研该部门管理人员的工作情况，具体调研内容如下。

鉴别与访问控制管理人员是否制定了针对组织机构内部的、有效的鉴别与访问控制管理策略及管理流程；是否明确定义了身份鉴别、访问控制、权限管理的场景及要求；是否建立了组织机构统一的身份鉴别管理系统、访问控制管理系统、权限管理系统；是否建立了对数据权限授权审批的流程及审批机制；是否可以对不同的鉴别与访问控制管理场景进行风险评估；是否能够依据国家的相关法律法规对鉴别与访问控制管理的过程进行严格规范的监督；是否规定了在不同场景下应使用的管理工具；是否制定了统一的鉴别与访问控制审查工具及其相关的使用标准，以用于应对突发情况下的应急处置与追责溯源。

3. 流程观察

鉴别与访问控制阶段的流程观察，主要是观察公司鉴别与访问控制部门的管理人员和技术人员两方的工作流程，并从中寻找可能的问题点和改善点，具体观察内容如下。

- 以中立的视角观察公司鉴别与访问控制管理人员的工作流程，包括在为公司制定整体的鉴别与访问控制管理策略及管理要求时，为组织机构建立统一的身份鉴别管理系统、访问控制管理系统、权限管理系统时，为不同的鉴别与访问控制管理场景提供安全风险评估时，为技术人员建立身份鉴别、访问控制、权限管理的审核机制时，为技术人员指定统一的鉴别与访问控制管理工具并制定相应的标准操作流程时，是否可以识别出其中可能存在的数据安全风险，是否贴合组织机构的内部框架，是否能够满足不同业务场景的安全需求，是否符合国家相关法律法规的要求。
- 以中立的视角观察公司鉴别与访问控制技术人员的工作流程，包括在对身份鉴别、访问控制、权限管理进行审核时，对鉴别与访问控制管理的工作流程进行记录时，实施由管理人员制定的鉴别与访问控制管理策略时，是否可以识别出其中可能存在的安全风险，方法流程是否符合标准的流程，是否符合国家相关法律法规的要求。

4. 技术检测

鉴别与访问控制阶段的技术检测，需要使用技术工具检测鉴别与访问控制管理的工作流程是否符合安全规范与法律规定；检测身份鉴别、访问控制、权限管理和审核过程中，没有出现任何超出鉴别与访问控制管理授权范围的情况；检测身份鉴别、访问控制、权限管理的审核机制是否正常，确保当出现突发情况时组织机构能够快速进行应急处置；检测鉴别与访问控制管理的方式是否符合标准，以及鉴别与访问控制管理的安全需求是否能够得到满足。

11.9.4 明确鉴别与访问控制管理的目的和内容

鉴别与访问控制管理的目的是通过基于组织的数据安全需求和合规性要求建立身份鉴别和数据访问控制机制，以防范对数据的未授权访问风险。

组织机构应建立负责鉴别与访问控制管理的部门，并制定鉴别与访问控制管理规范，对组织机构内所有的操作系统、数据库系统、应用系统、开发测试系统及网络系统所提供的服务的访问进行合理控制，以确保数据能够得到合法使用。

11.9.5 制定身份鉴别措施

系统中的所有用户终端、操作系统、应用程序的远程登录和本地登录操作，均应设置身份鉴别措施。常用的身份鉴别技术包括基于口令的鉴别方式、基于智能卡的鉴别方式、基于生物特征的鉴别方式、一次性口令鉴别方式等，下面就来具体讲解这些鉴别方式。

1. 基于口令的鉴别方式

基于口令的鉴别方式最常见、应用最广。它是一种单因素的认证方式，安全性仅依赖于口令，一旦口令泄露，用户就很有可能会被冒充。因此，鉴别与访问控制部门在采用用户名 + 口令的鉴别方式时，应满足以下要求。

❑ 口令长度不少于 8 位。
❑ 采用高强度且无规律的口令，要求包括数字、大小写字母、特殊字符。
❑ 定期更换口令。
❑ 采用相应的措施保证口令存储和传输的安全性。

2. 基于智能卡的鉴别方式

智能卡具有硬件加密的功能，有较高的安全性。它是一种双因素认证方式（个人身份识别码 + 智能卡），即使个人身份识别码或智能卡遭到窃取，用户也不会被冒充。

3. 基于生物特征的鉴别方式

生物特征认证方式以人体唯一的、可靠的、稳定的生物特征（如指纹、虹膜、脸部、掌纹等）为依据，利用计算机的强大功能和网络技术进行图像处理和模式识别。该技术具有很好的安全性、可靠性和有效性。

4. 一次性口令鉴别方式

在登录过程中加入不确定因素，使每次登录过程中传送的信息都不相同，以提高登录过程的安全性。

当用户身份鉴别成功后，如果其空闲操作的时间超过十分钟，则应该对该用户重新进行身份鉴别。

当用户身份鉴别尝试失败次数达到五次时，系统应采取以下措施。

❑ 对于本地登录的用户进行登录锁定，同时形成审计事件并告警。
❑ 对于远程登录的用户进行登录锁定，并且只能由系统管理员恢复，同时形成审计事件并告警。
❑ 对于通过应用程序进行登录的情况，应禁止使用该程序，或者延长一定时间后再允许该用户尝试，同时形成审计事件并告警。

11.9.6 明确数据权限授权审批流程

组织机构应明确数据权限授权审批流程，针对数据权限的申请和变更进行审核，避免数据使用权限失控，并防止组织内部合法人员利用违规或违法取得的权限进行不正当的操作。数据授权审批流程示意图如图 11-26 所示。

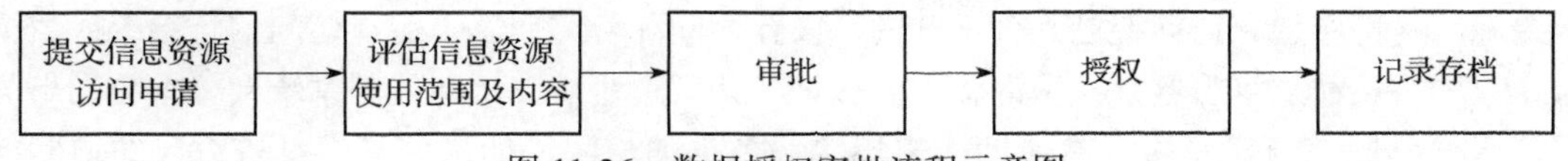

图 11-26　数据授权审批流程示意图

数据授权审批流程需要注意如下几点内容。

首先，用户应明确需要访问的信息资源，然后向鉴别与访问控制部门提交《信息资源访问申请表》，其中需要填写的内容包括申请人、所在部门、岗位、申请日期、访问有效期、申请内容和申请理由等。

鉴别与访问控制部门在收到《信息资源访问申请表》之后，组织内的相关人员应开展信息资源访问评审会议，对所申请的信息资源访问范围及内容进行风险评估。对于通过评审的信息资源访问申请，鉴别与访问控制部门在审查无误后，方可对使用的信息资源的范围和内容进行授权。同时，鉴别与访问控制部门有权对不规范的授权事宜提出否决意见、对授权范围和内容的变更或终止提出意见。

鉴别与访问控制部门应配置成熟的数据权限管理平台，限定用户可访问的数据范围。在信息资源的授权过程中，应遵循“最小够用”、职权分离等原则，授予不同账户为完成各自承担任务所需的最小权限，并在它们之间形成相互制约的关系。同时，鉴别与访问控制部门需要确定授权的有效期，并在期满后重新进行授权操作。

鉴别与访问控制部门完成用户权限的设置后，必须对各类授权书进行存档备案管理。

11.9.7　实施访问控制管理

鉴别与访问控制部门应制定数据和操作系统的访问规则，用户必须按规则访问操作系统。

对于需要进行访问控制的操作系统、数据库系统、应用系统、开发测试系统及网络系统，组织机构需要对这些系统进行设置，保证在进入系统之前必须执行登录操作，并且记录登录成功与失败的日志。对于生产网和办公网则要实现物理隔离，核心设备需要设置特别的物理访问控制，并建立访问日志。

11.9.8　建立安全审计机制

鉴别与访问控制部门必须定期检查数据和系统的访问权限，及时删除或停用多余的、过期的账户角色，避免共享账户与角色权限发生冲突，防止出现权限滥用的情况，同时将检查的情况记录在案。

鉴别与访问控制部门还需要配置成熟的信息资源使用日志记录或审计产品，对信息资源的访问和使用进行严格、详细地记录。同时，监视信息资源的访问和使用情况，一旦发现可疑授权或可疑使用的情况，就及时进行通报修正。

11.9.9　使用技术工具

在组织机构的信息系统中，身份鉴别与访问控制是保证信息系统数据安全最有效的技术措施。身份鉴别和访问控制是分不开的，彼此之间配合工作。当用户访问信息系统或数据时，首先需要通过身份鉴别技术的鉴别和认证，认证通过后，访问控制系统会根据鉴别出的用户身份判断该身份是否拥有访问所需资源和数据的权限，如果该身份具备对应的访问权限，则访问控制系统就会放行用户的访问。反之，访问控制系统将会阻断用户的访问。身份鉴别和访问控制技术可用于防范对数据的未授权访问风险。

11.9.10 身份标识与鉴别技术

身份标识是指能够证明用户身份的用户所独有的标志特征。这个标志特征必须具备唯一性，如现实生活中的身份证、户口本、护照、工作证、实名认证的手机号等。在信息系统中，用户的身份标识可以是账号密码、动态校验码、机器码、IP 地址、令牌（token）等。身份标识是进行身份鉴别的依据和凭证。

身份鉴别其实就是用户在访问受限信息系统和数据时，进行身份确认的一个过程，也称为身份认证。身份鉴别系统一般由四个组件构成：用户组件、输入组件、传输组件和验证组件。身份认证一般分为单向认证和双向认证，单向认证只需要信息系统对用户进行认证即可；而双向认证除了信息系统要对用户进行认证之外，用户还需要对信息系统进行验证。单向认证的实现方式比较简单，资源消耗小；双向认证的实现方式则较为复杂，且需要消耗较多的资源，但是安全性要比单向认证高。身份特征标识需要与鉴别技术结合使用，常见的鉴别方式有基于静态身份特征标识的鉴别技术、基于动态身份特征标识的鉴别技术，以及基于生物识别的身份特征标识的鉴别技术。下面就来介绍这几种鉴别技术。

1. 基于静态身份特征标识的鉴别技术

如图 11-27 所示，静态身份特征标识指的是在一定时间内一直有效的特征标识，最具代表性的示例是账号口令。除了口令之外，机器码、MAC 地址等也属于静态身份特征标识。相应的鉴别技术也较为简单，只需要从事先构建好的身份特征标识库中取出对应的标识进行比对即可。基于静态身份特征标识的鉴别技术虽然逻辑简单，但安全性较低。

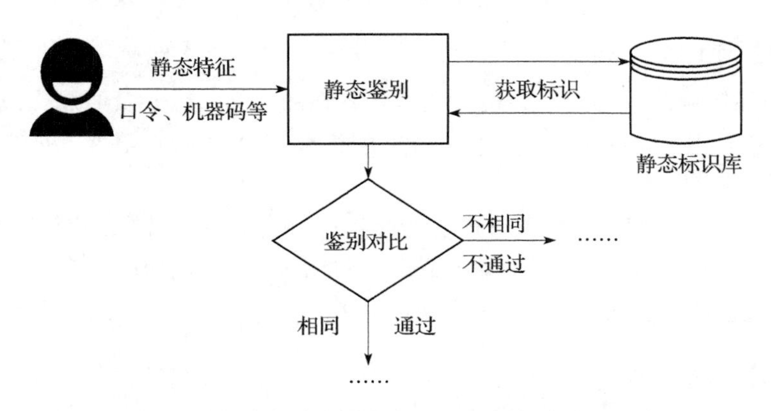

图 11-27 基于静态身份特征标识的鉴别技术流程示意图

2. 基于动态身份特征标识的鉴别技术

动态特征通常是基于信任物体的，如短信验证码、邮箱验证码、手机令牌及手机扫码等，相应的信任物体通常就是手机号码、邮箱账号、手机等。信任的逻辑就是手机号、邮箱、手机均为本人使用。如图 11-28 所示，鉴别时动态鉴别系统会向相应身份绑定的信任物体发送一次性的动态标识，用户只有持有信任物体并可以正常访问才能读取该动态标识，用户输入动态标识后系统会进行比对。动态鉴别一般会与静态鉴别搭配使用，这也是常见的多因素认证的鉴别模式。

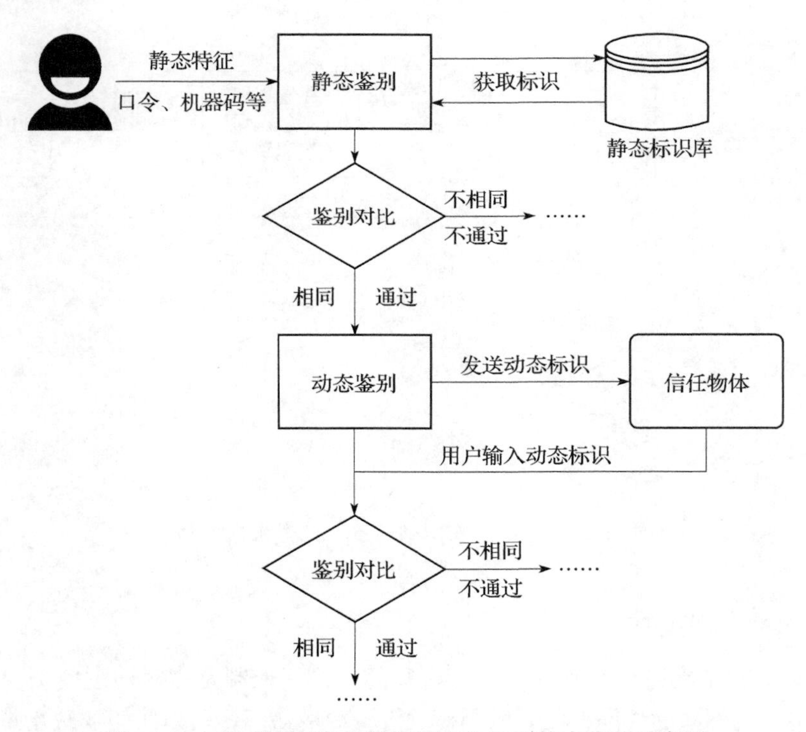

图 11-28　基于动态身份特征标识的鉴别技术流程示意图

3. 基于生物识别的身份特征标识的鉴别技术

生物特征一般是指人身上的生物特征，如 DNA、面容、指纹、虹膜、声音等，这些都可以唯一指定某一个具体的人。如图 11-29 所示，生物特征鉴别技术是指为身份绑定上与其对应的生物标识，如指纹录入、面容录入等，录入后根据特征生成一个复杂的、不可伪造和破解的特征值，以备鉴别时进行比对。生物鉴别通常需要与静态鉴别搭配使用，如刷脸登录等。

在这些鉴别技术的实现和使用过程中，安全通信信道、加密、数字证书、数字签名和时间戳等技术手段可用于保证鉴别过程的安全性，保证鉴别信息不会被窃取和伪造。关于这些技术手段的更多详情请回顾 6.1 节数据传输加密的相关内容。

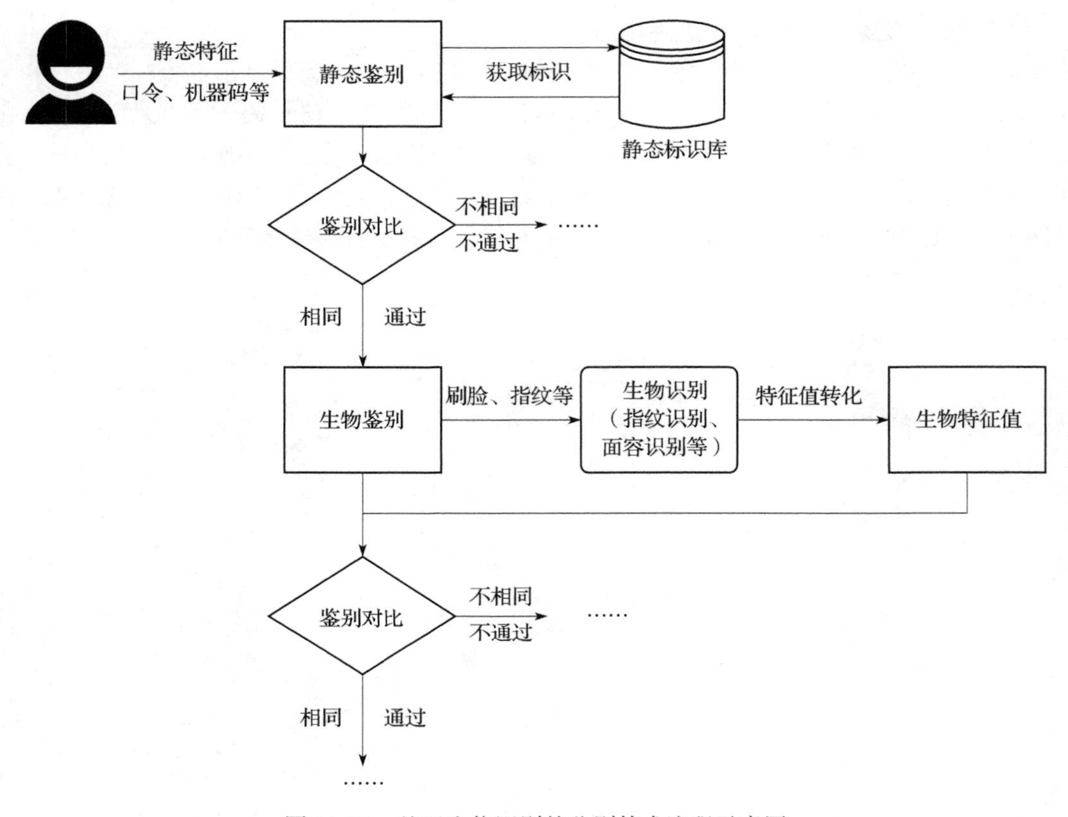

图 11-29 基于生物识别的鉴别技术流程示意图

11.9.11 访问控制技术

访问控制过程是在身份鉴别通过之后进行的。访问控制是指对通过鉴别的不同身份在受限的资源中分配不同的访问权限。限制对关键资源的访问，可以防止非法用户的侵入或因为合法用户的不慎操作而造成的破坏，从而保证网络资源的使用是受控且合法的，是针对越权使用资源的防御措施。如图 11-30 所示，一套完整的访问控制系统应包含主体、客体和访问控制策略三大部分。

- 主体：是指发起访问请求的对象，这个对象可以是一个用户，也可以是一个信息系统。
- 客体：是指被主体访问的对象，主体在未得到授权之前，无法对客体进行访问。
- 访问控制策略：用于控制主体对客体的访问权限，规定主体能够访问哪些客体，客体能被哪些主体访问，是一系列规定的合集。访问控制策略遵循的最基本原则是最小够用权限原则，即当主体访问客体时，按照主体所需要的最小化访问需求来分配权限。

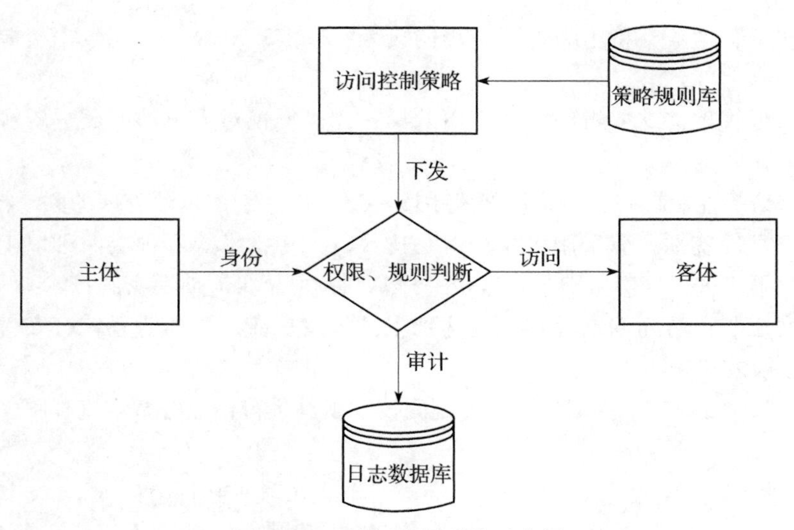

图 11-30　访问控制系统示意图

访问控制策略一般可分为基于身份的安全策略、基于规则的安全策略和综合访问控制策略（HAC）。

- 基于身份的安全策略：主要是指主体对客体发起的访问进行过滤，只有通过身份鉴别的主体才可以访问客体。这种安全策略既可以是针对一个特定的身份，也可以是针对一组身份。基于身份的安全策略是一种较为粗粒度的安全策略，通过身份认证的所有主体都能访问客体。
- 基于规则的安全策略：该策略不是从主体权限的角度出发，而是先对所有的客体资源都打上安全规则标签，已通过鉴别的主体身份也会带有一个安全级别标签，当主体对客体进行访问时，访问控制策略会比较主体安全级别与客体资源的安全级别，当主体的安全级别高于客体的安全级别时允许访问，反之，则拒绝。
- 综合访问控制策略：该策略继承和吸取了多种主流访问控制技术的优点，有效地解决了信息安全领域的访问控制问题，保护了数据的保密性和完整性，保证授权主体能够访问客体和拒绝非授权访问。综合访问控制策略具有良好的灵活性、可维护性、可管理性、更细粒度的访问控制性和更高的安全性。

访问控制可以分为两个层面，一个是物理访问控制，另外一个是逻辑访问控制。主要的访问控制类型有 3 种模式：自主访问控制（DAC）、强制访问控制（MAC）和基于角色的访问控制（RBAC）。关于访问控制技术的更多细节可参见 8.3 节数据正当使用的相关内容。

11.9.12　技术工具的使用目标和工作流程

鉴别与访问控制技术工具应能实现以下目标。

- ❑ 身份鉴别管理：支持组织主要应用的接入，以实现对人员访问数据资源的统一身份鉴别。
- ❑ 访问权限管理：支持组织主要应用的接入，以实现对人员访问数据资源的访问控制和权限管理。
- ❑ 鉴别与访问控制统一：应采用技术手段实现身份鉴别和权限管理的联动控制。
- ❑ 多因素身份鉴别：应采用口令、密码技术、生物技术等两种或两种以上组合的鉴别技术对用户进行身份鉴别，且其中一种鉴别技术至少应使用密码技术来实现。
- ❑ 细粒度控制：访问控制的粒度应达到主体为用户级，客体为系统、文件、数据库表级或字段的要求。

图 11-31 所示的是基于鉴别与访问控制的技术工具进行作业的基本流程图。

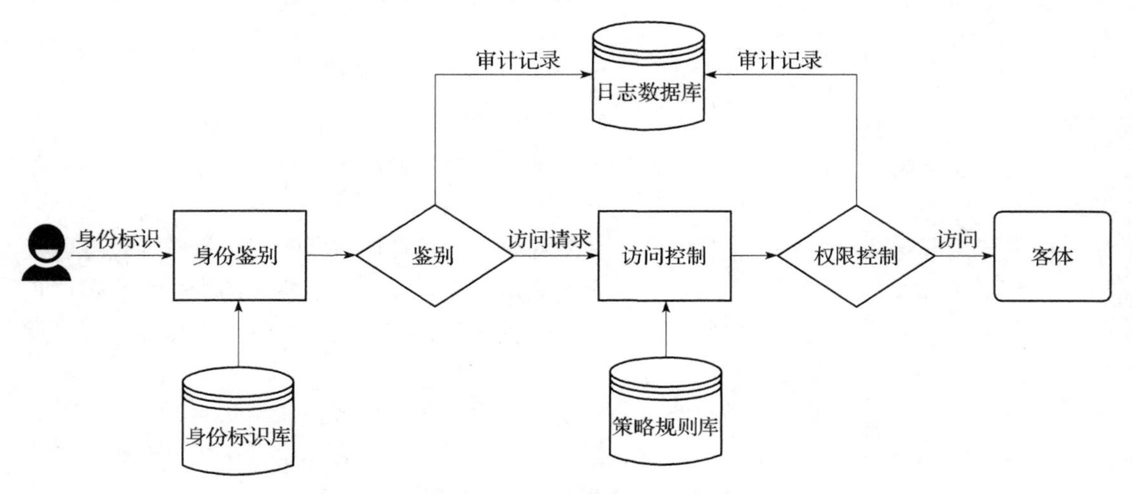

图 11-31 鉴别与访问控制作业基本流程图

11.10 需求分析

需求分析是企业建设的必修课，在如今的数字时代，企业的数据安全建设同样也需要进行数据安全需求分析。建立组织业务的数据安全需求分析体系，可用于快速有效地找到组织机构目前最亟需解决的数据安全需求，然后根据具体的需求进行针对性的实现，从而实现企业整体的数据安全建设。有效的需求分析需要从多个方面进行建设和提升，本节将基于 DSMM 充分定义级（3 级）视角，从组织建设、人员能力、制度流程和技术工具四个维度对需求分析的建设和提升提供实践建议。

11.10.1 建立负责需求分析的职能部门

为了能够更准确、有效、快速地找出组织机构目前最亟需解决的数据安全需求，在条件允许的情况下，组织机构应该设立负责数据安全需求分析管理的部门，并招募相关的管理人员和技术人员，负责为公司提供必要的技术支持，负责在数据业务设计开发等阶段开展数据安全需求分析工作，负责为组织机构制定整体的、有效的数据安全需求分析文档和规范化表达，负责为组织机构建立数据安全需求分析制定流程和审评机制，负责对组织机构内部的数据安全需求分析制定场景进行风险评估，负责为技术人员建立数据业务安全需求分析系统，确保针对需求分析文档所进行的任何操作都会被记录且都可以追踪溯源。除此之外，数据安全需求分析部门还需要为技术人员提供专门的安全意识培训，并推动以上相关要求在组织机构中切实可靠地执行。

11.10.2　明确需求分析岗位的能力要求

组织机构在设立了专门负责需求分析管理的岗位之后，还需要招募负责该项工作的专项人员。数据安全需求分析部门的管理人员必须具备良好的数据安全风险意识，熟悉国家网络安全法律法规，以及组织机构所属行业的政策和监管要求，在进行数据安全需求分析管理，以及制定相应的数据安全需求分析流程和评审机制时，能够严格按照《中华人民共和国网络安全法》《中华人民共和国数据安全法》《中华人民共和国个人信息保护法》等相关法律法规和行业规范执行。同时，相关的管理人员还需要具备一定的数据安全需求分析管理经验，拥有良好的数据安全需求分析管理专业知识基础，且通过了岗位能力测试，熟悉主流的数据安全需求分析管理制度、管理流程、管理要求和技术工具，能够根据不同的管理要求和数据安全需求分析场景进行相应的风险评估，能够根据数据安全需求分析管理和审核的整体需求明确应该使用的技术工具。除此之外，数据安全需求分析部门的管理人员还需要能够主动根据行业及政策变化更新相关的知识和技能，具备结合业界标准、合规准则、业务场景制定数据安全需求分析管理制度的能力。

数据安全需求分析部门的技术人员必须具备良好的数据安全风险意识，熟悉相关的法律法规及政策要求，熟悉主流厂商的数据安全需求分析挖掘方案，熟悉主流的数据安全需求分析工具及其使用方法，熟悉相关的数据安全需求分析技术知识，拥有一年以上的数据安全需求分析挖掘经验，能够充分理解并执行由管理人员制定的数据安全需求分析管理制度，能够依据国家法律法规标准等分析数据安全合规性需求，能够结合组织机构的战略规划、数据服务业务目标和业务特点明确数据服务安全需求和安全规划实施的优先级，能够主动根据政策变化和技术发展更新自身的相关知识和技能，具备对突发事件进行应急处理的能力。

11.10.3　需求分析岗位的建设及人员能力的评估方法

数据安全需求分析管理岗位的建设和对应人员实际执行能力的评估，可通过内部审计、外部审计等形式以调研访谈、问卷调查、流程观察、文件调阅、技术检测等多种方式实现。

1. 调研访谈

数据安全需求分析阶段的调研访谈，主要包含对数据安全需求分析部门管理人员和技术人员的访谈两部分，具体访谈内容如下。

- 对数据安全需求分析管理人员的访谈内容为：确认其在制定整体的数据安全需求分析管理标准及规范性表达上，在明确数据安全需求分析制定流程和评审机制上，在明确数据安全需求文档内容要求上，在明确数据安全需求分析管理场景和管理流程上，在建立组织机构统一的数据安全需求分析系统上，在识别数据服务面临的威胁和自身的脆弱性上，在对数据安全需求分析场景进行风险评估及分析应对措施需求上，在明确数据安全需求分析的管理要求上，在规定统一标准的数据安全需求分析工具上，是否符合相关的法律规定，是否具备足够的能力胜任该职业。同时，调研访谈还应该确认需求分析管理人员是否熟悉相关的数据安全需求分析管理的技术知识。
- 对数据安全需求分析技术人员的访谈内容为：确认其是否具有一年以上的数据业务安全需求分析挖掘经验；是否熟悉国家相关法律法规等标准要求以用于分析数据安全的合规性需求；是否充分理解了组织机构内部的数据安全管理业务；是否能够结合组织机构的战略规划、数据服务业务目标和业务特点，明确数据服务安全需求和安全规划实施的优先级；是否能够准确地实施由管理人员建立的数据安全需求分析系统，以保证对所有的数据业务的安全需求分析过程都能进行有效追溯。

2. 问卷调查

数据安全需求分析阶段的问卷调查通常是以纸面问卷的形式，向公司数据安全需求分析部门的技术人员调研该部门管理人员的工作情况，具体调研内容如下。

数据安全需求分析管理人员是否制定了针对组织机构内部的、有效的数据安全需求分析管理制度及流程；是否明确制定了数据安全需求分析的流程和评审机制；是否明确定义了数据安全需求分析文档的内容要求；是否建立了承载数据业务的安全需求分析系统，以保证记录下所有数据业务的安全需求分析过程都能够进行有效的追踪溯源；是否可以识别数据业务所面临的威胁以进行风险评估；是否依据了国家的相关法律法规对数据安全的合规性需求进行了严格规范的分析；是否规定了在不同数据业务场景下应使用的技术工具。

3. 流程观察

数据安全需求分析阶段的流程观察，主要是观察公司数据安全需求分析部门管理团队和技术团队两方的工作流程，并从中寻找可能的问题点和改善点，具体观察内容如下。

- 以中立的视角观察公司数据安全需求分析管理人员的工作流程，包括在为公司制定整体的数据安全需求分析管理策略和要求时，为组织机构建立数据安全需求分析的制定流程和评审机制时，为不同的数据业务场景提供安全风险评估和应对措施需求时，为技术人员建立数据业务安全需求分析系统时，为技术人员制定统一的数据安全需求分析管理工具并制定相应的标准操作流程时，是否可以识别出其中可能存在的数据安全风险、可能面临的威胁和自身的脆弱性，是否贴合组织机构的内部框架，是否满足不同业务场景的安全需求，是否符合国家相关法律法规的要求。

- 以中立的视角观察公司数据安全需求分析技术人员的工作流程，包括在对数据业务中的安全需求分析进行挖掘和审核时，对数据安全需求分析系统进行审计操作以确认系统已记录下所有数据业务进行需求分析的申请、过程和相关安全方案时，实施由管理人员制定的数据安全需求分析标准制度以确保安全需求的有效指定和规范化表达时，是否可以识别出其中可能存在的安全风险，方法流程是否符合标准规范和国家相关法律法规的要求。

4. 技术检测

数据安全需求分析阶段的技术检测，需要使用技术工具检测数据安全需求分析管理、需求分析挖掘的工作流程是否符合安全规范与法律规定；检测数据安全需求分析系统是否能够正常工作，是否可以准确记录针对数据业务进行需求分析的所有操作，包括需求申请、需求分析、提出解决方案等，以便在出现突发情况时组织机构能够准确进行追踪溯源；检测数据安全需求分析的制定流程和评审机制是否正常，是否符合国家相关法律法规标准，核心的安全诉求是否能够得到满足。

11.10.4　明确需求分析的目的和内容

数据安全需求分析的目的是通过建立针对组织业务的数据安全需求分析体系，分析组织内数据业务的安全需求，确保核心数据与资源的保密性、完整性和可用性。

组织机构需要根据《中华人民共和国网络安全法》《中华人民共和国数据安全法》《中华人民共和国个人信息保护法》等相关法律法规和行业规范，制定数据安全需求分析流程并建立安全审计机制，以及制定数据安全需求分析文档及规范化表达要求，保证需求分析的各个阶段都能够有序、可控地进行。除此之外，组织机构还需建立数据业务安全需求分析系统，记录下所有数据业务进行需求分析的申请流程、分析过程和相关安全方案，以保证能够对所有数据业务的安全需求分析过程进行有效追溯。

11.10.5　制定安全需求分析流程

组织人员应结合业务和数据的实际情况，明确数据业务的安全需求，并在数据业务安全需求分析系统上提出相应的需求分析申请。经上级领导审批后，提报数据安全需求分析部门审批。

数据安全需求分析部门收到需求分析申请后，应组织相关人员开展数据安全需求分析评审会议。参与评审的人员需要充分理解组织机构内部的数据安全管理业务，并依据国家法律法规及相关标准等要求，分析数据安全合规性需求。评审的内容应包括识别需求申请中可能存在的数据安全风险、可能面临的威胁和自身的脆弱性、是否贴合组织机构的内部框架，是否满足不同业务场景的安全需求，是否符合国家相关法律法规的要求等。除此之外，评审人员还需要结合组织机构的战略规划、数据服务业务目标和业务特点，明确数据服务安全需求和安全规划实施的优先级。

对于不可行的数据安全需求申请，评审会议应否决实施，并由数据安全需求分析部门在数据业务安全需求分析系统上执行否决需求的操作；对于评审可行的数据安全需求申请，数据安全需求分析部门会在数据业务安全需求分析系统上录入实施期限并确认需求审核。

对于已经完成安全规划实施的数据安全需求，数据安全需求分析部门需要对数据安全需求分析文档进行收集与归档操作。

11.10.6 建立安全审计机制

数据业务安全需求分析的各个阶段都需要加入安全审计机制，严格、详细地审计需求分析过程中的相关信息，以方便后续问题的排查分析和安全事件的取证溯源。同时，数据安全需求分析部门还需要设置专人对需求分析相关的日志记录定期进行安全审计，发布审计报告，并跟进审计中发现的异常。

11.10.7 使用技术工具

在进行数据安全体系建设的过程中，组织机构中的每个人都应该具有提出数据安全需求的权利，数据安全体系建设方应根据各人提出的相关需求进行合理评估，以完善整体数据安全体系，因此需要建立公共的数据业务安全需求分析系统，该系统需要记录所有数据业务需求分析的申请记录、分析过程和结果以及相关的安全方案，以保证能够对所有数据业务安全需求分析过程进行有效追溯。

数据安全需求分析的流程包括需求的获取、分析与建模、确认等步骤，主要涉及权衡分析、质量度量、风险评估、可行性评估、变更控制、缺陷分析，以及需求分析工具构建等内容，因此数据安全需求分析系统应具备获取用户需求申请、需求分析、安全方案同步等功能。数据安全体系在该基础之上进行用户认证和授权管理，不同权限的用户可使用的功能模块不同。

为了便于进行需求分析，组织机构需要保证不同需求的提交人员在提交需求申请时，能够准确表达其需求，为此，可在安全需求分析系统中制定明确的《需求申请表》，提交人员需要按照《需求申请表》填写申请内容，表 11-1 所示的是一个需求申请表的参考模板。

表 11-1　需求申请表参考模板

<table>
<tr><td>需求编号（由需求分析人员填写）</td><td>需求类型（由需求分析人员填写）</td></tr>
<tr><td>包含“采集时刻 + 采集者”信息</td><td>功能需求、非功能需求、安全需求</td></tr>
<tr><td colspan="2">来源（Who）(重要信息，方便追根溯源）</td></tr>
<tr><td colspan="2">产生需求的用户：最好有该用户的联系方式等信息
用户背景资料：受教育程度、岗位经验，以及其他与本单项需求相关的经验</td></tr>
<tr><td colspan="2">场景（Where、When）(重要信息，用于理解需求发生的场景）</td></tr>
<tr><td colspan="2">产生该需求的特定时间、地理和环境等</td></tr>
<tr><td colspan="2">描述（What）(最重要的信息）</td></tr>
<tr><td colspan="2">尽量用（主语 + 谓语 + 宾语）的语法结构，不要加入主观的修饰语句</td></tr>
<tr><td colspan="2">原因（Why）(需求分析人员应秉持怀疑的态度来审核需求原因，很多时候理由是采集者假想出来的）</td></tr>
<tr><td colspan="2">为什么会有这样的需求，以及采集者的解释</td></tr>
<tr><td>验收标准（How）</td><td>需求重要性权重（How much）</td></tr>
<tr><td>（如何确认这个需求已得到满足）
❑ 尽量用量化的语言
❑ 无法量化的举例解释</td><td>满足后（“1: 一般”到“5: 非常高兴”）
未实现（“1: 略感遗憾”到“5: 非常懊恼”）</td></tr>
<tr><td>需求生命特征（When）</td><td>需求关联（Which）</td></tr>
<tr><td>❑ 需求的紧急度
❑ 时间持续性</td><td>❑ 人：与此需求有关联的任何人
❑ 事：与此需求有关联的用户业务及其需求
❑ 物：与此需求有关联的用户系统、设备和其他产品等</td></tr>
<tr><td>参考材料</td><td>竞争者对比</td></tr>
<tr><td>在需求采集活动中输入材料，只需要引用一下，能找到即可</td><td>按照“1 分：差”到“10 分：好”进行评估
❑ 竞争者对该需求的满足方式
❑ 用户、客户对竞争者及公司在该需求上的评价</td></tr>
</table>

在收到按上述标准填写的《需求申请表》之后，产品经理需要对该需求申请进行评估，主要是评估如下两方面的内容。

❑ 是否与产品目标一致。

❑ 成本和效益分析。

在评估完需求申请之后，需求分析管理人员将对已确认需要开发的需求进行优先级评估排序，并更新到安全需求分析系统上。当确认需要对相关的需求进行开发时，产品经理需要从功能和设计上细化需求申请，将申请表中的需求分解成几个功能，形成需求分析说明文档。需求分析说明文档应对原型设计及开发需求进行说明。在细化需求的过程中，产品经理需要反复与需求提交者或项目团队沟通，确定需求的实现目标。对需求进行细化分析之后，还需要对需求进行验证，通过需求评审的方式，由利益相关方验证需求是否准确和完整。需求分析管理人员需要根据评审意见修订需求分析说明和原型设计。完全确定需求之后，需求分析管理人员需要将相关记录提交到安全需求分析平台，并移交给开发团队，商定需求解决的时间节点。上述过程整体实现了需求分析的一个闭环，且所有需求分析的操作过程在安全需求分析平台上均有迹可循。

11.10.8 技术工具的使用目标和工作流程

安全需求分析系统应能实现以下目标。

- 需求提交：支持业务系统相关人员能够在统一的安全需求分析系统上提交标准化要求的需求。
- 需求分析：工作流将提交的需求转交给相关的产品经理，产品经理对需求进行分析之后，将分析后的结果反馈到安全需求分析系统上。若需求成立，则确定需求的解决方案及实现的时间节点，在后续产品开发的过程中，实时更新相关需求的进度；若不成立，则说明相关原因。

需求分析作业基本流程图如图 11-32 所示。

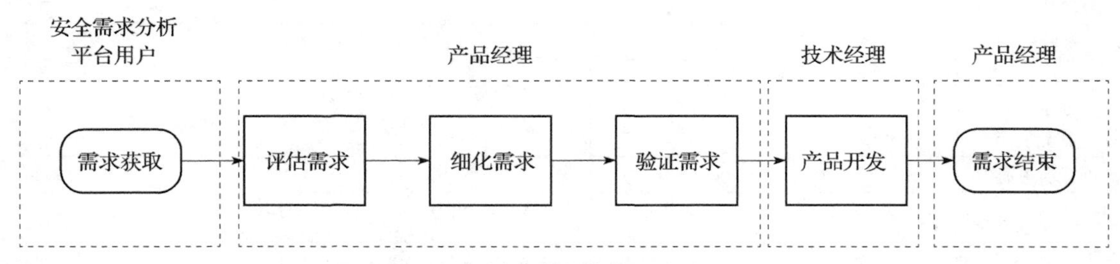

图 11-32 需求分析作业基本流程图

11.11 安全事件应急

针对突发性的安全事件，组织机构应具备快速响应和及时处置的能力，把事件造成的损失降到最小，同时应在事件发生之前就做好准备，比如风险评估、制定安全计划、培训员工的安全意识、以发布安全通告的方式进行预警，以及采取各种防范措施。本节将基于 DSMM 充分定义级（3 级）视角，从组织建设、人员能力、制度流程和技术工具四个维度对安全事件应急的建设和提升提供实践建议。

11.11.1 建立负责安全事件应急的职能部门

组织机构需要设立专门负责安全事件应急管理和响应的岗位，由相关人员落实数据安全工作责任制，把责任细化到具体部门、具体岗位和个人，并建立健全的应急工作机制，从而加快应急制度的建设和完善，规范应急处置的措施与操作流程，明确网络安全应急响应工作的角色和职责，实现应急响应工作的规范化、制度化和流程化。

11.11.2 明确安全事件应急岗位的能力要求

数据安全事件应急管理岗位的相关人员应能满足以下两个方面的能力要求。

- 具备对安全事件的判断能力。安全事件应急人员需要能够理解哪些突发事件属于数据安全事件，并能根据事件类型和当前影响明确判断其严重等级，以便进行不同级别的响应和操作。

- 具备对安全事件应急响应的实践能力。安全事件应急人员需要具备应急响应实战动手的能力，对于数据安全事件，要能根据事件的严重等级和影响范围，第一时间进行应急响应处置操作，以尽可能大地降低实际损失。

11.11.3 安全事件应急岗位的建设及人员能力的评估方法

组织数据安全事件应急管理岗位的建设和对应人员实际执行能力的评估，可通过内部审计、外部审计的形式，以调研访谈、问卷调查、流程观察、文件调阅、技术检测等多种方式实现。

1. 调研访谈

安全事件应急阶段的调研访谈，需要针对策略层、管理层和执行层各层级人员分别进行，具体访谈内容如下。

访谈策略层、管理层和执行层各层级人员，确认组织机构是否已经设立了专职负责数据安全事件管理和应急响应的岗位，访谈上述岗位人员确认其是否具备安全事件判断能力并了解相关应急响应处置措施，确认相关岗位人员是否具有足够的能力胜任该工作。

2. 问卷调查

数据安全事件应急管理阶段的问卷调查，通常是采用以下两种方式来进行。

- 对负责数据安全事件管理和应急响应部门的相关人员进行问卷调查，调查内容主要侧重于考察相关人员是否具备足够的安全事件判断能力，并了解相关应急响应处置措施，确认其是否具备足够的能力胜任该工作。对安全事件应急管理阶段的调研访谈流程进行问卷化处理，并通过问卷调查来确认组织安全事件的应急流程与对应人员的能力要求是否相符。
- 对各部门的领导层和基层员工进行问卷调查，调查内容包含确认部门是否会定期进行与日常数据安全事件应急相关的安全意识培训、测试相关演练的实际执行情况，确认数据安全事件应急流程是否真的能够进行定期测试和实践，是否符合组织的当前发展需求，是否合理且全面地覆盖了应急时应该关注的点，从而确认组织数据安全事件应急能力的实际执行情况。

3. 流程观察

数据安全事件应急阶段的流程观察方法比较特殊，通常是在组织内部进行安全事件应急响应演练的过程中，以中立的视角观察各岗位人员在演练过程中是否能够充分理解自身的职责，并能快速有效地完成相关职能工作，以确认组织实际安全应急响应能力是否存在效率低下、分工职责不明或预期规章流程实际无法实现等问题。

4. 技术检测

数据安全事件应急阶段的技术检测方法也比较特殊，通常是在组织内部进行安全事件应急响应演练的过程中，对演练项目目标系统的实时数据指标进行技术监控，记录安全事件发生前系统的正常流量、响应时间、吞吐量等实时数据指标，并在模拟事件触发和模拟演练过程中实时监测相关数据，确认从事件触发到应急响应的持续时间，以及应急响应过程中指标的恢复情况，应急响应的操作和方法对目标系统的止损和恢复是否能够实现预期期望，从而评价对应安全事件应急操作的可执行性。

11.11.4 制定应急预案与处理流程

安全事件应急管理的内容具体包含制定应急预案与处理流程，以及确认应急预案对政策的符合性等，下面先来看看如何制定应急预案，以及相应的处理流程。

组织机构应制定（或在原有信息安全事件处置中新增）数据安全类事件的应急预案和处置流程，下面就来简单介绍几类较为常见的情况。

黑客攻击或软件系统遭到破坏性攻击时的应急预案与处置流程具体如下。

1）重要的软件系统平时必须要存有备份，与软件系统相对应的数据必须存有多日的备份，并将它们保存于安全之处。

2）当管理员通过入侵监测系统发现有黑客正在进行攻击时，应立即向组织信息中心或相关职能部门报告。当软件遭到破坏性攻击（包括严重病毒感染）时，系统应停止运行。

3）管理员首先要将被攻击（或病毒感染）的服务器等设备从网络中隔离出来，以保护现场，降低其他设备及数据的风险损失，并及时向组织或相关职能部门报告情况。

4）组织应急响应相关部门需要负责恢复与重建被攻击或被破坏的系统，恢复系统数据，并及时追查非法信息来源。

5）事态严重的，应立即向组织安全领导层报告，并向相关部门报告。

数据库发生故障时的应急预案和处置流程具体如下。

1）主要数据库系统应定时进行数据库备份。

2）一旦发生数据库崩溃的问题，管理员应立即进行数据及系统修复，修复困难的，组织可向外包技术服务公司咨询，以取得相应的技术支持。

3）无法修复的，应向组织信息安全领导层报告，在征得许可的情况下，可立即向软硬件提供商请求支援。

数据系统硬件设备发生故障时的应急预案和处置流程具体如下。

1）工作终端、服务器等关键设备损坏后，应立即向组织相关职能部门报告。

2）组织相关职能部门负责人员应立即查明原因。

3）如果能够自行恢复，则应立即用备件替换受损部件，以保护数据系统中数据的可用性和完整性。

4）如果不能自行恢复，则应立即与设备提供商联系，请求提供商派维护人员前来维修。

5）如果设备一时无法修复，则应及时向组织信息安全领导层报告，并告知涉及对应数据系统的各业务部门，暂缓上传上报数据或使用数据，直到故障排除、设备恢复正常之后再使用。

机房发生火灾时的应急预案和处置流程具体如下。

1）对于机房发生火灾的意外情况，应遵循以下优先原则：首先保证人员安全；其次保证关键设备和数据的安全；最后保证一般设备的安全。

2）人员灭火和疏散的流程如下：值班人员应首先切断所有电源，同时拨打 119 电话报警。值班人员应戴好防毒面具，从最近的位置取出灭火器进行灭火，其他人员应按照预先确定的路线，迅速从机房中有序撤出。

11.11.5　应急预案应符合政策要求

组织机构设定的数据安全事件应急响应机制，应符合国家有关主管部门的政策文件要求。

2017 年 6 月，中央网信办公布了《国家网络安全事件应急预案》。《中华人民共和国网络安全法》第五十三条要求，国家网信部门应协调有关部门建立健全网络安全风险评估和应急工作机制，制定网络安全事件应急预案，并定期组织演练。这里的预案制定便可参考《国家网络安全事件应急预案》相关内容。同时，《中华人民共和国网络安全法》要求，网络运营者应当制定网络安全事件应急预案；负责关键信息基础设施安全保护工作的部门应当制定本行业、本领域的网络安全事件应急预案。这些预案都要在《国家网络安全事件应急预案》的总体框架下分别制定。

组织机构在建立应急响应机制时，应充分考虑上述要求并将其作为自身机制编制依据，以符合《中华人民共和国突发事件应对法》《中华人民共和国网络安全法》《国家突发公共事件总体应急预案》《突发事件应急预案管理办法》和《信息安全技术 信息安全事件分类分级指南》（GB/Z 20986—2007）等相关规定。

11.11.6　使用技术工具

信息安全事件是指由于自然或人为的，以及软、硬件本身缺陷或故障引起的，对信息系统造成危害的，或者在信息系统内发生的会对社会造成负面影响的事件。对信息安全事件进行有效的管理和响应，是组织机构安全战略的一部分。应急响应是指组织机构为了应对突发或重大信息安全事件所做的准备，以及在事件发生后所采取的措施。应急响应工作是我国信息安全保障工作的重点之一，所以组织应当建立统一的安全事件管理系统工具，以便在安全事件发生前、发生时或发生后对安全事件生命周期进行管理，同时辅助进行安全事件的分析和溯源等工作。

11.11.7　PDCERF 模型

PDCERF 模型是由美国宾夕法尼亚匹兹堡软件工程研究所于 1987 年在关于应急响应的邀请工作会议上提出的。如图 11-33 所示，PDCERF 模型将应急响应分成准备（Preparation）、检测（Detection）、抑制（Containment）、根除（Eradication）、恢复（Recovery）、跟踪（Follow-up）六个阶段的工作，并根据网络安全应急响应总体策略对每个阶段定义适当的目的，从而明确响应的顺序和过程。

- ❑ 准备阶段：该阶段主要是以预防为主。在准备阶段，组织机构需要制定与安全事件应急响应相关的制度文件和处理流程，组建应急响应小组并明确各岗位人员的职责，维护组织资产清单并明确各资产负责人，同时为应急响应过程提前准备所需要的资源。准备阶段的意义在于当安全事件发生时，可以以最快的速度安排人员根据制定好的流程进行应急响应工作。

图 11-33 PDCERF 模型示意图

- ❑ 检测阶段：该阶段主要是对捕获到的安全事件进行检测工作。检测工作包括对安全事件的确认，即确认安全事件是否已经发生；评估安全事件的危害和影响范围；对安全事件定级定性；调查安全事件发生的原因、取证追查、漏洞分析、后门检查、收集数据并分析等。例如，当主机发生 CPU 异常高使用率事件时，检测工作需要利用进程检测、网络连接检测等工具确定主机是否已感染病毒，并确定感染的主机数量，病毒是否已经进行横向攻击，以及病毒是利用何种漏洞进行攻击的，等等。
- ❑ 抑制阶段：该阶段的工作主要是控制安全事件的影响范围大小。中断安全事件的影响蔓延，以防止它影响到其他组织内的 IT 资产和业务环境。当发生勒索病毒、蠕虫病毒等安全事件时，受到感染的机器应及时从组织网络环境中下线。需要注意的是，抑制阶段需要综合考虑抑制效果与其对业务影响的平衡。
- ❑ 根除阶段：该阶段需要对检测阶段中找到的引起安全事件的漏洞或缺陷等进行修复，并对安全事件中遗留的攻击痕迹（如后门漏洞、病毒文件等）进行彻底清除。
- ❑ 恢复阶段：漏洞修补、痕迹清除等工作完成之后，受到影响的业务资产需要进行恢复上线的操作。恢复上线前应该对业务资产进行安全测试和复查等工作，防止因修复不完全而导致恢复上线后再次发生被攻击的安全事件。
- ❑ 跟踪阶段：该阶段通过工具、安全设备等手段监控安全事件是否已经得到有效的处置，确定是否存在其他的攻击行为和攻击向量。同时，跟踪阶段还应总结安全事件的处置流程，改进工作中存在缺陷的点，完善应急工作制度，并输出完善的安全事件应急响应报告。

安全事件应急管理技术工具的设计需要遵循 PDCERF 模型的六个阶段来进行。

11.11.8 态势感知技术

态势感知技术是一种基于整体环境动态洞悉安全风险的能力，是以安全大数据为基础，从全局视角提升对安全威胁的发现识别、理解分析、响应处置能力的一种方式，最终都是为了更好地进行决策与行动，是安全能力的一种落实方式。态势感知的概念最早起源于军事领域，包含感知、理解和预测三个层次，如今随着网络的兴起而升级为“网络态势感知”。网络态势感知的目的是在大规模网络环境中对能够引起网络态势变化的安全要素进行获取、分析、显示；以及对最近发展趋势的顺延性进行预测，进而进行决策，并采取相应的行动。

态势感知技术及相关的系统工具设计理念与 PDCERF 模型是切合的。态势感知技术的目的是让组织内的信息系统安全状况可视、可知、可控可防、可溯，这四点分别对应于安全事件应急 PDCERF 模型中的准备、检测、抑制、跟踪四个阶段。态势感知技术提供的功能包括但不限于：网络安全持续监控能力，及时发现各种攻击威胁与异常，特别是针对性攻击；威胁可视化及分析能力，对威胁的影响范围、攻击路径、目的、手段进行快速研判；风险通报和威胁预警机制，全面掌握攻击者的目的、技 / 战术和攻击工具等信息；利用掌握的攻击者的相关目的、技 / 战术和攻击工具等情报，完善防御体系等。

态势感知技术是基于三级模型来展开的，即态势要素感知、态势理解和态势预测，这三级模型呈现了一种递进关系。态势要素感知是指依靠大数据技术，从海量数据中收集到所需要的信息。在安全事件中，态势要素感知主要用于从大量的网络流量中找到攻击者进行攻击的相关流量日志。态势理解则是指依靠机器学习、检测算法等技术对数据进行分析和理解。在安全事件中，态势理解主要用于从攻击者的攻击行为流量中检测出攻击者执行了哪些操作、获取了哪些信息。态势预测是指在态势要素感知和态势理解的基础之上进行数据建模，以预测状况的发展趋势。在安全事件中，态势预测主要用于预测当前网络中可能发生的安全事件，并对网络威胁的程度进行评估。

图 11-34 所示的是态势感知技术的要点及其工作流程示意图。

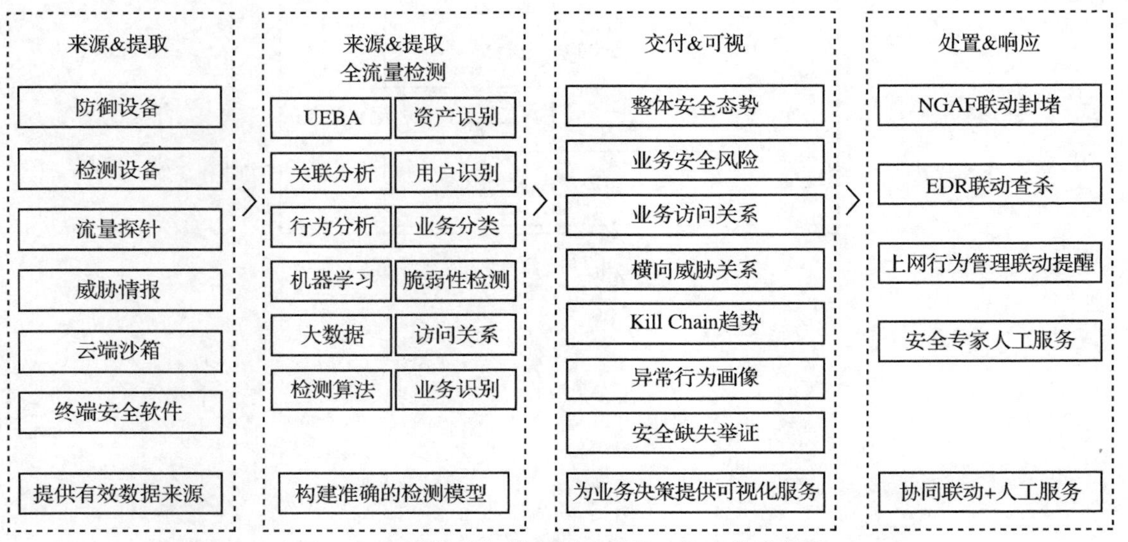

图 11-34　态势感知技术要点及其工作流程示意图

11.11.9 技术工具的使用目标和工作流程

安全事件应急技术工具应能实现以下目标。

- 组织资产管理：统一管理组织 IT 资产，在安全事件发生时能够第一时间定位资产责任人。
- 流量检测分析：融入安全态势感知系统，对组织网络流量进行实时监测和分析，并能够对发现的安全事件进行告警，对日志进行记录。
- 自动联动处置：能够与其他安全设备进行联动，如防火墙、WAF 等，能够自动对确认的安全事件进行阻断抑制。
- 可视化报告管理：可以实时可视化展示组织网络安全舆情，并输出直观的可视化报告。

图 11-35 所示的是基于安全事件应急技术工具进行作业的基本流程图。

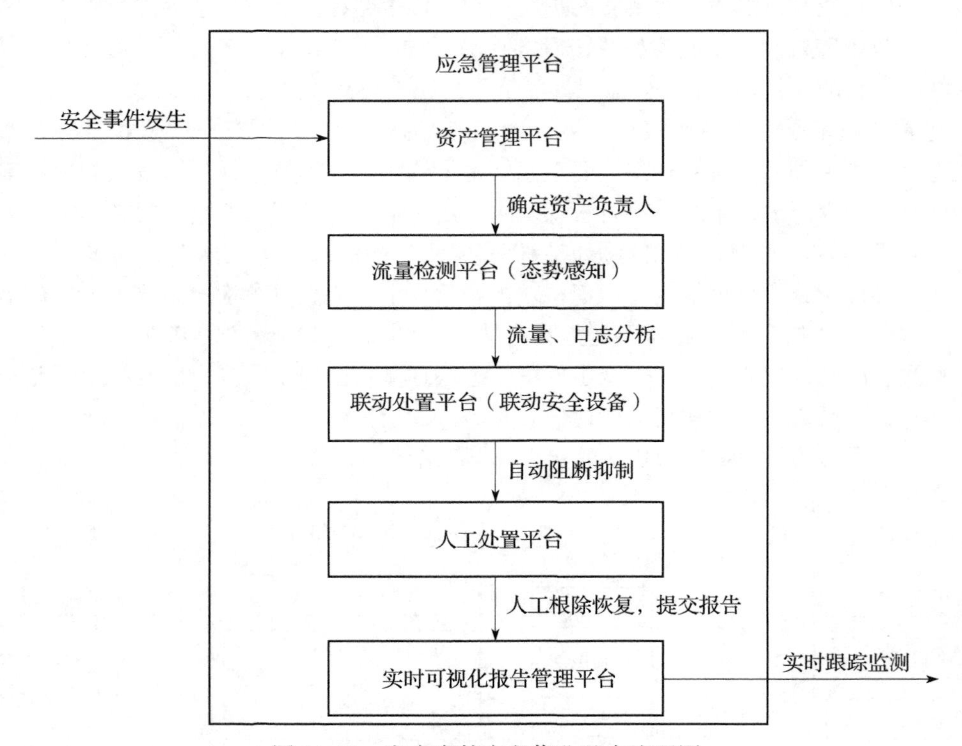

图 11-35 安全事件应急作业基本流程图

自测参考篇

Chapter 12　第 12 章

风险评估与自评参考

基于前文对数据安全实践的介绍，以及笔者团队已有的数据安全实践经验与案例，本章将尝试向读者提供基于 DSMM 充分定义级（3 级）要求下的风险自评参考指标，以便读者在实际进行数据安全实践建设的过程中能够实时评估自身风险基线，根据相关要求标准自评，从而确保数据安全建设的合规性和有效性。

本章将从组织建设及人员能力、制度流程和技术工具这三个方面展开讲解。

12.1 组织建设、人员能力控制点与自评要求

本节将基于 DSMM 充分定义级（3 级）要求，提供组织建设、人员能力方面的风险自评参考指标，包含数据安全生命周期中 6 个阶段 3 个安全层面共 214 个建议控制点与对应要求。

1. 数据采集安全

（1）组织架构安全

在数据采集过程中，组织架构安全层面需要注意的控制点和对应的自评要求具体如表 12-1 所示。

表 12-1　数据采集过程中组织架构安全层面的控制点和自评要求

控制点	要求项
设立专门的职能部门及专职人员	组织机构应该设立数据分类分级部门、数据采集安全管理部门、数据源鉴别部门、数据质量管理部门，并指派相关专业人员负责专项工作

（2）数据安全

在数据采集过程中，数据安全层面需要注意的控制点和对应的自评要求具体如表 12-2 所示。

表 12-2 数据采集过程中数据安全层面的控制点和自评要求

控制点	要求项
数据分类分级制度及原则的制定	a）数据分类分级部门应该为组织机构制定整体的数据分类分级安全原则及数据分类分级清单，或者其他类似具有明确指导性和参考性的意见书，能够为数据分类分级操作提供一个统一的参照标准 b）数据分类分级部门在制定整体的数据分类分级原则时，应该将数据按照重要程度进行分级、按照数据的不同来源进行分类，确认该原则能够最大程度地覆盖公司内部的数据资产
数据采集安全管理制度及原则的制定	a）数据采集安全管理部门应该为组织机构制定整体的数据采集安全合规管理制度，或者其他类似的具有明确参考性的统一标准 b）数据采集安全管理部门在制定整体的数据采集安全管理原则时，应该明确定义业务的数据采集流程和方法，明确数据采集的范围、数量和频度，确保遵守《中华人民共和国个人信息保护法》，即决不收集与提供服务无关的个人信息和重要数据
数据源鉴别制度及原则的制定	a）数据源鉴别部门应该为组织机构制定整体的数据源鉴别及管理制度，或者其他类似的具有明确参考性的策略和方案等，能够为数据源管理提供统一的参考规范 b）数据源鉴别部门在制定整体的数据源鉴别与记录要求时，应该明确数据的来源分类、数据源格式、数据源安全存储制度、数据源类型标准及要求等，确保对组织采集的数据源进行规范且有效的鉴别与记录
数据质量管理制度及原则的制定	a）数据质量管理部门应该为组织机构制定整体的数据质量管理制度，或者其他类似的具有明确参考性的策略和方案等，能够为数据质量管理提供统一的参考规范 b）数据质量管理部门在制定整体的数据质量管理要求时，应该明确数据格式要求、数据完整性要求、数据源质量评价标准、数据质量监控规则、数据质量监控范围及监控方式等内容的细则
数据分类分级管理	a）数据分类分级部门应该对组织机构中已完成数据分类分级的数据结果进行标识与记录，并正确地交付给下一对应部门进行处理 b）数据分类分级部门应该建立数据分类分级审批机制或其他评估机制，以确保数据分类分级结果的可靠性和准确性，以及对评审过程中任何操作的可溯源性 c）数据分类分级部门应该对不同的数据分类分级业务场景提供数据安全风险评估服务
数据采集安全管理	a）数据采集安全管理部门应该对组织机构中已采集到的数据结果进行标识与记录，并正确地交付给下一对应部门进行处理 b）数据采集安全管理部门应该建立数据采集审批机制或其他评估机制，以确保数据采集结果的可靠性和准确性，以及对评审过程中任何操作的可溯源性 c）数据采集安全管理部门应该对不同业务或项目场景下的数据采集提供风险评估、咨询等服务
数据源鉴别及记录管理	a）数据源鉴别部门应该对组织机构中已完成数据源鉴别的数据源结果进行标识与记录，并正确地交付给下一对应部门进行处理 b）数据源鉴别部门应该建立数据源鉴别机制或其他评估机制，以确保数据源鉴别结果的可靠性和准确性，以及对评审过程中任何操作的可溯源性 c）数据源鉴别部门应该对不同业务或项目场景下的数据源鉴别与记录提供风险评估、咨询等服务

（续）

控制点	要求项
数据质量管理	a）数据质量管理部门应该对组织机构中已完成数据质量评估的数据结果进行标识与记录，并正确地交付给下一对应部门进行处理 b）数据质量管理部门应该建立数据质量审批机制或其他评估机制，以确保数据质量审核结果的可靠性和准确性，以及对评审过程中任何操作的可溯源性 c）数据质量管理部门应该对不同业务或项目场景下的数据质量审核和管理提供风险评估、咨询等服务

（3）人员安全

在数据采集过程中，人员安全层面需要注意的控制点和对应的自评要求具体如表 12-3 所示。

表 12-3　数据采集过程中人员安全层面的控制点和自评要求

控制点	要求项
数据分类分级部门的人员要求	a）数据分类分级部门的管理人员和技术人员都需要具备良好的数据安全风险意识，熟悉相关的法律法规及合规标准 b）数据分类分级部门的技术人员需要充分了解组织机构内部或业务场景下的数据资产范围，能够准确识别出数据资产边界 c）数据分类分级部门的技术人员需要充分理解管理人员制定的数据分类分级原则、数据分类分级操作指南、数据分类分级管理制度、数据分类分级清单等内容 d）数据分类分级部门的技术人员需要具备一定的应急响应能力，能够有效处理数据分类分级过程中的突发事件 e）数据分类分级部门的技术人员需要具备一定的风险评估能力，同时还需要了解组织机构中业务、项目的战略发展方向，能够为组织机构提供有效的、有针对性的数据分类分级风险评估服务 f）数据分类分级部门的管理人员和技术人员都需要具备主动根据政策变化和技术发展更新自身相关知识和技能的能力
数据采集安全管理的部门的人员要求	a）数据采集安全管理部门的管理人员和技术人员都需要具备良好的数据安全风险意识，熟悉相关的法律法规及合规标准 b）数据采集安全管理部门的管理人员需要具备一定的数据采集安全管理知识和技能，能够制定出公司整体的数据采集安全合规管理制度，并推动相关要求的落实和执行 c）数据采集安全管理部门的技术人员需要具备一定的数据采集安全管理实施经验，能够充分理解管理人员制定的相关原则或标准，并按照要求切实可靠地实施 d）数据采集安全管理部门的技术人员需要具备一定的应急响应能力，能够有效处理数据采集安全管理过程中的突发事件 e）数据采集安全管理部门的技术人员需要具备一定的风险评估能力，同时还需要了解组织机构的业务、项目的战略发展方向，能够为组织机构提供有效的、有针对性的数据采集安全管理风险评估服务 f）数据采集安全管理部门的管理人员和技术人员都需要具备主动根据政策变化和技术发展更新自身相关知识和技能的能力

（续）

控制点	要求项
数据源鉴别部门的人员要求	a）数据源鉴别部门的管理人员和技术人员都需要具备良好的数据安全风险意识，熟悉相关的法律法规及合规标准 b）数据源鉴别部门的管理人员需要具备一定的数据源鉴别与记录知识和技能，能够制定出公司整体的数据源鉴别与管理制度，并推动相关要求的落实和执行 c）数据源鉴别部门的技术人员需要具备一定的数据源鉴别与记录实施经验，能够充分理解管理人员制定的《数据源鉴别管理制度》，并按照要求切实可靠地实施 d）数据源鉴别部门的技术人员需要具备一定的应急响应能力，能够有效处理数据源鉴别与记录过程中的突发事件 e）数据源鉴别部门的技术人员需要具备一定的风险评估能力，同时还需要对数据源进行身份识别，以防止数据源被假冒或伪造 f）数据源鉴别部门的管理人员和技术人员都需要具备主动根据政策变化和技术发展更新自身相关知识和技能的能力
数据质量管理部门的人员要求	a）数据质量管理部门的管理人员和技术人员都需要具备良好的数据安全风险意识，熟悉相关的法律法规及合规标准 b）数据质量管理部门的管理人员需要具备一定的数据质量管理知识和技能，能够制定出公司整体的数据质量管理规范制度并推动相关要求的落实和执行 c）数据质量管理部门的技术人员需要具备一定的数据源质量管理实施经验，能够充分理解管理人员制定的《数据质量管理规范制度》，并按照要求切实可靠地实施 d）数据质量管理部门的技术人员需要具备一定的应急响应能力，能够正确执行数据质量异常上报机制，能够有效处理数据源质量管理过程中的突发事件 e）数据质量管理部门的技术人员需要具备一定的风险评估能力，同时还需要对数据质量管理的结果进行评估，确认其完整性、一致性、准确性和规范性等 f）数据质量管理部门的管理人员和技术人员都需要具备主动根据政策变化和技术发展更新自身相关知识和技能的能力

2. 数据传输安全

（1）组织架构安全

在数据传输过程中，组织架构层面需要注意的控制点和对应的自评要求具体如表 12-4 所示。

表 12-4　数据传输过程中组织架构安全层面的控制点和自评要求

控制点	要求项
设立专门的职能部门及专职人员	组织机构应该设立数据传输加密管理部门、网络可用性管理部门，并指派相关专业人员负责专项工作

（2）数据安全

在数据传输过程中，数据安全层面需要注意的控制点和对应的自评要求具体如表 12-5 所示。

表 12-5　数据传输过程中数据安全层面的控制点和自评要求

控制点	要求项
数据传输加密制度及原则的制定	a）数据传输加密部门应该为组织机构制定整体的数据传输加密制度和原则，或者具有明确指导性和参考性的其他类似的意见书，能够为数据传输加密提供一个统一的参照标准 b）数据传输加密部门在制定整体的数据传输加密原则时，应该指定公司统一采用的数据加密算法、密钥管理方案、统一工具选取等，确保该原则符合国家相关法律法规和信息安全等级保护要求
网络可用性管理制度及原则的制定	a）网络可用性管理部门应该为组织机构制定整体的网络可用性管理制度和原则，或者具有明确指导性和参考性的其他类似的意见书，能够为网络可用性管理提供一个统一的参照标准 b）网络可用性管理部门在制定整体的网络可用性管理原则时，应该明确定义衡量可用性的标准数值、故障指标、故障处理方案等，同时确保该原则应符合国家相关法律规定和信息安全等级保护要求
数据传输加密管理	a）数据传输加密管理部门在组织机构中进行数据传输加密的时候，应负责指导数据传输通道的安全配置和密码算法配置，以及检测传输数据的完整性 b）数据传输加密管理部门应该建立密钥管理审批机制或其他评估机制，要求能够监控密钥的全生命周期，包括密钥的生成、分发、存取、更新、备份和销毁，以确保对密钥的任何操作都是可溯源的 c）数据传输加密管理部门应该对不同的数据传输加密场景提供数据安全风险评估服务
网络可用性管理	a）网络可用性管理部门应该对组织机构的网络节点和传输链路进行考察，选取并部署相应的设备，以保障网络的可用性，防止出现数据泄露等安全风险问题 b）网络可用性管理部门应该对不同的网络可用性管理场景提供数据安全风险评估服务

（3）人员安全

在数据传输过程中，人员安全层面需要注意的控制点和对应的自评要求具体如表 12-6 所示。

表 12-6　数据传输过程中人员安全层面的控制点和自评要求

控制点	要求项
数据传输加密管理部门的人员要求	a）数据传输加密管理部门的管理人员和技术人员都需要具备良好的数据安全风险意识，熟悉相关的法律法规及合规标准 b）数据传输加密管理部门的管理人员需要具备一定的数据传输加密管理知识和技能，能够制定出公司整体的数据传输加密管理规范制度，并推动相关要求的落实和执行 c）数据传输加密管理部门的技术人员需要具备一定的数据传输加密管理实施经验，能够充分理解管理人员制定的《数据传输加密管理规范制度》，并按照要求切实可靠地实施 d）数据传输加密管理部门的技术人员需要具备一定的应急响应能力，能够有效处理密钥管理过程和数据加密过程中的突发事件 e）数据传输加密管理部门的技术人员需要具备一定的风险评估能力，同时还需要评估数据传输安全的场景和目的，以及加密算法的选取是否符合规范 f）数据传输加密管理部门的管理人员和技术人员都需要具备主动根据政策变化和技术发展更新自身相关知识和技能的能力

（续）

控制点	要求项
网络可用性管理部门的人员要求	a）网络可用性管理部门的管理人员和技术人员都需要具备良好的数据安全风险意识，熟悉相关的法律法规及合规标准 b）网络可用性管理部门的管理人员需要具备一定的网络可用性管理知识和技能，能够制定出公司整体的网络可用性管理规范制度，并推动相关要求的落实和执行 c）网络可用性管理部门的技术人员需要具备一定的网络设备搭建实施经验、网络设备维护管理经验、网络可用性维护管理经验，能够充分理解管理人员制定的《网络可用性管理规范制度》，并按照要求切实可靠地实施 d）网络可用性管理部门的技术人员需要具备一定的应急响应能力，能够有效处理突发性网络瘫痪事件，包括紧急上报与溯源排查等 e）网络可用性管理部门的技术人员需要具备一定的风险评估能力，同时还需要评估不同场景下的网络架构和网络设备节点的建设情况，确保其符合国家相关法律法规和信息安全等级保护要求 f）网络可用性管理部门的管理人员和技术人员都需要具备主动根据政策变化和技术发展更新自身相关知识和技能的能力

3. 数据存储安全

（1）组织架构安全

在数据存储过程中，组织架构层面需要注意的控制点和对应的自评要求具体如表 12-7 所示。

表 12-7　数据存储过程中组织架构安全层面的控制点和自评要求

控制点	要求项
设立专门的职能部门及专职人员	组织机构应该设立数据存储介质安全管理部门、数据逻辑存储安全管理部门、数据备份和恢复管理部门，并指派相关专业人员负责专项工作

（2）数据安全

在数据存储过程中，数据安全层面需要注意的控制点和对应的自评要求具体如表 12-8 所示。

表 12-8　数据存储过程中数据安全层面的控制点和自评要求

控制点	要求项
数据存储介质安全制度及原则的制定	a）数据存储介质安全管理部门应该为组织机构制定整体的数据存储介质安全管理制度，或者具有明确参考性的其他类似的策略和方案等，能够为数据存储介质安全管理提供统一的参考规范 b）数据存储介质安全管理部门在制定整体的数据存储介质安全管理原则时，应该明确定义存储介质的状态、使用、审批、记录的操作流程，确保其符合《中华人民共和国网络安全法》《中华人民共和国数据安全法》的相关原则
数据逻辑存储安全制度及原则的制定	a）数据逻辑存储安全管理部门应该为组织机构制定整体的数据逻辑存储安全管理制度，或者具有明确参考性的其他类似的策略和方案等，能够为数据逻辑存储安全管理提供统一的参考规范 b）数据逻辑存储安全管理部门在制定整体的数据逻辑存储安全管理原则时，应该明确建立数据逻辑存储隔离与授权操作标准、认证授权、账号管理、权限管理、日志管理、加密管理、版本管理和安全配置等操作流程，确保其符合《中华人民共和国网络安全法》《中华人民共和国数据安全法》的相关原则

（续）

控制点	要求项
数据备份和恢复制度及原则的制定	a）数据备份和恢复管理部门应该为组织机构制定整体的数据备份和恢复管理制度，或者具有明确参考性的其他类似的策略和方案等，能够为数据备份和恢复管理提供统一的参考规范 b）数据备份和恢复管理部门在制定整体的数据备份和恢复管理原则时，应该明确定义公司内部所覆盖的数据备份和恢复范围，指定日志记录的规范、数据保存的时长等指标，依据数据生命周期和业务要求，建立不同阶段的数据归档存储标准操作流程，确保其符合《中华人民共和国网络安全法》《中华人民共和国数据安全法》的相关原则
数据存储介质的安全管理	a）数据存储介质安全管理部门在组织机构中进行存储介质管理的时候，应该能够根据数据分类分级的结果确定每一种存储介质的需求，能够针对每一种存储介质进行有针对性的存储管理 b）数据存储介质安全管理部门应该建立存储介质的使用、审批和记录机制，要求能够对所管理的存储介质的状态和流程进行常规性或随机性的检查 c）数据存储介质安全管理部门应该对不同的数据存储介质场景提供数据安全风险评估服务
数据逻辑存储的安全管理	a）数据逻辑存储安全管理部门在组织机构中进行逻辑存储管理的时候，应该能够准确地根据公司的真实环境与需求，做好公司的数据逻辑存储管理 b）数据逻辑存储安全管理部门应该建立公司整体的数据逻辑存储系统，能够明确定义该系统的各项安全需求，包括账号和权限管理、加解密存储管理、安全配置管理、认证授权管理、日志分析管理等 c）数据逻辑存储安全管理部门应该对不同的数据逻辑存储场景提供数据安全风险评估服务
数据备份和恢复管理	a）数据备份和恢复管理部门在组织机构中进行数据备份和恢复的时候，应该根据数据的不同生命周期定义不同的管理策略，包括存储管理策略、使用管理策略、分享管理策略、清除管理策略等 b）数据备份和恢复管理部门应该建立数据备份和恢复机制、数据备份加密策略、数据备份和恢复的操作规范等 c）数据备份和恢复管理部门应该对不同的数据备份和恢复场景提供数据安全风险评估服务

（3）人员安全

在数据存储过程中，人员安全层面需要注意的控制点和对应的自评要求具体如表 12-9 所示。

表 12-9 数据存储过程中人员安全层面的控制点和自评要求

控制点	要求项
数据存储介质安全管理部门的人员要求	a）数据存储介质安全管理部门的管理人员及技术人员都需要具备良好的数据安全风险意识，熟悉相关的法律法规及合规标准 b）数据存储介质安全管理部门的管理人员需要具备一定的数据存储介质管理知识和技能，能够制定出公司整体的数据存储介质管理规范制度并推动相关要求的落实和执行 c）数据存储介质安全管理部门的技术人员需要具备一定的介质存储实施经验，能够充分理解管理人员制定的《数据存储介质安全管理方案》，并按照要求切实可靠地实施 d）数据存储介质安全管理部门的技术人员需要具备一定的应急响应能力，能够有效处理存储介质管理过程中的突发事件 e）网络存储介质安全管理部门的技术人员需要具备一定的风险评估能力，同时还需要评估介质的存储环境情况，确保其对主要存储区域进行了划分，且符合国家相关法律法规和信息安全等级保护要求 f）数据存储介质安全管理部门的管理人员和技术人员都需要具备主动根据政策变化和技术发展更新自身相关知识和技能的能力

（续）

控制点	要求项
数据逻辑存储安全管理部门的人员要求	a）数据逻辑存储安全管理部门的管理人员和技术人员都需要具备良好的数据安全风险意识，熟悉相关的法律法规及合规标准 b）数据逻辑存储安全管理部门的管理人员需要具备一定的数据逻辑存储安全管理知识和技能，能够制定出公司整体的数据逻辑存储管理规范制度、数据逻辑存储隔离与授权操作标准等，以及推动相关要求的落实和执行 c）数据逻辑存储安全管理部门的技术人员需要具备一定的逻辑存储实施经验，能够充分理解管理人员制定的《数据逻辑存储管理规范》，并按照要求切实可靠地实施 d）数据逻辑存储安全管理部门的技术人员需要具备一定的应急响应能力，能够有效地处理逻辑存储过程中的突发事件 e）数据逻辑存储安全管理部门的技术人员需要具备一定的风险评估能力，同时还需要评估数据逻辑存储系统的各项安全需求，尽可能确保设计架构中不存在安全隐患，且符合国家相关法律法规的要求 f）数据逻辑存储安全管理部门的管理人员和技术人员都需要具备主动根据政策变化和技术发展更新自身相关知识和技能的能力
数据备份和恢复管理部门的人员要求	a）数据备份和恢复管理部门的管理人员和技术人员都需要具备良好的数据安全风险意识，熟悉相关的法律法规及合规标准 b）数据备份和恢复管理部门的管理人员需要具备一定的数据备份和恢复管理知识和技能，能够制定出公司整体的数据备份和恢复管理规范制度，并推动相关要求的落实和执行 c）数据备份和恢复管理部门的技术人员需要具备一定的数据备份安全管理经验，能够充分理解管理人员制定的《数据备份和恢复管理制度》，并按照要求切实可靠地实施包括但不限于针对备份数据的访问控制管理、压缩管理、加密管理、完整性管理和可用性管理 d）数据备份和恢复管理部门的技术人员需要具备一定的应急响应能力，能够有效处理数据备份和恢复过程中的突发事件 e）数据备份和恢复管理部门的技术人员需要具备一定的风险评估能力，同时还需要评估数据备份和恢复的保存时间、更新频率、有效性校验，确保其符合国家相关法律法规和信息安全等级保护要求 f）数据备份和恢复管理部门的管理人员和技术人员都需要具备主动根据政策变化和技术发展更新自身相关知识和技能的能力

4. 数据处理安全

（1）组织架构安全

在数据处理过程中，组织架构层面需要注意的控制点和对应的自评要求具体如表 12-10 所示。

表 12-10　数据处理过程中组织架构安全层面的控制点和自评要求

控制点	要求项
设立专门的职能部门及专职人员	组织机构应该设立数据脱敏部门、数据分析安全部门、数据使用监管部门、数据处理环境安全管控部门、数据导入导出安全管理部门，并指派相关专业人员负责专项工作

（2）数据安全

在数据处理过程中，数据安全层面需要注意的控制点和对应的要求具体如表 12-11 所示。

表 12-11 数据处理过程中数据安全层面的控制点和要求

控制点	要求项
数据脱敏制度及原则的制定	a）数据脱敏部门应该为组织机构制定整体的数据脱敏原则和制度，或者具有明确参考性的其他类似的策略和方案等，能够为数据脱敏提供统一的参考规范 b）数据脱敏部门在制定整体的数据脱敏原则时，应该明确定义不同等级敏感数据的脱敏处理情景、标准操作流程和操作方法等，并确保其符合《中华人民共和国网络安全法》《中华人民共和国数据安全法》的相关原则
数据分析安全制度及原则的制定	a）数据分析安全部门应该为组织机构制定整体的数据分析安全制度，或者具有明确参考性的其他类似的策略和方案等，能够为数据分析安全管理提供统一的参考规范 b）数据分析安全部门在制定整体的数据分析安全原则时，应该明确数据的获取方式、授权机制、数据使用等内容，并确保其符合《中华人民共和国网络安全法》《中华人民共和国数据安全法》的相关原则
数据正当使用制度及原则的制定	a）数据使用监管部门应该为组织机构制定整体的身份和权限管理制度、数据权限授权管理制度，或者其他类似的具有明确参考性的策略和方案等，能够为数据的正当使用提供统一的参考规范 b）数据使用监管部门在制定整体的数据正当使用原则时，应该为公司配置成熟的数据权限管理平台、为公司配置成熟的数据使用审计产品等，并确保其符合《中华人民共和国网络安全法》《中华人民共和国数据安全法》的相关原则
数据处理环境标准的制定	a）数据处理环境安全管控部门应该为组织机构制定整体的数据处理环境标准，或者具有明确参考性的其他类似的策略和方案等，能够为数据处理环境安全管控提供统一的参考规范 b）数据处理环境安全管控部门在制定整体的数据处理环境标准时，应该明确数据处理环境安全保护机制，确保其符合《中华人民共和国网络安全法》《中华人民共和国数据安全法》的相关原则
数据导入导出制度及原则的制定	a）数据导入导出安全管理部门应该为组织机构制定整体的数据导入导出制度，或者具有明确参考性的其他类似的策略和方案等，能够为数据导入导出安全管理提供统一的参考规范 b）数据导入导出安全管理部门在制定整体的数据导入导出制度时，应该明确对导入导出的数据所采取的必要的安全管控措施，确保其符合《中华人民共和国网络安全法》《中华人民共和国数据安全法》的相关原则
数据脱敏安全管理	a）数据脱敏部门在组织机构中进行数据脱敏管理时，应该提供评估使用真实数据必要性的服务支持，并确定在当前业务场景下应该采用的数据脱敏规则和方法 b）数据脱敏部门应该建立统一的数据脱敏安全审计机制，能够记录和监督数据脱敏各阶段的操作行为 c）数据脱敏部门应该对不同的数据脱敏场景提供数据安全风险评估服务
数据分析安全管理	a）数据分析安全部门在组织机构中进行数据分析安全管理的时候，应该明确规定统一的数据分析工具及相应工具的使用标准 b）数据分析安全部门应该建立统一的针对数据分析过程的安全审计机制，确保数据分析结果的可用性和数据分析事件的可追溯性 c）数据分析安全部门应该对不同的数据分析场景提供数据安全风险评估服务
数据正当使用安全管理	a）数据使用监管部门在组织机构中进行数据使用监督管理的时候，应该为公司建立成熟的数据使用监管平台，并指定数据使用的违规处罚制度 b）数据使用监管部门应该建立统一的针对数据权限分配过程的安全审计机制，确保可以对数据使用操作和权限分配记录进行审计与溯源 c）数据使用监管部门应该对不同的数据使用监管场景提供数据安全风险评估服务

（续）

控制点	要求项
数据处理环境安全管理	a）数据处理环境安全管控部门在组织机构中进行数据处理环境安全管理的时候，应该为公司建立统一的数据计算和开发平台，并对数据处理过程中的安全控制提供管理和技术支持 b）数据处理环境安全管控部门应该为公司建立数据处理过程安全保护机制，确保数据处理环境管控过程中的操作可追溯 c）数据处理环境安全管控部门应该支持不同的数据处理环境场景、大数据处理系统等进行数据安全风险评估，能够在相关的系统设计开发阶段通过合理的设计和运维阶段的有效配置来规避风险
数据导入导出的安全管理	a）数据导入导出安全管理部门在组织机构中进行数据导入导出管理的时候，应该明确规定统一的数据导入导出管控工具及相应工具的使用标准 b）数据导入导出安全管理部门应该建立统一的针对数据导入导出过程的安全审计机制，确保可以对数据导入导出的操作记录进行审计与溯源 c）数据导入导出安全管理部门应该对不同的数据导入导出场景提供数据安全风险评估服务

（3）人员安全

在数据处理过程中，人员安全层面需要注意的控制点和对应的自评要求具体如表 12-12 所示。

表 12-12　数据处理安全过程中人员安全层面的控制点和自评要求

控制点	要求项
数据脱敏部门的人员要求	a）数据脱敏部门的管理人员和技术人员都需要具备良好的数据安全风险意识，熟悉相关的法律法规及合规标准 b）数据脱敏部门的管理人员需要具备一定的数据脱敏管理知识和技能，能够制定出公司整体的数据脱敏原则和制度，并推动相关要求的落实和执行 c）数据脱敏部门的技术人员需要具备一定的数据脱敏实施经验，能够充分理解管理人员制定的《数据脱敏原则和制度》，并按照要求切实可靠地实施 d）数据脱敏部门的技术人员需要具备一定的应急响应能力，能够有效处理数据脱敏过程中的突发事件 e）数据脱敏部门的技术人员需要具备一定的风险评估能力，同时还需要评估使用真实数据的必要性，评估当前场景下应该采用的数据脱敏规则和方法，确保其符合国家相关法律法规和信息安全等级保护要求 f）数据脱敏部门的管理人员和技术人员都需要具备主动根据政策变化和技术发展更新自身相关知识和技能的能力
数据分析安全部门的人员要求	a）数据分析安全部门的管理人员和技术人员都需要具备良好的数据安全风险意识，熟悉相关的法律法规及合规标准 b）数据分析安全部门的管理人员需要具备一定的数据分析安全管理知识和技能，能够制定出公司整体的数据分析安全方案和相关制度，并推动相关要求的落实和执行 c）数据分析安全部门的技术人员需要具备一定的数据分析经验，能够充分理解管理人员制定的《数据分析安全管理制度》，并按照要求切实可靠地实施 d）数据分析安全部门的技术人员需要具备一定的应急响应能力和日志分析能力，能够有效处理数据分析过程中的突发事件 e）数据分析安全部门的技术人员需要具备一定的风险评估能力，同时还需要评估数据分析工具的适用范围，评估根据最小够用原则获取到的业务所需的最小数据集，确保其符合国家相关法律法规和信息安全等级保护要求 f）数据分析安全部门的管理人员和技术人员都需要具备主动根据政策变化和技术发展更新自身相关知识和技能的能力

（续）

控制点	要求项
数据使用监管部门的人员要求	a）数据使用监管部门的管理人员和技术人员都需要具备良好的数据安全风险意识，熟悉相关的法律法规及合规标准 b）数据使用监管部门的管理人员需要具备一定的数据使用监管知识和技能，能够制定出公司整体的身份和权限管理制度，并推动相关要求的落实和执行 c）数据使用监管部门的技术人员需要具备一定的数据使用监管经验，能够充分理解管理人员制定的《身份和数据权限授权管理制度》，并按照要求切实可靠地实施 d）数据使用监管部门的技术人员需要具备一定的应急响应能力和日志分析能力，能够有效处理数据使用监管过程中的突发事件 e）数据使用监管部门的技术人员需要具备一定的风险评估能力，同时还需要定期评估当前数据资源的访问权限，确保其符合国家相关法律法规和信息安全等级保护要求 f）数据使用监管部门的管理人员和技术人员都需要具备主动根据政策变化和技术发展更新自身相关知识和技能的能力
数据处理环境安全管控部门的人员要求	a）数据处理环境安全管控部门的管理人员和技术人员都需要具备良好的数据安全风险意识，熟悉相关的法律法规及合规标准 b）数据处理环境安全管控部门的管理人员需要具备一定的数据处理环境安全管控知识和技能，能够制定出公司整体的数据处理环境标准，并推动相关要求的落实和执行 c）数据处理环境安全管控部门的技术人员需要具备一定的数据处理环境安全管控经验，能够充分理解管理人员制定的《数据处理环境标准》，并按照要求切实可靠地实施 d）数据处理环境安全管控部门的技术人员需要具备一定的应急响应能力和日志分析能力，能够有效处理数据使用监管过程中的突发事件 e）数据处理环境安全管控部门的技术人员需要具备一定的风险评估能力，同时还需要评估分布式处理节点间的可信连接策略，评估数据处理环境中的密钥管理策略，确保其符合国家相关法律法规和信息安全等级保护要求 f）数据处理环境安全管控部门的管理人员和技术人员都需要具备主动根据政策变化和技术发展更新自身相关知识和技能的能力
数据导入导出安全管理部门的人员要求	a）数据导入导出安全管理部门的管理人员和技术人员都需要具备良好的数据安全风险意识，熟悉相关的法律法规及合规标准 b）数据导入导出安全管理部门的管理人员需要具备一定的数据导入导出安全管理知识和技能，能够制定出公司整体的数据导入导出制度和针对不同业务场景的数据导入导出解决方案，并推动相关要求的落实和执行 c）数据导入导出安全管理部门的技术人员需要具备一定的数据导入导出安全管控经验，能够充分理解管理人员制定的《数据导入导出制度》，并按照要求切实可靠地实施 d）数据导入导出安全管理部门的技术人员需要具备一定的应急响应能力和日志分析能力，能够有效处理数据导入导出过程中的突发事件 e）数据导入导出安全管理部门的技术人员需要具备一定的风险评估能力，同时还需要评估导入导出的数据是否采取了必要的安全检测防护，确保其符合国家相关法律法规和信息安全等级保护要求 f）数据导入导出安全管理部门的管理人员和技术人员都需要具备主动根据政策变化和技术发展更新自身相关知识和技能的能力

5. 数据交换安全

（1）组织架构安全

在数据交换过程中，组织架构层面需要注意的控制点和对应的自评要求具体如表 12-13 所示。

表 12-13　数据交换过程中组织架构安全层面的控制点和自评要求

控制点	要求项
设立专门的职能部门及专职人员	组织机构应该设立数据共享安全管理部门、数据发布安全管理部门、数据接口安全管理部门，并指派相关专业人员负责专项工作

（2）数据安全

在数据交换过程中，数据安全层面需要注意的控制点和对应的自评要求具体如表 12-14 所示。

表 12-14　数据交换过程中数据安全层面的控制点和自评要求

控制点	要求项
数据共享安全制度及原则的制定	a）数据共享安全管理部门应该为组织机构制定整体的数据共享安全策略和规范，或者具有明确参考性的其他类似的策略和方案等，能够为数据共享安全管理提供统一的参考规范 b）数据共享安全部门在制定整体的数据共享安全原则时，应该明确定义并区分细化数据共享场景、数据共享涉及范围、数据类型、数据内容、数据格式等，确保其符合《中华人民共和国网络安全法》《中华人民共和国数据安全法》的相关原则
数据发布安全制度及原则的制定	a）数据发布安全管理部门应该为组织机构制定整体的数据发布安全策略和规范，或者具有明确参考性的其他类似的策略和方案等，能够为数据发布安全管理提供统一的参考规范 b）数据发布安全部门在制定整体的数据发布安全原则时，应该明确定义数据发布内容的适用范围、数据发布者与使用者的权利和义务等，确保其符合《中华人民共和国网络安全法》《中华人民共和国数据安全法》的相关原则
数据接口安全制度及原则的制定	a）数据接口安全管理部门应该为组织机构制定整体的数据接口安全控制策略和规范，或者具有明确参考性的其他类似的策略和方案等，能够为数据接口安全管理提供统一的参考规范 b）数据接口安全管理部门在制定整体的数据接口安全原则时，应该明确定义数据接口的正当使用规范、定义数据提供者与数据调用者的数据安全责任归属等，确保其符合《中华人民共和国网络安全法》《中华人民共和国数据安全法》的相关原则
数据共享安全管理	a）数据共享安全部门在组织机构中进行数据共享安全管理的时候，应该明确规定统一的数据共享安全检测工具及相应工具的使用标准 b）数据共享安全部门应该建立严格的数据共享审计策略和审计日志管理规范，能够记录和监督数据共享安全管理的操作行为 c）数据共享安全部门应该对不同的数据共享安全场景提供数据安全风险评估服务
数据发布安全管理	a）数据发布安全部门在组织机构中进行数据发布安全管理的时候，应该明确规定统一的数据发布工具及相应工具的使用标准 b）数据发布安全部门应该建立统一的针对数据发布过程的安全审计机制，确保数据发布结果的可用性和数据发布操作的可追溯性 c）数据发布安全部门应该对不同的数据发布场景提供数据安全风险评估服务
数据接口安全管理	a）数据接口安全部门在组织机构中进行数据接口安全管理的时候，应该明确规定统一的数据接口工具及相应工具的使用标准 b）数据接口安全部门应该建立统一的针对数据接口调用过程的安全审计机制，确保能够对数据接口调用的事件进行追溯 c）数据接口安全部门应该对不同的数据接口调用场景提供数据安全风险评估服务

（3）人员安全

在数据交换过程中，人员安全层面需要注意的控制点和对应的自评要求具体如表 12-15 所示。

表 12-15 数据交换过程中人员安全层面的控制点和自评要求

控制点	要求项
数据共享安全部门的人员要求	a）数据共享安全部门的管理人员和技术人员都需要具备良好的数据安全风险意识，熟悉相关的法律法规及合规标准 b）数据共享安全部门的管理人员需要具备一定的数据共享安全管理知识和技能，能够制定出公司整体的数据共享安全策略及安全规范并推动相关要求的落实和执行 c）数据共享安全部门的技术人员需要具备一定的数据共享安全审核经验，能够充分理解管理人员制定的《数据共享安全策略》，并按照要求切实可靠地实施 d）数据共享安全部门的技术人员需要具备一定的应急响应能力和日志分析能力，能够有效处理数据共享过程中的突发事件 e）数据共享安全部门的技术人员需要具备一定的风险评估能力，同时还需要结合业务场景需求制定标准化数据共享安全规范，确保其符合国家相关法律法规和信息安全等级保护要求 f）数据共享安全部门的管理人员和技术人员都需要具备主动根据政策变化和技术发展更新自身相关知识和技能的能力
数据发布安全部门的人员要求	a）数据发布安全部门的管理人员和技术人员都需要具备良好的数据安全风险意识，熟悉相关的法律法规及合规标准 b）数据发布安全部门的管理人员需要具备一定的数据发布安全管理知识和技能，能够制定出公司整体的数据发布安全原则及管理规范，并推动相关要求的落实和执行 c）数据发布安全部门的技术人员需要具备一定的数据发布安全审核经验，能够充分理解管理人员制定的《数据发布安全原则》，并按照要求切实可靠地实施 d）数据发布安全部门的技术人员需要具备一定的应急响应能力和日志分析能力，能够有效处理数据发布过程中的突发事件 e）数据发布安全部门的技术人员需要具备一定的风险评估能力，同时还需要评估数据发布审核流程和审查制度，确保其符合国家相关法律法规和信息安全等级保护要求 f）数据发布安全部门的管理人员和技术人员都需要具备主动根据政策变化和技术发展更新自身相关知识和技能的能力，还需要对数据发布相关人员进行专门的安全意识培训
数据接口安全部门的人员要求	a）数据接口安全部门的管理人员和技术人员都需要具备良好的数据安全风险意识，熟悉相关的法律法规及合规标准 b）数据接口安全部门的管理人员需要具备一定的数据接口安全管理知识和技能，能够制定出公司整体的数据接口安全控制策略，并推动相关要求的落实和执行 c）数据接口安全部门的技术人员需要具备一定的数据接口安全审核经验，能够充分理解管理人员制定的《数据接口安全控制策略》，并按照要求切实可靠地实施 d）数据接口安全部门的技术人员需要具备一定的应急响应能力和日志分析能力，能够有效处理数据接口调用过程中的突发事件 e）数据接口安全部门的技术人员需要具备一定的风险评估能力，同时还需要对数据接口进行大量的安全测试，确保其符合国家相关法律法规和信息安全等级保护要求 f）数据接口安全部门的管理人员和技术人员都需要具备主动根据政策变化和技术发展更新自身相关知识和技能的能力

6. 数据销毁安全

（1）组织架构安全

在数据销毁过程中，组织架构层面需要注意的控制点和对应的自评要求具体如表 12-16 所示。

表 12-16 数据销毁过程中组织架构安全层面的控制点和自评要求

控制点	要求项
设立专门的职能部门及专职人员	组织机构应该设立数据销毁安全管理部门、介质销毁安全管理部门，并指派相关专业人员负责专项工作

（2）数据安全

在数据销毁过程中，数据安全层面需要注意的控制点和对应的自评要求具体如表 12-17 所示。

表 12-17 数据销毁过程中数据安全层面的控制点和自评要求

控制点	要求项
数据销毁安全制度及原则的制定	a）数据销毁安全管理部门应该为组织机构制定整体的数据销毁处置安全策略和管理制度，或者具有明确参考性的其他类似的策略和方案等，能够为数据销毁安全管理提供统一的参考规范 b）数据销毁安全管理部门在制定整体的数据销毁处置安全原则时，应该明确定义数据销毁的场景和方法等，确保其符合《中华人民共和国网络安全法》《中华人民共和国数据安全法》的相关原则
介质销毁安全制度及原则的制定	a）介质销毁安全管理部门应该为组织机构制定整体的介质销毁处置安全策略和管理制度，或者具有明确参考性的其他类似的策略和方案等，能够为介质销毁安全管理提供统一的参考规范 b）介质销毁安全管理部门在制定整体的介质销毁处置安全原则时，应该明确定义介质销毁的场景、对象和流程等，确保其符合《中华人民共和国网络安全法》《中华人民共和国数据安全法》的相关原则
数据销毁安全管理	a）数据销毁安全管理部门在组织机构中进行数据销毁安全管理的时候，应该明确规定统一的数据销毁处置安全检测工具及相应工具的使用标准 b）数据销毁安全管理部门应该建立规范的数据销毁流程和审批机制，要求能够审批和监督数据销毁的处置操作 c）数据销毁安全管理部门应该对不同的数据销毁处置场景提供数据安全风险评估服务
介质销毁安全管理	a）介质销毁安全管理部门在组织机构中进行介质销毁安全管理的时候，应该明确规定统一的介质销毁处置安全检测工具及相应工具的使用标准 b）介质销毁安全管理部门应该建立规范的介质销毁监督流程和审批机制，要求能够审批和监督介质销毁的处置操作 c）介质销毁安全管理部门应该对不同的介质销毁处置场景提供数据安全风险评估服务

（3）人员安全

在数据销毁过程中，人员安全层面需要注意的控制点和对应的自评要求具体如表 12-18 所示。

表 12-18 数据销毁过程中人员安全层面的控制点和自评要求

控制点	要求项
数据销毁安全管理部门的人员要求	a）数据销毁安全管理部门的管理人员和技术人员都需要具备良好的数据安全风险意识，熟悉相关的法律法规及合规标准 b）数据销毁安全管理部门的管理人员需要具备一定的数据销毁安全管理知识和技能，能够制定出公司整体的数据销毁处置策略和管理制度，并推动相关要求的落实和执行 c）数据销毁安全管理部门的技术人员需要具备一定的数据销毁安全处置审核经验，能够充分理解管理人员制定的《数据销毁处置策略》，并按照要求切实可靠地实施 d）数据销毁安全管理部门的技术人员需要具备一定的应急响应能力和日志分析能力，能够有效处理数据销毁过程中的突发事件 e）数据销毁安全管理部门的技术人员需要具备一定的风险评估能力，同时还需要评估数据销毁安全检测平台，确保其符合国家相关法律法规和信息安全等级保护要求 f）数据销毁安全管理部门的管理人员和技术人员都需要具备主动根据政策变化和技术发展更新自身相关知识和技能的能力，还需要对数据销毁处置人员进行专门的安全意识培训

（续）

控制点	要求项
介质销毁安全管理部门的人员要求	a）介质销毁安全管理部门的管理人员和技术人员都需要具备良好的数据安全风险意识，熟悉相关的法律法规及合规标准 b）介质销毁安全管理部门的管理人员需要具备一定的介质销毁安全管理知识和技能，能够制定出公司整体的介质销毁处置策略和管理制度，并推动相关要求的落实和执行 c）介质销毁安全管理部门的技术人员需要具备一定的介质销毁安全处置审核经验，能够充分理解管理人员制定的《介质销毁处置策略》，并按照要求切实可靠地实施 d）介质销毁安全管理部门的技术人员需要具备一定的应急响应能力和日志分析能力，能够有效处理介质销毁过程中的突发事件 e）介质销毁安全管理部门的技术人员需要具备一定的风险评估能力，同时还需要评估介质销毁安全检测工具和检测平台，确保其符合国家相关法律法规和信息安全等级保护要求 f）介质销毁安全管理部门的管理人员和技术人员都需要具备主动根据政策变化和技术发展更新自身相关知识和技能的能力，还需要对介质销毁处置人员进行专门的安全意识培训

12.2 制度流程控制点与自评指标

本节将基于 DSMM 充分定义级（3 级）要求，提供制度流程方面的风险自评参考指标，包含数据安全生命周期中 6 个阶段 19 个过程域安全管理制度层面共 72 个建议控制点与对应要求。

1. 数据分类分级

在针对数据分类分级时，在控制点安全管理制度层面涉及的自评指标具体如下。

- 明确数据分类分级的原则、方法和操作指南。
- 建立分类分级安全控制策略（在完成数据分类分级后，需要有针对性地制定数据防护要求，设置不同的访问权限，要对重要数据进行加密存储和传输，对敏感数据进行脱敏处理，对重要操作进行审计记录和分析）。
- 对组织的数据分类分级进行标识和管理。
- 明确数据分类分级变更的审批流程和机制，并通过该流程保证对数据分类分级的变更操作及其结果符合组织的要求。

2. 数据采集安全管理

在数据采集的过程中，在控制点安全管理制度层面涉及的自评指标具体如下。

- 明确组织的数据采集原则，定义业务场景的数据采集流程，明确数据采集的目的、方式、范围和频度等，确保不收集与提供服务无关的个人信息和重要数据。
- 明确数据采集的渠道及外部数据源，并对外部数据源的合法性进行确认。
- 建立数据采集安全策略。
- 明确组织数据采集的风险评估流程，针对采集的数据源、频度、渠道、方式、数据范围和类型进行风险评估。

3. 数据源鉴别及记录

在数据源鉴别及记录的过程中，在控制点安全管理制度层面涉及的自评指标具体如下。

- 制定数据源管理的制度规范。
- 定义数据溯源策略、溯源数据表达方式和格式规范、溯源数据安全存储与使用的管理制度等。
- 明确要求对核心业务流程的相关数据源进行鉴别和记录。

4. 数据质量管理

在管理数据质量的过程中，在控制点安全管理制度层面涉及的自评指标具体如下。

- 制定数据质量管理规范，包含数据格式要求、数据完整性要求、数据质量要求、数据源质量评价标准，以及对异常事件处理的流程和操作规范。
- 建立数据采集过程中的质量监控规则，明确数据质量的监控范围及方式。

5. 数据传输加密

在数据传输加密的过程中，在控制点安全管理制度层面涉及的自评指标具体如下。

- 明确数据传输安全管理规范，明确数据传输安全要求（如传输通道加密、数据内容加密、签名验签、身份鉴别、数据传输接口安全等），确定需要数据传输加密的场景。
- 明确对数据传输安全策略的变更进行审核的流程。
- 建立密钥管理安全规范和密钥管理系统，明确密钥的生成、分发、存取、更新、备份和销毁的流程。同时建立审核监督机制，确保其加密算法的配置和变更都能得到授权和认可。
- 制定数据传输加密审计策略和日志管理规范，对数据传输加密过程的操作行为进行记录，以用于后续问题的排查分析和安全事件的取证溯源。

6. 网络可用性管理

在管理网络可用性的过程中，在控制点安全管理制度层面涉及的自评指标具体如下。

- 制定组织的网络可用性管理指标，包括可用性的概率数值、故障时间、频率、统计业务单元等。
- 基于可用性管理指标，建立网络服务配置方案和宕机替代方案。

7. 存储介质安全

在保障存储介质的安全时，在控制点安全管理制度层面涉及的自评指标具体如下。

- 建立存储介质采购规范和审批要求，建立可信任的渠道，保证存储介质的可靠性。
- 建立存储介质的存放规范，明确存储介质的存放环境，明确存储介质的分类标识。
- 建立存储介质的运输规范。
- 建立存储介质的使用规范，包括申请单、登记表等一系列访问控制要求。
- 建立存储介质的维修规范，包括介质维修审批流程和维修记录等。
- 建立存储介质的销毁规范，包括介质销毁的审批流程、方式和记录等。
- 明确常规和随机审查的要求，定期对存储介质进行检查，以防信息丢失。

8. 逻辑存储安全

在保障逻辑存储的安全时，在控制点安全管理制度层面涉及的自评指标具体如下。

- 建立数据逻辑存储管理安全规范和配置规则，明确各类数据存储系统的账号权限管理、访问控制、日志管理、加密管理、版本升级等方面的要求。
- 内部的数据存储系统在上线之前应遵循统一的配置要求，进行有效的安全配置，对使用的外部数据存储系统也应进行有效的安全配置。
- 明确数据逻辑存储隔离授权与操作规范，确保多租户数据存储支持安全隔离。
- 对数据存储系统的日志记录进行采集和分析，识别账号和访问权限，监测数据使用的规范性和合理性，同时对发生的安全事件进行分析和溯源。

9. 数据备份与恢复

在数据备份与恢复的过程中，在控制点安全管理制度层面需要注意的评价要求具体如下。

- 建立数据备份与恢复的策略和管理制度，以满足数据服务的可靠性、可用性等安全目标。
- 建立数据备份与恢复的操作流程，明确定义数据备份和恢复的范围、频率、工具、过程、日志记录规范和数据保存时长等。
- 建立数据备份与恢复的定期检查和更新工作程序，包括数据副本的更新频率、保存期限等，确保数据副本或备份数据的有效性。
- 依据数据生命周期和业务规范，建立不同阶段数据归档存储的操作流程。
- 建立归档数据的压缩或加密策略，确保归档数据存储空间的有效利用和安全访问。
- 建立归档数据的安全策略和管控措施，确保非授权用户不能访问归档数据。
- 制定数据存储时效性管理策略和规程，明确数据分享、存储、使用和清除的有效期、有效期到期时对数据的处理流程、过期存储数据的安全管理策略。
- 建立过期存储数据的安全保护机制，如果是超出有效期的存储数据，应具备再次获取数据控制者授权的能力。

10. 数据脱敏

在数据脱敏过程中，在控制点安全管理制度层面涉及的自评指标具体如下。

- 明确组织的数据脱敏规范，包括数据脱敏的原则、范围、方法和处理流程等。
- 建立数据脱敏各阶段的安全审计机制，对数据脱敏过程的操作行为进行记录，用于后续问题的排查分析和安全事件的取证溯源。

11. 数据分析安全

在数据分析过程中，在控制点安全管理制度层面涉及的自评指标具体如下。

- 明确数据处理与分析过程的安全规范，明确定义数据的获取方式、访问接口、授权机制、数据使用等内容。
- 明确数据分析安全审核流程，对数据分析的数据源、分析需求和分析逻辑进行审核，以确保数据分析的目的和操作方式等的正当性。

- 建立数据分析结果输出和使用的安全审核、合规风险评估和授权流程，防止因数据分析结果输出造成的安全风险。
- 建立数据分析各阶段的安全审计机制，以备对分析结果的质量和真实性进行溯源，确保数据分析事件可被审计和追溯。

12. 数据正当使用

在数据正当使用过程中，在控制点安全管理制度层面涉及的自评指标具体如下。

- 明确数据使用的评估制度，所有的个人信息和重要数据的使用都应先进行安全影响评估，只有在满足国家合规要求的情况下才允许使用。
- 明确数据正当使用的安全规范，保证在声明的目的和范围之内使用数据。
- 建立数据使用各阶段的安全审计机制，对数据的使用进行记录审计，以备责任识别和追责。

13. 数据处理环境安全

在数据处理环境安全过程中，在控制点安全管理制度层面涉及的自评指标具体如下。

- 数据处理坏境的系统设计、开发和运维阶段应制定相应的安全控制措施，以实现对安全风险的管理。
- 明确数据处理坏境的安全管理要求。
- 基于数据处理坏境建立分布式处理安全要求。
- 建立数据处理环境的数据加密和解密策略和密钥管理规范。

14. 数据导入导出安全

在数据导入导出的过程中，在控制点安全管理制度层面涉及的自评指标具体如下。

- 建立数据导入导出安全规范，并依据不同的场景制定不同的安全策略。
- 制定数据导入导出的安全审核策略，明确导入导出的数据内容、涉及的部门及数据用途、授权审核的结果是同意还是否决等。
- 建立针对导出存储介质的标识规范，明确存储介质的命名规则和标识属性等重要信息，定期验证导出数据的完整性和可用性。
- 制定导入导出审计策略和日志管理规范，并保存导入导出过程中出错的数据处理记录。

15. 数据共享安全

在数据共享安全过程中，在控制点安全管理制度层面涉及的自评指标具体如下。

- 明确数据共享安全规范，明确数据共享的内容范围和管控措施。
- 制定数据共享的审核流程，包括共享的数据内容、涉及的部门和组织、授权审批是同意还是否决、归档记录等。
- 明确数据提供者与共享数据使用者的数据安全责任，确保共享数据使用者具备与数据提供者相当的安全防护能力。

- 对于涉及第三方数据交换加工平台的场景，如使用外部第三方的 SDK、组件、源代码等，需要制定明确的安全评估要求和流程，确保其符合数据共享安全要求。
- 制定数据共享审计日志管理规范，明确审计记录要求，为数据共享安全事件的处置、应急响应和事后调查提供帮助。

16. 数据发布安全

在数据发布过程中，在控制点安全管理制度层面涉及的自评指标具体如下。

- 明确数据公开发布的审核制度，严格审核数据发布的合规要求。
- 定期审查公开发布的数据中是否含有非公开信息，并采取相关措施满足数据发布的合规性。
- 制定数据发布事件的应急处理流程。

17. 数据接口安全

在数据接口安全过程中，在控制点安全管理制度层面涉及的自评指标具体如下。

- 制定数据接口安全要求，包括接口名称和接口参数等。
- 制定数据接口安全控制策略，明确规定使用数据接口的安全限制和安全控制措施，如身份鉴别、访问控制、授权策略、签名、时间戳、安全协议等。
- 与接口调用方签订安全责任声明书。
- 制定数据接口调用的审计日志管理规范。

18. 数据销毁处理

在数据销毁处理过程中，在控制点安全管理制度层面涉及的自评指标具体如下。

- 依照数据分类分级的结果建立数据销毁策略和管理制度，明确数据销毁的场景、对象、方式和要求。
- 制定数据销毁的审批和监督流程。
- 按国家相关法律法规和标准销毁个人信息、重要数据等敏感数据。

19. 介质销毁处理

在介质销毁处理过程中，在控制点安全管理制度层面涉及的自评指标具体如下。

- 建立介质销毁处理策略和管理制度。
- 制定介质销毁的审批和监督流程。

12.3 技术工具控制点与自评指标

本节将基于 DSMM 充分定义级（3 级）要求，提供技术工具方面的风险自评参考指标，包含数据安全生命周期 6 个阶段 19 个过程域共 68 个建议控制点与对应要求。

技术工具控制点与对应的自评要求具体如表 12-19 所示。

表 12-19 技术工具控制点与对应的自评要求

过程域	要求项	标准	细节
数据分类分级	所有需要使用的数据在使用之前应完成分类分级操作	1. 具备数据分类分级管理平台 2. 工具分类分级策略规则应符合组织内部的数据特性 3. 工具分类分级结果应支持人工干预 4. 工具需要能够记录审计数据分类分级全过程日志	应按照法律要求，对组织数据的价值、关键性和敏感性进行分类，如可分为三个等级：所有数据、非公开数据和敏感数据 工具应具备自动根据策略得出分类分级结果的功能，同时结果应该支持人工复审，复查通过后再使用
数据采集安全管理	应能满足多场景的数据采集需求，同时确保数据采集的保密性	1. 具备数据采集安全管理平台 2. 工具应能为组织数据采集提供全过程加密通信 3. 工具应能对采集数据进行完整性校验 4. 工具应支持多种数据采集场景 5. 工具需要能记录审计数据采集全过程日志	加密通信可以采用的技术有 HTTPs、对称加密算法、非对称加密算法、专用隧道等；完整性校验可以采用的技术有数据签名、数字证书等 工具支持的采集场景应该覆盖组织所需，如网络数据采集、数据库数据采集、系统数据采集等
数据源鉴别与记录	应具备记录元数据和鉴别多类型数据的能力	1. 具备数据源鉴别与记录管理平台 2. 工具应支持多类型数据的鉴别与记录 3. 工具应具备数据源管理功能	工具所支持的多类型数据主要可分为结构化数据（如数据库数据）和非结构化数据（如文档）两大类 工具所管理的数据源应是可供鉴别的元数据信息、数据血缘信息，如数据属主信息、数据层级信息等
数据质量管理	应对采集的数据进行数据质量管理，确保采集过程中数据的准确性、一致性和完整性	1. 具备数据质量管理工具 2. 工具支持多种类型数据的质量鉴别 3. 工具支持对数据的实时监控	工具所支持的多种类型数据包括结构化数据（如数据库）、非结构化数据（如文档）等 工具除了支持对在线数据的实时监控以外，还要支持对离线数据的监控 工具应支持对异常数据的告警或更正
数据传输加密	应对传输的所有数据进行加密操作，建立安全传输通道	1. 具备传输加密统一管理平台 2. 工具应采用安全加密手段保证数据传输的安全 3. 工具应采用安全传输协议保证数据传输的安全 4. 工具应采用技术手段确保传输数据不会被篡改 5. 工具支持对上述技术工具的统一管控	可以使用的加密手段包括对称加密算法（如 DES 加密算法）、非对称加密算法（如 RSA 加密算法）、哈希（如 MD5）等 应使用如 HTTPs、SSL、IPsec、TLS 等安全传输协议 应使用数字证书、数字签名保证传输数据的完整性，确保数据未被篡改 应能够统一管理如对称加密密钥、非对称加密密钥、哈希盐值、数字证书等的注册、生成、分发和销毁
网络可用性管理	应建设高可用网络，保证数据传输的稳定性	1. 具有保障网络可用性的相关安全措施 2. 关键网络基础设施应备有冗余建设	对关键的网络传输链路、网络设备节点实行冗余建设，如硬件冗余（电源冗余、设备堆叠）、软件冗余、路由冗余等 具有负载均衡能力，以分发特定业务流量，缓解网络设备处理压力
存储介质安全	应对存储介质的使用进行统一的安全管控	1. 具备存储介质统一管理平台 2. 工具应能实时监控并审计存储介质的使用记录日志	存储介质的管控包括存储介质的使用情况，如使用对象、使用用途、责任人、使用状态等 对于固化的内置存储介质，可以利用相关平台（如 Linux 下的 top、fdisk 等工具）同步到平台中，对于外置存储介质，需要具备或集成外置存储安全管控工具，如 USB 端口管控设备

（续）

过程域	要求项	标准	细节
逻辑存储安全	应对逻辑存储系统进行有效的安全控制	1. 具备数据存储系统的安全配置检查工具 2. 应对存储系统的操作日志进行监控检测	工具应支持对重要的数据存储系统进行安全基线的扫描操作，如操作系统、Web 业务系统、数据库系统 定期对数据存储系统进行日志分析，检测数据使用的规范性
数据备份和恢复	应建立自动化的数据备份和恢复机制	1. 具备自动化数据备份和恢复管理平台 2. 工具应支持多种备份方式 3. 数据恢复工具应支持自动化备份与恢复功能	工具无须人工值守，支持自动定时备份和恢复作业 工具应该支持全量备份、增量备份和差异备份等备份模式 工具应具备恢复测试功能，例如，在恢复到生产环境之前先恢复到测试环境中，等校验无异常之后再自动进行正式恢复
数据脱敏	应根据使用需求对数据进行不同程度的脱敏操作	1. 具备数据脱敏平台 2. 工具应支持多种脱敏技术，以满足组织业务需求 3. 工具应支持多种部署模式以满足组织网络架构需求	应具备静态脱敏平台和动态脱敏平台 脱敏相关的技术应支持隐藏、替换、重写、加密等脱敏手段来满足业务的需求 脱敏平台应该支持透明模式、旁路模式、代理模式等多种部署模式
数据分析安全	应在数据分析过程中设置安全控制措施，防止数据挖掘、敏感信息泄露等安全风险问题	1. 具备数据分析安全管控工具 2. 工具应支持对个人信息去标识化 3. 工具应支持对数据采取适当的隐私保护 4. 工具应支持对敏感信息操作的行为进行记录	工具所支持的个人信息包括身份证号、地址、电话号码等，防止攻击者通过数据挖掘获得个人敏感信息 工具要记录对敏感信息操作的日志，以便对操作行为进行审核 工具所支持的目前流行的隐私保护技术包括语法隐私保护技术、语义隐私保护技术等
数据正当使用	应对所有数据的使用进行认证和访问控制	1. 具备统一的数据使用认证授权平台 2. 工具应能提供统一的身份认证技术 3. 工具应能提供统一的访问控制技术	可以使用的统一的认证授权平台技术如 IAM、4A 等 工具需要支持 SSO 单点登录技术，可以使用诸如 CAS、Oauth、SAML 等技术 工具需要通过诸如 ACL、MAC、ABAC、RBAC 等访问控制技术对所有数据用户进行鉴权
数据处理环境安全	应对数据处理环境建立统一的安全保护机制	1. 具有统一的数据处理环境安全系统 2. 系统应支持统一的身份认证和授权功能 3. 系统应支持对处理环境进行网络隔离的功能 4. 系统应支持对各类数据操作监控和审计的功能	可以建立网络访问控制，以实现网络隔离，各网段之间需要进行访问控制，如分网段隔离、使用堡垒机等 对数据处理环境的访问进行身份认证，如单因素认证、多因素认证等 应对所有的访问行为进行日志记录并审计
数据导入导出安全	应在数据导入之前和数据导出之前对数据进行安全处理	1. 具备数据导入导出安全管理平台 2. 数据导入导出应支持数据校验技术 3. 数据导入导出应支持预处理技术 4. 数据导入导出应支持严格的访问控制技术，确保访问数据不会被非法导入或导出 5. 数据导入导出应支持流程审批技术	导入导出数据校验应包括完整性校验、可用性校验和保密性校验等，需要使用数字证书、数字签名、加密算法、安全传输协议等技术 预处理包括标准格式处理、加密处理等技术 工具需要通过诸如 ACL、MAC、ABAC、RBAC 等访问控制技术对数据导入导出进行鉴权 工具需要支持数据导入导出审批模块，只有多级人工审批通过之后，才能执行流程

数据共享安全	应在数据共享过程中执行安全风险控制	1. 具有数据共享管理平台 2. 数据共享过程应进行数据加密 3. 数据共享之前应进行身份认证和授权 4. 数据共享之前应通过数据共享审核流程 5. 数据共享过程应进行操作行为的监控与记录	数据共享过程对数据加密传输的方式有如 HTTPs、TLS 等 平台要对数据共享过程的日志进行记录和审计 平台需要通过诸如 ACL、MAC、ABAC、RBAC 等访问控制技术对数据共享用户进行鉴权 平台需要支持数据共享审批模块，只有多级人工审批通过之后才能执行后续流程 应对共享过程的操作行为进行监控与记录，以便于审计敏感操作
数据发布安全	应对需要发布的数据进行隐私保护处理	1. 具备数据发布综合管控平台 2. 工具应符合 PPDP 数据发布隐私保护的要求 3. 工具应支持多种数据发布隐私保护技术	工具需要能够管控发布前的数据管理和发布后的事件管理 工具需要支持诸如数据匿名、数据加密、数据扰乱等发布隐私保护技术
数据接口安全	应建立对外数据接口的安全管理机制	1. 具有数据接口安全工具 2. 工具应具备异常处理能力 3. 工具应具备审计能力以进行数据安全审计 4. 工具应提供身份认证及授权管理工具 5. 数据接口的数据应通过加密方式传输	接口数据进行加密传输时，可用 HTTPs 工具对接口不安全输入参数进行限制或过滤，防止出现因接口特殊参数注入而引发的安全问题 工具需要记录并审计数据接口访问的日志 工具在对数据接口访问的身份进行认证及授权管理时，可通过公私钥或加密机制提供细粒度的身份认证和访问权限控制
数据销毁处置	应符合国家对数据销毁制定的相关标准	1. 具备统一的数据销毁管理平台 2. 技术工具应符合国家相关标准 3. 数据销毁工具应能对本地数据进行有效销毁 4. 数据销毁工具应能对网络（云上）数据进行销毁 5. 数据销毁工具应能记录详尽的数据销毁日志	技术工具要符合的国家标准为《信息安全技术 数据销毁软件产品安全技术要求》等 工具所支持的本地销毁技术包括数据覆写、3 次数据销毁方法、7 次数据销毁方法等 工具所支持的网络数据销毁技术包括基于密钥、基于时间的过期销毁等技术
介质销毁处理	应对存储数据的物理介质建立统一的安全销毁机制	1. 具备统一数据存储介质管理平台 2. 平台应能对介质进行有效销毁	对存储的物理介质进行销毁，防止数据恢复，主要方法有物理销毁法（捣碎法、焚毁法、消磁法）和化学销毁法（如滴盐酸法） 物理销毁粉碎后的残渣颗粒度需要符合 BMB21—2007《涉及国家秘密的载体销毁与信息消除安全保密要求》中的规定：长度≤ 3mm，面积≤ $9mm^2$，凹进上表面 0.2mm，破坏同心度使偏差达 10%

推荐阅读

Mastering LevelDB
精通LevelDB

分布式数据库
原理、架构与实践

DBA攻坚指南
左手Oracle，右手MySQL

Guide To Expert, The Pragmatic PostgreSQL
PostgreSQL修炼之道
从小工到专家
第2版

Efficient Database Optimization
数据库高效优化
架构、规范与SQL技巧

ClickHouse
原理解析与应用实践
ClickHouse Principle and Practice

InfluxDB Principle and Practice
InfluxDB原理与实战

HBase原理与实践

深入理解分布式事务
原理与实战